[illegible]师范高等专科学校学术著作出版

高等代数思想方法解析

GAODENG DAISHU SIXIANGFANGFA JIEXI

郭龙先　黄茂来　刘　秀◎著

四川大学出版社

责任编辑:黄文龙
责任校对:唐　飞
封面设计:墨创文化
责任印制:李　平

图书在版编目(CIP)数据

高等代数思想方法解析 / 郭龙先，黄茂来，刘秀著. —成都：四川大学出版社，2012.3
ISBN 978－7－5614－5745－0

Ⅰ.①高… Ⅱ.①郭…②黄…③刘… Ⅲ.①高等代数－高等学校－教学参考资料 Ⅳ.①O15

中国版本图书馆 CIP 数据核字（2012）第 055134 号

书名　高等代数思想方法解析

著　　者　郭龙先　黄茂来　刘　秀
出　　版　四川大学出版社
地　　址　成都市一环路南一段 24 号 (610065)
发　　行　四川大学出版社
书　　号　ISBN 978－7－5614－5745－0
印　　刷　郫县犀浦印刷厂
成品尺寸　170 mm×240 mm
印　　张　16.25
字　　数　317 千字
版　　次　2012 年 8 月第 1 版
印　　次　2012 年 8 月第 1 次印刷
定　　价　32.00 元

◆读者邮购本书,请与本社发行科联系。电 话:85408408/85401670/85408023　邮政编码:610065
◆本社图书如有印装质量问题,请寄回出版社调换。
◆网址:http://www.scup.cn

序

数学中每一个独立的分支都有自己特殊的理论. 高等代数中蕴含着符号化、公理化、形式化、模型化、结构化等代数学特有的思想和方法，它们是高等代数的核心和灵魂. 高等代数的发展与人类社会的经济文化背景紧密相连，许多重要成果都是通过解决一个个理论难题或某些实际问题而在历史的长河中逐渐形成的. 而教科书上总是从定义、定理到证明，然后是大量的习题，论述严谨，使许多人望而却步. 本书试图通过对代数学思想史的简单回顾，让读者在更宽广的文化视野下看待数学的发展，从而更好地理解高等代数的思想方法.

高等代数作为大学数学专业的主干基础课，是初等代数的延伸和拓广. 相对初等数学而言，它的研究对象经过多次推广和抽象，可以是非特定的任意元素集合以及定义在这些元素之间的、满足若干条件或公理的代数运算. 也就是说，它以各种代数结构(或称系统)的性质的研究为中心问题. 高等代数的很多内容缺乏直观的几何背景，大多数学生在学习过程中反映高等代数抽象难懂，对基本概念以及定理结论的理解感到困难，具体解题时缺乏思路. 为了帮助学生尽快掌握高等代数的基本理论和方法，综合运用各种解题技巧，提高分析问题和解决问题的能力，著者根据多年的教学实践，从许多高等代数教程及研究生考题中收集整理出具有典型性、代表性的问题和习题编撰本书，希望通过对大量实例的详尽解析，帮助学生理解高等代数的思想与方法，促进知识的增长和能力的提高. 就数学的统一性而论，数学分析和高等代数依然有着密切的联系，如果能在教学中做到融会贯通，将会收到触类旁通、事半功倍的效果. 因此，充分利用数学分析的语言和方法辅助分析高等代数概念的本质，揭示定理的内涵，也是本书追求的目标和特色之一. 高等代数解题方法灵活多样，若能从不同的角度思考，做到一题多解，举一反三，也不失为一种锻炼思维能力的有效途径.

全书由两部分构成：思想方法和问题解析. 第一部分主要对代数学，尤其是高等代数中涉及的基本思想和方法进行分析，阐述高等代数深广的发展背景，开阔视野，加强高等代数知识的内部联系. 其内容相对独立，不影响对第二部分的阅读和理解，读者可以略读或跳过，在学习高等代数期间选择所学内容．第二部分主要是对多项式、行列式、线性方程组、矩阵、二次型、向量空间、线性变换、欧氏空间中的基本概念和理论进行归纳，并对其中的典型习题进行解析．

本书作为云南省高等代数精品课程建设成果之一，是对高等代数理论的深化和拓广．本书可作为郭龙先、张毅敏、何建琼编写的《高等代数》的教学参考书，也可以为张禾瑞、郝鈵新编写的《高等代数》(第五版）以及北京大学数学系几何与代数教研室前代数小组编写的《高等代数》(第三版)提供参考．本书的写作和出版得到学校领导的关心和大力支持，在此深表谢意．

郭龙先

2012 年 3 月

目　录

上篇——思想方法

第 1 章　符号化思想 …… (2)
1.1　符号化 …… (3)
1.2　代数学中的符号化历程 …… (5)

第 2 章　转化与化归思想 …… (9)
2.1　化归思想的简要回顾 …… (9)
2.2　多项式中的转化与化归 …… (11)
2.3　多项式的求根问题 …… (14)
2.4　线性代数与行列式和矩阵 …… (17)

第 3 章　公理化与形式化 …… (20)
3.1　公理化方法 …… (20)
3.2　公理化方法的意义和作用 …… (22)
3.3　形式化思想 …… (23)
3.4　高等代数中公理化方法的应用 …… (25)

第 4 章　结构思想 …… (27)
4.1　代数结构 …… (27)
4.2　集合与映射 …… (29)
4.3　向量空间的同构 …… (30)

下篇——问题解析

第5章　一元多项式……………………………………………………………（35）
5.1　一元多项式的定义和运算 …………………………………………（35）
5.2　多项式的整除性 ……………………………………………………（37）
5.3　多项式的最大公因式 ………………………………………………（40）
5.4　多项式的因式分解 …………………………………………………（46）
5.5　重因式 ………………………………………………………………（48）
5.6　多项式函数以及多项式的根 ………………………………………（51）
5.7　复数和实数域上的多项式 …………………………………………（54）
5.8　有理数域上的多项式 ………………………………………………（56）
5.9　多项式综合练习题 …………………………………………………（58）

第6章　行列式…………………………………………………………………（63）
6.1　排列 …………………………………………………………………（63）
6.2　n 阶行列式的定义和性质 …………………………………………（64）
6.3　行列式的依行或依列展开 …………………………………………（66）
6.4　克莱姆法则 …………………………………………………………（76）
6.5　行列式综合练习题 …………………………………………………（77）

第7章　线性方程组……………………………………………………………（82）
7.1　消元法 ………………………………………………………………（82）
7.2　矩阵的秩及线性方程组可解的判别法 ……………………………（88）
7.3　线性方程组的公式解 ………………………………………………（92）
7.4　线性方程组综合练习题 ……………………………………………（94）

第8章　矩　阵…………………………………………………………………（100）
8.1　矩阵的运算及其性质 ………………………………………………（100）
8.2　可逆矩阵与矩阵乘积的行列式 ……………………………………（104）
8.3　求逆矩阵的方法 ……………………………………………………（108）
8.4　几种特殊的矩阵 ……………………………………………………（111）
8.5　矩阵的分块 …………………………………………………………（113）
8.6　矩阵综合练习题 ……………………………………………………（118）

第 9 章　二次型……………………………………………………………(126)
9.1　二次型与对称矩阵 ……………………………………………(126)
9.2　化二次型为标准形 ……………………………………………(130)
9.3　复数域和实数域上的二次型 …………………………………(134)
9.4　正定二次型及其性质 …………………………………………(139)
9.5　二次型综合练习题 ……………………………………………(144)

第 10 章　向量空间 …………………………………………………(153)
10.1　向量空间的定义和性质………………………………………(153)
10.2　向量的线性相关性……………………………………………(154)
10.3　基与维数………………………………………………………(160)
10.4　子空间…………………………………………………………(162)
10.5　坐标及其变换…………………………………………………(165)
10.6　向量空间的同构………………………………………………(169)
10.7　矩阵秩的几何意义……………………………………………(170)
10.8　线性方程组解的结构…………………………………………(172)
10.9　向量空间综合练习题…………………………………………(175)

第 11 章　线性变换 …………………………………………………(179)
11.1　线性变换的概念和性质………………………………………(179)
11.2　线性变换的运算………………………………………………(181)
11.3　线性变换与矩阵………………………………………………(183)
11.4　不变子空间……………………………………………………(190)
11.5　特征值与特征向量……………………………………………(192)
11.6　矩阵可对角化的条件…………………………………………(199)
11.7　线性变换综合练习题…………………………………………(205)

第 12 章　欧氏空间和酉空间 ………………………………………(213)
12.1　欧氏空间的定义和性质………………………………………(213)
12.2　标准正交基……………………………………………………(217)
12.3　正交子空间……………………………………………………(221)
12.4　正交变换………………………………………………………(224)
12.5　对称变换和对称矩阵…………………………………………(227)

12.6 主轴问题………………………………………………………………（234）
12.7 酉空间…………………………………………………………………（237）
12.8 欧氏空间和酉空间综合练习题……………………………………………（238）

参考文献………………………………………………………………………（249）

上篇——思想方法

数学思想方法是处理数学问题的指导思想和基本策略，是数学的灵魂．它以数学内容为载体，是基于数学知识，又高于数学知识的一种隐性知识．一种数学的观点和方法，要在长期的学习过程中反复思考体验，才能认识、感悟、理解、掌握和运用．纵观数学的发展史，我们清楚地看到，数学的发展绝不仅仅是材料事实、知识的积累和增加，必须有新思想方法的参与，才会有创造和发明，从而推动数学向前发展．正如希尔伯特所言："数学中的每一步真正的进展都与更有力的工具和方法的发现密切联系着，这些工具和方法同时会有助于理解已有的理论，并把陈旧的、复杂的东西抛到一边．数学科学发展的这种特点是根深蒂固的．"日本数学教育家米山国藏认为，思想和方法是数学创造与发展的源泉，是数学教育目的的集中表现．数学的知识可以记忆一时，但数学精神、思想与方法却永远发挥作用，使人终身受益．

高等代数是数学专业的一门核心基础课程，是初等代数的延伸和拓广，具有理论上的抽象性、逻辑推理的严密性和广泛的应用性．它的理论、方法和思想已渗透到数学与科学的各个领域．随着通信与计算机科学的迅速发展，高等代数作为描述离散对象的各学科的重要基础，其地位和作用与日俱增．高等代数中蕴含着符号化、公理化、形式化、模型化、结构化等代数学特有的思想方法，承担着培养学生逻辑思维能力、计算能力与数学运用能力的重任．在高等代数的学习中，我们不仅要掌握具体的概念、公式、法则、性质、定理，而且更应该注重对理论的整体分析，揭示各种代数结构之间的内在联系，掌握有关的思想、语言和方法．

第1章　符号化思想

数学的一个重要特征是拥有独特的符号语言，包括最简单的数字符号和由现代数理逻辑研究所发展起来的完整的符号系统．美国数学史家M·克莱因指出："数学的另一个重要特征是它的符号语言．如同音乐利用符号来代表和传播声音一样，数学也用符号表示数量关系和空间形式．与日常讲话用的语言不同，日常语言是习俗的产物，也是社会和政治运动的产物，而数学语言则是慎重的、有意的，而且是精心设计的．凭借数学语言的严密性和简洁性，数学家们就可以表达和研究数学思想．这些思想如果用普通语言表达出来，就会显得冗长不堪．"[①]数学简洁的符号语言有助于提高思维的效率．

数学符号语言的掌握被看成是数学水平提高的重要标志——代数语言的掌握标志着由小学到中学的发展，极限语言的掌握标志着由常量数学上升到变量数学的水平，集合论语言的普遍使用则是数学现代发展的一个重要标志．

古希腊之前直到丢番图(Diophantine，约公元250年至275年)时代，代数学处于最初的文字叙述阶段，算术或代数尚未形成任何简化的符号表示法，代数的运算法则都是采用通常的语言叙述方式来表达，因而代数推理也都是用直观的方法处理．缺乏符号运算的代数是相当原始和笨拙的代数．5000多年前的美索不达米亚人的数学问题文本，往往是由一个或多个问题组成，其表述方式为：首先陈述问题，其次一步一步地描绘算法或解法，最后给出问题的答案．他们的算法中没有"等号"或其他简洁符号，而是由一个个简练的短语或句子组成，因此，他们在解题时遇到了诸多困难．又如，在中国古代数学著作《九章算术》中有这样一道题：

今有上禾(指上等稻子)三秉(指捆)，中禾二秉，下禾一秉，实(指谷子)三十九斗；上禾二秉，中禾三秉，下禾一秉，实三十四斗；上禾一秉，中禾二秉，下禾三秉，实二十六斗．问上、中、下禾实一秉各几何？

《九章算术》的方程式(解法)是这样的：把方程组的系数和常数项从上至下

① 邓东皋，孙小礼，张祖贵．数学与文化．北京：北京大学出版社，1990年，第42页．

摆成三列(从右到左)，运算采用“遍乘直除”的方法，就是把某一列系数全部乘一个适当的倍数，然后再直接减去另一列的若干倍，一直算到每一列上只剩下分别与三个未知数对应的系数. 反复执行这种“遍乘直除”算法，就可以解出方程. 其实所谓的“遍乘直除”就是我们现在求解多元一次方程组时采用的加减消元法.

该问题是用文字表述的，解法也是用文字叙述的. 今天，我们只用三个变量的关系式就能将其表示出来. 令 x，y，z 分别代表一捆上、中、下稻禾可得稻谷的斗数，则有

$$\begin{aligned}3x+2y+z&=39,\\2x+3y+z&=34,\\x+2y+3z&=26.\end{aligned}$$

解之得，$x=9\frac{1}{4}$，$y=4\frac{1}{4}$，$z=2\frac{3}{4}$. 这并不是一个特别难解的题，但在编写《九章算术》的那个年代，只有专家才能解答.

我国在辛亥革命前也未能采用国际通用的数学符号体系. 如在 1906 年京师大学堂适用的教科书上就用“天、地、人、元”等来表示未知数，用符号“$\perp$”、“$\Big|$”表示加、减，分数则自上往下读，如多项式

$$\frac{w^2}{5}-\frac{z^3}{3}+\frac{x^2y^4}{27},$$

被写成

$$\frac{\text{五}}{\text{元}^{\text{二}}}\Big|\frac{\text{三}}{\text{人}^{\text{三}}}\perp\frac{\text{二七}}{\text{天}^{\text{二}}\text{地}^{\text{四}}}.$$

如果要表示一元二次方程的解的公式则需要几页的篇幅. 由此可见，落后的表达方式阻碍了数学的交流与发展.

1.1　符号化

随着人类文明的不断进步，符号从无到有，从简单到复杂，从具体到抽象. 在现实生活中，符号无处不在，没有符号，人们表达思想、交流感情将困难重重，可以说，现实世界是一个符号化的世界. 人类社会的发展离不开符号.

德国著名哲学家卡西尔(Cassirer，1874—1945 年)认为：符号是人们共同约定用来表示一定对象的标志物，它可以包括以任何形式通过感觉来显示意义的全部现象. 符号是信息的外在形式或物质载体，是信息表达和传播中不可缺少的一种基本要素. 符号通常可分成语言符号和非语言符号两大类，这两大类

符号在传播过程中通常是结合在一起的．无论是语言符号还是非语言符号，在人类社会传播中都能起到指代功能和交流功能．符号一般指文学、语言、电码、数学符号、化学符号、交通标志等．但符号学里的符号范围要广泛得多，社会生活中如打招呼的动作、仪式、游戏、文学、艺术、神话等的构成要素都是符号．总之，能够作为某一事物标志的，都有可能称为符号．

符号伴随着人类的各种活动，人类社会和人类文化就是借助于符号才能得以形成的．数学符号是人类在数学的产生、发展、研究和应用过程中共同约定用来表示一定对象的标志物．数学符号产生于数学概念、演算、公式、命题、推理和逻辑关系等整个数学过程中，是为使数学思维过程更加准确、概括、简明、直观和易于揭示数学对象的本质而形成的特殊的数学语言．数学符号是数学科学专门使用的特殊符号，是一种含义高度概括、形体高度浓缩的抽象的科学语言．如 $F[x]$在高等代数中表示数域 F 上所有一元多项式做成的集合，并在其中定义了加法和乘法运算，因此称 $F[x]$为 F 上的一元多项式环．还有诸如行列式、矩阵、二次型、向量、向量空间等都是具有确定数学含义的符号．可以说，数学的发展史就是数学符号的产生和发展的历史，数学符号的使用和创新推动了数学的向前发展．

数学的符号化思想就是将研究对象进行抽象，利用数学符号加以表示，并进行运算、推理，或利用规律、规则来解决数学问题的思想．具体表现在下列三个方面：

(1)人们有意识地、普遍地运用符号去概括、表述、研究数学．

(2)反复改良和筛选出科学的、恰当的数学符号，以便能清晰、准确、简洁地表达数学概念、思想方法和逻辑关系．

(3)数学符号经数学家们筛选和改造，形成一种约定的、规范化的、形式化的系统．

数学符号是数学的抽象语言，是文字的缩写，是数学家们交流、传达和记录数学思维信息的简明语句．数学史家梁宗巨认为："一套合适的符号，绝不仅仅是起速记、节省时间的作用，它能精确、深刻地表达某种概念、方法和逻辑关系．一个较复杂的公式，如果不用符号而用日常的语言来叙述，往往十分冗长而且含混不清．"①如果高等代数没有一套独立的符号体系，那么对其理论的研究将是非常困难甚至是不可能的．行列式、矩阵等概念，如果用文字语言来叙述，那么对其研究的艰难程度是不难想象的．行列式和矩阵的引入，使得代数研究达到了更高的抽象程度．塞尔维斯特指出："它是代数上的代数，这是一

① 梁宗巨．世界数学史简编．沈阳：辽宁教育出版社，1981 年，第 134 页．

种使我们能够把代数运算组合起来并预言结果的演算.”然而，对于行列式和矩阵的研究则又必须引进适当的符号作为必要的前提，如数码的排列等.

数学符号化对数学发展具有重要的理论价值. 数学符号的出现是数学诞生与发展的一个重要标志；标准的统一化的数学符号的使用，便于世界不同国家、不同地区、不同民族之间的数学交流与沟通，符号化便于计算、逻辑推理，符号化是数学抽象化的必然结果，新的数学符号的出现往往是新的数学领域的先导. 可以说，没有数学的符号化，就没有数学的抽象化和形式化，也就不会有数学的公理化. 怀特黑德写道：“由于大量的数学符号，往往使得数学被认为是一门难懂而又神秘的科学. 当然，如果我不了解符号的含义，那就什么也不知道. 而且对于一个符号，如果我们只是一知半解地使用它，则也是无法掌握和运用自如的. 实际上，对于各行各业的技术术语而言，同样都要训练有素才能灵活应用. 但是，不能认为这些术语和符号的引入，增加了这些理论的难度. 相反地，这些术语或符号的引入，往往是为了理论的易于表述和解决问题. 特别是在数学中，只要细加分析，即可发现符号化给数学理论的表述和论证带来极大的方便，甚至是必不可少的.”①

皮亚诺在其所著《形式数学》一书的前言中写道：“在数学中一切进步都是引入符号(表意符号)后的反响……符号方法的基本用途是使运算简化.”他断言一切数学都可以用符号加以形式地表述. 布洛亨姆写道：“数学语言对任何人来说，不仅是最简单明了的语言，而且也是最严格的语言.”②德国数学家 F · 克莱因也说：“代数学上的进步是引进了较好的符号体系，这对它本身和分析的发展比 16 世纪技术上的进展远为重要. 事实上，采取了这一步，才使代数有可能成为一门科学.”

1.2　代数学中的符号化历程

每一个数学符号系统要得到普遍采纳和使用都需要经历漫长的岁月. 比如，现在世界上最完善的阿拉伯记数法，是人类花费了四千余年的时间和精力才取得的伟大成就，远比任何其他计数方法来得简易和严密. 它不仅对数学发展具有重大的意义，而且对科学与技术的进步有着深远的影响. 科技史权威辛格指出：“这项发明对于技术的重要性几乎是无法言过其实的. 我们对这项发明已习以为常，以至于认为是理所当然的.”

① 〔美〕莫里兹. 数学的本性. 朱剑英，译. 大连：大连理工大学出版社，2008 年，第 108 页.

② 〔美〕莫里兹. 数学的本性. 朱剑英，译. 大连：大连理工大学出版社，2008 年，第 105 页.

最先向欧洲人介绍印度数码的是意大利数学家斐波那契（Leonardo Fibonacci，约 1170—1250 年），他在《算盘书》中写到：“这是印度的九个数码：987654321，还有一个阿拉伯人称之为零的符号，任何数都可以表示出来.”从那时起，又经过数百年的改进，到 16 世纪，终于形成了今天世界通用的数码. 对于斐波那契将阿拉伯数字引入欧洲所产生的重要意义，辛格在其主编的巨著《技术史》第二卷中这样写道：“这部著作可谓自古代以来西方对数学的重要贡献. 当时在讲着阿拉伯语的工匠和商人那里沿用已久的数字体系首次被一位拉丁基督徒就其在西方技术和商业方面的应用进行了详尽的阐述……它的采用是科学兴起的一个重要因素，而且在确定 16 世纪和 17 世纪科学与技术的关系方面不无作用.”①

在欧洲人的印象中，这些数码来自阿拉伯国家，所以称之为“阿拉伯数字”. 它比中国数字、罗马字符都简单易学. 与之相比，其他一切的记数系统都黯然失色. 阿拉伯数字最终超越国界，成为世界人民的共同财富，它在全球的普及程度是其他任何一种语言和符号都望尘莫及的.

据说 15 世纪德国大学的数学课程还只限于教授加法和减法，学乘法和除法就得去意大利留学了！由此可见，中世纪欧洲算术的发展是何等之缓慢. 这也正是当时人们对计算感到莫大敬畏的原因. 对此，辛格曾写道：“在古代，所有建筑、工程、测量和许多其他技术活动都遇到一个我们并不熟知的障碍，这就是笨拙的数字记号使得通常的算术运算法则难以直接应用. 实际上，天文学家能够使用从早期巴比伦时代开始沿用下来的 60 进制的数字系统. 这就使得运算便利，无需用符号表示任何一个大于 60 的数字. 在日常生活中，普通的算术运算，特别是乘法和除法，都相当费力，需要借助算盘或其他运算设备. 并非每一个聪明人，即使是受过教育的阶层，都能够进行这些初等计算……”②

卡兹指出：“比数的符号形式更重要的是数的位值制.”正是中国的十进位值制与印度—阿拉伯数码的完美结合，才创造了现代最简洁的数码系统. 柯朗说：“像这种科学进步对日常生活有如此深刻的影响，并带来极大方便的例子还不是很多.”马克思在其《数学手稿》中称赞阿拉伯数字表示的十进位值制为“最妙的发明之一”. 法国天文学家拉普拉斯站在西方人的立场上，说过一段经常被引用的经典名言：“用十个记号来表示一切的数，每个记号不但有绝对的值，而且有位置的值，这种巧妙的方法出自印度. 这是一个深远而又重要的思想，

① 查尔斯·辛格. 技术史第二卷. 潜伟，译. 上海：上海科技教育出版社，2004 年，第 546～547 页.

② 查尔斯·辛格. 技术史第三卷. 高亮华，戴吾三，译. 上海：上海科技教育出版社，2004 年，第 343 页.

它今天看来如此简单，以致我们忽视了它的真正伟绩. 但恰恰是它的简单性以及对一切计算都提供了极大的方便，才使我们的算术在一切有用的发明中列在首位；而当我们想到它竟逃过了古代最伟大的两位人物阿基米德和阿波罗尼的天才思想的关注时，我们更感到这成就的伟大了.”①拉普拉斯充分表达了欧洲数学家对这两项因东方智慧而诞生的文明之花的崇敬之情.

高斯十分重视计算方法在科学中的地位，他那一大堆算术和天文学计算，如果没有十进制记数法是难以完成的. 据说他的许多计算都是靠心算完成的，改进方法只是为了那些天赋不够的人. 对于高斯超常的计算能力，卡约里曾这样写道：“1735 年的一个天文学问题，如果运用当时现成的方法，则由几位卓越的数学家去共同解决，也至少要费时数月. 但欧拉运用他所改进的方法，仅用三天时间就解决了问题……后来高斯运用更为优越的方法，仅用三小时便解决了问题.”

早在唐开元年间，阿拉伯数字就曾随历书传入过中国. 但印度天文算法突出的优点，与中国传统的历算体系难以协调，因而未被当时的中国学者采用. 数学史家严敦杰(1917—1988 年)认为中国没有率先接受印度数码的原因有四：①中国算筹已具备位置制原则；②表示中国数字的一、二、三、四……九个文字笔画简单，即已便利；③中国很早产生多种计数符号，如暗码、会计体等，效果与外来数码异曲同工；④19 世纪末期和 20 世纪初期，大量翻译欧美和日本数学书，使用阿拉伯数码已为大势所趋. ②

数学符号是数学的语言单位，是人们进行计算、推理、证明以及解决问题的工具. 在代数学长期的发展演变过程中，数学家们创造性地提炼出一套代数学独特的符号体系. 如数字：1，2，3，…；字母：一般指英文字母、希腊字母等；约定符号：如 π，e 等；方程：一元一次方程“$ax=b$”，一元二次方程“$ax^2+bx+c=0$，…”，指数方程，对数方程，三角方程，线性方程组，矩阵方程等；关系符号：等号“=”，约等号“≈”，小于“<”，不等于“≠”等；运算符号：代数运算，如加“+”，减“−”，乘“×”，除“÷”，乘方“a^n”($n\in N$)，开方“$\sqrt[n]{a}$”($n\in N$，当 n 为偶数时 $a\geqslant 0$)；指数运算“$a^x(a>0,\ x\in\mathbf{R})$”；对数运算“$\log_a b(a,\ b>0,\ a\neq 1)$”；阶乘“$n!$”；组合数“$C_n^m$”；排列数“$P_n^m$”；求和符号“$\sum a_i$”；求积符号“$\prod a_i$”等. 高等代数中常用的符号，如一般数域“$F$”，有理数域“$\mathbf{Q}$”，实数域“$\mathbf{R}$”，复数域“$\mathbf{C}$”，数域 F 上的一元多项式环“$F[x]$”，行列式“$|a_{ij}|$”，矩阵“$\mathbf{A}=(a_{ij})$”，二次型，向

① 〔法〕皮埃尔·西蒙·拉普拉斯. 宇宙体系论. 李珩，译. 上海：上海世纪出版集团，2001 年，第 356 页.

② 转引自：徐品方，张红. 数学符号史. 北京：科学出版社，2006 年，第 75 页.

量空间，欧氏空间等等.

16 世纪以前，符号化思想处于低级阶段，代数的表达方式都是文字式的，只有一些简单地与具体事物有关联的象形符号和书写符号. 17 世纪以来，数学家们逐渐有意识地在其著作中引入符号体系. 法国数学家韦达(1540—1603年)第一次系统地用符号取代过去的缩写，用字母表示已知数和未知数及其运算，确立了符号代数的原理和方法，使代数成为世界通用的符号体系. 大数学家笛卡儿(1596—1650 年)对韦达使用的字母进行改进，用 a，b，c，…等表示已知数，用 x，y，z，…等表示未知数. 在创建微积分的过程中，莱布尼兹(1646—1716 年)对各种数学符号进行了长期的研究，他创立的许多数学符号一直沿用至今，比如我们熟悉的积分符号“$\int$”. 与此同时，牛顿也创立了另一种不同的微积分符号体系，但由于民族的偏见，英国数学家曾在相当长的时期内抵制莱布尼兹的符号体系，仍然坚持使用牛顿的符号，后来因其使用不便而被淘汰. 行列式符号“$\|$”是英国数学家凯莱 1841 年首先引用的，向量“$\vec{\gamma}$”符号是法国数学家柯西 1853 年引用的. 这些新符号的引入，为解线性方程组提供了极大的便利，尤其是矩阵的引入，使得线性方程组解的理论问题得以彻底解决，使得二次型、向量空间、欧氏空间与矩阵建立了紧密的联系，为代数学的深入研究提供了强有力的理论工具.

经过十七八世纪的发展，数学的表述才真正实现了符号化. 从 19 世纪开始，随着集合理论的形成和发展，数学符号化思想向更高层次迈进，代数学实现了抽象化、形式化以及公理化，对数学的发展产生了巨大而深远的影响.

第 2 章　转化与化归思想

在数学研究中，数学家最善于利用化归思想解决问题，他们往往不是对问题实行正面的攻击，而是不断地将它变形，直至把它转化为能够得到解决的问题，如欧几里得创立欧氏几何，笛卡儿创立解析几何，牛顿和莱布尼兹发明微积分、代数学中方程的解等.

2.1　化归思想的简要回顾

化归是转化与归结的简称，化归方法是数学中解决问题的一般方法. 其基本的思想是：解决数学问题时，常常将待解决问题 A，通过某种转化手段，归结为另一问题 B，而问题 B 是相对较易解决或已有固定解决程式. 通过问题 B 的解决可得原问题 A 的解答. 图示如下：

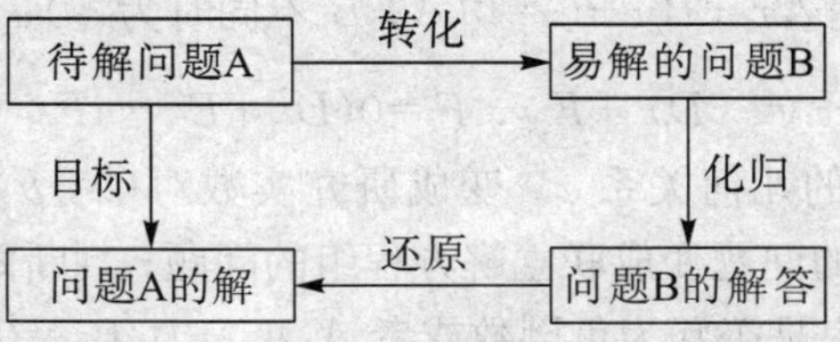

在数学中化未知为已知、化难为易、化繁为简、化曲为直等处处都会用到转化与化归思想. 在中学数学中，我们利用转化与化归思想处理过很多数学问题.

2.1.1　方程问题

分式方程 $\xrightarrow{\text{通分}}$ 整式化
无理方程 $\xrightarrow{\text{乘幂}}$ 有理化
高次方程 $\xrightarrow{\text{降次}}$ 低次化
多元方程 $\xrightarrow{\text{消元}}$ 少元化
超越方程 $\xrightarrow{\text{等价}}$ 代数化

（以上各项）转化为一元一次方程或一元二次方程求解.

2.1.2　欧氏几何问题

空间问题$\xrightarrow{\text{通过位置关系}}$平面化.

面面关系⟶线面关系⟶线线关系⟶点线关系⟶点点关系.

两千多年前的欧几里得，通过对命题的巧妙地选择和合乎逻辑的安排，使得《几何原本》成为严密的理论体系. 他把每一个命题作为前面某些命题演绎推理的结论，而这些作为演绎推理前提的命题又是由它前面的命题推出的，将当时已知命题的证明归结为某几个简单命题的推证.

2.1.3　解析几何问题

17 世纪初，法国数学家笛卡儿(Descartes，1596—1650 年)在其所著《思维的方法》一书中就提出：一切问题都可以转化为数学问题，一切数学问题都可以化为代数问题，一切代数问题都可以化为方程问题. 他通过建立坐标系，使得几何问题和代数问题可以互相转化，从而创立了解析几何. 其基本思想是通过映射实现化归，建立欧氏平面 $E=\{$平面上的点$\}$到有序实数对的集合 $\mathbf{R}^2=\{(a, b)\mid a, b\in\mathbf{R}\}$的同构映射 f，将平面上的点 P 映射为有序实数对(a, b). 即平面上的点 P(几何形式)与有序实数对(a, b)(代数形式)对应，从而使得方程与曲线对应. 例如：

直线 $l\overset{\text{对应}}{\Longleftrightarrow}$方程 $Ax+By+C=0$(A、B 不同时为零)；

圆$\overset{\text{对应}}{\Longleftrightarrow}$方程 $x^2+y^2+Dx+Ey+F=0(D^2+E^2-4F>0)$；

研究点 P 满足的几何关系 φ，变成研究实数对(a, b)是否满足代数关系 φ^*；求两直线交点的问题变成联立解方程组的问题；判断两直线垂直的问题变为判断两直线的斜率是否互为负倒数或者 $A_1A_2+B_1B_2=0$.

2.1.4　对数问题

文艺复兴以来，随着新航路的开辟，特别是 1492 年哥伦布发现美洲，掀起了地理大发现的高潮. 从 16 世纪开始，欧洲进入了一个航海与探险的新时代. 由于航海事业的大发展，对于精确的天文历表的需要变得日益迫切. 但是，用以编制历表的托勒密(Ptolemy Soter，前 367—前 283 年)理论显得越来越繁琐，人们开始关注天文学理论的变革. 随着天文观测资料日益丰富，要准确地把握天体运动，天文学家就必须完成大量的计算工作. 例如开普勒(Kepler，1571—1630 年)研究天体运动学时，经常遇到许多非常大的数值计算. 据说欧拉(Euler，1707—1783 年)为了计算谷神星的轨道，连续工作了三天三夜，导致右眼失明. 因此，解决繁重的数字计算，尤其是大数的乘除成了当时最紧迫的课题.

纳皮尔(John Napier，1550—1617 年)把复杂的数字乘、除、乘方、开方等运算问题通过对数划归为简单的加、减、倍乘问题，使计算方法实现了一次革命. 对数的发明给计算带来了便利，实现了降级运算，彻底解决了乘方、开方运算的难题，极大地减轻了运算工作量，很快风靡欧洲. 高斯为了计算小行星的轨道，用到的数据多达数十万个，因不断地使用对数表，他几乎能背出表中所有的对数值. 1623 年英国数学家冈特(1581—1626 年)利用对数原理设计了“对数计算尺”，通用了三个世纪之久. 拉普拉斯曾赞誉道：“对数的发明以其节省劳动力而延长了天文学家的寿命.”伽利略甚至说：“给我空间、时间和对数，我将造出一个宇宙.”

化归思想在数学中的应用随处可见，不胜枚举.

2.2　多项式中的转化与化归

多项式是人们深刻理解的函数. 多项式的整除性、最大公因式、因式分解、多项式的根等问题是多项式理论中最主要的内容.

求两个多项式的最大公因式，一般的方法是根据带余除法，如果

$$f(x)=q(x)g(x)+r(x),$$

那么，$f(x)$、$g(x)$与$g(x)$、$r(x)$有相同的公因式，当然有相同的最大公因式. 应用辗转相除法逐步转化为次数较低的多项式，进而求解. 设

$$f(x)=g(x)q_1(x)+r_1(x);$$
$$g(x)=r_1(x)q_2(x)+r_2(x);$$
$$r_1(x)=r_2(x)q_3(x)+r_3(x);$$
$$\cdots\cdots$$
$$r_{k-3}(x)=r_{k-2}(x)q_{k-1}(x)+r_{k-1}(x);$$
$$r_{k-2}(x)=r_{k-1}(x)q_k(x)+r_k(x);$$
$$r_{k-1}(x)=r_k(x)q_{k+1}(x).$$

那么$r_k(x)$就是$f(x)$与$g(x)$的一个最大公因式.

例 1　求多项式 $f(x)=x^4+x^3-3x^2-4x-1$，$g(x)=x^3+x^2-x-1$ 的最大公因式.

解　用辗转相除法

$-\frac{1}{2}x+\frac{1}{4}$	x^3+x^2-x-1 $x^3+\frac{3}{2}x^2+\frac{1}{2}x$	$x^4+x^3-3x^2-4x-1$ $x^4+x^3-x^2-x$	x
	$-\frac{1}{2}x^2-\frac{3}{2}x-1$ $-\frac{1}{2}x^2-\frac{3}{4}x-\frac{1}{4}$	$-2x^2-3x-1$ $-2x^2-2x$	$\frac{8}{3}x+\frac{4}{3}$
	$-\frac{3}{4}x-\frac{3}{4}$	$-x-1$ $-x-1$	
		0	

具体表示为

$$f(x)=xg(x)+(-2x^2-3x-1);$$

$$g(x)=(-\frac{1}{2}x+\frac{1}{4})(-2x^2-3x-1)+(-\frac{3}{4}x-\frac{3}{4});$$

$$-2x^2-3x-1=(\frac{8}{3}x+\frac{4}{3})(-\frac{3}{4}x-\frac{3}{4})+(-x-1).$$

所以

$$(f(x),g(x))=x+1.$$

例 2 若$(f,g)=1$，则$(f,f\pm g)=1$. 反之亦然.

证明 对$(f,g)=1$，即存在多项式$u(x)$，$v(x)$，使得

$$u(x)f(x)+v(x)g(x)=1,$$

从而

$$u(x)f(x)+(-v(x))(f(x)-g(x)-f(x))=1,$$

即

$$(u(x)+v(x))f(x)+(-v(x))(f(x)-g(x))=1.$$

所以

$$(f,f-g)=1.$$

反之，如果$(f,f-g)=1$，那么$(f,g)=1$. 同理可证$(f,f+g)=1$.

由例 2，当我们直接求证$(f,f\pm g)=1$遇到困难时，就可以转化为证明$(f,f-g)=1$.

如证明有理系数多项式

$$f(x)=1+x+\frac{x^2}{2!}+\cdots+\frac{x^n}{n!}$$

没有重因式.

根据定理：多项式$f(x)$无重因式的充分且必要条件是$(f(x),f'(x))=1$.

因此判断多项式 $f(x)$ 是否有重因式的问题转化为判断 $f(x)$ 与其导数 $f'(x)$ 是否有次数大于零的公因式的问题.

事实上，

$$f'(x)=1+x+\frac{x^2}{2!}+\cdots+\frac{x^{n-1}}{(n-1)!};$$

于是

$$(f,\ f-f')=(1+x+\frac{x^2}{2!}+\cdots+\frac{x^n}{n!},\ \frac{x^n}{n!})=1.$$

从而 $(f(x),\ f'(x))=1$，因此 $f(x)$ 无重因式.

在初等代数中，常常会遇到多项式的因式分解，一般我们是把它分解到不能再分解为止. 何谓“不能再分解”？在高等代数中，多项式的因式分解理论得到进一步阐释，即把它分解为所在数域的不可约多项式的乘积. 如果已判断多项式 $f(x)$ 有重因式，即 $f(x)$ 与 $f'(x)$ 的最大公因式 $d(x)\neq 1$. 令

$$f(x)=ap_1(x)^{k_1}p_2(x)^{k_2}\cdots p_t(x)^{k_t},$$

那么

$$d(x)=(f(x),\ f'(x))=p_1(x)^{k_1-1}p_2(x)^{k_2-1}\cdots p_t(x)^{k_t-1}.$$

用 $d(x)$ 除 $f(x)$ 得商式

$$g(x)=\frac{f(x)}{(f(x),\ f'(x))}=ap_1(x)p_2(x)\cdots p_t(x).$$

这是一个没有重因式的多项式，而且 $g(x)$ 与 $f(x)$ 含有完全相同的不可约因式. 由于 $g(x)$ 的次数一般小于 $f(x)$ 的次数，所以 $g(x)$ 的不可约因式比较容易求得. 因此欲求 $f(x)$ 的不可约因式，就转化为求 $g(x)$ 的不可约因式. 通过带余除法不难决定所求的不可约因式在 $f(x)$ 中的重数，进而完成对 $f(x)$ 的因式分解.

例 3　求多项式 $f_1(x)=x^4-6x^2+8x-3$ 及 $f_2(x)=x^5-6x^4+16x^3-24x^2+20x-8$ 在复数域上的标准分解式.

解　对于 $f_1(x)$，$f_1'(x)=4x^3-12x+8$，由辗转相除法，得

$$d(x)=(f_1(x),\ f_1'(x))=(x-1)^2;$$

而

$$\frac{f_1(x)}{(f_1(x),\ f_1'(x))}=(x-1)(x+3).$$

$f_1(x)$ 与 $\frac{f_1(x)}{(f_1(x),\ f_1'(x))}$ 有相同的不可约多项式，因此 $f_1(x)$ 的不可约因式只有 $x-1$ 与 $x+3$.

由带余除法可知，$x-1$ 是 $f_1(x)$ 的三重因式，$x+3$ 是 $f(x)$ 的单因式，所

以 $f_1(x)$在复数域上的标准分解式为

$$f_1(x)=(x-1)^3(x+3).$$

对于 $f_2(x)$，$f_2'(x)=5x^4-24x^3+48x^2-48x+20$，由辗转相除法，得

$$(f_2(x),\ f_2'(x))=x^2-2x+2.$$

从而

$$\frac{f_2(x)}{(f_2(x),\ f_2'(x))}=(x^2-2x+2)(x-2)=(x-1-\mathrm{i})(x-1+\mathrm{i})(x-2).$$

因此，$f_2(x)$的不可约因式只有$x-1-\mathrm{i}$，$x-1+\mathrm{i}$与$x-2$，它们分别是$f_2(x)$的二重因式和单因式，$f_2(x)$在复数域上的标准分解式为

$$f_2(x)=(x-1-\mathrm{i})^2(x-1+\mathrm{i})^2(x-2).$$

2.3 多项式的求根问题

一元高次方程求根问题一直是代数学的难点，狭义的代数学史就是一部求解多项式方程的历史. 解方程的问题可以分为是否有解及如何求解两部分. 现在我们知道代数学基本定理已经从理论上对第一个问题作出了回答：一个 n 次多项式方程在复数域内一定有 n 个根(包括重根). 代数学基本定理阐明了多项式与复数域之间的根本关系，它将方程的次数与方程的解的个数联系起来，从理论上表明了任何多项式都可以进行因式分解，复数域包含着所有代数方程的全部根.

关于求多项式 $f(x)$或方程 $f(x)=0$ 的根的研究，集中为以下两个问题：①根号解；②根的近似求法. 代数学基本定理并没有解决与多项式有关的每一个问题，如关于多项式近似根的计算方法问题以及多项式在很广泛的函数类中的作用；也没有进一步讨论对求解一般四次以下代数方程非常有用的公式，在对一般五次以上方程求解时无能为力的原因. 由于计算机的出现，多项式根的近似计算问题得以解决. 但是至今我们也没有找到求一般的 n 次多项式的求根公式.

我们知道，求二次方程 $ax^2+bx+c=0(a\neq 0)$的根可以应用公式

$$x=\frac{-b\pm\sqrt{b^2-4ac}}{2a}.$$

在这里求二次方程根的问题被转化为对其系数进行加减、乘除、开方运算，还可以通过分解因式转化为一元一次方程求解. 一般来说，若一个方程的根能由方程的系数经过有限次加、减、乘、除以及开方运算来表示，那么这个方程被认为能够用根号来解. 根号解问题就是研究高次方程是否能够用根号来

表达. 关于这个问题我们有以下结果，对于三次和四次方程在 16 世纪已经找到了用根号表示根的一般公式，因此三次和四次方程是可以用根号来解的.

对于一般的三次方程

$$x^3+bx^2+cx+d=0,$$

只要将 $x=y-\frac{b}{3}$代入原方程就可以转化成所谓的约简方程

$$y^3+py+q=0.$$

在恒等式$(u+v)^3-3uv(u+v)-(u^3+v^3)=0$ 中，令

$$u^3+v^3=-q,\ uv=-\frac{p}{3}.$$

如果 u，v 有解，那么 $x=u+v$ 就是方程$y^3+py+q=0$ 的解. 因为u^3，v^3满足

$$u^3+v^3=-q,\ u^3v^3=-\frac{p^3}{27},$$

所以它们满足二次方程

$$y^2+qy-\frac{p^3}{27}=0.$$

由此可解得

$$u^3,\ v^3=-\frac{q}{2}\pm\sqrt{\frac{q^2}{4}+\frac{p^3}{27}},$$

所以

$$x=u+v=\sqrt[3]{-\frac{q}{2}+\sqrt{\frac{q^2}{4}+\frac{p^3}{27}}}+\sqrt[3]{-\frac{q}{2}-\sqrt{\frac{q^2}{4}+\frac{p^3}{27}}}. \tag{1}$$

这是所谓的卡丹(Cardano，1501—1576 年)公式.

如何求解四次方程 $x^4+6x^2+36x=60$. 斐拉里(卡丹的学生)通过数学变换，巧妙地将这个四次方程转化成一个新的三次方程. 在此基础上，他又给出了一般四次方程的求根公式，被称为“斐拉里解法”. 四次方程的求根问题得以解决，那么是否也能找到五次及五次以上方程的求根公式呢？该问题吸引了众多的数学家. 出乎预料的是在 300 多年的时间里，人们的各种尝试都失败了. 17 世纪英国数学家格雷戈里曾提出猜测：对于$n>4$的一般 n 次方程不能用代数方法求解，但无人能证明. 这一重大的理论问题直到 19 世纪初才由两位青年数学天才阿贝尔(Abel，1802—1829 年)和伽罗瓦(Galois，1811－1832 年)彻底解决. 1824 年，挪威奥斯陆大学的学生阿贝尔严格证明了高于四次的一般多项式方程不可能有通常形式的根式解. 当然并非每一个高次方程都不能用根式求解，高斯已经证明：当 p 是素数时，$x^p-A=0$ 可以用根式求解. 阿贝尔在研究一切能用根式求解的方程时，取得了一些进展：如果某个方程可用根式求解，

则它所有的根都是其中一个根的有理函数，这类方程被称为“阿贝尔方程”. 1832年法国青年才俊伽罗瓦给出了代数方程可解性的判别准则，并由此开辟了数学的一个新领域——群论.

我们知道，$n(>0)$次复系数多项式一定有 n 个根，$n(>0)$次实系数多项式有实根或非实复根，但如何求出这些根仍然没有具体的办法；对于有理系数多项式 $f(x)$，可以对其系数通分化为整系数多项式

$$a_0x^n+a_1x^{n-1}+\cdots+a_n$$

进行研究.

我们有定理：如果有理数$\frac{u}{v}$是整系数多项式 $f(x)=a_0x^n+a_1x^{n-1}+\cdots+a_n$ 的一个有理根，这里 u 和 v 是互素的整数，那么，①v 整除 $f(x)$的最高次项系数 a_0，而 u 整除 $f(x)$的常数项 a_n；②$f(x)=(x-\frac{u}{v})q(x)$，这里 $q(x)$是一个 $n-1$ 次整系数多项式.

由此定理，整系数多项式 $f(x)$的有理根的分母一定是最高次项系数的因数，分子一定是常数项的因数. 先求出 $f(x)$可能得有理根$\frac{u}{v}$，再通过综合除法得到真正的有理根，进而由根与一次因式的关系分解因式，降次化简.

例 1 求多项式

$$f(x)=3x^4+5x^3+x^2+5x-2$$

在复数域内的根.

根据上述定理，这个多项式的最高次项系数 3 的因数是 ±1，±3，常数项 -2 的因数是 ±1，±2. 所以可能的有理根为 ±1，±2，$\pm\frac{1}{3}$，$\pm\frac{2}{3}$. 因为 $f(1)=12$，$f(-1)=-8$.

因此 1 与 -1 都不是 $f(x)$的根. 另一方面，由于

$$\frac{-8}{1+2},\ \frac{-8}{1+\frac{2}{3}},\ \frac{12}{1+\frac{2}{3}}$$

都不是整数，所以 2 和 $\pm\frac{2}{3}$都不是 $f(x)$的根. 但

$$\frac{12}{1+2},\ \frac{-8}{1-2},\ \frac{12}{1-\frac{1}{3}},\ \frac{-8}{1+\frac{1}{3}},\ \frac{12}{1+\frac{1}{3}},\ \frac{-8}{1-\frac{1}{3}}$$

都是整数，从而有理数 -2，$\pm\frac{1}{3}$在试验之列. 应用综合除法：

$$\begin{array}{r|rrrrr} -2 & 3 & 5 & 1 & 5 & -2 \\ & & -6 & 2 & -6 & 2 \\ \hline & 3 & -1 & 3 & -1 & 0 \end{array}$$

故 -2 是 $f(x)$ 的一个根. 同时我们得到 $f(x)=(x+2)(3x^3-x^2+3x-1)$. 容易看出，$-2$ 不是 $g(x)=3x^3-x^2+3x-1$ 的根，所以它不是 $f(x)$ 的重根. 对 $g(x)$ 应用综合除法：

$$\begin{array}{r|rrrr} -\frac{1}{3} & 3 & -1 & 3 & -1 \\ & & -1 & \frac{2}{3} & -\frac{11}{9} \\ \hline & 3 & -2 & 3\frac{2}{3} & -\frac{20}{9} \end{array}$$

至此已经看到，商式不是整系数多项式，因此不必再除下去就知道 $-\frac{1}{3}$ 不是 $g(x)$ 的根，它也不是 $f(x)$ 的根. 再作综合除法：

$$\begin{array}{r|rrrr} \frac{1}{3} & 3 & -1 & 3 & -1 \\ & & 1 & 0 & 1 \\ \hline & 3 & 0 & 3 & 0 \end{array}$$

所以 $\frac{1}{3}$ 是 $g(x)$ 的一个根，因而它也是 $f(x)$ 的一个根，容易看出 $\frac{1}{3}$ 不是 $f(x)$ 的重根. 这样 $f(x)$ 的有理根是 -2 和 $\frac{1}{3}$. 从而

$$f(x)=3(x+2)\left(x-\frac{1}{3}\right)(x^2+1).$$

因此 $f(x)$ 在复数域内的全部根为

$$x_1=-2,\ x_2=\frac{1}{3},\ x_3=\mathrm{i},\ x_4=-\mathrm{i}.$$

2.4　线性代数与行列式和矩阵

线性代数是代数学的一个分支，主要处理线性关系问题. 线性关系是指数学对象之间的关系是以一次形式来表达的. 譬如，在解析几何中，平面上直线的方程是二元一次方程，空间平面的方程是三元一次方程，而空间直线视为两

个平面相交，由两个三元一次方程所组成的方程组来表示．含有 n 个未知量的一次方程称为线性方程．关于变量是一次的函数称为线性函数．线性关系问题简称线性问题，解线性方程组是求解最简单的线性问题．

线性代数作为一个独立的分支在 20 世纪才形成，然而它的历史却非常久远．最古老的线性问题是线性方程组的解法，在中国古代的数学著作《九章算术》"方程"章中，已经作了比较完整的叙述，其方法实质上相当于现代对方程组的增广矩阵的行施行初等变换，化为阶梯形矩阵，得到对应的同解方程组，从而得到方程组的解．随着研究线性方程组和变量的线性变换问题的深入，行列式和矩阵在 18 世纪至 19 世纪先后产生，为处理线性问题提供了有力的工具，从而推动了线性代数的发展．向量概念的引入，形成了向量空间的概念，凡是线性问题都可以用向量空间的观点加以讨论．因此向量空间及其线性变换，以及与此相联系的矩阵理论，构成了线性代数的中心内容．

对一般线性方程组

$$\begin{gathered} a_{11}x_1+a_{12}x_2+\cdots+a_{1n}x_n=b_1, \\ a_{21}x_1+a_{22}x_2+\cdots+a_{2n}x_n=b_2, \\ \cdots\cdots \\ a_{m1}x_1+a_{m2}x_2+\cdots+a_{mn}x_n=b_m. \end{gathered}$$

解的研究，转化为对它的增广矩阵

$$\overline{\mathbf{A}}=\begin{pmatrix} a_{11} & a_{12} & \cdots & a_{1n} & b_1 \\ a_{21} & a_{22} & \cdots & a_{2n} & b_2 \\ \vdots & \vdots & & \vdots & \vdots \\ a_{m1} & a_{m2} & \cdots & a_{mn} & b_m \end{pmatrix}$$

进行初等变换，使得线性方程组解的问题得到彻底解决．

我们知道，n 元二次型与 n 阶对称矩阵之间具有一一对应的关系，而且 $\{n$ 元二次型$\}$与$\{n$ 阶对称矩阵$\}$同构．因此在化二次型为标准型时，可以转化为对它的对称矩阵进行初等变换，化为与二次型的矩阵合同的对角形矩阵，从而得到二次型的简化形式．

"以直代曲"是人们处理许多数学问题时一个很自然的思想．很多实际问题最后往往转化为线性问题，因为它比较容易处理．因此，线性代数在工程技术和国民经济的许多领域都有着广泛的应用，是一门基本的和重要的学科．线性代数的计算方法是计算数学中一个很重要的内容．

行列式和矩阵是解线性方程组的基本工具．行列式理论活跃在数学的各个分支，同时也是现代物理及其他一些科学技术领域中不可缺少的工具．作为代数学的一个基本分支，行列式理论有着悠久的历史．矩阵是数学中重要的基本概念，是代数学的重要研究对象之一，也是数学与其他领域研究与应用的一个重要工具.

矩阵从零散的知识发展为系统的理论体系，众多的数学家做了大量的工作. 矩阵的理论起源可追溯到 18 世纪. 英国数学家西尔维斯特(J. J. Sylvester，1814—1897 年)于 1850 年在其发表的一篇学术论文中最先使用矩阵一词，他定义矩阵是“项的长方形排列”，并引进了与矩阵有关的一些基本概念，给出了矩阵的一些重要结论与著名定理，为矩阵理论的发展做出了重要贡献. 第一次把矩阵作为一个数学对象的是英国数学家凯莱(Arthur Cayley，1821—1895 年)，他首先脱离行列式与方程组对矩阵本身进行研究. 西尔维斯特同凯莱等一起发展了行列式和矩阵的理论，共同奠定了代数不变量的理论基础.

我国古代解线性方程组用的是筹算，算筹的排列即为矩阵最早的雏形. 矩阵在中国古代的萌芽，孕育了丰富的数学思想与方法，推动了中国社会政治和经济的发展，奠定了中国传统数学在世界数学发展史上的地位. 但那时矩阵概念仅用来作为线性方程组系数的排列形式解决实际问题，因而没有将它作为一个独立的概念加以研究，没有上升到理论的高度. 19 世纪 50 年代以后，中国在保留了传统数学的同时吸收了西方数学之精华，从而使矩阵这一数学概念在历经翻译、教学、研究多方结合的情况下，伴随着其他数学知识一起传入中国.

第3章 公理化与形式化

欧氏几何的创始人是公元前3世纪的古希腊伟大数学家欧几里得. 在他以前，古希腊人已经积累了大量的几何知识，并开始用逻辑推理的方法去证明一些几何命题的结论. 欧几里得按照逻辑系统把几何命题整理出来，完成了数学史上的光辉著作《几何原本》. 这本书的问世，标志着欧氏几何学的建立. 这部科学著作是发行最广而且使用时间最长的书. 后又被译成多种文字，共有二千多种版本. 它的问世是整个数学发展史上意义极其深远的大事，也是整个人类文明史上的里程碑. 两千多年来，这部著作在几何教学中一直占据着统治地位，其地位至今也没有被动摇，包括我国在内的许多国家仍以它为基础作为几何教材，被认为是学习几何知识和培养逻辑思维能力的典范教材.《几何原本》除了有它的数学教育意义外，还有它的数学方法论意义. 欧几里得从一些定义、公理和公设出发，运用演绎推理的方法，从已得到的命题逻辑地推出后面的命题，从而展开《几何原本》的全部几何内容. 从当时的人类文化水平来看，这是一种很严谨的几何逻辑结构，欧几里得这种逻辑地建立几何的尝试，成为现代公理方法的源流.

3.1 公理化方法

公理化就是将已有的数学知识进行抽象概括、分析综合，找出其内部联系，进而确定基本概念(原始概念)和初始命题(公理)，以此为出发点，利用纯逻辑推理的方法，构建一个演绎体系的过程.

在证明几何命题时，每一个命题总是从前一个命题推导出来的，而前一个命题又是从再前一个命题推导出来的.《几何原本》存在一个数学知识的逻辑体系，其结构是由定义、公设、公理、定理组成的演绎推理系统. 在《几何原本》第一卷中，欧几里得给出23个定义，如：①点是没有部分的东西；②线有长度没有宽度；③线的界是点；④直线的点是同样放置的；⑤面只有长度和宽度；

⑥面的边沿是线.

在定义之后又给出5个公设：①任意两个点可以通过一条直线连接；②任意线段能无限延伸成一条直线；③给定任意线段，可以以其一个端点作为圆心，该线段作为半径作一个圆；④所有直角都全等；⑤若两条直线都与第三条直线相交，并且在同一边的内角之和小于两个直角，则这两条直线在这一边必定相交.

此外，还给出5个公理：①等于同量的量彼此相等；②等量加等量，其和仍相等；③等量减等量，其差仍相等；④彼此能够重合的物体是全等的；⑤整体大于部分.

《几何原本》是人类理性思维的一座丰碑. 两千多年来，其影响早已超出数学范围，成为展示人类智慧和认识能力的光辉典范. 爱因斯坦（Einstein，1879—1955年）曾说："世界第一次目睹了一个逻辑体系的奇迹，这个逻辑体系如此精密地一步一步推进，以致它的每一个命题都是不容置疑的——我这里说的是欧几里得几何." 推理的这种可赞叹的胜利，使人类获得了为取得以后的成就所必需的信心.

牛顿（Isaac Newton，1643—1727年）划时代的巨著《自然哲学之数学原理》，就是依照《几何原本》的结构而写成的. 此外，斯宾诺莎（Baruch Spinoza，1632—1677年）的名著《按几何次序证明的伦理学》，模仿欧几里得的体例也是显而易见的；莱布尼兹（Leibniz，1646—1716年）曾设想把法学和政治学公理化；威士顿也试图将气象学公理化. 这些努力无一不是希望能达到像欧氏几何那样严密和精确的境界. 清末力主变法图强的康有为（1858—1927年）认为几何公理是"一定之法"，是"必然之实". 他提出"人类平等是几何公理"的主张，以几何著《人类公理》，就是要"推平等之义". 后来他以此为基础而著成名震一时的《大同书》. 斯宾格勒说："虽然只有很少的人，能理解到数学的全部深度，可是，数学在人类心灵的创造活动中，毕竟具有非常特殊的地位. 数学是一种最精确、最严密的科学，就如同逻辑一样，可是它比逻辑更易为人所接受，也更为完整."[①]爱因斯坦赞美道："为什么数学比其他一切科学受到特殊的尊重，一个理由是它的命题是可靠的和无可争辩的……还有另一个理由，那就是数学给予精密自然科学以某种程度的可靠性，没有数学，这些科学是达不到这种可靠性的."[②]

---

① 〔德〕奥·斯宾格勒. 西方的没落. 陈晓林，译. 哈尔滨：黑龙江教育出版社，1988年，第53页.

② 爱因斯坦. 几何学和经验. 见：爱因斯坦文集（第一卷）. 许良英，范岱年，译. 北京：商务印书馆，1976年，第136页.

当然，欧几里得公理系统也不完备，许多证明不得不借助于直观来完成. 此外，个别公理不是独立的，即可以由其他公理推出. 直到19世纪末期，数学大师希尔伯特(Hilbert，1862—1943年)才在其著名的《几何基础》一书中，以严格的公理化方法重新阐述了欧几里得几何. 在这部名著中，希尔伯特成功地建立了欧几里得几何的完整、严谨的公理体系，即所谓的希尔伯特公理体系. 希尔伯特首先把抽象的几何基本对象叫做点、直线、平面. 作为不定义元素，分别用 A，B，C，…；a，b，c，…；α，β，γ，…等表示，然后用5组公理：结合公理、顺序公理、合同公理、平行公理、连续公理来确定几何基本对象的性质，用这5组公理作为推理的基础，可以逻辑地推出欧几里得几何的所有定理，因而使欧几里得几何成为一个逻辑结构非常完善而严谨的几何体系. 从此，数学公理方法基本形成，促使20世纪整个数学有了较大的发展，这种影响甚至扩大到其他科学领域，如物理学、力学等. 希尔伯特开创了形式化公理方法的新时代. 其影响不仅遍及于集合论、代数、拓扑、度量几何、概率论等数学各分支，而且对物理学等自然科学的发展也产生了深远的影响. 因为没有公理化就没有形式化，没有形式化就没有数学化. 如果不能数学化，那么现代科学就难以达到如此精确与严谨的高度，人类文明也将为之黯然失色.

3.2　公理化方法的意义和作用

公理化方法不仅在现代数学和数理逻辑中广泛应用，而且已经远远超出数学的范围，渗透到其他自然科学领域，甚至某些社会科学部门，并在其中发挥着重要作用，具有分析、总结数学知识的作用. 当一门科学积累了相当丰富的经验知识，需要按照逻辑顺序加以综合整理，使之条理化、系统化，上升到理性认识的时候，公理化方法便是一种有效的手段. 例如在代数方面，由于公理化方法的应用，在群论、域论、理想论等理论部门形成了一系列新的概念，建立了一系列新的联系并导致了一系列深远的结果. 群论其实就经历了一个公理化的过程. 人们在研究了许多具体的群结构以后，发现了它们具有基本的共同属性，就用一个满足一定条件的公理集合来定义群，形成一个群的公理系统，并在这个系统上展开群的理论，推导出一系列定理.

数学以公理化为标志所达到的逻辑高度是其他任何学科都望尘莫及的. 大数学家希尔伯特曾说："不管在哪个领域里，对于任何严正的研究精神来说，公理化方法都是并且始终是一个合适的不可缺少的助手；它在逻辑上是无懈可击的，同时也是富有成果的；因此它保证了研究的完全自由. 在这个意义上，用公理化方法进行研究就等于用已经掌握的东西进行思考……能够成为数学思考的对象的任何事物，在一个理论的建立一旦成熟时，就开始服从于公理化方法，从而进入了数学. 通过突进到公理的更深层次……我们能够获得科学思维的更深入的洞察力，并弄清我们知识的统一性，特别是，得力于公理化方法，数学似乎就被请来在一切学问中起领导作用.”①

在几何方面，由于对平行公设的深入研究导致了非欧几何的创立. 因此，公理化方法也是在理论上探索事物发展规律，作出新的发现和预见的一种重要方法. 介乎于逻辑学和数学之间的边缘学科——数理逻辑，用数学方法研究思维过程中的逻辑规律，也系统地研究数学中的逻辑方法. 因此，数学中的公理方法是数理逻辑所研究的一个重要内容. 由于数理逻辑是用数学方法研究推理过程的，它对公理化方法进行研究，一方面使公理化方法向着更加形式化和精确化的方向发展；另一方面把人的某些思维形式，特别是逻辑推理形式加以公理化、符号化. 这种研究使数学工作者增进了使用逻辑方法的自觉性.

任何一门科学都不仅仅是搜集资料，也绝不是一大堆事实及材料的简单积累，而都是有其自身的出发点和符合一定规则的逻辑体系. 公理化方法对现代理论力学及各门自然科学理论的表述方法都起到了积极的借鉴作用. 例如牛顿在他的《自然哲学的数学原理》巨著中，系统地运用公理化方法表述了经典力学理论体系；20 世纪 40 年代波兰的巴拿赫完成了理论力学的公理化；爱因斯坦运用公理化方法创立了相对论理论体系. 狭义相对论的出发点是两个基本假设：相对性原理和光速不变原理. 爱因斯坦以此为前提，逻辑地演绎出四个推论：“尺缩效应”、“钟慢效应”、“质量增大效应”和“关系式”. 这些就是爱因斯坦运用公理化方法，创立的狭义相对论完整理论体系的精髓.

3.3　形式化思想

众所周知，数学是从人们的生产和生活的实际需要中产生和发展起来的，并且随着认识的逐步深入，数学向着理论层次越来越高，内容越来越丰富的方向发展，它不仅建立起各种数学结构和公理系统，而且还愈来愈广泛地应用于解决各个领域和现实生活中的实际问题。就这个意义上来说，数学是人类在观察、认识和改造客观世界的过程中，逐步形成的概念、法则和思想方法，并将它们应用于社会实践，继而又经过进一步抽象化、形式化形成新的数学概念、定理和数学思想方法，并为数学的更广泛应用奠定基础，从而推动数学不断向前发展.

① 张楚廷. 数学方法论. 长沙：湖南科技出版社，1989 年，第 40～41 页.

现代数学已经是一门高度形式化了的学科. 不仅数学如此，任何理论都可以形式化(如逻辑学). 所谓形式系统，乃是实现了完全形式化的公理系统，它既是由一整套的表意符号构成的形式语言，又是具有初始公式的公理系统. 简而言之，公理化加符号化等于形式化. 构成形式系统的要素有四点：①作为出发点的初始符号；②规定初始符号如何构成合式公式的形成规则；③与自然语言中推理规则相应的合式公式之间的变形规则；④与作为推理的出发点的公理相应的初始公式.

数学的形式化理论体系作为一种高度抽象而又简洁明快的表达方式，正是人类理性思维活动创造的精妙产物. 形式化发展的高级形态是和公理化方法的结合，建立形式系统，使符号的使用产生出更大的能量. 普遍认为范德瓦尔登《近世代数》的问世，是代数学成为形式化科学的标志.

形式化是数学的显著特点，代数学起始于用字母形式地表示数. 随后，代数关系、运算律、运算法则等都被形式地表示出来. 因此从某种意义上说，学习数学就是学习一种有特定语义的形式化语言，以及用这种形式化语言去表述、解释、解决各种问题. 数学的符号表示与数学的语义解释不是一一对应的，同一种数学符号(式子)可以用不同的语义进行解释，从而实现转化. 如 $\sqrt{a^2+b^2}$，其中 a，b 为实数. 最基本的意义是两个实数 a 与 b 的平方和的算术根. 我们可以对它作不同的解释，当 $a>0$，$b>0$ 时，在平面几何中可以认为是以 a，b 为直角边的直角三角形的斜边的长；在直角坐标平面内，可以认为它是点 (a, b) 到原点 $(0, 0)$ 的距离；在复数域中则表示复数 $a+b\mathrm{i}$ 的模.

从欧几里得《几何原本》中的实质性公理系统(对象—公理—演绎)，到希尔伯特《几何基础》中的形式化公理系统，再到现代纯形式的策梅洛—弗兰克(ZFC)公理系统，数学符号加规则这种奇特的理论形式甚至引发了诸多的哲学反思与争论. 美国数学哲学家夏皮罗说："在'形式主义'名字之下的不同哲学在追求一种主张，即数学的本质是对字符的操作. 一个字符列表和一些所允许的操作规则几乎穷尽了关于一个给定了的数学分支所说的一切. "①

形式主义的另一种流行说法是把数学比喻成诸如象棋之类的游戏，数学家只关心数字在"数学游戏"中的角色. 著名的冯·诺依曼即把数学看成是符号的组合游戏，居于主导地位的则是一些需要遵循的规则. 美国数学家罗宾逊和柯恩等人也是这一论调的支持者. 激进的游戏论形式主义者认为数学的公理系统或逻辑的公理系统，基本概念都是没有意义的，公理也只是一行行的符号，无

① 〔美〕斯图尔特·夏皮罗. 数学哲学. 郝兆宽，杨睿之，译. 上海：复旦大学出版社，2009 年，第 136 页.

所谓真假，只要能够证明该公理系统是相容的，不互相矛盾，便代表了某一方面的真理. 他们之所以把数学看成没有意义的公式，是想要证明数学理论的相容性与完备性.

形式化方法是要用一套表意符号去表达事物的结构及其规律，从而把对事物的研究转变为对符号的研究. 的确，形式主义凸显了数学的一个方面，但可能忽略或低估了其他方面的一些重要内容. 希尔伯特在《数学问题》的著名演讲中指出："在研究一门科学的基础时，我们必须建立一套公理系统，它包含着对这门科学基本概念之间所存在的关系的确切而完备的描述. 如此建立起来的公理同时也是这些基本概念的定义……"[①]

希尔伯特的形式公理化研究方法，主张构造抽象的形式系统，但他并不认为数学只是一套没有现实意义的符号操作，也不否认数学对象的客观实在性. 数学的形式化需大量借助逻辑学已取得的成果，同时又以自己的成果哺育逻辑的形式化.

3.4　高等代数中公理化方法的应用

对向量空间的定义，就是采用形式化公理方法完成的.

令 F 是一个数域，F 中的元素用小写的英文字母 a，b，c，…来表示；令 V 是一个非空集合，V 中的元素用小写黑体希腊字母 $\boldsymbol{\alpha}$，$\boldsymbol{\beta}$，$\boldsymbol{\gamma}$，…来表示. V 中的元素称为向量，F 中的元素叫做标量. 如果下列条件被满足，就称 V 是数域 F 上的一个向量空间(线性空间).

(1)在 V 中定义了一个加法，对于 V 中任意两个向量 $\boldsymbol{\alpha}$，$\boldsymbol{\beta}$，有 V 中唯一确定的向量与它们对应，这个向量叫做 $\boldsymbol{\alpha}$ 与 $\boldsymbol{\beta}$ 的和，表示为 $\boldsymbol{\alpha}+\boldsymbol{\beta}$.

(2)有一个标量与向量的乘法，对于 F 中每一个数 a 和 V 中的每一个向量 $\boldsymbol{\alpha}$，有 V 中唯一确定的向量与它们对应，这个向量叫做 a 与 $\boldsymbol{\alpha}$ 的积，表示为 $a\boldsymbol{\alpha}$.

(3)向量的加法和标量与向量的乘法满足下列算律：

①$\boldsymbol{\alpha}+\boldsymbol{\beta}=\boldsymbol{\beta}+\boldsymbol{\alpha}$；

②$(\boldsymbol{\alpha}+\boldsymbol{\beta})+\boldsymbol{\gamma}=\boldsymbol{\alpha}+(\boldsymbol{\beta}+\boldsymbol{\gamma})$；

③在 V 中存在一个零向量，记作 $\mathbf{0}$，对于 V 中每一个向量 $\boldsymbol{\alpha}$，都有 $\mathbf{0}+\boldsymbol{\alpha}=\boldsymbol{\alpha}$；

④对于 V 中每一个向量 $\boldsymbol{\alpha}$，在 V 中存在一个向量 $\boldsymbol{\alpha}'$，使得 $\boldsymbol{\alpha}'+\boldsymbol{\alpha}=\mathbf{0}$，这样的 $\boldsymbol{\alpha}'$ 叫做 $\boldsymbol{\alpha}$ 的负向量；

---

① 〔德〕希尔伯特. 数学问题. 李文林，袁向东，译. 大连：大连理工大学出版社，2009 年，第 51 页.

⑤$a(\boldsymbol{\alpha}+\boldsymbol{\beta})=a\boldsymbol{\alpha}+a\boldsymbol{\beta}$；

⑥$(a+b)\boldsymbol{\alpha}=a\boldsymbol{\alpha}+b\boldsymbol{\alpha}$；

⑦$(ab)\boldsymbol{\alpha}=a(b\boldsymbol{\alpha})$；

⑧$1\times\boldsymbol{\alpha}=\boldsymbol{\alpha}$.

这里$\boldsymbol{\alpha}$，$\boldsymbol{\beta}$，$\boldsymbol{\gamma}$是V中任意向量，而a，b是F中任意数.

向量空间这一概念具有高度的抽象性．首先，它的元素是抽象的，就一个具体的向量空间而言，它的元素不一定是数，可以是向量、矩阵、多项式、函数、变换等；其次，它的运算也是抽象的，加法未必就是通常的加法，更不必是数的加法，数乘也不必是通常的倍数乘法．近代数学的特点之一，就是把具有某些共同特点的对象的集合，概括起来统一研究，所得到的结果自然对具有共同特点的各讨论对象均适用．向量空间是另一个重要的代数系，它的几何背景是通常解析几何里的平面$\mathbf{R}^2$及空间$\mathbf{R}^3$．在向量空间的定义中，两种运算并没有具体规定，只要能满足定义中的8条运算公理即可.

同构映射、线性变换等基本概念都是用公理方法定义的．同样，我们利用公理引入内积的概念，从而定义欧氏空间.

设V是实数域$\mathbf{R}$上的一个向量空间．如果对于V中任意两个向量，$\boldsymbol{\eta}$按某一法则有一个确定的实数与它们对应，这个实数$\langle\boldsymbol{\xi},\boldsymbol{\eta}\rangle$叫做$\boldsymbol{\xi}$与$\boldsymbol{\eta}$的内积，记作$\langle\boldsymbol{\xi},\boldsymbol{\eta}\rangle$．并且满足下列条件：

①$\langle\boldsymbol{\xi},\boldsymbol{\eta}\rangle=\langle\boldsymbol{\eta},\boldsymbol{\xi}\rangle$；

②$\langle\boldsymbol{\xi}+\boldsymbol{\eta},\boldsymbol{\zeta}\rangle=\langle\boldsymbol{\xi},\boldsymbol{\zeta}\rangle+\langle\boldsymbol{\eta},\boldsymbol{\zeta}\rangle$；

③$\langle a\boldsymbol{\xi},\boldsymbol{\eta}\rangle=a\langle\boldsymbol{\xi},\boldsymbol{\eta}\rangle$；

④当$\boldsymbol{\xi}\neq\mathbf{0}$时，$\langle\boldsymbol{\xi},\boldsymbol{\xi}\rangle>0$.

那么V叫做这个内积的一个欧几里得(Euclid)空间，简称欧氏空间．这里，$\boldsymbol{\eta}$，$\boldsymbol{\zeta}$是V的任意向量，a是任意实数.

这里与$\boldsymbol{\eta}$的内积$\langle\boldsymbol{\xi},\boldsymbol{\eta}\rangle$是抽象的，是$V\times V$到实数域$\mathbf{R}$的一个映射，所满足的4条性质也是用公理方法给出的.

第 4 章　结构思想

代数学从阿贝尔、伽罗瓦时代起，其主要任务不再是以解方程为中心，而成为一门研究各种代数系统的科学. 代数结构思想的产生，使人们认识到，代数能够处理的不一定是以实数或复数为对象所组成的集合，也不一定要处理现实中存在的各种运算关系. 代数可以任意地定义运算，满足一定运算和运算规则的任何对象都可作为代数的研究对象. 这样，代数研究的不再是离现实较近的、具体的数量关系，也研究某些离现实越来越远、越来越抽象的可能的量的关系，即现代数学的研究对象已扩展到了一切可能的结构. 数学家阿尔伯特(A. Albert，1905—1972 年)说："数学是结构的科学. 当直觉和未经分析的经验表明在许多不同的背景下存在着共同的结构特征时数学就有了任务，这就是以精确的和客观的形式系统地阐明基本的结构特征."①

4.1　代数结构

从代数学的观点来看，一个抽象的集合无所谓结构，不过是一组元素而已，只有引入运算或变换的集合才有结构可言. 运算或变换是联系集合中元素之间关系的纽带. 在高等代数研究的集合中定义了向量的加法和数与向量的乘法这两种运算后，并用公理规定其满足的条件，使得这样的集合构成向量空间，进而通过向量之间的关系揭示空间的结构.

非空集合 F 中的 n 元代数运算是指 F^n 到 F 的一个映射 f：$F^n \to F$. n 叫做运算的阶. 最常见的代数运算是二元代数运算. 若 F 是有理数集 $\mathbf{Q}$，对任意 a，$b \in F$，定义 $a * b = a + b$，则运算"$*$"是 $\mathbf{Q}$ 上的代数运算. 一般地，若非空集合 F 中的代数运算记为 $*$，则序对(F；$*$)就称为一个代数，即定义了运算的集合. 如果再给代数加上一定的公理，那它就构成各种不同的代数结构. 如加上群公理、环公理、域公理等就分别构成群、环、域等代数结构. 因此，代数结

① 转引自：郑毓信. 数学教育哲学. 成都：四川教育出版社，2001 年，第 12 页.

构是由运算关系确定的结构.

例 1 群结构

二元序对(G; $*$)满足下列公理就称为群.

(1)G 中的元素关于代数运算 $*$ 满足结合律，即 $\forall a, b, c \in G$，有 $(a*b)*c=a*(b*c)$；

(2)G 中存在单位元 e，使得 $\forall a \in G$，有 $a*e=e*a=a$；

(3)G 中每一个元素都有逆元，即 $\forall a \in G$，$\exists a' \in G$，使得 $a*a'=a'*a=e$.

由此可见，群就是在其上定义了满足 3 个公理的二元代数运算的非空集合. 整数集、有理数集、实数集、复数集关于通常的加法分别构成群.

不管是初等数学还是高等数学乃至现代数学都少不了运算，随着数学的发展，运算概念得到不断的推广，运算方法也在增加. 运算关系中最基本的是“加+，乘·”及其推广形式，而各种代数系统正好是在“加+，乘·”及其推广形式基础上附加以一定的公理，如满足一定的运算律等而界定出的. 总之，代数正是以这种方式对数学系统进行分类的，如向量空间、群、环、域、体、模、格等，分别都是一个代数系统.

阿贝尔、伽罗瓦的代数结构，仅把数集作为一个基本的对象，进一步的研究发现，这样的限制是多余的，对任意的集合都可规定相应的结构，在同一个集合上还可规定不同的结构. 数学本来就很抽象，经过这样处理，抽象的对象又可再作抽象成为新的研究对象，同样还可作多次抽象来获得新的代数结构. 现代数学的许多新的分支就是这样发展起来的.

英国数学家哈密尔顿(Hamilton，1805—1865 年)的四元数，经他的神奇处理，成为人们无法拒绝的新“数”，堂而皇之地登上了数学的殿堂. 四元数作为原有数集的新的扩张，不再保留原有数集的全部性质(如不再有交换律)，而构成一种全新的代数结构——非交换代数. 范畴与函子，是现代数学的一种专门语言，它把抽象的集合、群、环、空间等结构作为对象集，而这种带有一定结构的对象的“集合”间的关系则通过函子加以联结，它相当于集合间的映射，群、环间的同态、同构，从而使范畴与函子变为更加抽象、更加形式化的代数结构.

阿贝尔通过引入抽象代数的概念，得到了一般高次(5 次以上)方程无根式解，开辟了“不可能性”证明的新思路. 伽罗瓦则进一步把这种方法明晰化，形成了一种可操作的程式. 他在处理代数方程根的问题遇到阻碍时，将它与系数域对应起来构造相应的置换群，把方程有无根式解问题转化为对群的结构的分析，方程有无根式解各对应怎样的群结构. 阿贝尔和伽罗瓦引入的域与群的概念，都是常见的代数结构，而且群是最基本的结构，域可以由它生成. 他们的成果开创了用结构思想处理问题的新方法，成为现代数学研究常用的方法.

代数结构思想并不是在伽罗瓦以后马上被认识的，直到 19 世纪末，数学家们才认识到，对许多不相联系的对象抽出它们的共同内容来进行综合研究，可以提高效率，从而把数学研究推进到一个更新的水平. 19 世纪中叶前后，新的几何学不断涌现，非欧几何、射影几何、黎曼几何等相继诞生，群的一般概念也得到了充分发展. 克莱因在研究了各种几何学及变换群等问题后，觉得可以用变换群的观点对几何作统一的研究，并具体阐明了每一种几何都可由变换群来刻画，一种几何所要研究的不外乎是在这个变换下的不变量. 在此观点下，非欧几何就是关于测量群不变量的科学，射影几何就是关于射影群不变量的科学. 克莱因以此为内容，在爱尔兰根大学作了题为“近代几何研究成果的比较分析”的就职演说，并以《爱尔兰根纲领》著称于世.

这种从整体上对研究对象进行处理的方法，是现代数学的一大特点. 正如崇尚结构主义的法国布尔巴基学派的主要成员迪多内所说，对研究对象“深刻的理解往往是将这些对象放在比较广阔的范围内时产生的”. 现代公理化方法实际上也是由代数结构思想发展而来的. 尽管从整体上处理问题不是数学的唯一方法，代数结构思想也不是仅有的数学思想，但用结构思想处理问题的有效性却是无可非议的. 一个结构可以将相关的对象紧紧地联系在一起，对象的性质可以从它在结构内的地位、作用加以刻画；通过对结构自身的考察，如完整性、简洁性、和谐性、同构性等，还可以发现新的问题与结论. 著名的费马大定理，正是发现了它在某些结构中的地位(如与椭圆曲线的联系)后才被最后攻克的，成为 20 世纪纯粹数学取得的伟大成就之一.

4.2 集合与映射

集合概念是 19 世纪 70 年代由德国数学家康托尔(Cantor，1845—1918 年)首先引入的，它的观点和方法已渗透到数学的各个分支，对现代数学的发展产生了巨大的推动作用，彻底改变了数学的面貌. 集合是数学的基本对象，是现代数学的基础. 集合的基本概念是描述性的，其运算有交、并、补、差、积，是读者熟知的知识. 映射是近、现代数学中的一个非常重要的概念，也是数学中最基本、最普遍的概念，其思想渗透于整个数学教材之中. 实际上，映射是函数概念的推广，学习映射概念不仅是为了加深对函数概念的理解，而更重要的是要揭示一些不同集合之间的内在联系，以加深对它们的认识. 例如，数轴上的点与其坐标、平面内的封闭图形与其面积、某种排列问题中的排列的集合与其排列数、某种随机事件的集合与其发生的概率等，在它们之间实际上是一种映射关系．于是在映射的观点之下，一些看上去很不相同的研究对象之间的联系被揭示出来．

映射与集合有着密切的关系，映射是集合之间的一种对应关系，是在两个集合之间建立联系的一种手段．即如果按照某种对应法则，对于集合 A 中的任何一个元素，在集合 B 中都有唯一的元素与它对应，那么这样的对应叫做集合 A 到集合 B 的映射．映射定义表明：集合 A 中的元素按确定的方式（对应规则）转化为集合 B 中的元素．两个集合之间的对应包括“一对多”、“多对一”、“一对一”等情况，而映射是“像”唯一的这种特殊的对应，它包括“多对一”、“一对一”等情形．微积分中所见到的单值函数都是映射．映射是一个对应法则，这个法则对 A 中每一个元素都规定唯一确定的“像”，并且“像”是 B 中的元素．但应注意的是，映射不一定是“满射”．至于一一映射，则是一种特殊的映射．一一映射在数学中有着特殊重要的意义，对很多问题的研究都是通过一一映射将问题转化，并获得解决的．梅尔兹（J. T. Merz，1840—1922 年）评价道：“一一对应的概念在现代数学中扮演着重要的角色，这一概念在那些与数量科学有别的序科学中是一个基本的概念．如果说支配古老数学的是度量的需要，那么支配现代数学的则是次序和排列的概念．”数学家克里福德（Cliffod，1845—1879 年）也认为：“在两个集合之间建立一一对应关系，并进一步研究由这些关系所引出的命题，可能是现代数学的中心思想．”[①]例如平面解析几何中通过点与数对的一一映射将几何问题化成代数问题解决．在高等代数中，线性方程组与增广矩阵、n 维向量空间与F^n、二次型与对称矩阵、n 维向量空间的线性变换与 n 阶矩阵、酉变换与酉矩阵的对应，使得代数问题得以互相转化．正如美国数学家斯蒂恩（L. Steen，1941—　）所说：“数学是模式的科学．数学家们寻求存在于书写量、空间、科学、计算机乃至想象之中的模式．数学理论阐明了模式间的关系；函数和映射、算子和射把一类模式与另一类联系起来，从而产生了稳定的数学结构．数学应用即是利用这些模式对于适用的自然现象作出‘解释’和‘预言’．”[②]

4.3　向量空间的同构

同构在研究数学结构方面有着非常重要的作用和理论价值．从结构的观点出发来分析问题和解决问题，凡是有同构性质的一些数学结构，在本质上都可

① 〔美〕莫里兹．数学的本性．朱剑英，译．大连：大连理工大学出版社，2008 年，第 75 页．

② 郑毓信．数学教育哲学．成都：四川教育出版社，2001 年，第 13 页．

以看成是一种结构．于是我们可以利用同构概念对数学结构进行比较和分类．在同一类中只要搞清楚其中一个结构的性质，该类中其余结构的有关性质可以经过一个简单的符号“翻译”而获得．

V 与 W 是数域 F 上的两个向量空间，V 到 W 的一个一一映射 f 满足：① $\forall \boldsymbol{\xi}, \boldsymbol{\eta} \in V$，$f(\boldsymbol{\xi}+\boldsymbol{\eta})=f(\boldsymbol{\xi})+f(\boldsymbol{\eta})$；② $\forall a \in F$，$f(a\boldsymbol{\xi})=af(\boldsymbol{\xi})$，则 f 是 V 到 W 的一个同构映射．如果 V 与 W 之间存在同构映射 f，就称 V 与 W 同构，表示为 $V \cong W$．

V 与 W 同构有两层含义：一是存在一个双射 f，即系统 V 与 W 的对象集与关系集分别能建立一一对应；二是双射 f 保持关系，即 V 与 W 的元素间的关系对映射 f 保持不变．根据这两个特点可推知，若 V 中有关于关系“$+$”与“$\cdot$”的某一个性质 p，则此性质可以通过映射 f 传给 W．反之若 W 中有关于关系“$\oplus$”与“$\circ$”的某一个性质 p'，则此性质也可通过 f 的逆映射 f^{-1} 传给 V．这样我们可以通过系统 V 的性质去把握系统 W 的性质，反之亦然．

有时为了某种需要和方便，对同一个数学结构可以采用不同的形式来表达，只要这些不同形式满足同构关系即可．例如在复数域中复数就有几种表达形式，常用的有以下几种：

(1) $C=\{a+b\mathrm{i} \mid a, b \in \mathbf{R}\}$，即数值表示法；

(2) $C=\{(a, b) \mid a, b \in \mathbf{R}\}$，即坐标表示法；

(3) $C=\left\{\begin{pmatrix} a & b \\ -b & a \end{pmatrix} \mid a, b \in \mathbf{R}\right\}$，即矩阵表示法．

对坐标表示法，规定加法和乘法运算为

$$(a, b)+(c, d)=(a+c, b+d),$$
$$(a, b)\cdot(c, d)=(ac-bd, ad+bc).$$

对矩阵表示法，规定加法和乘法运算为

$$\begin{pmatrix} a & b \\ -b & a \end{pmatrix}+\begin{pmatrix} c & d \\ -d & c \end{pmatrix}=\begin{pmatrix} a+c & b+d \\ -(b+d) & a+c \end{pmatrix},$$
$$\begin{pmatrix} a & b \\ -b & a \end{pmatrix}\cdot\begin{pmatrix} c & d \\ -d & c \end{pmatrix}=\begin{pmatrix} ac-bd & ad+bc \\ -(ad+bc) & ac-bd \end{pmatrix}.$$

不难验证，这三个形式不同的系统同构．

多项式也可以表示为矩阵的乘积形式．

例 1　设 $\forall f(x) \in F_n[x]$，令 $f(x)=a_0+a_1x+\cdots+a_nx^n$，即

$$f(x)=(a_0, a_1, \cdots, a_n)\begin{pmatrix}1\\x\\\vdots\\x^n\end{pmatrix}.$$

由此易知多项式环 $F_n[x]$与向量空间F^{n+1}是同构的，它们之间可以建立一一对应关系. 用向量$(a_0, a_1, \cdots, a_n)$即可代表多项式 $f(x)$.

研究一个向量空间 V，着眼点是 V 中向量的加法及数乘运算. 从代数学的角度看，同构的向量空间是相同的，因而可以不加区分，但它们的具体意义可以不同. 同构作为向量空间的一种线性关系，即同构是代数结构的一种等价关系. 由于同构具有对称性和传递性，所以数域 F 上任意两个 n 维向量空间都同构. 数域 F 上任意一个 n 维向量空间都与F^n 同构. 对 n 维向量空间 V 的研究，可以转化为对向量空间 F^n的研究，F^n是 n 维向量空间的代表.

我们知道，二次型与对称矩阵是一一对应的，数域 F 上所有的 n 元二次型与 F 上 n 阶对称矩阵所形成的两个向量空间同构，因此两者的问题可以互相转化. 数域 F 上 n 维向量空间 V 的线性变换所构成的向量空间 $L(V)$与 F 上所有 n 阶矩阵构成的向量空间同构. 从某种意义上说，线性变换即矩阵. 因此，根据同构的思想，数域 F 上 n 维向量空间 V 的线性变换的问题都可以转化为相应的矩阵问题进行研究.

下篇——问题解析

问题历来是一切科学研究的焦点. 美国著名科学哲学家拉里·劳丹(Larry Landan,1941—)在其名著《进步及其问题》中深刻地论述了:“科学是解决问题的活动”这一命题. 的确,科学是通过解决问题而不断取得进步的.

“问题是数学的心脏”早已成为数学界的共识. 数学作为一切精确科学的典范,更是离不开问题的提出和解决. 从古希腊的三大作图难题(倍立方体、化圆为方、三等分任意角)到哥德巴赫猜想、费马大定理以及2006年才被解决的庞加莱(Poincare,1854—1912年)猜想充分说明了问题解决是数学进步与发展的内在动力.

数学的发展受到实践和理论的共同推动,其问题来源,一方面受到人类社会活动中遇到的许多现实困难的启发;另一方面源于数学内部各种理论与概念之间关系的探讨. 这些问题根据其性质和作用的不同又可分为三种:(1)未解决的问题(难题和猜想);(2)已解决的问题(定理和习题);(3)反常问题(反例和悖论). 难题和猜想是数学研究的重要源泉;定理和习题是数学理论的支撑;反例和悖论虽然对数学理论造成威胁,但也是促进数学发展的重要因素.

在数学教育中,国内外都在倡导“问题解决”的教育理念,可谓抓住了数学教育的本质. 但如何具体实施依然是见仁见智,众说纷纭. 在数学教育中对解题的教育价值历来有两种相互对立的观点:一种是所谓的题海战术,“熟能生巧,功到自然成”是这一方法的精髓. 这一点至今依然是令人敬佩和值得肯定的,若要求所有的学生都如法炮制坚决贯彻落实,则是困难和不现实的,矫枉必过正. 另一种是,许多人在大力提倡所谓数学的思想方法,他们认为这才是引领莘莘学子脱离无边苦海的不二法门,其核心价值正如孙子所云:“不谋全局者,不足谋一域.”但仅从大处着眼,不从小处着手,容易造成“头重脚轻根底浅”的流弊．孙子还指出：“不谋万世者，不足谋一时”，深谋远虑并不是只顾往前看而忘了从历史中吸取智慧和力量．正如著名数学史家克莱因批评美国“新数学运动”时所言：“数学家花了三百年才理解复数，而我们竟马上就教给学生复数是一个有序实数对．……从伽利略(Galileo，1564—1642 年)到狄利克雷(Dirchlet，1805—1859 年)，数学家一直绞尽脑汁去理解函数的概念，但现在却由定义域、值域和有序对来玩弄把戏．从古代埃及人和巴比伦人开始直到韦达和笛卡儿，没有一个数学家能意识到字母可用来代表一类数，但现在却通过简单的集合思想马上产生了集合这个概念．”

荷兰著名数学教育家弗赖登塔尔(Freudenthal，1905—1990 年)高屋建瓴，从数学发展的历史中提炼出“数学教育的数学化”这一深刻的教育思想．数学教育姓“数”，其本质在于“数学化”，而非教育学理论和原则的教条化(据说有人曾经把某些数学教学论文中的“数学”置换成“语文”之后，居然一样“有道理”)，与某些教育学原理加数学例题的所谓“数学教育”研究不同，弗赖登塔尔“数学化”教育思想的关键在于学生的“再创造”．他所倡导的“再创造”并非是教师将各种规则、定律灌输给学生，而是需要教师创设情景，提供合适的条件，利用具体例子，引导学生尽快领悟前人在相似条件下是如何提出问题和解决问题的．

“数学化”的教育思想不仅适合初等教育，在高等教育中更应当如此．高等代数是师范院校数学专业的一门重要基础课程，具有理论上的抽象性、逻辑推理的严密性和广泛的应用性．教材中的习题虽然绝大多数都是已经解决了的问题，但对学生而言，解题仍然是一种再创造的过程．数学教学之根本目的应当是培养和提高学生处理实际问题的能力，通过解题发现其中所蕴藏的独特思想和方法，从而加深对数学的理解，这是数学教育不可或缺的一环．

第 5 章　一元多项式

多项式是中学代数的主要内容之一，在中学只涉及简单的计算和应用，并未从理论上进行深入的探讨，而它的理论是高等代数的重要内容. 一元多项式的整除性理论及多项式的因式分解、多项式的根等是多项式的中心问题.

5.1　一元多项式的定义和运算

数域 F 上的一个文字 x 的多项式是指形式表达式 $a_0+a_1x+a_2x^2+\cdots+a_nx^n$，这里 n 是非负整数，而 $a_i(i=0,1,\cdots,n)$ 都是 F 中的数. 因此含有 x 的负数幂或分数幂的表达式都不是一元多项式，如 $\sqrt{x-3}$，$\dfrac{x^2+x-3}{2x+1}$ 等就不是多项式. 两个多项式相等的定义，刻画了形式表达式 $a_0+a_1x+a_2x^2+\cdots+a_nx^n$ 的基本性质，它说明这种表达式是唯一的，由此才能确定多项式的次数. 零多项式(用 0 表示)是唯一没有定义次数的多项式. 零次多项式是非零常数. 数域 F 上的所有一元多项式的集合称为 F 上的一元多项式环，表示为 $F[x]$.

多项式的和、差运算归结为对应系数的和、差，多项式的乘法运算归结为逐项相乘后合并同类项，加法和乘法适合交换律、结合律、分配律、消去律.

多项式的次数定理：设 $f(x)$ 和 $g(x)$ 是数域 F 上的两个多项式，并且 $f(x)\neq 0$，$g(x)\neq 0$，那么

(1) 当 $f(x)+g(x)\neq 0$ 时，$\partial(f(x)+g(x))\leqslant \max(\partial(f(x)),\partial(g(x)))$；

(2) $\partial(f(x)g(x))=\partial(f(x))+\partial(g(x))$.

例 1　假设 $f(x)\neq 0$，$g(x)\neq 0$，公式

$$\partial(f(x)+g(x))\leqslant \max(\partial(f(x)),\partial(g(x)))$$

中小于号何时成立？等于号呢？

解　设　$\partial(f(x))=n$，$\partial(g(x))=m$，

$f(x)=a_0+a_1x+\cdots+a_nx^n$，$a_n\neq 0$，

$g(x)=b_0+b_1x+\cdots+b_mx^m$，$b_m\neq 0$，

并且 $m\leqslant n$，那么

$$f(x)+g(x)=(a_0+b_0)+(a_1+b_1)x+\cdots+(a_n+b_n)x^n,$$

$f(x)+g(x)$的次数显然不能超过 n. 当 $a_n+b_n=0$，即 $a_n=-b_n$时，小于号成立；当 $a_n+b_n\neq0$，即 $a_n\neq-b_n$时，等于号成立.

例 2 设 $f(x)$，$g(x)$和 $h(x)$是实数域上的多项式. 证明：如果

$$f(x)^2=x\,g(x)^2+x\,h(x)^2, \tag{$*$}$$

那么 $f(x)=g(x)=h(x)=0$.

证明 要证 $f(x)=g(x)=h(x)=0$. 由($*$)式可知，只要证明 $g(x)=h(x)=0$ 即可. 用反证法证明如下：

若 $g(x)$和 $h(x)$中至少有一个不等于 0，不失一般性，设 $g(x)\neq0$，分两种情况证明.

(1)若 $h(x)=0$，则$f(x)^2=x\,g(x)^2$. 由次数定理，左边$\partial(f(x)^2)=2\partial(f(x))$是偶数，右边$\partial(xg(x)^2)=\partial(x)+2\partial(g(x))=1+2\partial(g(x))$是奇数，矛盾. 从而 $g(x)=h(x)=0$，即 $f(x)=g(x)=h(x)=0$.

(2)若 $h(x)\neq0$，则 $x\,g(x)^2$，$x\,h(x)^2$都是首项系数为正实数的奇次多项式，所以不论它们的次数相等与否，$x\,g(x)^2+x\,h(x)^2$总是奇次多项式，而 $f(x)^2$是偶次多项式，矛盾. 所以，$g(x)$和 $h(x)$只能是零多项式，从而 $f(x)=g(x)=h(x)=0$.

注：本题可以进一步推广：设 $f(x)$，$g(x)$和 $h(x)$是实数域上的多项式，证明：如果

$$f(x)^{2k}=x^{2l+1}g(x)^{2m}+x^{2n+1}h(x)^{2s},$$

其中，k，l，m，n，s 都是正整数，那么

$$f(x)=g(x)=h(x)=0.$$

例 3 求一组满足例 2 条件的不全为零的复系数多项式 $f(x)$，$g(x)$和$h(x)$.

解 令 $g(x)=\mathrm{i}$，$h(x)=1$，这样

$$x\,g(x)^2+x\,h(x)^2=x\,\mathrm{i}^2+x=0$$

满足要求.

例 4 设 $f(x)$，$g(x)$是 $F[x]$的多项式，证明：$f(x)g(x)=0$ 当且仅当 $f(x)=0$ 或 $g(x)=0$.

证明 充分性　　若多项式 $f(x)$，$g(x)$中，有一个是零多项式，由乘积的定义，$f(x)g(x)$的每一项系数都为零，即 $f(x)g(x)=0$.

必要性　　用反证法. 假设 $f(x)\neq0$，$g(x)\neq0$，$\partial(f(x))=n$，$\partial(g(x))=m$，由多项式的次数定理$\partial(f(x)g(x))=\partial(f(x))+\partial(g(x))$. 从而 $f(x)g(x)\neq0$，

与题设矛盾. 因此$f(x)g(x)=0$，必有 $f(x)=0$ 或 $g(x)=0$.

5.2　多项式的整除性

与整数的整除性类似，多项式的整除理论主要讨论对任意两个多项式 $f(x)$，$g(x)$，是否有 $f(x)$整除 $g(x)$以及与此有关的多项式的最大公因式、多项式的因式分解等问题. 带余除法是一个重要定理，是一元多项式的最大公因式及多项式根的理论基础，它给出了判断多项式 $f(x)$能否整除多项式 $g(x)$的一个有效方法.

多项式的加法、乘法、减法都是 $F[x]$的代数运算，即它们都是 $F[x]\times F[x]$到$F[x]$的映射. 但多项式的除法却不是 $F[x]$的代数运算，即在 $F[x]$中不能做除法. 多项式的整除性不是多项式的运算，它是 $F[x]$的元素间的一种关系，即任给 $F[x]$中的两个多项式 $f(x)$，$g(x)$，可以判断 $f(x)$整除 $g(x)$或者 $f(x)$不能整除 $g(x)$. 这种"关系"类似实数集中元素间的大小关系、相等关系、集合的子集间的包含关系.

取 $f(x)$，$g(x)\in F[x]$，如果存在 $h(x)\in F[x]$，使得 $g(x)=f(x)h(x)$，称$f(x)$整除 $g(x)$，$f(x)$是 $g(x)$的一个因式.

带余除法. 设 $f(x)$，$g(x)\in F[x]$，$g(x)\neq 0$，则有唯一的 $q(x)$，$r(x)\in F[x]$，使 $f(x)=q(x)g(x)+r(x)$，其中 $r(x)=0$ 或$\partial(r(x))<\partial(g(x))$，$r(x)$称为余式，$q(x)$称为商式.

两个多项式的整除关系不因数域的扩大而改变.

例 1　求 $f(x)=x^5-x^3+3x^2-1$，被 $g(x)=x^3-3x+2$ 除所得的商式和余式.

解

1	0	−3	2	1	0	−1	3	0	−1	1	0	2
				1	0	−3	2					
						2	1	0	−1			
						2	0	−6	4			
							1	6	−5			

所以 $q(x)=x^2+2$，$r(x)=x^2+6x-5$.

例 2　设 $f(x)$被 $g(x)$除所得的商式和余式分别为 $q(x)$和 $r(x)$，$h(x)$是任一非零多项式. 求：

(1)$f(x)h(x)$被 $g(x)h(x)$除所得的商式和余式；

(2) $f(x)$ 被 $cg(x)$（c 为非零常数）除所得的商式和余式.

解 (1)由带余除法，设

$$f(x)=g(x)q(x)+r(x), \qquad (*)$$

其中 $r(x)=0$ 或 $\partial(r(x))<\partial(g(x))$. 由此得

$$f(x)h(x)=g(x)h(x)\cdot q(x)+r(x)h(x).$$

由多项式相乘的次数关系知，$r(x)h(x)=0$ 或 $\partial(r(x)h(x))<\partial(g(x)h(x))$. 上式表明，$f(x)h(x)$ 被 $g(x)h(x)$ 除所得的商式仍为 $q(x)$，而余式则为 $r(x)h(x)$.

(2)由($*$)式可得

$$f(x)=cg(x)\cdot\frac{1}{c}q(x)+r(x),$$

其中 $r(x)=0$ 或 $\partial(r(x))<\partial(cg(x))$. 因此，$f(x)$ 被 $cg(x)$ 除所得的商式为 $\frac{1}{c}q(x)$，而余式仍为 $r(x)$.

例 3 证明：$x\mid f(x)^k$ 必要且只要 $x\mid f(x)$.

证明 充分性 若 $x\mid f(x)$，有整除定义知，存在多项式 $q(x)$，使得 $f(x)=xq(x)$，$f(x)^k=x(x^{k-1}q(x)^k)$，所以 $x\mid f(x)^k$.

必要性 (用反证法)若 $x\mid f(x)^k$，设 $x\nmid f(x)$，由带余除法知 $f(x)=xq(x)+r$，且 r 是非零常数. 于是

$$\begin{aligned}f(x)^k&=[xq(x)+r]^k\\&=C_k^0x^kq(x)^k+C_k^1x^{k-1}q(x)^{k-1}r+\cdots+C_k^{k-1}xq(x)r^{k-1}+r^k\\&=x[C_k^0x^{k-1}q(x)^k+C_k^1x^{k-2}q(x)^{k-1}r+\cdots+C_k^{k-1}q(x)r^{k-1}]+r^k\end{aligned}$$

$r^k\neq0$，所以 $x\nmid(x)^k$，矛盾. 因此 $x\mid f(x)$.

注：本题主要应用整除定义、带余除法及整除性质. 如果把 x 换成 $ax+b\in F[x]$ $(a\neq0)$，结论仍然成立. 即 $(ax+b)\mid f(x)^k$ 必要且只要 $(ax+b)\mid f(x)$.

例 4 令 $f_1(x)$，$f_2(x)$，$g_1(x)$，$g_2(x)$ 都是数域 F 上的多项式，其中 $f_1(x)\neq0$ 且 $g_1(x)g_2(x)\mid f_1(x)f_2(x)$，$f_1(x)\mid g_1(x)$. 证明：$g_2(x)\mid f_2(x)$.

证明 由已知

$$f_1(x)f_2(x)=q(x)g_1(x)g_2(x)=q(x)q_1(x)f_1(x)g_2(x).$$

由于 $f_1(x)\neq0$，所以 $f_2(x)=q(x)q_1(x)g_2(x)$，即 $g_2(x)\mid f_2(x)$.

例 5 实数 m，p，q 满足什么条件时，多项式 x^2+mx+1 能够整除多项式 x^4+px+q?

法一 由带余除法

$1\quad m\quad 1$	1	0	0	p	q	$1\quad -m\quad m^2-1$
	1	m	1			
		$-m$	-1	p		
		$-m$	$-m^2$	$-m$		
			m^2-1	$p+m$	q	
			m^2-1	m^3-m	m^2-1	
				$p+2m-m^3$	$q-m^2+1$	

$x^4+px+q=(x^2+mx+1)(x^2-mx+m^2-1)+(p+2m-m^3)x+q-m^2+1$. 因此

$$x^2+mx+1 \mid x^4+px+q \Leftrightarrow (p+2m-m^3)x+q-m^2+1=0,$$

即 $p=m^3-2m$, $q=m^2-1$.

法二　待定系数法

由整除的定义知 x^2+mx+1 整除 x^4+px+q 的必要充分条件是：存在因式 x^2+Bx+C，使得

$$x^4+px+q=(x^2+mx+1)(x^2+Bx+C),$$

从而有 $m+B=0$, $Bm+C+1=0$, $B+Cm=p$, $C=q$. 由此得

$$p=m^3-2m,\ q=m^2-1.$$

例 6　设 F 是一个数域，$a\in F$. 证明：$x-a$ 整除 x^n-a^n.

证明　**法一**　$x^n-a^n=(x-a)(x^{n-1}+x^{n-2}a+\cdots+a^{n-1})$，由整除定义，$x-a$ 整除 x^n-a^n.

法二　用数学归纳法证明. 当 $n=1$ 时，$x-a$ 整除 $x-a$. 假设 $n=k$ 时，$x-a$ 整除 x^k-a^k，则 $n=k+1$时

$$\begin{aligned}x^{k+1}-a^{k+1}&=x^{k+1}-a^{k+1}+xa^k-xa^k\\&=x(x^k-a^k)+a^k(x-a).\end{aligned}$$

显然 $x-a$ 整除 $x^{k+1}-a^{k+1}$. 所以，命题对一切的正整数 n 均成立.

例 7　考虑有理数域上的多项式

$$f(x)=(x+1)^{k+n}+(2x)(x+1)^{k+n-1}+\cdots+(2x)^k(x+1)^n,$$

这里 k 和 n 都是非负整数. 证明：

$$x^{k+1}\mid(x-1)f(x)+(x+1)^{k+n+1}.$$

证明

$$\begin{aligned}(x-1)f(x)&=[2x-(x+1)][(x+1)^k+(2x)(x+1)^{k-1}+\\&\quad\cdots+(2x)^k](x+1)^n\\&=(2x)^{k+1}(x+1)^n-(x+1)^{k+n+1}.\end{aligned}$$

所以，$$(x-1)f(x)+(x+1)^{k+n+1}=(2x)^{k+1}(x+1)^n,$$
即 $$x^{k+1}\mid(x-1)f(x)+(x+1)^{k+n+1}.$$

例 8 设 $x-1\mid f(x^n)$，证明 $x^n-1\mid f(x^n)$（n 是正整数）.

证明 因为 $x-1\mid f(x^n)$，则存在 $q(x)\in F[x]$，使得 $f(x^n)=(x-1)q(x)$，于是 $f(1^n)=0$，即 $f(1)=0$. 令 $x^n=y$，由于 $f(1)=0$，故 $y-1\mid f(y)$，从而 $x^n-1\mid f(x^n)$.

5.3 多项式的最大公因式

多项式的最大公因式是多项式整除理论的一个重要组成部分. 要正确理解和掌握最大公因式定义中两个条件的含义.

设 $f(x)$，$g(x)$ 是数域 F 上多项式环 $F[x]$ 中的两个多项式. $F[x]$ 中的多项式 $d(x)$ 称为 $f(x)$，$g(x)$ 的最大公因式，如果它满足两个条件：

(1) $d(x)$ 是 $f(x)$，$g(x)$ 的公因式；

(2) $f(x)$，$g(x)$ 的公因式全是 $d(x)$ 的因式.

用 $(f(x), g(x))$ 表示首项系数为 1 的最大公因式. 如果 $(f(x), g(x))=1$，称 $f(x)$ 与 $g(x)$ 互素.

如果 $f(x)=g(x)q(x)+r(x)$，则 $(f(x), g(x))=(g(x), r(x))$. 这里并不要求 $q(x)$ 及 $r(x)$ 是 $f(x)$ 除以 $g(x)$ 的商及余式.

多项式的辗转相除法. 依次作下列形式的带余除法：

$$f(x)=g(x)q_1(x)+r_1(x),$$
$$g(x)=r_1(x)q_2(x)+r_2(x),$$
$$\cdots\cdots$$
$$r_{n-1}(x)=r_n(x)q_{n+1}(x)+r_{n+1}(x)\text{，且 } r_{n+1}(x)=0.$$

则 $r_n(x)$ 是 $f(x)$，$g(x)$ 的一个最大公因式.

利用辗转相除法不仅能证明任意两个多项式存在最大公因式，而且也是实际求最大公因式的一种有效方法. 又因为带余除法所得的商和余式不随系数域的扩大而改变，所以两个多项式的最大公因式也不随系数域的扩大而改变. 但两个多项式的公因式可能因数域的扩大而改变. 最大公因式具有如下性质：

(1) 如果 $f(x)$，$g(x)$，$d(x)\in F[x]$，且 $d(x)$ 是 $f(x)$，$g(x)$ 的最大公因式，则必有 $u(x)$，$v(x)\in F[x]$，使得

$$f(x)u(x)+g(x)v(x)=d(x).$$

一般来说，这个命题的逆命题不成立.

(2) $(f(x), g(x))=1$ 的必要充分条件是存在 $u(x)$，$v(x)\in F[x]$，使得

$$f(x)u(x)+g(x)v(x)=1.$$

(3)若 $f(x)\mid g(x)h(x)$ 且 $(f(x),\ g(x))=1$，则 $f(x)\mid h(x)$.

(4)若 $f(x)\mid h(x)$，$g(x)\mid h(x)$，且 $(f(x),\ g(x))=1$，则 $f(x)g(x)\mid h(x)$. 一般地，若 $f_i(x)\mid h(x)(i=1,\ 2,\ \cdots,\ n)$，且 $f_1(x)$，$f_2(x)$，$\cdots$，$f_n(x)$ 两两互素，那么 $f_1(x)f_2(x)\cdots f_n(x)\mid h(x)$.

例 1　计算多项式 $f(x)=x^4+3x^3-x^2-4x-3$，$g(x)=3x^3+10x^2+2x-3$ 的最大公因式.

解　用 $g(x)$ 除以 $3f(x)$，即

3	10	2	-3	3	9	-3	-12	-9	1	$-\frac{1}{3}$
				3	10	2	-3			
					-1	-5	-9	-9		
					-1	$-\frac{10}{3}$	$-\frac{2}{3}$	1		
						$-\frac{5}{3}$	$-\frac{25}{3}$	-10		

用 $r_1(x)=x^2+5x+6$ 除 $g(x)$，即

1	5	6	3	10	2	-3	3	-5
			3	15	18			
				-5	-16	-3		
				-5	-25	-30		
					9	27		

$$r_1(x)=x^2+5x+6=(x+2)(x+3),$$

则 $r_2(x)=9(x+3)$，整除 $r_1(x)$. 所以

$$(f,\ g)=x+3.$$

例 2　已知 $f(x)=x^3+(t+1)x^2+2x+2u$，$g(x)=x^3+tx^2+u$ 的最大公因式是二次多项式，求 t，u.

解　对 $f(x)$，$g(x)$ 利用辗转相除法，得

$$f(x)=g(x)+x^2+2x+u,$$

$$g(x)=(x^2+2x+u)(x+t-2)-(u+2t-4)x+ut+3u.$$

由于 $f(x)$ 与 $g(x)$ 的最大公因式是二次的，故

$$(-u-2t+4)x-ut+3u=0.$$

即

$$\begin{cases}-u-2t+4=0,\\3u-ut=0,\end{cases}$$

解得$\begin{cases}t=2,\\u=0,\end{cases}$或$\begin{cases}t=3,\\u=-2.\end{cases}$

例 3 设 $f(x)=d(x)f_1(x)$，$g(x)=d(x)g_1(x)$. 证明：若$(f(x), g(x))=d(x)$，且 $f(x)$和 $g(x)$不全为零，则$(f_1(x), g_1(x))=1$；反之，若$(f_1(x), g_1(x))=1$，则 $d(x)$是 $f(x)$与 $g(x)$的一个最大公因式.

证明 若$(f(x), g(x))=d(x)$，则存在 $u(x)$，$v(x)$，使得

$$f(x)u(x)+g(x)v(x)=d(x). \tag{$*$}$$

由于 $f(x)$和 $g(x)$不全为零，所以 $d(x)\neq 0$. 将 $f(x)=d(x)f_1(x)$，$g(x)=d(x)g_1(x)$代入($*$)式，有

$$f_1(x)u(x)+g_1(x)v(x)=1.$$

所以$(f_1(x), g_1(x))=1$.

反之，若$(f_1(x), g_1(x))=1$，则存在 $u(x)$，$v(x)$，使得

$$f_1(x)u(x)+g_1(x)v(x)=1.$$

两边同时乘以 $d(x)$，有 $f_1(x)d(x)u(x)+g_1(x)d(x)v(x)=d(x)$.

即

$$f(x)u(x)+g(x)v(x)=d(x).$$

由于 $d(x)$是 $f(x)$与 $g(x)$的公因式，因此，$f(x)$与 $g(x)$的任何公因式都整除$d(x)$，所以 $d(x)$是 $f(x)$与 $g(x)$的一个最大公因式.

例 4 设$(f, g)=1$. 证明：

$$(f, f+g)=(g, f+g)=(fg, f+g)=1.$$

证明 由$(f, g)=1$，存在 u，$v\in F[x]$，使得 $fu+gv=1$，

则 $$fu+(f+g-f)v=1,$$

即 $$f(u-v)+(f+g)v=1.$$

所以 $$(f, f+g)=1.$$

同理，$(g, f+g)=1$，由互素多项式的性质得

$$(fg, f+g)=1.$$

例 5 证明：(1)$(f, g)h$ 是 fh 和 gh 的最大公因式；(2)$(f_1, g_1)(f_2, g_2)=(f_1f_2, f_1g_2, g_1f_2, g_1g_2)$，此处 f，g，h 都是$F[x]$的多项式.

证明 (1)令$(f, g)=d$，存在 u，$v\in F[x]$，使得

$$fu+gv=d,\ fhu+ghv=dh. \tag{$*$}$$

一方面，dh 是 fh 和 gh 的公因式；另一方面，由($*$)式，fh 和 gh 的任何公因式都是 dh 的因式. 所以，$(f, g)h$ 是 fh 和 gh 的最大公因式.

(2)令$(f_1, g_1)=d_1$，$(f_2, g_2)=d_2$，存在$u_1, v_1, u_2, v_2 \in F[x]$，使得

$$f_1u_1+g_1v_1=d_1,\ f_2u_2+g_2v_2=d_2,$$

两式相乘得

$$f_1f_2u_1u_2+f_1g_2u_1v_2+g_1f_2v_1u_2+g_1g_2v_1v_2=d_1d_2.$$

因为$d_1d_2 \mid f_1f_2, f_1g_2, g_1f_2, g_1g_2$，由上式可知 f_1f_2，f_1g_2，g_1f_2，g_1g_2 的任何公因式都是d_1d_2的因式. 所以

$$(f_1, g_1)(f_2, g_2)=(f_1f_2, f_1g_2, g_1f_2, g_1g_2).$$

例 6　设$f(x)=x^4+2x^3-x^2-4x-2$，$g(x)=x^4+x^3-x^2-2x-2$ 都是有理数域 **Q** 上的多项式，求 $u(x)$，$v(x)\in \mathbf{Q}[x]$，使得

$$f(x)u(x)+g(x)v(x)=(f(x), g(x)).$$

解　用$g(x)$除$f(x)$得

$$f(x)=g(x)+(x^3-2x),\ g(x)=(x^3-2x)(x+1)+x^2-2,$$

其中，x^2-2 是 $f(x)$与$g(x)$的最大公因式，

$$(f(x), g(x))=x^2-2,\ x^2-2=f(x)(-x-1)+g(x)(x+2).$$

所以，
$$u(x)=-x-1,\ v(x)=x+2.$$

例 7　设$(f, g)=1$，令 n 是任意正整数，证明：$(f, g^n)=1$. 由此进一步证明，对于任意正整数 m，n，都有$(f^m, g^n)=1$.

证明　由$(f, g)=1$，存在 u，$v\in F[x]$，使得 $fu+gv=1$. $(gv)^n=(1-fu)^n=1-C_n^1fu+C_n^2(fu)^2-\cdots+(-1)^nC_n^n(fu)^n$. 所以，

$$f[C_n^1u-C_n^2fu^2+\cdots-(-1)^nC_n^nf^{n-1}u^n]+g^nv^n=1.$$

所以，$(f, g^n)=1$.

同理，对于任意正整数 m，n，都有$(f^m, g^n)=1$.

例 8　若 $f(x)$与$g(x)$是有理数域 **Q** 上的多项式，而且$(f(x), g(x))=d(x)$. 证明：$f(x)$，$g(x)$作为复数域 **C** 上的多项式，也有$(f(x), g(x))=d(x)$.

证明　设在复数域 **C** 上$(f(x), g(x))=\overline{d(x)}$. 若 $f(x)=g(x)=0$，那么$d(x)=\overline{d(x)}=0$.

设 $f(x)$与$g(x)$之中至少有一个不等于零. 不论我们把 $f(x)$与$g(x)$看成是有理数域 **Q** 上的多项式，还是复数域 **C** 上的多项式，在我们对这两个多项式施行辗转相除时，总得到同一非零的最后余式$r_k(x)$. 因此这样得来的$r_k(x)$既是 $f(x)$与$g(x)$在有理数域 **Q** 里的，也是它们在复数域 **C** 里的最大公因式. 令$r_k(x)$的首项系数是 c，那么

$$d(x)=\overline{d(x)}=\frac{1}{c}r_k(x).$$

例 9 证明：如果$(f(x),g(x))=1$，那么对于任意正整数 m，$(f(x^m),g(x^m))=1$.

证明 由$(f(x),g(x))=1$，存在 $u(x)$，$v(x)$，使得

$$f(x)u(x)+g(x)v(x)=1.$$

从而 $f(x^m)u(x^m)+g(x^m)v(x^m)=1$，即$(f(x^m),g(x^m))=1$.

例 10 设 $f(x)$，$g(x)$是数域 F 上的多项式. $f(x)$与 $g(x)$的最小公倍式指的是$F[x]$中满足以下条件的一个多项式 $m(x)$：① $f(x)\mid m(x)$且 $g(x)\mid m(x)$，② $h(x)\in F[x]$且 $f(x)\mid h(x)$，$g(x)\mid h(x)$，那么 $m(x)\mid h(x)$.

(1)证明：$F[x]$中任意两个多项式都有最小公倍式，并且除了可能的零次因式的差别外，是唯一的.

(2)设 $f(x)$，$g(x)$都是最高次项的系数是 1 的多项式. 令$[f(x),g(x)]$表示 $f(x)$与 $g(x)$的最高次项系数是 1 的那个最小公倍式. 证明

$$f(x)g(x)=(f(x),g(x))[f(x),g(x)].$$

证明 (1)若 $f(x)$，$g(x)$有一个是零，则它们有最小公倍式零. 假设 $f(x)\neq 0$，$g(x)\neq 0$，令$(f(x),g(x))=d(x)$，则 $f(x)=d(x)f_1(x)$，$g(x)=d(x)g_1(x)$，且$(f_1(x),g_1(x))=1$.

$\dfrac{f(x)g(x)}{d(x)}$是 $f(x)$，$g(x)$的一个最小公倍式. 事实上，由$\dfrac{f(x)g(x)}{d(x)}=f_1(x)g(x)=f(x)g_1(x)$知，$\dfrac{f(x)g(x)}{d(x)}$是 $f(x)$，$g(x)$的一个公倍式.

另设 $M(x)$是 $f(x)$与 $g(x)$的任一公倍式，则

$$M(x)=f(x)s(x)=d(x)f_1(x)s(x), \qquad (*)$$

及

$$M(x)=g(x)t(x)=d(x)g_1(x)t(x),$$

从而

$$f_1(x)s(x)=g_1(x)t(x).$$

又$(f_1(x),g_1(x))=1$，因此 $g_1(x)\mid s(x)$. 令 $s(x)=g_1(x)s_1(x)$代入$(*)$式得

$$M(x)=d(x)f_1(x)g_1(x)s_1(x)=\frac{f(x)g(x)}{d(x)}s_1(x),$$

即$\dfrac{f(x)g(x)}{d(x)}\mid M(x)$. 所以，$\dfrac{f(x)g(x)}{d(x)}$是 $f(x)$，$g(x)$的一个最小公倍式. 存在性得证.

下面证唯一性.

若$m_1(x)$，$m_2(x)$都是 $f(x)$，$g(x)$的最小公倍式，由定义得 $m_1(x)\mid m_2(x)$，$m_2(x)\mid m_1(x)$. 所以$m_1(x)$，$m_2(x)$只相差一个常数因子.

(2)由(1)的证明知，当 $f(x)$，$g(x)$的最高次项系数是 1 时，有

$$f(x)g(x)=(f(x),\ g(x))[f(x),\ g(x)].$$

例 11 设 $g(x)\mid f_1(x)\cdots f_n(x)$，并且 $(g(x),\ f_i(x))=1$，$i=1,\ 2,\ \cdots,\ n-1$. 证明：$g(x)\mid f_n(x)$.

证明 令 $h(x)=f_1(x)\cdots f_{n-1}(x)$，由 $(g(x),\ f_i(x))=1$，$i=1,\ 2,\ \cdots,\ n-1$ 得

$$(g(x),\ f_1(x)\cdots f_{n-1}(x))=1,\quad 即(g(x),\ h(x))=1.$$

又 $g(x)\mid h(x)f_n(x)$，所以 $g(x)\mid f_n(x)$.

例 12 设 $f_1(x),\ f_2(x),\ \cdots,\ f_n(x)\in F[x]$. 证明：

(1) $(f_1(x),\ f_2(x),\ \cdots,\ f_n(x))=((f_1(x),\ \cdots,\ f_k(x)),\ (f_{k+1}(x),\ \cdots,\ f_n(x)))$，$1\leqslant k\leqslant n-1$.

(2) $f_1(x),\ f_2(x),\ \cdots,\ f_n(x)$ 互素的充要条件是存在多项式 $u_1(x),\ u_2(x),\ \cdots,\ u_n(x)\in F[x]$，使得

$$f_1(x)u_1(x)+f_2(x)u_2(x)+\cdots+f_n(x)u_n(x)=1.$$

证明 (1) 令 $d(x)=((f_1(x),\ \cdots,\ f_k(x)),\ (f_{k+1}(x),\ \cdots,\ f_n(x)))$，有

$$d(x)\mid(f_1(x),\ \cdots,\ f_k(x)),\ d(x)\mid(f_{k+1}(x),\ \cdots,\ f_n(x)),$$

进而有

$$d(x)\mid f_i(x),\ i=1,\ 2,\ \cdots,\ n.$$

另设 $h(x)$ 是 $f_1(x),\ f_2(x),\ \cdots,\ f_n(x)$ 的任一公因式，

$$h(x)\mid(f_1(x),\ \cdots,\ f_k(x)),h(x)\mid(f_{k+1}(x),\ \cdots,\ f_n(x)),$$

因而 $h(x)\mid((f_1(x),\ \cdots,\ f_k(x)),\ (f_{k+1}(x),\ \cdots,\ f_n(x)))=d(x)$.

所以，

$$(f_1(x),\ f_2(x),\ \cdots,\ f_n(x))=((f_1(x),\ \cdots,\ f_k(x)),\ (f_{k+1}(x),\ \cdots,\ f_n(x))).$$

(2) 充分性 若有 $u_1(x),\ u_2(x),\ \cdots,\ u_n(x)$，使得

$$f_1(x)u_1(x)+f_2(x)u_2(x)+\cdots+f_n(x)u_n(x)=1,$$

另设 $h(x)$ 是 $f_1(x),\ f_2(x),\ \cdots,\ f_n(x)$ 的任一公因式，则有 $h(x)\mid 1$. 从而 $f_1(x),\ f_2(x),\ \cdots,\ f_n(x)$ 互素.

必要性 若 $(f_1(x),\ f_2(x))=d_2(x)$，则有 $u_1'(x),\ u_2'(x)$，使得

$$f_1(x)u_1'(x)+f_2(x)u_2'(x)=d_2(x).$$

假设命题对于 $s-1$ 个多项式成立，即当 $(f_1(x),\ \cdots,\ f_{s-1}(x))=d_{s-1}(x)$ 时，有 $u_1'(x),\ \cdots,\ u_{s-1}'(x)$，使得

$$f_1(x)u_1'(x)+\cdots+f_{s-1}(x)u_{s-1}'(x)=d_{s-1}(x),$$

则对于 s 个多项式来说，由于

$$((f_1(x),\ \cdots,\ f_{s-1}(x)),\ f_s(x))=(d_{s-1}(x),\ f_s(x)),$$

有 $p(x)$，$q(x)$，使得

$$d_{s-1}(x)p(x)+f_s(x)q(x)=(d_{s-1}(x),\ f_s(x)).$$

以$d_{s-1}(x)$的上述表示式代入，则得

$$(p(x)u_1'(x))f_1(x)+(p(x)u_2'(x))f_2(x)+\cdots+$$
$$(p(x)u_{s-1}'(x))f_{s-1}(x)+q(x)f_s(x)=(d_{s-1}(x),\ f_s(x)),$$

即有 $p(x)u_1'(x)$，…，$p(x)u_{s-1}'(x)$，$q(x)$，使

$$(p(x)u_1'(x))f_1(x)+(p(x)u_2'(x))f_2(x)+\cdots+$$
$$(p(x)u_{s-1}'(x))f_{s-1}(x)+q(x)f_s(x)=(f_1(x),\ f_2(x),\ \cdots,\ f_s(x)).$$

当$(f_1(x),\ f_2(x),\ \cdots,\ f_n(x))=1$时，令 $d(x)=1$，$s=n$，其中

$$u_1(x)=p(x)u_1'(x),\ \cdots,\ u_s(x)=q(x).$$

必要性得证.

5.4 多项式的因式分解

不可约多项式 设 $p(x)$是数域 F 上的次数$\geqslant 1$ 的多项式，且它不能表成两个在 F 上次数比它低的多项式的乘积，则称 $p(x)$为 F 上的不可约多项式，否则称为可约多项式.

定义不可约多项式时，对于零多项式 0 及零次多项式 $c(\neq 0)$，既不说它们可约，也不说它们不可约. 如果规定 0 是可约的，那么由于在 0 的分解式中永远要出现“0”这个因式，因此，0 不能分解为不可约因式之积；如果规定 0 是不可约的，那么 0 分解为不可约因式之积的分解式将不是唯一的. 对零次多项式 c 来说，有同样的困难. 因此，在定义不可约多项式时，必须限制多项式 $p(x)$ 的次数大于零. 由于类似的理由，在自然数中定义素数时，必须限制自然数 a 既不是 0 也不是 1.

不可约多项式与互素多项式两个概念容易混淆. 不可约多项式指的是某个多项式本身的一种特性，与自然数中素数概念类似；而互素多项式是指 $F[x]$ 中两个多项式的关系，与整数中两个整数互素是类似的概念.

多项式的唯一分解定理 数域 F 上的每一个次数$\geqslant 1$ 的多项式 $f(x)$都可以唯一地分解为数域 F 上的一些不可约多项式的乘积.

该定理是多项式整除性理论的一个重要定理，但它仅从理论上指出数域 F 上的任意一个次数大于零的多项式 $f(x)$分解为不可约因式之积的可能性与唯一性，在许多有关多项式理论的推导上有重要作用. 我们至今还没有一个在任意数域上分解任意多项式的一般方法，只能通过具体例子体会本定理的应用.

例 1 分别在复数域、实数域和有理数域上分解多项式 x^4+1 为不可约因

式的乘积.

解　在复数域上,

$$x^4+1=(x^4+2x^2+1)-2x^2=(x^2+1)^2-2x^2$$
$$=(x^2+\sqrt{2}x+1)(x^2-\sqrt{2}x+1)$$
$$=\left(x+\frac{\sqrt{2}}{2}+\frac{\sqrt{2}}{2}\mathrm{i}\right)\left(x+\frac{\sqrt{2}}{2}-\frac{\sqrt{2}}{2}\mathrm{i}\right)\left(x-\frac{\sqrt{2}}{2}+\frac{\sqrt{2}}{2}\mathrm{i}\right)\left(x-\frac{\sqrt{2}}{2}-\frac{\sqrt{2}}{2}\mathrm{i}\right).$$

在实数域上,

$$x^4+1=(x^4+2x^2+1)-2x^2=(x^2+1)^2-2x^2=(x^2+\sqrt{2}x+1)(x^2-\sqrt{2}x+1).$$

在有理数域上, x^4+1 不能再分解, x^4+1 就是它的不可约因式.

例 2　证明: $g(x)^2\mid f(x)^2$, 当且仅当 $g(x)\mid f(x)$.

证明　充分性　　由 $g(x)\mid f(x)$, $f(x)=g(x)q(x)$, $f(x)^2=g(x)^2q(x)^2$, 所以 $g(x)^2\mid f(x)^2$.

必要性　**法一**　当 $f(x)=g(x)=0$ 时, 则有 $g(x)\mid f(x)$. 如果 $f(x)$, $g(x)$ 不全为 0. 令 $(f(x), g(x))=d(x)$, 则

$$f(x)=d(x)f_1(x),\ g(x)=d(x)g_1(x),$$

且

$$(f_1(x), g_1(x))=1.$$

那么,　　$f(x)^2=d(x)^2f_1(x)^2$, $g(x)^2=d(x)^2g_1(x)^2$,

由 $g(x)^2\mid f(x)^2$ 得 $g_1(x)^2\mid f_1(x)^2$, 故 $g_1(x)\mid f_1(x)^2$. 又因为 $(f_1(x), g_1(x))=1$, 根据互素多项式的性质, $g_1(x)\mid f_1(x)$, 从而 $g_1(x)=c$ (c 为非零常数). 于是 $g(x)=cd(x)$, 所以 $g(x)\mid f(x)$.

法二　设 $g(x)=ap_1(x)^{k_1}\cdots p_r(x)^{k_r}=bp_1(x)^{l_1}\cdots p_r(x)^{l_r}$, 其中 $p_i(x)$, $i=1, 2, \cdots, r$ 是两两不等的首项系数为 1 的不可约多项式. $k_i\geqslant 0$, $l_i\geqslant 0$, $i=1, 2, \cdots, r$. 由于 $g(x)^2\mid f(x)^2$, 即

$$a^2p_1(x)^{2k_1}\cdots p_r(x)^{2k_r}\mid b^2p_1(x)^{2l_1}\cdots p_r(x)^{2l_r}.$$

又因为 $p_1(x), \cdots, p_r(x)$ 两两互素, 由整除性质得

$$p_i(x)^{2k_i}\mid p_i(x)^{2l_i},\ (i=1, 2, \cdots, r).$$

所以 $2k_i\leqslant 2l_i$, $(i=1, 2, \cdots, r)$. 由此得 $g(x)\mid f(x)$.

法三　(反证法) 设 $g(x)$ 的标准分解式为 $ap_1(x)^{k_1}\cdots p_r(x)^{k_r}$, 且 $g(x)\nmid f(x)$, 由于 $p_1(x)^{k_1}, \cdots, p_r(x)^{k_r}$ 两两互素, 由整除性质知, 必有一个因式不整除 $f(x)$, 不妨设 $p_1(x)^{k_1}\mid f(x)$, 所以 $p_1(x)^{2k_1}\nmid f(x)^2$. 但 $p_1(x)^{2k_1}\mid g(x)^2$, 而已知 $g(x)^2\mid f(x)^2$, 故 $p_1(x)^{2k_1}\mid f(x)^2$. 矛盾.

注: 华东师范大学 1996 年研究生考题与此题类似. 见综合练习题.

例 3　设 $p(x)$ 是不可约多项式, 如果 $p(x)\mid f(x)+g(x)$, $p(x)\mid f(x)g(x)$,

那么 $p(x)\mid f(x)$，$p(x)\mid g(x)$.

证明 由 $p(x)\mid f(x)g(x)$及不可约多项式的性质，$p(x)\mid f(x)$或 $p(x)\mid g(x)$，不妨假设 $p(x)\mid f(x)$，由已知 $p(x)\mid f(x)+g(x)$，而

$$g(x)=[f(x)+g(x)]-f(x),$$

故 $p(x)\mid g(x)$.

例 4 求 $f(x)=x^5-x^4-2x^3+2x^2+x-1$ 在 $Q[x]$内的标准分解式.

解 原式 $=(x^5-x^4)-2(x^3-x^2)+x-1$

$$=(x-1)(x^4-2x^2+1)=(x-1)^3(x+1)^2.$$

例 5 证明：数域 F 上的一个次数大于零的多项式 $f(x)$为 $F[x]$中某一不可约多项式的幂的充分必要条件是，对于任意的 $g(x)\in F[x]$，或者$(f(x),g(x))=1$，或者存在一个正整数 m，使得 $f(x)\mid g(x)^m$.

证明 必要性　设 $f(x)=p(x)^s$，($p(x)$不可约)，则对于 $F[x]$中的任意 $g(x)$，只有两种可能：$(p(x),g(x))=1$ 或 $p(x)\mid g(x)$. 在前一情形有$(f(x),g(x))=1$；在后一情形有 $p(x)^s\mid g(x)^s$，即 $f(x)\mid g(x)^s$. 从而，$f(x)\mid g(x)^m(m\geqslant s)$.

充分性　设 $f(x)=cp_1(x)^{r_1}p_2(x)^{r_2}\cdots p_s(x)^{r_s}$ 为其标准分解式. 令 $g(x)=p_1(x)$，若 $s>1$，则$(f(x),g(x))\neq1$，且 $f(x)\nmid g(x)$，即当条件成立时，必有 $s=1$，即 $f(x)=cp_1(x)^{r_1}$.

例 6 设 $p(x)$是 $F[x]$中一个次数大于零的多项式. 如果对于任意的 $f(x)$，$g(x)\in F[x]$，只要 $p(x)\mid f(x)g(x)$，就有 $p(x)\mid f(x)$或 $p(x)\mid g(x)$，那么 $p(x)$是不可约多项式.

证明 若 $p(x)$可约，则 $p(x)=p_1(x)p_2(x)$，其中 $0<\partial(p_1(x))$，$\partial(p_2(x))<\partial(p(x))$. 令 $f(x)=p_1(x)$，$g(x)=p_2(x)$，但已知 $p(x)\mid f(x)$或 $p(x)\mid g(x)$，矛盾. 所以 $p(x)$不可约.

5.5 重因式

***k* 重因式** 设 $p(x)$是不可约多项式，且 $p(x)^k\mid f(x)$，但 $p(x)^{k+1}\nmid f(x)$，则称$p(x)$是 $f(x)$的 k 重因式. 当 $k=1$ 时，称 $p(x)$是 $f(x)$的单因式；当 $k>1$ 时，称 $p(x)$是 $f(x)$的重因式.

如果不可约多项式 $p(x)$是 $f(x)$的一个 $k(k\geqslant1)$重因式，那么 $p(x)$是 $f'(x)$的$k-1$重因式.

多项式 $f(x)$没有重因式的充分且必要条件是$(f(x),f'(x))=1$.

消去重因式的方法：$\frac{f(x)}{(f(x), f'(x))}$是一个没有重因式的多项式，它与 $f(x)$具有完全相同的不可约因式.

例 1　判断下列多项式是否有重因式：

(1)x^4+4x^2-4x+3；(2)$x^5-5x^4+7x^3-2x^2+4x-8$.

解　(1)令 $f(x)=x^4+4x^2-4x+3$，$f'(x)=4x^3+8x-4$. 由于$(f(x), f'(x))=1$，故 $f(x)$无重因式.

(2)令 $f(x)=x^5-5x^4+7x^3-2x^2+4x-8$，$f'(x)=5x^4-20x^3+21x^2-4x+4$. 由于$(f(x), f'(x))=(x-2)^2$，故$f(x)$有 3 重因式 $x-2$.

例 2　证明有理系数多项式

$$f(x)=1+x+\frac{x^2}{2!}+\cdots+\frac{x^n}{n!}$$

没有重因式.

解　因为 $f(x)=f'(x)+\frac{x^n}{n!}$，假若 $f(x)$有重因式，即 $f(x)$有重根 α，则必有 $f(\alpha)=f'(\alpha)=0$. 从而$\frac{\alpha^n}{n!}=0$，$\alpha=0$. 即 0 是 $f(x)$的根，这当然是不可能的.

本题还可以用其他方法证明，见上篇第 2 章 2.2.

例 3　举例说明 $p(x)$是 $f(x)$的导数 $f'(x)$的 $k-1$ 重因式，但未必是 $f(x)$的 k 重因式.

解　如 $f(x)=x^5+4$，则 $f'(x)=5x^4$，$p(x)=x$ 是 $f'(x)$的 4 重因式，但不是$f(x)$的 5 重因式.

例 4　设 $p(x)$是 $f(x)$的不可约因式，证明：$p(x)$为 $f(x)$的 $k(\geqslant 1)$重因式的充分必要条件是，$p(x)$是 $f'(x)$，$f''(x)$，…，$f^{(k-1)}(x)$的因式，而不是 $f^{(k)}(x)$的因式.

证明　$p(x)$是 $f(x)$的 k 重因式，则 $p(x)$便是 $f'(x)$的 $k-1$ 重因式，是 $f''(x)$的 $k-2$ 重因式，…，是$f^{(k-1)}(x)$的单因式，而不是$f^{(k)}(x)$的因式.

反之，若 $p(x)$是 $f'(x)$，$f''(x)$，…，$f^{(k-1)}(x)$的因式，则 $p(x)$是 $f(x)$的重因式并且重数$\geqslant k$；若 $p(x)$不是$f^{(k)}(x)$的因式，则 $p(x)$在 $f(x)$中的重数$\leqslant k$. 从而 $p(x)$是 $f(x)$的 k 重因式.

例 5　a，b 应该满足什么条件，有理系数多项式 $x^3+3ax+b$ 才有重因式?

解　令 $f(x)=x^3+3ax+b$，$f'(x)=3x^2+3a$. $f(x)$有重因式的充要条件是$(f(x), f'(x))\neq 1$. 由辗转相除法，用 $f'(x)$除 $f(x)$.

$$\begin{array}{ccc|cccc|c} 3 & 0 & 3a & 1 & 0 & 3a & b & \frac{1}{3} \\ & & & 1 & 0 & a & & \\ \hline & & & & & 2a & b & \end{array}$$

$r_1(x)=2ax+b$，$q_1(x)=\frac{1}{3}x$，用$r_1(x)$除 $f'(x)$，$r_1(x)$整除 $f'(x)$.

$$\begin{array}{cc|ccc|cc} 2a & b & 3 & 0 & 3a & \frac{3}{2a} & -\frac{3b}{4a^2} \\ & & 3 & \frac{3b}{2a} & & & \\ \hline & & & -\frac{3b}{2a} & 3a & & \\ & & & -\frac{3b}{2a} & -\frac{3b^2}{4a^2} & & \\ \hline & & & & 3a+\frac{3b^2}{4a^2} & & \end{array}$$

$r_2(x)=3a+\frac{3b^2}{4a^2}=0$. 即 a，b 满足 $4a^3+b^2=0$.

例 6　证明：数域 F 上的一个 $n(>0)$次多项式 $f(x)$能被它的导数整除的充分且必要条件是 $f(x)$有 n 重因式.

证明　充分性　　设 $f(x)$有 n 重因式，且 $f(x)=a(x-b)^n$，则 $f'(x)=an(x-b)^{n-1}$. 显然有 $f'(x)\mid f(x)$.

必要性　　**法一**　因为 $f'(x)\mid f(x)$，故可设 $nf(x)=(x-b)f'(x)$. 两边逐次求导，再移项可得

$$(n-1)f'(x)=(x-b)f''(x),$$
$$(n-2)f''(x)=(x-b)f'''(x),$$
$$\cdots\cdots$$
$$2f^{(n-2)}(x)=(x-b)f^{(n-1)}(x),$$
$$f^{(n-1)}(x)=(x-b)f^{(n)}(x).$$

其中$f^{(n)}(x)=n!\cdot a_0$，a_0 为 $f(x)$的首项系数. 以上各式相乘，并从两边约去$f'(x)f''(x)\cdots f^{(n-1)}(x)$，则得

$$n!\cdot f(x)=(x-b)^n n!\cdot a_0.$$

故得 $f(x)=a_0(x-b)^n$. 即 $f(x)$有 n 重因式.

法二　由 $f'(x)\mid f(x)$，令 $f(x)=cf'(x)(x-b)$，$(f(x), f'(x))=df'(x)$，其中 c，b，d 是常数. $\frac{f(x)}{(f(x), f'(x))}=\frac{c}{d}(x-b)$，即 $f(x)$只含有$x-b$ 的不可约因

式. 令$\frac{c}{d}=a$，$f(x)$只能是$a(x-b)^k$的形式，又$\partial(f(x))=n$，所以

$$f(x)=a(x-b)^n.$$

5.6　多项式函数以及多项式的根

在中学代数里，我们把数域 F 上的一个文字 x 的多项式(一元多项式)有时理解为形式表达式 $a_0+a_1x+a_2x^2+\cdots+a_nx^n$，$a_i\in F(i=0, 1, \cdots, n)$. 比如在对多项式做加、减、乘运算时就是这样理解的，这种理解被称为多项式的形式观点. 有时也把一元多项式理解为定义在数域 F 上的一个函数，即

$$f: x\mapsto a_0+a_1x+a_2x^2+\cdots+a_nx^n,\ x\in F,\ a_i\in F(i=0, 1, \cdots, n).$$

这种理解被称为多项式的函数观点. 对于数域 F 上一元多项式来说这两种观点是统一的，也正因为如此，才使得在中学代数里讨论多项式时，无论采取上述那种观点都不会出问题.

令$f(x)=a_0+a_1x+a_2x^2+\cdots+a_nx^n$，若 $f(\alpha)=0$，则称 α 为多项式 $f(x)$ 的根. 若 $x-\alpha$ 是$f(x)$的 k 重因式，则称 α 为 $f(x)$的 k 重根；当 $k=1$ 时，称 α 为 $f(x)$的单根，当 $k>1$ 时，称 α 为 $f(x)$的重根.

判定一个多项式有没有重因式在多项式的求根问题中有着重要的作用. 因为当一个多项式 $f(x)$有重因式时，可以把 $f(x)$的求根问题转化为次数较低的多项式的求根问题.

例 1　求 $f(x)=x^7+2x^6-6x^5-8x^4+17x^3+6x^2-20x+8$ 的根.

解　$f'(x)=7x^6+12x^5-30x^4-32x^3+51x^2+12x-20$,

$$(f(x), f'(x))=x^5+x^4-5x^3-x^2+8x-4=d(x).$$

由于$(f(x), f'(x))\neq 1$，所以 $f(x)$有重因式，以 $d(x)$除 $f(x)$得商式

$$q(x)=x^2+x-2=(x-1)(x+2).$$

因为 $q(x)$与 $f(x)$有完全相同的不可约因式，而 $q(x)$是一个二次多项式，它的不可约因式为 $x-1$ 和 $x+2$，因此 $f(x)$的根是 1 和 -2. 再利用综合除法可知 1 是 $f(x)$的 4 重根，-2 是 $f(x)$的 3 重根.

例 2　如果$(x-1)^2\mid ax^4+bx^2+1$，求 a，b 的值.

解　设 $f(x)=ax^4+bx^2+1$，由题意，1 是 $f(x)$的 2 重根，那么 1 是 $f'(x)$的 1 重根，故有 $f(1)=a+b+1=0$，$f'(1)=4a+2b=0$，由此可得 $a=1$，$b=-2$.

例 3　多项式 $f(x)=x^4-2x^3-11x^2+12x+36$ 是否有重根，如果有的话，是几重根?

解 $f'(x)=4x^3-6x^2-22x+12$，由辗转相除法，用 $f'(x)$ 除 $4f(x)$.

$4\quad -6\quad -22\quad 12$	4	-8	-44	48	144	$1\quad -\frac{1}{2}$
	4	-6	-22	12		
		-2	-22	36	144	
		-2	3	11	-6	
			-25	25	150	

$r_1(x)=-25x^2+25x+150$，$q_1(x)=x-\frac{1}{2}$. 用 $-4r_1(x)$ 除 $25f'(x)$.

$100\quad -100\quad -600$	100	-150	-550	300	$1\quad -\frac{1}{2}$
	100	-100	-600		
		-50	50	300	
		-50	50	300	
				0	

所以 $(f(x),f'(x))=x-\frac{1}{2}$，故 $f(x)$ 有重根. $\frac{1}{2}$ 是 $f'(x)$ 的 1 重根，是 $f(x)$ 的 2 重根.

例 4 将下列多项式 $f(x)$ 表述成 $x-a$ 的形式.

(1) $f(x)=x^3+1$，$a=2$；

(2) $f(x)=2x^4-x^2+1$，$a=-3$.

解 (1)**法一** 由二项式定理，得

$$\begin{aligned}f(x)&=[(x-2)+2]^3+1\\&=C_3^0(x-2)^3+2C_3^1(x-2)^2+4C_3^2(x-2)+8C_3^3+1\\&=(x-2)^3+6(x-2)^2+12(x-2)+9.\end{aligned}$$

法二 用综合除法：以 $x-2$ 除 $f(x)=x^3+1$.

2	1	0	0	1
		2	4	8
2	1	2	4	9
		2	8	
2	1	4	12	
		2		
	1	6		

$$f(x)=(x-2)^3+6(x-2)^2+12(x-2)+9.$$

(2)用综合除法，以 $x+3$ 除 $f(x)=2x^4-x^2+1$.

-3	2	0	-1	0	1
		-6	18	-51	153
-3	2	-6	17	-51	154
		-6	36	-159	
-3	2	-12	53	-210	
		-6	54		
-3	2	-18	107		
		-6			
	2	-24			

所以，

$$\begin{aligned} f(x)&=2x^4-x^2+1\\ &=2(x+3)^4-24(x+3)^3+107(x+3)^2-210(x+3)+154. \end{aligned}$$

例 5　求一个 2 次多项式，使它在 $x=0,\ \frac{\pi}{2},\ \pi$ 处与函数 $\sin x$ 有相同的值.

解　$f(0)=\sin 0=0$，$f(\frac{\pi}{2})=\sin\frac{\pi}{2}=1$，$f(\pi)=\sin\pi=0$，由拉格朗日(Lagrange)插值公式得

$$f(x)=\frac{(x-0)(x-\pi)}{(\frac{\pi}{2}-0)(\frac{\pi}{2}-\pi)}=-\frac{4}{\pi}x^2-\pi x.$$

例 6　令 $f(x)$，$g(x)$是两个多项式，并且 $f(x^3)+xg(x^3)$可以被 x^2+x+1 整除. 证明：$f(1)=g(1)=0$.

证明　$x^2+x+1=0$ 的根 $\omega_1=\frac{-1+\sqrt{3}\mathrm{i}}{2}$，$\omega_2=\frac{-1+\sqrt{3}\mathrm{i}}{2}$，$\omega_2={\omega_1}^2$，${\omega_1}^3=1$，满足

$$f({\omega_1}^3)+\omega_1 g({\omega_1}^3)=0,$$

$$f({\omega_2}^3)+\omega_2 g({\omega_2}^3)=f[({\omega_1}^3)^2]+\omega_1^2 g[({\omega_1}^3)^2]=0.$$

即

$$f(1)+\omega_1 g(1)=0,\ f(1)+\omega_1^2 g(1)=0.$$

所以 $f(1)=g(1)=0$.

例 7　证明：1 是多项式 $x^{2n+1}-(2n+1)x^{n+1}+(2n+1)x^n-1$ 的 3 重根.

证明　令　$f(x)=x^{2n+1}-(2n+1)x^{n+1}+(2n+1)x^n-1$.

$$f'(x)=(2n+1)x^{2n}-(2n+1)(n+1)x^n+(2n+1)nx^{n-1},$$

$$f''(x)=2n(2n+1)x^{2n-1}-(2n+1)(n+1)nx^{n-1}+(2n+1)n(n-1)x^{n-2},$$

$$f'''(x)=2n(2n+1)(2n-1)x^{2n-2}-(2n+1)(n+1)n(n-1)x^{n-2}+(2n+1)n(n-1)(n-2)x^{n-3},$$

因为 $f(1)=f'(1)=f''(1)=0$，但 $f'''(1)=n(n+1)(2n+1)\neq 0$. 所以，1 是多项式 $x^{2n+1}-(2n+1)x^{n+1}+(2n+1)x^n-1$ 的 3 重根.

例 8 设 $C[x]$中多项式 $f(x)\neq 0$ 且 $f(x)\mid f(x^n)$，n 是一个大于 1 的整数. 证明：$f(x)$的根只能是零或单位根.

证明 因为 $f(x)\mid f(x^n)$，所以 $f(x^n)=g(x)f(x)$，$g(x)\in C[x]$. 如果 c 是$f(x)$的根，即 $f(c)=0$，$f(c^n)=g(c)f(c)=0$，$f(c^{n^2})=g(c^n)f(c^n)=0$，…，$f(c^{n^k})=g(c^{n^{k-1}})f(c^{n^{k-1}})=0$. 由于 $f(x)\neq 0$，$f(x)$在 C 中至多有 n 个不同的根，故有 $i<j$，使$c^{n^i}=c^{n^j}$. 所以 $c=0$ 或$c^{n^i-n^j}=1$，即 $c=0$ 或 c 是单位根.

5.7 复数和实数域上的多项式

不可约多项式的判定 多项式的可约与不可约与它所属的数域有关，因此，给了一个多项式要判断它的可约性. 首先应清楚是在哪个数域上讨论；其次，应明确至今还没有一个一般的方法，可以用来判断一个多项式可约还是不可约. 我们只能用几个重要结果来判断一些特殊数域上的多项式的可约性.

(1)复数域上的不可约多项式只能是一次的.

(2)实数域上的不可约多项式只有两类：一类是一次多项式；另一类是有一对非实共轭复根的二次多项式，即二次多项式的判别式小于零.

例 1 证明：奇数次实系数多项式一定有实数根.

证明 由于奇数次实系数多项式在复数范围内有奇数个根，并且虚数根成对出现(共轭)，去掉这些成对的虚数根后，至少剩下一个不能配对的根，因此这个根只能是实数，所以奇数次实系数多项式一定有实数根.

例 2 设 n 次多项式 $f(x)=a_0x^n+a_1x^{n-1}+\cdots+a_{n-1}x+a_n$ 的根是 α_1，α_2，…，α_n.

(1)求以$c\alpha_1$，$c\alpha_2$，…，$c\alpha_n$为根的多项式，这里 c 是一个数；

(2)求以$\frac{1}{\alpha_1}$，$\frac{1}{\alpha_2}$，…，$\frac{1}{\alpha_n}$(假定 α_1，α_2，…，α_n都不等于零)为根的多项式.

解 (1)若 $c=0$，则$c\alpha_1$，$c\alpha_2$，…，$c\alpha_n$都为 0，所求多项式为 $g(x)=x^n$. 若 $c\neq 0$，则

$$g(x)=f\left(\frac{x}{c}\right)=\frac{1}{c^n}(a_0x^n+a_1cx^{n-1}+\cdots+a_{n-1}c^{n-1}x+c^na_n).$$

(2)令 $g(x)=f(\frac{1}{x})x^n=a_0+a_1x+\cdots+a_{n-1}x^{n-1}+a_nx^n$，则 $g(x)$是以 $\frac{1}{\alpha_1},\frac{1}{\alpha_2},\cdots,\frac{1}{\alpha_n}$为根的多项式.

例 3　给出实系数 4 次多项式在实数域上所有不同类型的典型分解式.

解　这种分解式共有 9 种：

(1)$a(x+b)^4$；

(2)$a(x+b_1)(x+b_2)^3$；

(3)$a(x+b_1)^2(x+b_2)^2$；

(4)$a(x+b_1)(x+b_2)(x+b_3)^2$；

(5)$a(x+b_1)(x+b_2)(x+b_3)(x+b_4)$；

(6)$a(x^2+px+q)^2$；

(7)$a(x^2+p_1x+q_1)(x^2+p_2x+q_2)$，其中 $x^2+p_ix+q_i(i=1,2)$是实数域 R 上的不可约多项式；

(8)$a(x+b)^2(x^2+px+q)$；

(9)$a(x+b_1)(x+b_2)(x^2+px+q)$.

其中 x^2+px+q 为实数域上的不可约多项式.

例 4　在复数和实数域上，分解 x^n-2 为不可约因式的乘积.

解　在复数域 **C** 上，由 $x^n=2(\cos0+\mathrm{i}\sin0)$，得

$$x_k=\sqrt[n]{2}(\cos\frac{2k\pi}{n}+\mathrm{i}\sin\frac{2k\pi}{n}),\ k=0,\ 1,\ \cdots,\ n-1.$$

所以，
$$x^n-2=(x-\sqrt[n]{2})\left[x-\sqrt[n]{2}(\cos\frac{2\pi}{n}+\mathrm{i}\sin\frac{2\pi}{n})\right]\cdot\cdots\cdot\left[x-\sqrt[n]{2}(\cos\frac{2(n-1)\pi}{n}+\mathrm{i}\sin\frac{2(n-1)\pi}{n})\right];$$

在实数域上，当 n 为奇数时，

$$x^n-2=(x-\sqrt[n]{2})(x^2-2\sqrt[n]{2}x\cos\frac{2\pi}{n}+\sqrt[n]{4})\cdot\cdots\cdot(x^2-2\sqrt[n]{2}x\cos\frac{n-1}{n}\pi+\sqrt[n]{4})；$$

当 n 为偶数时，

$$x^n-2=(x-\sqrt[n]{2})(x+\sqrt[n]{2})\cdot(x^2-2\sqrt[n]{2}x\cos\frac{2\pi}{n}+\sqrt[n]{4})\cdot\cdots\cdot(x^2-2\sqrt[n]{2}x\cos\frac{n-2}{n}\pi+\sqrt[n]{4}).$$

例 5　证明：数域 F 上任意一个不可约多项式在复数域内没有重根.

证明　设 $p(x)$是数域 F 上不可约多项式，则$(p(x),\ p'(x))=1$. 由于多项式的最大公因式不因数域的扩大而改变，所以在复数域内仍有$(p(x),$

$p'(x))=1$. 故 $p(x)$在复数域上无重根.

5.8 有理数域上的多项式

本原多项式是一种特殊的整系数多项式，利用它可以把有理系数多项式的可约性问题转化为整系数多项式的可约性问题进行研究. 用艾森斯坦(Eisenstein，1823—1852 年)判别法可以证明，在有理数域上存在任意次的不可约多项式，如 x^n+2.

艾森斯坦判别法 设$f(x)=a_0+a_1x+\cdots+a_nx^n$ 是一个整系数多项式. 如果存在素数 p，使得

(1)$p\nmid a_n$，

(2)$p\mid a_0, a_1, \cdots, a_{n-1}$，

(3)$p^2\nmid a_0$，

那么多项式 $f(x)$在有理数域上不可约.

艾森斯坦判别法仅是整系数多项式在有理数域上不可约的充分不必要条件. 如多项式 x^2+1 在有理数域上不可约，但却找不到满足艾森斯坦判别法的素数 p. 对于有些多项式 $f(x)$，不能直接应用艾森斯坦判别法，但把 $f(x)$适当变形后，就可以应用这个判别法.

例 1 判断下列多项式在有理数域上不可约：

(1)x^3+2x+2；

(2)$x^4+4kx+1$，k 为整数.

解 (1)由艾森斯坦判别法，存在素数 $p=2$，$p\nmid 1$，p 整除 0，2，2，但 $p^2=4\nmid 2$，所以多项式 $x^3+2x+20$ 在有理数域上不可约.

(2)令 $x=y+1$，则

$$\begin{aligned}x^4+4kx+1&=(y+1)^4+4k(y+1)+1\\&=y^4+4y^3+6y^2+(4k+4)y+(4k+2).\end{aligned}$$

存在素数 $p=2$，$p\nmid 1$，p 整除 4，6，$4k+4$，$4k+2$，但 $p^2=4\nmid 4k+2$，所以多项式 $x^4+4kx+1$ 在有理数域上不可约.

例 2 利用艾森斯坦判别法，证明：若 $p_1, p_2, \cdots, p_t$是 t 个不同的素数，而 n 是一个大于 1 的整数，那么$\sqrt[n]{p_1p_2\cdots p_t}$是一个无理数.

证明 构造多项式 $x^n-p_1p_2\cdots p_t$，因 $p_1, p_2, \cdots, p_t$ 互不相同. 取 $p=p_1$，满足艾森斯坦判别法，所以 $x^n-p_1p_2\cdots p_t$在有理数域上不可约. 因 $n>1$，多项式没有有理根，而$\sqrt[n]{p_1p_2\cdots p_t}$是它的一个实根. 因而$\sqrt[n]{p_1p_2\cdots p_t}$是一个无理数.

例 3　设 $f(x)$ 是一个整系数多项式. 证明：若 $f(0)$ 和 $f(1)$ 都是奇数，那么 $f(x)$ 不能有整数根.

证明　设 α 是一整根，则 $f(x)=(x-\alpha)f_1(x)$，由综合除法知，$f_1(x)$ 也是整系数多项式. 所以

$$f(0)=-\alpha f_1(0),\ f(1)=(1-\alpha)f_1(1).$$

α，$1-\alpha$ 中有一个是偶数，从而 $f(0)$ 和 $f(1)$ 有一个是偶数，与已知矛盾. 因此 $f(x)$ 不能有整数根.

复系数和实系数多项式的可约性判断比较简单，但却没有一般的方法来求多项式的实根或复根. 有理系数多项式的可约性判断较难，然而我们却有办法求出它的有理根.

例 4　求多项式 $x^5-x^4-\frac{5}{2}x^3+2x^2-\frac{1}{2}x-3$ 的有理根.

解　令 $f(x)=2x^5-2x^4-5x^3+4x^2-x-6$，则原多项式与 $f(x)$ 同解. 它的最高次项系数 2 的因数是 ±1，±2，常数项 -6 的因数是 ±1，±2，±3. 所以可能的有理根是 ±1，±2，±3，$\pm\frac{1}{2}$，$\pm\frac{3}{2}$. $f(1)=-8$，$f(-1)=0$，所以 1 不是根，-1 是其中一个有理根. 此外，由于

$$\frac{-8}{1-(-2)},\ \frac{-8}{1-\left(-\frac{1}{2}\right)},\ \frac{-8}{1-\left(-\frac{3}{2}\right)}$$

都不是整数，所以 -2，$-\frac{1}{2}$，$-\frac{3}{2}$ 都不是所给多项式的根. 而

$$\frac{-8}{1-2},\ \frac{-8}{1-\frac{1}{2}},\ \frac{-8}{1-\frac{3}{2}},\ \frac{-8}{1-3},\ \frac{-8}{1-(-3)}$$

都是整数. 因此 2，3，-3，$\frac{1}{2}$，$\frac{3}{2}$ 在试验之列. 应用综合除法：

$$\begin{array}{r|rrrrrr} 2 & 2 & -2 & -5 & 4 & -1 & -6 \\ & & 4 & 4 & -2 & 4 & 6 \\ \hline & 2 & 2 & -1 & 2 & 3 & 0 \end{array}$$

所以 2 是 $f(x)$ 的一个有理根. 而

$$\begin{array}{r|rrrrrr} \frac{1}{2} & 2 & -2 & -5 & 4 & -1 & -6 \\ & & 1 & -\frac{1}{2} & -\frac{11}{4} & \frac{5}{8} & -\frac{3}{16} \\ \hline & 2 & -1 & -\frac{11}{2} & \frac{5}{4} & -\frac{3}{8} & -\frac{99}{16} \end{array}$$

所以$\frac{1}{2}$不是 $f(x)$的有理根. 又

$$\begin{array}{c|cccccc} \frac{3}{2} & 2 & -2 & -5 & 4 & -1 & -6 \\ & & 3 & \frac{3}{2} & -\frac{21}{4} & -\frac{15}{8} & -\frac{69}{16} \\ \hline & 2 & 1 & -\frac{7}{2} & -\frac{5}{4} & -\frac{23}{8} & -\frac{165}{16} \end{array}$$

所以$\frac{3}{2}$也不是 $f(x)$的有理根，3 与 -3 不是 $f(x)$的根(请读者验证). 综上讨论，-1，2 是 $f(x)$的两个有理根.

例 5 整数 k 取何值时，多项式$f(x)=x^3+kx^2+3x+2$ 有有理根?

解 令$f(x)=x^3+kx^2+3x+2$，它的最高次项系数 1 的因数是±1，常数项 2 的因数是±1，±2，所以可能的有理根是±1，±2. 而 $f(1)=6+k$，$f(-1)=k-2$，$f(2)=16+4k$，$f(-2)=4k-12$. 当 $f(1)=0$ 或 $f(-1)=0$ 或$f(2)=0$ 或 $f(-2)=0$ 时，即$k=-6$ 或 $k=2$ 或 $k=-4$ 或 $k=3$ 时，多项式$f(x)$有有理根.

5.9 多项式综合练习题

例 1 证明：x^d-1 整除 x^n-1 必要且只要 d 整除 n.

证明 充分性　因 d 整除 n，令 $n=dq$，这样

$$x^n-1=x^{dq}-1=(x^d-1)[(x^d)^{q-1}+(x^d)^{q-2}+\cdots+1].$$

所以 x^d-1 整除 x^n-1.

必要性　利用充分性的结果，用反证法. 设 $d\nmid n$，令 $n=dq+r$. $(0<r<d)$，作

$$x^n-1=x^n-x^r+x^r-1=x^r[(x^d)^q-1]+x^r-1,$$

由充分性可知 $x^d-1|x^{dq}-1$，又 $x^d-1|x^n-1$，所以 $x^d-1|x^r-1(0<r<d)$，矛盾. 所以 d 整除 n.

例 2 令 $f(x)$与 $g(x)$是 $f(x)$的多项式，而 a，b，c，d 是 F 中的数，并且 $ad-bc\neq0$. 证明

$$(af(x)+bg(x),\ cf(x)+dg(x))=(f(x),\ g(x)).$$

证明 设$(af(x)+bg(x),\ cf(x)+dg(x))=h(x)$，$h(x)$整除 $af(x)+bg(x)$和 $cf(x)+dg(x)$，从而 $h(x)$整除 $acf(x)+bcg(x)$和 $acf(x)+adg(x)$，因而 $h(x)$整除$(ad-bc)g(x)$.

由于 $ad-bc\neq 0$，所以 $h(x)$ 整除 $g(x)$. 同理 $h(x)$ 整除 $f(x)$，即 $h(x)$ 是 $f(x)$ 与 $g(x)$ 的公因式.

由 $(af(x)+bg(x),\ cf(x)+dg(x))=h(x)$，存在 $u(x)$，$v(x)$，使得

$$[af(x)+bg(x)]u(x)+[cf(x)+dg(x)]v(x)=h(x),$$

整理得

$$[au(x)+cv(x)]f(x)+[bu(x)+dv(x)]g(x)=h(x).$$

因此，$f(x)$ 与 $g(x)$ 的任何公因式都整除 $h(x)$，所以

$$(f(x),\ g(x))=h(x).$$

例 3　设 F，$\bar{F}$ 是数域，且 $F\subset\bar{F}$，$f(x)$，$g(x)\in F[x]$. 证明：

(1)如果在 $\bar{F}[x]$ 中有 $g(x)\mid f(x)$，则在 $F[x]$ 中也有 $g(x)\mid f(x)$；

(2)如果 $f(x)$，$g(x)$ 在 $F[x]$ 中互素，当且仅当 $f(x)$ 与 $g(x)$ 在 $\bar{F}[x]$ 中互素；

(3)设 $f(x)$ 是数域 F 上的不可约多项式，那么 $f(x)$ 的根全是单根.

证明　(1)在 $F[x]$ 中，由带余除法，有 $q(x)$，$r(x)\in F[x]$，使

$$f(x)=q(x)g(x)+r(x) \tag{1}$$

且 $r(x)=0$ 或 $\partial(r(x))<\partial(g(x))$.

若在 $F[x]$ 中，$g(x)\nmid f(x)$，则 $r(x)\neq 0$，又 $F\subset\bar{F}$，因此式(1)在 $\bar{F}[x]$ 中仍成立，由 $r(x)\neq 0$ 知，在 $\bar{F}[x]$ 中，$g(x)\nmid f(x)$，矛盾. 故结论成立.

(2)若 $f(x)$，$g(x)$ 在 $\bar{F}[x]$ 中互素，显然 $f(x)$，$g(x)$ 在 $F[x]$ 中互素. 反之，若 $f(x)$，$g(x)$ 在 $F[x]$ 中互素，则存在多项式 $\mu(x)\in F[x]$，$\nu(x)\in F[x]$，使

$$\mu(x)f(x)+\nu(x)g(x)=1 \tag{2}$$

因 $f(x)$，$g(x)$，$\mu(x)$，$\nu(x)\in F[x]\subset\bar{F}[x]$，故式(2)在 $\bar{F}[x]$ 中成立，由互素的充要条件知，$f(x)$ 与 $g(x)$ 在 $\bar{F}[x]$ 中互素.

(3)因 $f(x)$ 是数域 F 上的不可约多项式，所以 $(f(x),\ f'(x))=1$，由(2)知，在 F 的任意扩域 $\bar{F}(F\subset\bar{F})$ 上，$f(x)$，$f'(x)$ 仍互素. 因此 $f(x)$ 没有重根.

注：该题为南京大学 2001 年研究生入学考试题.

例 4　设 $f_n(x)=x^{n+2}-(x+1)^{2n+1}$，证明：对任意非负整数 n，

$$(x^2+x+1,\ f_n(x))=1.$$

证明　用反证法. 若 $(x^2+x+1,\ f_n(x))\neq 1$，则存在多项式 $x-a$，使 $x-a\mid x^2+x+1$，$x-a\mid f_n(x)$. 于是得 $a^2+a+1=0$，$f_n(a)=0$，即 a 是 3 次单位根，$a^3=1$.

$$\begin{aligned}f_n(a)&=a^{n+2}-(a+1)^{2n+1}=a^{n+2}-(-a^2)^{2n+1}\\&=a^{n+2}+a^{4n+2}=a^{n+2}(1+a^{3n})=2a^{n+2}\neq 0,\end{aligned}$$

矛盾. 因此 $(x^2+x+1,\ f_n(x))=1$.

例 5 令 c 是一个复数，并且是 $\mathbf{Q}[x]$中一个非零多项式的根. 令

$$J=\{f(x)\in\mathbf{Q}[x]\mid f(c)=0\}.$$

证明:(1)在 J 中存在唯一的最高次项系数是 1 的多项式 $p(x)$，使得 J 中每一多项式 $f(x)$都可以写成 $p(x)q(x)$的形式，这里 $q(x)\in\mathbf{Q}[x]$.

(2)$p(x)$在 $\mathbf{Q}[x]$中不可约. 如果 $c=\sqrt{2}+\sqrt{3}$，求上述的 $p(x)$.

证明 (1)由于 c 的不同情况，J 中 $f(x)$的最低次数是不同的正整数. 设 $p(x)$是 J 中次数最低的、最高次项系数为 1 的多项式，则 J 中任一 $f(x)$必可写成 $p(x)q(x)$且$q(x)\in\mathbf{Q}[x]$. 否则，设 $f(x)=p(x)q(x)+r(x)$，其中 $r(x)\neq 0$，$\partial(r(x))<\partial(p(x))$，$r(x)$，$q(x)\in\mathbf{Q}[x]$，那么,$r(c)=f(c)-p(c)q(c)=0$，从而,$r(x)\in J$. 这与$p(x)$是 J 中次数最低的多项式矛盾.

若 J 中 $p_1(x)$也满足同样条件，那么 $p(x)=p_1(x)q_1(x)$，$p_1(x)=p(x)q(x)$，即$p(x)=p(x)q(x)q_1(x)$，从而 $q(x)q_1(x)=1$，故 $q(x)=c_1$. 又由于 $p(x)$，$p_1(x)$的首项系数均为 1，所以 $c_1=1$. 可见 $p_1(x)=p(x)$，即满足条件的 $p(x)$唯一.

(2)用反证法. 若 $p(x)$在 $\mathbf{Q}[x]$中可约，则有

$$p(x)=p_1(x)p_2(x),$$

其中 $p_1(x)$，$p_2(x)$的次数都低于 $p(x)$的次数. 由于

$$p(c)=p_1(c)p_2(c)=0,$$

故 $p_1(c)=0$ 或 $p_2(c)=0$. 从而 $p_1(x)\in J$ 或$p_2(x)\in J$. 这与 $p(x)$是 J 中次数最低的多项式矛盾.

设 $c=\sqrt{2}+\sqrt{3}$. 因 $p(c)=0$，且 $p(x)$的系数均为有理数，故 $p(x)$应同时含有因式$x-(\sqrt{2}+\sqrt{3})$，$x-(\sqrt{2}-\sqrt{3})$，$x+(\sqrt{2}+\sqrt{3})$，$x+(\sqrt{2}-\sqrt{3})$，再由于 $p(x)$次数最低且首项系数为 1，故取

$$\begin{aligned}p(x)&=[x-(\sqrt{2}+\sqrt{3})][x-(\sqrt{2}-\sqrt{3})][x+(\sqrt{2}+\sqrt{3})][x+(\sqrt{2}-\sqrt{3})]\\&=x^4-10x^2+1.\end{aligned}$$

例 6 设 $f(x)$，$g(x)\in F[x]$，n 为正整数. 证明：如果 $f(x)^n\mid g(x)^n$，那么$f(x)\mid g(x)$.

证明 **法一** 若 $f(x)=g(x)=0$，则 $f(x)\mid g(x)$. 若 $f(x)$，$g(x)$不全为 0，则令 $d(x)=(f(x),g(x))$. 那么

$$f(x)=d(x)f_1(x),\ g(x)=d(x)g_1(x),$$

且$(f_1(x),g_1(x))=1$. 所以

$$f(x)^n=d(x)^nf_1(x)^n,\ g(x)^n=d(x)^ng_1(x)^n.$$

因为 $f(x)^n\mid g(x)^n$，从而存在 $h(x)\in F[x]$，使得 $g(x)^n=f(x)^nh(x)$，故

$$d(x)^n g_1(x)^n = d(x)^n f_1(x)^n h(x).$$

两边消去 $d(x)^n$，得 $g_1(x)^n = f_1(x)^n h(x)$. 由此得 $f_1(x) \mid g_1(x)^n$，但 $(f_1(x), g_1(x)) = 1$，因此 $f_1(x) \mid g_1(x)^{n-1}$.

这样继续下去，有 $f_1(x) \mid g_1(x)$，但 $(f_1(x), g_1(x)) = 1$，故 $f_1(x) = c$，其中 c 为非零常数. 于是 $f(x) = d(x) f_1(x) = cd(x)$，所以 $f(x) \mid g(x)$.

法二　令 $f(x) = ap_1(x)^{r_1} \cdots p_k(x)^{r_k}$，$g(x) = bp_1(x)^{s_1} \cdots p_k(x)^{s_k}$，其中 $p_i(x)$，$i = 1, 2, \cdots, r$ 是两两不等的首项系数为 1 的不可约多项式. $r_i \geqslant 0$，$s_i \geqslant 0$ $(i = 1, 2, \cdots, k)$为非负整数.

$$f(x)^n = a^n p_1(x)^{r_1 n} \cdots p_k(x)^{r_k n},\ g(x)^n = b^n p_1(x)^{s_1 n} \cdots p_k(x)^{s_k n},$$

如果$f^n \mid g^n$，则$r_i n \leqslant s_i n (i = 1, 2, \cdots, k)$，于是$r_i \leqslant s_i (i = 1, 2, \cdots, k)$，从而$f \mid g$.

例 7　证明：$x^n + ax^{n-m} + b$ 不能有不为零的重数大于 2 的根.

证明　令 $f(x) = x^n + ax^{n-m} + b$，则

$$f'(x) = nx^{n-1} + a(n-m)x^{n-m-1} = x^{n-m-1}[nx^m + a(n-m)],$$

再令

$$g(x) = nx^m + a(n-m),\ g'(x) = nmx^{m-1},$$

故 $g(x)$没有不等于零的重根，从而 $f(x)$没有不为零的重数大于 2 的根.

例 8　设 $f(x)$与 $g(x)$都是本原多项式，且 $g(x) \mid f(x)$. 证明：$g(x)$除 $f(x)$所得的商也是本原多项式.

证明　设 $f(x) = g(x)h(x)$. 由于 $f(x)$与 $g(x)$是本原多项式，故商 $h(x)$必为有理系数多项式. 设 $h(x) = rh_1(x)$，r 为有理数. 其中$h_1(x)$为本原多项式，由此得

$$f(x) = rg(x)h_1(x).$$

由 Gauss 引理知，本原多项式的乘积 $g(x)h_1(x)$仍为本原多项式，从而只有 $r = \pm 1$. 于是商 $h(x) = \pm h_1(x)$为本原多项式.

例 9　设 a 是一个实数，证明：多项式

$$f(x) = x^n + ax^{n-1} + a^2 x^{n-2} + \cdots + a^{n-1}x + a^n$$

最多有一个实根(k 重根算一个根).

证明　显然有$(x-a)f(x) = x^{n+1} - a^{n+1}$. 当 $a = 0$ 时，$f(x) = x^n$ 只有实根 0；当 $a \neq 0$ 时，此时令 $g(x) = x^{n+1} - a^{n+1}$，则 $g'(x) = (n+1)x^n$. 故 $(g(x), g'(x)) = 1$，从而 $g(x)$没有重根. 于是 $f(x)$也没有重根.

当 n 为奇数时，由于 $a \neq 0$，$n+1$ 为偶数，故 $g(x) = x^{n+1} - a^{n+1}$有且只有二实根$x = \pm a$. 于是 $-a$ 便是 $f(x)$的唯一实根. 当 n 为偶数时，$n+1$ 为奇数，$g(x)$只有唯一的实根 $x = a$. 从而此时 $f(x)$没有实根.

综上讨论，$f(x)$最多有一个实根.

例 10 设 $f(x)$ 和 $p(x)$ 都是首项系数为 1 的整系数多项式，且 $p(x)$ 在有理数域 $\mathbf{Q}$ 上不可约. 如果 $p(x)$ 与 $f(x)$ 有公共复根 α，证明：

(1)在 $\mathbf{Q}[x]$ 中，$p(x)$ 整除 $f(x)$；

(2)存在首项系数为 1 的多项式 $g(x)$，使得

$$f(x)=p(x)g(x).$$

证明 (1)在 $\mathbf{Q}[x]$ 中，如果 $p(x)$ 不整除 $f(x)$，则 $(p(x),f(x))=1$，于是在 $\mathbf{Q}[x]$ 中存在多项式 $\mu(x)$，$\nu(x)$，使

$$\mu(x)p(x)+\nu(x)f(x)=1.$$

将 α 代入等式两边，得

$$0=\mu(\alpha)p(\alpha)+\nu(\alpha)f(\alpha)=1,$$

矛盾.

(2)由(1)可知，存在 $\mathbf{Q}[x]$ 上多项式 $q(x)$，使

$$f(x)=p(x)q(x).$$

令 $q(x)=\frac{n}{m}g(x)$，其中 $(m,n)=1$，$g(x)$ 是本原多项式，

$$f(x)=\frac{n}{m}p(x)g(x).$$

因 $f(x)$，$p(x)$，$g(x)$ 皆为本原多项式，且 $f(x)$，$p(x)$ 的首项系数为 1，所以 $m=n=1$，$g(x)$ 也是首项系数为 1 的多项式.

例 11 设 $f(x)$，$g(x)$ 是有理数域上的多项式，已知 $f(x)$ 不可约且 $f(x)$ 的一个复根 α 也是 $g(x)$ 的根. 证明：$f(x)$ 的所有根都是 $g(x)$ 的根.

证明 因为 $f(x)$ 在有理数域上不可约，所以 $f(x)\mid g(x)$ 或 $(f(x),g(x))=1$. 如果是后者，那么存在 $u(x)$，$v(x)\in\mathbf{Q}[x]$，使得

$$f(x)u(x)+g(x)v(x)=1,$$

从而

$$0=f(\alpha)u(\alpha)+g(\alpha)v(\alpha)=1,$$

矛盾. 因此 $f(x)\mid g(x)$，所以 $f(x)$ 的所有根都是 $g(x)$ 的根.

注：该题为北京大学 2000 年、厦门大学 2004 年研究生入学考试题. 可叙述为：设 $f(x)$，$g(x)$ 是有理数域上的多项式，且 $f(x)$ 在 $\mathbf{Q}$ 上不可约，若存在数 α，使得 $f(\alpha)=g(\alpha)=0$，则 $f(x)\mid g(x)$.

第 6 章　行列式

行列式是线性代数的一个基本概念，行列式不仅是讨论线性方程组的有力工具，而且在其他领域也经常用到. 本章主要运用行列式的基本性质，熟练地进行行列式的计算，要特别注意行列式的依行或依列展开公式与克莱姆法则的应用.

6.1　排列

n 个数码 1，2，…，n 的一个排列是指由这 n 个数码组成的一个有序组. n 个数码的不同排列共有 $n!$ 个. 设 $i_1i_2\cdots i_n$ 和 $j_1j_2\cdots j_n$ 是 n 个数码的任意两个排列，那么总可以通过一系列对换由 $i_1i_2\cdots i_n$ 得出 $j_1j_2\cdots j_n$. 每一个对换都改变排列的奇偶性. 当 $n\geqslant 2$ 时，n 个数码的奇排列和偶排列的个数相等，各为$\frac{n!}{2}$个.

例 1　假设 n 个数码的排列 $i_1i_2\cdots i_n$ 的反序数是 k，那么排列 $i_n i_{n-1}\cdots i_1$ 的反序数是多少?

解　法一　$i_1i_2\cdots i_n$ 的反序数 $=i_1$ 后面比 i_1 小的数码的个数 $+$ i_2后面比 i_2 小的数码的个数 $+\cdots+i_{n-1}$后面比i_{n-1}小的数码的个数 $=m_1+m_2+\cdots+m_{n-1}=k$.

$\pi(i_n i_{n-1}\cdots i_1)=i_1$ 前面比 i_1 大的数码个数 $+i_2$ 前面比 i_2 大的数码的个数 $+\cdots+i_{n-1}$前面比i_{n-1}大的数码的个数 $=(n-1-m_1)+(n-2-m_2)+\cdots+(1-m_{n-1})=\frac{n(n-1)}{2}-k$.

法二　显然 $i_1i_2\cdots i_n$ 中任意i_k，i_j必在排列 $i_1i_2\cdots i_n$ 或 $i_n i_{n-1}\cdots i_1$ 中构成反序，而且只能在一个中构成反序. 因此这两个排列的反序数的和，即为从 n 个元素中每次取两个不同元素的组合数 $C_n^2=\frac{n(n-1)}{2}$. 但由于 $i_1i_2\cdots i_n$ 的反序

数是k，故$i_n i_{n-1}\cdots i_1$的反序数为$\frac{n(n-1)}{2}-k$.

6.2 n 阶行列式的定义和性质

n阶行列式

$$D=\begin{vmatrix} a_{11} & a_{12} & \cdots & a_{1n} \\ a_{21} & a_{22} & \cdots & a_{2n} \\ \vdots & \vdots & & \vdots \\ a_{n1} & a_{n2} & \cdots & a_{nn} \end{vmatrix}=\sum_{j_1j_2\cdots j_n}(-1)^{\pi(j_1j_2\cdots j_n)}a_{1j_1}a_{2j_2}\cdots a_{nj_n}.$$

这里$\sum\limits_{j_1j_2\cdots j_n}$是对所有$n$级排列$j_1j_2\cdots j_n$求和，故$n$阶行列式等于$n$！项取自不同行不同列的$n$个元素的乘积$a_{1j_1}a_{2j_2}\cdots a_{nj_n}$的代数和. 因此，行列式本质上是用特定符号表示的一个数，是n！项的代数和，这个代数和的每一项不仅与行列式中n^2个数有关，而且与这些数的排列位置有关.

由定义可得几类特殊行列式的值：

(1) 上三角行列式 $\begin{vmatrix} a_{11} & a_{12} & a_{13} & \cdots & a_{1n} \\ 0 & a_{22} & a_{23} & \cdots & a_{2n} \\ 0 & 0 & a_{33} & \cdots & a_{3n} \\ \vdots & \vdots & \vdots & & \vdots \\ 0 & 0 & 0 & \cdots & a_{nn} \end{vmatrix}=a_{11}a_{22}\cdots a_{nn}.$

(2) 下三角行列式 $\begin{vmatrix} a_{11} & 0 & 0 & \cdots & 0 \\ a_{21} & a_{22} & 0 & \cdots & 0 \\ a_{31} & a_{32} & a_{33} & \cdots & 0 \\ \vdots & \vdots & \vdots & & \vdots \\ a_{n1} & a_{n2} & a_{n3} & \cdots & a_{nn} \end{vmatrix}=a_{11}a_{22}\cdots a_{nn}.$

即上(下)三角行列式等于主对角线上元素的乘积.

(3) 主对角行列式 $\begin{vmatrix} a_1 & \cdots & 0 \\ \vdots & \ddots & \vdots \\ 0 & \cdots & a_n \end{vmatrix}=a_1a_2\cdots a_n$；

(4)次对角行列式 $\begin{vmatrix} 0 & \cdots & a_1 \\ \vdots & \ddots & \vdots \\ a_n & \cdots & 0 \end{vmatrix}=(-1)^{\frac{n(n-1)}{2}}a_1a_2\cdots a_n.$

行列式的基本性质不仅对理解行列式的概念是必要的，也是计算行列式的基础. 行列式的本质是一个数，但在讨论行列式的性质时，其形式是至关重要的.

(1)转置变换：行列式与它的转置行列式相等，即 $D'=D$. 这个性质说明转置变换是行列式的保值变换，它的作用是保证了对行列式行成立的事实，对列也成立.

(2)换法变换：交换行列式的两行(列)，行列式的值改变符号. 由此推出命题：行列式两行(列)对应元素相等，则行列式的值等于 0.

(3)倍法变换：某行(列)的各元素都乘以 k 等于行列式的值乘以 k. 倍法变换的作用是某行(列)的公因子可以提出去. 在计算有分数为元素的行列式时，为减少分数计算的差错，常常利用倍法变换化成整数元素的行列式进行计算.

(4)消法变换：把行列式的某一行(列)的元素乘以同一个数后加到另一行(列)的对应元素上，行列式不变. 因此，消法变换也是保值变换，它是行列式基本性质中最重要也是使用最多的，是简化行列式计算最有力的手段.

例 1 确定 6 阶行列式

$$D=\begin{vmatrix} a_{11} & a_{12} & \cdots & a_{16} \\ a_{21} & a_{22} & \cdots & a_{26} \\ \vdots & \vdots & & \vdots \\ a_{61} & a_{62} & \cdots & a_{66} \end{vmatrix}$$

中以下各乘积的符号：

(1)$a_{23}a_{31}a_{42}a_{56}a_{14}a_{65}$； (2)$a_{21}a_{13}a_{32}a_{55}a_{64}a_{46}$.

解 (1)$a_{23}a_{31}a_{42}a_{56}a_{14}a_{65}$的符号为$(-1)^{\pi(234516)+\pi(312645)}=1$，为正.

(2)$a_{21}a_{13}a_{32}a_{55}a_{64}a_{46}$的符号为$(-1)^{\pi(213564)+\pi(132546)}=(-1)^5=-1$，为负.

例 2 考察下列行列式：

$$D=\begin{vmatrix} a_{11} & a_{12} & \cdots & a_{1n} \\ a_{21} & a_{22} & \cdots & a_{2n} \\ \vdots & \vdots & & \vdots \\ a_{n1} & a_{n2} & \cdots & a_{nn} \end{vmatrix},\quad D_1=\begin{vmatrix} a_{1i_1} & a_{1i_2} & \cdots & a_{1i_n} \\ a_{2i_1} & a_{2i_2} & \cdots & a_{2i_n} \\ \vdots & \vdots & & \vdots \\ a_{ni_1} & a_{ni_2} & \cdots & a_{ni_n} \end{vmatrix},$$

其中 $i_1,i_2,\cdots,i_n$ 是 1，2，…，n 这 n 个数码的一个排列. 这两个行列式间有什么关系?

解 D_1 是由 D 的列互换得到的行列式，$i_1i_2\cdots i_n$ 可以经过 $\pi(i_1i_2\cdots i_n)$ 个对换变为 1 2 … n. 因此

$$D=(-1)^{\pi(i_1i_2\cdots i_n)}D_1.$$

例 3 设在 n 阶行列式

$$D=\begin{vmatrix} a_{11} & a_{12} & \cdots & a_{1n} \\ a_{21} & a_{22} & \cdots & a_{2n} \\ \vdots & \vdots & & \vdots \\ a_{n1} & a_{n2} & \cdots & a_{nn} \end{vmatrix}$$

中，$a_{ij}=-a_{ji}$，$i, j=1, 2, \cdots, n$. 证明：当 n 是奇数时，$D=0$.

证明 由已知 $a_{ii}=-a_{ii}$，$a_{ii}=0$，$i=1, 2, \cdots, n$.

$$D=\begin{vmatrix} 0 & a_{12} & \cdots & a_{1n} \\ -a_{12} & 0 & \cdots & a_{2n} \\ \vdots & \vdots & & \vdots \\ -a_{1n} & -a_{2n} & \cdots & 0 \end{vmatrix}, \quad D'=\begin{vmatrix} 0 & -a_{12} & \cdots & -a_{1n} \\ a_{12} & 0 & \cdots & -a_{2n} \\ \vdots & \vdots & & \vdots \\ a_{1n} & a_{2n} & \cdots & 0 \end{vmatrix}.$$

$$D=(-1)^n D'.$$

即 $D=(-1)^n D$. 当 n 是奇数时，$D=-D$，所以 $D=0$.

6.3 行列式的依行或依列展开

在 n 阶行列式

$$D=\begin{vmatrix} a_{11} & a_{12} & \cdots & a_{1n} \\ a_{21} & a_{22} & \cdots & a_{2n} \\ \vdots & \vdots & & \vdots \\ a_{n1} & a_{n2} & \cdots & a_{nn} \end{vmatrix} \tag{1}$$

中，划去元素 a_{ij} 所在的第 i 行及第 j 列，剩下的元素按原来的排法，构成一个 $n-1$ 阶行列式

$$\begin{vmatrix} a_{11} & \cdots & a_{1,j-1} & a_{1,j+1} & \cdots & a_{1n} \\ \vdots & & \vdots & \vdots & & \vdots \\ a_{i-1,1} & \cdots & a_{i-1,j-1} & a_{i-1,j+1} & \cdots & a_{i-1,n} \\ a_{i+1,1} & \cdots & a_{i+1,j-1} & a_{i+1,j+1} & \cdots & a_{i+1,n} \\ \vdots & & \vdots & \vdots & & \vdots \\ a_{n1} & \cdots & a_{n,j-1} & a_{n,j+1} & \cdots & a_{nn} \end{vmatrix},$$

称此行列式为 a_{ij} 的余子式，记为M_{ij}. 令

$$A_{ij}=(-1)^{i+j}M_{ij}.$$

称 A_{ij} 为 a_{ij} 的代数余子式.

行列式(1)等于它的任意一行(列)的所有元素与其对应的代数余子式乘积

之和;行列式某一行(列)的元素与另一行(列)的对应元素的代数余子式乘积之和等于零. 即

$$a_{i1}A_{j1}+a_{i2}A_{j2}+\cdots+a_{in}A_{jn}=\begin{cases}D, & i=j,\\ 0, & i\neq j;\end{cases}$$

$$a_{1i}A_{1j}+a_{2i}A_{2j}+\cdots+a_{ni}A_{nj}=\begin{cases}D, & i=j,\\ 0, & i\neq j.\end{cases}$$

其中A_{ij}为a_{ij}的代数余子式, i, $j=1, 2, \cdots, n$.

例 1　计算下列行列式:

(1) $\begin{vmatrix} 1+a_1 & a_2 & a_3 & \cdots & a_n \\ a_1 & 1+a_2 & a_3 & \cdots & a_n \\ a_1 & a_2 & 1+a_3 & \cdots & a_n \\ \vdots & \vdots & \vdots & & \vdots \\ a_1 & a_2 & a_3 & \cdots & 1+a_n \end{vmatrix}$.

解　把第 2 到第 n 列都加到第 1 列, 得

$$D=\begin{vmatrix} 1+a_1+a_2+\cdots+a_n & a_2 & a_3 & \cdots & a_n \\ 1+a_1+a_2+\cdots+a_n & 1+a_2 & a_3 & \cdots & a_n \\ 1+a_1+a_2+\cdots+a_n & a_2 & 1+a_3 & \cdots & a_n \\ \vdots & \vdots & \vdots & & \vdots \\ 1+a_1+a_2+\cdots+a_n & a_2 & a_3 & \cdots & 1+a_n \end{vmatrix}$$

$$=(1+a_1+a_2+\cdots+a_n)\begin{vmatrix} 1 & a_2 & a_3 & \cdots & a_n \\ 1 & 1+a_2 & a_3 & \cdots & a_n \\ 1 & a_2 & 1+a_3 & \cdots & a_n \\ \vdots & \vdots & \vdots & & \vdots \\ 1 & a_2 & a_3 & \cdots & 1+a_n \end{vmatrix}$$

$$=(1+a_1+a_2+\cdots+a_n)\begin{vmatrix} 1 & 0 & 0 & \cdots & 0 \\ 1 & 1 & 0 & \cdots & 0 \\ 1 & 0 & 1 & \cdots & 0 \\ \vdots & \vdots & \vdots & & \vdots \\ 1 & 0 & 0 & \cdots & 1 \end{vmatrix}$$

$$=1+a_1+a_2+\cdots+a_n.$$

(2) $\begin{vmatrix} a_0 & 1 & 1 & \cdots & 1 \\ 1 & a_1 & 0 & \cdots & 0 \\ 1 & 0 & a_2 & \cdots & 0 \\ \vdots & \vdots & \vdots & & \vdots \\ 1 & 0 & 0 & \cdots & a_n \end{vmatrix}$，其中 $a_i \neq 0(i=0, 1, 2, \cdots, n)$.

解 将行列式按第 1 列展开，得

$$\text{原式}=a_0\begin{vmatrix} a_1 & 0 & \cdots & 0 \\ 0 & a_2 & \cdots & 0 \\ \vdots & \vdots & & \vdots \\ 0 & 0 & \cdots & a_n \end{vmatrix}-\begin{vmatrix} 1 & 1 & \cdots & 1 \\ 0 & a_2 & \cdots & 0 \\ \vdots & \vdots & & \vdots \\ 0 & 0 & \cdots & a_n \end{vmatrix}+$$

$$\begin{vmatrix} 1 & 1 & 1 & \cdots & 1 \\ a_1 & 0 & 0 & \cdots & 0 \\ 0 & 0 & a_3 & \cdots & 0 \\ \vdots & \vdots & \vdots & & \vdots \\ 0 & 0 & 0 & \cdots & a_n \end{vmatrix}-\begin{vmatrix} 1 & 1 & 1 & 1 & \cdots & 1 \\ a_1 & 0 & 0 & 0 & \cdots & 0 \\ 0 & a_2 & 0 & 0 & \cdots & 0 \\ 0 & 0 & 0 & a_4 & \cdots & 0 \\ \vdots & \vdots & \vdots & \vdots & & \vdots \\ 0 & 0 & 0 & 0 & \cdots & a_n \end{vmatrix}+\cdots+$$

$$(-1)^{n+2}\begin{vmatrix} 1 & 1 & \cdots & 1 & 1 \\ a_1 & 0 & \cdots & 0 & 0 \\ 0 & a_2 & \cdots & 0 & 0 \\ \vdots & \vdots & & \vdots & \vdots \\ 0 & 0 & \cdots & a_{n-1} & 0 \end{vmatrix}$$

$$=a_0a_1\cdots a_n-a_2a_3\cdots a_n-a_1a_3\cdots a_n-\cdots-a_1a_2\cdots a_{n-1}$$

$$=a_1a_2\cdots a_n\left(a_0-\sum_{i=1}^{n}\frac{1}{a_i}\right).$$

(3) $\begin{vmatrix} 0 & 1 & 2 & 3 & \cdots & n-1 \\ 1 & 0 & 1 & 2 & \cdots & n-2 \\ 2 & 1 & 0 & 1 & \cdots & n-3 \\ \vdots & \vdots & \vdots & \vdots & & \vdots \\ n-1 & n-2 & n-3 & n-4 & \cdots & 0 \end{vmatrix}$.

解 第 1 列加第 2 列的 -1 倍，第 2 列加第 3 列的 -1 倍，…，第 $n-1$ 列加第 n 列的 -1 倍，得

$$D=\begin{vmatrix} -1 & -1 & -1 & -1 & \cdots & n-1 \\ 1 & -1 & -1 & -1 & \cdots & n-2 \\ 1 & 1 & -1 & -1 & \cdots & n-3 \\ \vdots & \vdots & \vdots & \vdots & & \vdots \\ 1 & 1 & 1 & 1 & \cdots & 0 \end{vmatrix}.$$

把第 1 行加到第 2 行，第 3 行，…，第 n 行，得

$$D=\begin{vmatrix} -1 & -1 & -1 & -1 & \cdots & n-1 \\ 0 & -2 & -2 & -2 & \cdots & 2n-3 \\ 0 & 0 & -2 & -2 & \cdots & 2n-4 \\ \vdots & \vdots & \vdots & \vdots & & \vdots \\ 0 & 0 & 0 & 0 & \cdots & n-1 \end{vmatrix}=(-1)^{n-1}(n-1)2^{n-2}.$$

(4) $\begin{vmatrix} 1-a_1 & a_2 & 0 & \cdots & 0 & 0 \\ -1 & 1-a_2 & a_3 & \cdots & 0 & 0 \\ 0 & -1 & 1-a_3 & \cdots & 0 & 0 \\ \vdots & \vdots & \vdots & & \vdots & \vdots \\ 0 & 0 & 0 & \cdots & 1-a_{n-1} & a_n \\ 0 & 0 & 0 & \cdots & -1 & 1-a_n \end{vmatrix}.$

解

$$D_n=\begin{vmatrix} 1 & a_2 & 0 & \cdots & 0 & 0 \\ -1 & 1-a_2 & a_3 & \cdots & 0 & 0 \\ 0 & -1 & 1-a_3 & \cdots & 0 & 0 \\ \vdots & \vdots & \vdots & & \vdots & \vdots \\ 0 & 0 & 0 & \cdots & 1-a_{n-1} & a_n \\ 0 & 0 & 0 & \cdots & -1 & 1-a_n \end{vmatrix}+$$

$$\begin{vmatrix} -a_1 & a_2 & 0 & \cdots & 0 & 0 \\ 0 & 1-a_2 & a_3 & \cdots & 0 & 0 \\ 0 & -1 & 1-a_3 & \cdots & 0 & 0 \\ \vdots & \vdots & \vdots & & \vdots & \vdots \\ 0 & 0 & 0 & \cdots & 1-a_{n-1} & a_n \\ 0 & 0 & 0 & \cdots & -1 & 1-a_n \end{vmatrix}$$

$$=1+(-a_1)\begin{vmatrix} 1-a_2 & a_3 & \cdots & 0 & 0 \\ -1 & 1-a_3 & \cdots & 0 & 0 \\ \vdots & \vdots & & \vdots & \vdots \\ 0 & 0 & \cdots & 1-a_{n-1} & a_n \\ 0 & 0 & \cdots & -1 & 1-a_n \end{vmatrix}=1-a_1D_{n-1}.$$

所以，

$$\begin{aligned} D_n &= 1-a_1D_{n-1}=1-a_1+a_1a_2D_{n-2}=\cdots \\ &= 1-a_1+a_1a_2-\cdots+(-1)^n a_1a_2\cdots a_n. \end{aligned}$$

例 2 计算下列 $2n$ 阶行列式：

$$D=\begin{vmatrix} a & 0 & 0 & \cdots & 0 & 0 & b \\ 0 & a & 0 & \cdots & 0 & b & 0 \\ 0 & 0 & a & \cdots & b & 0 & 0 \\ \vdots & \vdots & \vdots & & \vdots & \vdots & \vdots \\ 0 & 0 & b & \cdots & a & 0 & 0 \\ 0 & b & 0 & \cdots & 0 & a & 0 \\ b & 0 & 0 & \cdots & 0 & 0 & a \end{vmatrix}.$$

解 采用数学归纳法，当 $n=1$ 时，D 是 2 阶行列式：

$$D=\begin{vmatrix} a & b \\ b & a \end{vmatrix}=a^2-b^2.$$

假设 $n=k$ 时，$D_{2k}=(a^2-b^2)^k$，则当 $n=k+1$ 时，

$$D_{2k+2}=a\begin{vmatrix} a & 0 & 0 & \cdots & 0 & 0 & b \\ 0 & a & 0 & \cdots & 0 & b & 0 \\ \vdots & \vdots & \vdots & & \vdots & \vdots & \vdots \\ 0 & 0 & b & \cdots & a & 0 & 0 \\ 0 & b & 0 & \cdots & 0 & a & 0 \\ b & 0 & 0 & \cdots & 0 & 0 & a \end{vmatrix}-b\begin{vmatrix} 0 & 0 & \cdots & 0 & 0 & b \\ a & 0 & \cdots & 0 & b & 0 \\ 0 & a & \cdots & b & 0 & 0 \\ \vdots & \vdots & & \vdots & \vdots & \vdots \\ 0 & b & \cdots & a & 0 & 0 \\ b & 0 & \cdots & 0 & a & 0 \end{vmatrix}$$

$$=a^2D_{2k}-b^2D_{2k}=(a^2-b^2)D_{2k}=(a^2-b^2)^{k+1}.$$

所以 $D_{2n}=(a^2-b^2)^n$.

例 3　证明 n 阶行列式

$$D_n=\begin{vmatrix}1&2&3&\cdots&n-1&n\\x&1&2&\cdots&n-2&n-1\\x&x&1&\cdots&n-3&n-2\\\vdots&\vdots&\vdots&&\vdots&\vdots\\x&x&x&\cdots&1&2\\x&x&x&\cdots&x&1\end{vmatrix}=(-1)^n[(x-1)^n-x^n].$$

证明　先从 D_n 的第二行开始，每行都乘 -1 加到上一行，然后将所得行列式拆成两个行列式相加，即

$$D_n=\begin{vmatrix}1-x&1&1&\cdots&1&1\\0&1-x&1&\cdots&1&1\\0&0&1-x&\cdots&1&1\\\vdots&\vdots&\vdots&&\vdots&\vdots\\0&0&0&\cdots&1-x&1\\x&x&x&\cdots&x&1\end{vmatrix}$$

$$=\begin{vmatrix}1-x&1&1&\cdots&1&0\\0&1-x&1&\cdots&1&0\\0&0&1-x&\cdots&1&0\\\vdots&\vdots&\vdots&&\vdots&\vdots\\0&0&0&\cdots&1-x&0\\x&x&x&\cdots&x&1-x\end{vmatrix}+$$

$$\begin{vmatrix}1-x&1&1&\cdots&1&1\\0&1-x&1&\cdots&1&1\\0&0&1-x&\cdots&1&1\\\vdots&\vdots&\vdots&&\vdots&\vdots\\0&0&0&\cdots&1-x&1\\x&x&x&\cdots&x&x\end{vmatrix}.$$

将此第一个行列式按最后一列展开，将第二个行列式最后一列乘 -1 加到其余各列，再按最后一行展开，得

$$D_n=(1-x)^n+\begin{vmatrix}-x & 0 & 0 & \cdots & 0 & 1\\ -1 & -x & 0 & \cdots & 0 & 1\\ -1 & -1 & -x & \cdots & 0 & 1\\ \vdots & \vdots & \vdots & & \vdots & \vdots\\ -1 & -1 & -1 & \cdots & -x & 1\\ 0 & 0 & 0 & \cdots & 0 & x\end{vmatrix}$$

$$=(1-x)^n+x(-x)^{n-1}=(-1)^n[(x-1)^n-x^n].$$

例 4 令 $f_i(x)=a_{i0}x^i+a_{i1}x^{i-1}+\cdots+a_{i,i-1}x+a_{ii}$. 计算行列式

$$\begin{vmatrix}f_0(x_1) & f_0(x_2) & \cdots & f_0(x_n)\\ f_1(x_1) & f_1(x_2) & \cdots & f_1(x_n)\\ \vdots & \vdots & & \vdots\\ f_{n-1}(x_1) & f_{n-1}(x_2) & \cdots & f_{n-1}(x_n)\end{vmatrix}.$$

解 观察同类型的 3 阶行列式

$$D_3=\begin{vmatrix}f_0(x_1) & f_0(x_2) & f_0(x_3)\\ f_1(x_1) & f_1(x_2) & f_1(x_3)\\ f_2(x_1) & f_2(x_2) & f_2(x_3)\end{vmatrix}$$

$$=\begin{vmatrix}a_{00} & a_{00} & a_{00}\\ a_{10}x_1+a_{11} & a_{10}x_2+a_{11} & a_{10}x_3+a_{11}\\ a_{20}x_1^2+a_{21}x_1+a_{22} & a_{20}x_2^2+a_{21}x_2+a_{22} & a_{20}x_3^2+a_{21}x_3+a_{22}\end{vmatrix}$$

的构造可知，第一行提出公因子 a_{00} 后全部元素是 1，再分别以第一行的适当倍数加到后面各行，可消去各行中的常数项；再从第 2 行中提出公因子 a_{10}，然后分别以第 2 行的适当倍数加到后面各行，便可消去变元 x_i 的一次项，…，直到最后，从第 $n-1$ 行中提出公因子 $a_{n-1,0}$，剩下一个 n 阶范德蒙(Vandermonde)行列式，因此

$$D_n=\begin{vmatrix}f_0(x_1) & f_0(x_2) & \cdots & f_0(x_n)\\ f_1(x_1) & f_1(x_2) & \cdots & f_1(x_n)\\ \vdots & & & \vdots\\ f_{n-1}(x_1) & f_{n-1}(x_2) & \cdots & f_{n-1}(x_n)\end{vmatrix}$$

$$=a_{00}a_{10}\cdots a_{n-1,0}\begin{vmatrix}1 & 1 & 1 & \cdots & 1\\ x_1 & x_2 & x_3 & \cdots & x_n\\ x_1^2 & x_2^2 & x_3^2 & \cdots & x_n^2\\ \vdots & \vdots & \vdots & & \vdots\\ x_1^{n-1} & x_2^{n-1} & x_3^{n-1} & \cdots & x_n^{n-1}\end{vmatrix}=\prod_{i=0}^{n-1}a_{i0}\prod_{n\geqslant i\geqslant j\geqslant 1}(x_i-x_j).$$

例 5　计算 n 阶行列式

$$D=\begin{vmatrix} x-a & a & a & \cdots & a \\ a & x-a & a & \cdots & a \\ a & a & x-a & \cdots & a \\ \vdots & \vdots & \vdots & & \vdots \\ a & a & a & \cdots & x-a \end{vmatrix}.$$

解　法一　行列式各列元素的和都是 $x+(n-2)a$，把第 2 行，第 3 行，…，第 n 行都加到第 1 行，提取公因式 $x+(n-2)a$；再把第 1 行乘 $-a$，加到第 2 行，第 3 行，…，第 n 行，化为上三角行列式计算.

$$D=\begin{vmatrix} x+(n-2)a & x+(n-2)a & \cdots & x+(n-2)a \\ a & x-a & \cdots & a \\ \vdots & \vdots & & \vdots \\ a & a & \cdots & x-a \end{vmatrix}$$

$$=[x+(n-2)a]\begin{vmatrix} 1 & 1 & \cdots & 1 \\ a & x-a & \cdots & a \\ \vdots & \vdots & & \vdots \\ a & a & \cdots & x-a \end{vmatrix}$$

$$=[x+(n-2)a]\begin{vmatrix} 1 & 1 & \cdots & 1 \\ 0 & x-2a & \cdots & 0 \\ \vdots & \vdots & & \vdots \\ 0 & 0 & \cdots & x-2a \end{vmatrix}$$

$$=[x+(n-2)a](x-2a)^{n-1}.$$

法二　用消法变换得到尽可能多的 0. 把第 1 行乘 -1 加到第 2 行，第 3 行，…，第 n 行；然后再把第 2 列，第 3 列，…，第 n 列加到第 1 列，得

$$D=\begin{vmatrix} x-a & a & a & \cdots & a \\ -x+2a & x-2a & 0 & \cdots & 0 \\ -x+2a & 0 & x-2a & \cdots & 0 \\ \vdots & \vdots & \vdots & & \vdots \\ -x+2a & 0 & 0 & \cdots & x-2a \end{vmatrix}$$

$$=\begin{vmatrix} x+(n-2)a & a & a & \cdots & a \\ 0 & x-2a & 0 & \cdots & 0 \\ 0 & 0 & x-2a & \cdots & 0 \\ \vdots & \vdots & \vdots & & \vdots \\ 0 & 0 & 0 & \cdots & x-2a \end{vmatrix}$$

$=[x+(n-2)a](x-2a)^{n-1}$.

法三 利用相邻两行的特点，把第 2 行乘 -1 加到第 1 行，第 3 行乘 -1 加到第 2 行，…，第 n 行乘 -1 加到第 $n-1$ 行，得到尽量多的 0；再把第 1 列加到第 2 列，第 2 列加到第 3 列，…，第 $n-1$ 列加到第 n 列，化为下三角行列式，得

$$D=\begin{vmatrix} x-2a & -x+2a & 0 & \cdots & 0 & 0 \\ 0 & x-2a & -x+2a & \cdots & 0 & 0 \\ 0 & 0 & x-2a & \cdots & 0 & 0 \\ \vdots & \vdots & \vdots & & \vdots & \vdots \\ 0 & 0 & 0 & \cdots & x-2a & -x+2a \\ a & a & a & \cdots & a & x-a \end{vmatrix}$$

$$=\begin{vmatrix} x-2a & 0 & 0 & \cdots & 0 & 0 \\ 0 & x-2a & 0 & \cdots & 0 & 0 \\ 0 & 0 & x-2a & \cdots & 0 & 0 \\ \vdots & \vdots & \vdots & & \vdots & \vdots \\ 0 & 0 & 0 & \cdots & x-2a & 0 \\ a & 2a & 3a & \cdots & (n-1)a & x+(n-2)a \end{vmatrix}$$

$=[x+(n-2)a](x-2a)^{n-1}$.

法四 利用分列相加性质，变形

$$D_n=\begin{vmatrix} x-2a+a & a & a & \cdots & a \\ 0+a & x-a & a & \cdots & a \\ 0+a & a & x-a & \cdots & a \\ \vdots & \vdots & \vdots & & \vdots \\ 0+a & a & a & \cdots & x-a \end{vmatrix}$$

$$=(x-2a)D_{n-1}+a\begin{vmatrix} 1 & a & a & \cdots & a \\ 1 & x-a & a & \cdots & a \\ 1 & a & x-a & \cdots & a \\ \vdots & \vdots & \vdots & & \vdots \\ 1 & a & a & \cdots & x-a \end{vmatrix}$$

$$=(x-2a)D_{n-1}+a\begin{vmatrix} 1 & a & a & \cdots & a \\ 0 & x-2a & 0 & \cdots & 0 \\ 0 & 0 & x-2a & \cdots & 0 \\ \vdots & \vdots & \vdots & & \vdots \\ 0 & 0 & 0 & \cdots & x-2a \end{vmatrix}$$

$=(x-2a)D_{n-1}+a(x-2a)^{n-1}$.

利用递推关系式，

$$(x-2a)D_{n-1}=(x-2a)^2D_{n-2}+a(x-2a)^{n-1},$$

$$\cdots\cdots$$

$$(x-2a)^{n-2}D_2=(x-2a)^{n-1}D_1+a(x-2a)^{n-1},$$

$$D_1=x-a.$$

因此，$D_n=(x-2a)^{n-1}(x-a)+(n-1)a(x-2a)^{n-1}=[x+(n-2)a](x-2a)^{n-1}$.

法五　"镶边法". 构造与 D_n 等值的 $n+1$ 阶行列式，再用消法变换得到尽量多的 0.

$$D_n=\begin{vmatrix}1 & a & a & \cdots & a\\ 0 & x-a & a & \cdots & a\\ 0 & a & x-a & \cdots & a\\ \vdots & \vdots & \vdots & & \vdots\\ 0 & a & a & \cdots & x-a\end{vmatrix}=\begin{vmatrix}1 & a & a & \cdots & a\\ -1 & x-2a & 0 & \cdots & 0\\ -1 & 0 & x-2a & \cdots & 0\\ \vdots & \vdots & \vdots & & \vdots\\ -1 & 0 & 0 & \cdots & x-2a\end{vmatrix}$$

当 $x=2a$ 时，$D_n=0$. 设 $x\neq 2a$，则

$$D_n=(x-2a)^n\begin{vmatrix}1 & \frac{a}{x-2a} & \frac{a}{x-2a} & \cdots & \frac{a}{x-2a}\\ -1 & 1 & 0 & \cdots & 0\\ -1 & 0 & 1 & \cdots & 0\\ \vdots & \vdots & \vdots & & \vdots\\ -1 & 0 & 0 & \cdots & 1\end{vmatrix}$$

$$=(x-2a)^n\begin{vmatrix}1+\frac{na}{x-2a} & \frac{a}{x-2a} & \frac{a}{x-2a} & \cdots & \frac{a}{x-2a}\\ 0 & 1 & 0 & \cdots & 0\\ 0 & 0 & 1 & \cdots & 0\\ \vdots & \vdots & \vdots & & \vdots\\ 0 & 0 & 0 & \cdots & 1\end{vmatrix}$$

$$=(x-2a)^n\left(1+\frac{na}{x-2a}\right)=[x+(n-2)a](x-2a)^{n-1}.$$

当 $x=2a$ 时，$D_n=[x+(n-2)a](x-2a)^{n-1}$ 仍然成立.

计算行列式常用的方法有定义法、化三角形法、递推法、数学归纳法及公式法. 在计算行列式时，应根据行列式中行(或列)的元素的特点来选择相应的解题方法. 基本原则是：

(1)运用行列式的性质把行列式的某一行(列)尽可能化简，使得这一行只

剩下一个或很少几个不为零元素，然后按该行(或列)用展开定理计算(化零降阶法).

(2)运用行列式性质把行列式化成特殊行列式或自己熟悉的行列式类型，然后计算出结果.

(3)把 n 阶行列式运用行列式的性质得到递推公式，进而求解.

6.4 克莱姆法则

一个含有 n 个未知量 n 个方程的线性方程组

$$\begin{aligned}&a_{11}x_1+a_{12}x_2+\cdots+a_{1n}x_n=b_1,\\&a_{21}x_1+a_{22}x_2+\cdots+a_{2n}x_n=b_2,\\&\cdots\cdots\\&a_{n1}x_1+a_{n2}x_2+\cdots+a_{nn}x_n=b_n.\end{aligned}$$

当它的系数行列式 $D\neq0$ 时，有且仅有一个解：

$$x_1=\frac{D_1}{D},\ x_2=\frac{D_2}{D},\ \cdots,\ x_n=\frac{D_n}{D}.$$

其中 $D_j\,(j=1,2,\cdots,n)$是把行列式 D 的第 j 列的元素换成方程组的常数项 b_1，b_2，…，b_n 而得的 n 阶行列式.

克莱姆法则给出 n 元 n 个方程的线性方程组在系数行列式不等于零时的解，求 n 个未知量的值，转化为计算 $n+1$ 个行列式. 它是解线性方程组的基础. 其等价的逆否命题为：若方程组的解不唯一，则线性方程组的系数行列式 $D=0$.

例 1 解线性方程组：

$$\begin{aligned}&x_1+x_2+2x_3+3x_4=1,\\&3x_1-x_2-x_3-2x_4=-4,\\&2x_1+3x_2-x_3-x_4=-6,\\&x_1+2x_2+3x_3-x_4=-4.\end{aligned}$$

解 用克莱姆法则，$D=-153$，$D_1=153$，$D_2=153$，$D_3=0$，$D_4=153$. 所以 $x_1=-1$，$x_2=-1$，$x_3=0$，$x_4=1$.

例 2 设 a，b，c，d 是不全为零的实数. 证明：方程组

$$\begin{aligned}&ax_1+bx_2+cx_3+dx_4=0,\\&bx_1-ax_2+dx_3-cx_4=0,\\&cx_1-dx_2-ax_3+bx_4=0,\\&dx_1+cx_2-bx_3-ax_4=0.\end{aligned}$$

只有零解.

证明　因为方程组的系数行列式为

$$D=\begin{vmatrix} a & b & c & d \\ b & -a & d & -c \\ c & -d & -a & b \\ d & c & -b & -a \end{vmatrix}=-(a^2+b^2+c^2+d^2)^2,$$

而 a, b, c, d 是不全为零的实数，故 $D\neq 0$. 从而由克莱姆法则，所给方程组只有零解.

例 3　设 $f(x)=c_0+c_1x+\cdots+c_nx^n$. 用线性方程组的理论证明，如果 $f(x)$ 有 $n+1$ 个不同的根，那么 $f(x)$ 是零多项式.

证明　设 α_1, α_2, …, α_{n+1} 是 $f(x)$ 的 $n+1$ 个不同的根，则有齐次线性方程组

$$c_0+c_1\alpha_i+\cdots+c_n\alpha_i^n=0\ (i=1,2,\cdots,n+1).$$

其系数行列式的转置是一个 $n+1$ 阶范德蒙行列式. 因 α_1, α_2, …, α_{n+1} 各不相同，所以此齐次线性方程组的系数行列式不等于零，方程组只有零解，即 $c_0=c_1=\cdots=c_n=0$. 因此，$f(x)$ 是零多项式.

6.5　行列式综合练习题

例 1　计算 4 阶行列式

$$D_4=\begin{vmatrix} 1 & 1 & 2 & 3 \\ 1 & 2-x^2 & 2 & 3 \\ 2 & 3 & 1 & 5 \\ 2 & 3 & 1 & 9-x^2 \end{vmatrix}.$$

解　法一

$$D_4=\begin{vmatrix} 1 & 1 & 2 & 3 \\ 1 & 2-x^2 & 2 & 3 \\ 2 & 3 & 1 & 5 \\ 2 & 3 & 1 & 9-x^2 \end{vmatrix}=\begin{vmatrix} 1 & 1 & 2 & 3 \\ 0 & 1-x^2 & 0 & 0 \\ 0 & 1 & -3 & -1 \\ 0 & 1 & -3 & 3-x^2 \end{vmatrix}$$

$$=\begin{vmatrix} 1-x^2 & 0 & 0 \\ 1 & -3 & -1 \\ 1 & -3 & 3-x^2 \end{vmatrix}$$

$$=(1-x^2)[-3(3-x^2)-3]=3(1-x^2)(x^2-4).$$

法二　这是一个关于 x 的 4 次多项式，在复数域内，此多项式可以分解成

4 个一次因式的乘积. 令

$$f(x)=D_4=\begin{vmatrix}1 & 1 & 2 & 3\\ 1 & 2-x^2 & 2 & 3\\ 2 & 3 & 1 & 5\\ 2 & 3 & 1 & 9-x^2\end{vmatrix},$$

则 $f(1)=f(-1)=f(2)=f(-2)=0$，即 $f(x)$ 有 4 个根：1，−1，2，−2. 因此

$$f(x)=a(x-1)(x+1)(x-2)(x+2).$$

比较 D_4 中 x^4 的系数，得 $a=3$. 所以 $f(x)=3(1-x^2)(x^2-4)$.

注：这种计算行列式的方法称为观察一次因子法.

例 2 计算 n 阶行列式

$$D_n=\begin{vmatrix}1+x & y & 0 & \cdots & 0 & 0\\ z & 1+x & y & \cdots & 0 & 0\\ 0 & z & 1+x & \cdots & 0 & 0\\ \vdots & \vdots & \vdots & & \vdots & \vdots\\ 0 & 0 & 0 & \cdots & 1+x & y\\ 0 & 0 & 0 & \cdots & z & 1+x\end{vmatrix}，其中 x=yz.$$

解 将行列式按最后一行展开，得

$$D_n=(1+x)\,D_{n-1}-z\begin{vmatrix}1+x & y & 0 & \cdots & 0 & 0\\ z & 1+x & y & \cdots & 0 & 0\\ 0 & z & 1+x & \cdots & 0 & 0\\ \vdots & \vdots & \vdots & & \vdots & \vdots\\ 0 & 0 & 0 & \cdots & 1+x & 0\\ 0 & 0 & 0 & \cdots & z & y\end{vmatrix}_{(n-1)}$$

$$=(1+x)\,D_{n-1}-zyD_{n-2}=(1+x)\,D_{n-1}-xD_{n-2}$$

$$=D_{n-1}+x(D_{n-1}-D_{n-2}),$$

于是得

$$D_n-D_{n-1}=x(D_{n-1}-D_{n-2})=\cdots=x^{n-2}(D_2-D_1)=x^n.$$

从而有递推公式：

$$D_n=x^n+D_{n-1}=x^n+x^{n-1}+D_{n-2}=\cdots=x^n+x^{n-1}+\cdots+x+1$$

$$=\begin{cases}\dfrac{x^{n+1}-1}{x-1}, & x\neq 1;\\ n+1, & x\neq 1.\end{cases}$$

注：本题为华东师范大学 1996 年研究生入学考试题.

例 3　设

$$f(x)=\begin{vmatrix}1 & x & x^2 & \cdots & x^{n-1}\\ 1 & a_1 & a_1^2 & \cdots & a_1^{n-1}\\ \vdots & \vdots & \vdots & & \vdots\\ 1 & a_{n-1} & a_{n-1}^2 & \cdots & a_{n-1}^{n-1}\end{vmatrix}$$

其中 $a_1, a_2, \cdots, a_{n-1}$是互不相同的数.

(1)由行列式定义，说明 $f(x)$是一个 $n-1$ 次多项式；

(2)由行列式性质，求 $f(x)$的根.

解　(1)$f(x)$中只有第一行中含有 x 的幂次，而且最高方次为 $n-1$. 另外，展开后 x^{n-1}的系数(不计符号)是一个范得蒙行列式且不等于零(因为 a_1，$a_2, \cdots, a_{n-1}$是互不相同的数)，故 $f(x)$是一个 $n-1$ 次多项式.

(2)由于当 $x=a_1, a_2, \cdots, a_{n-1}$时，$f(a_1)$，$f(a_2)$，…，$f(a_{n-1})$都有两行相同，从而为 0，故互不相同的数 $a_1, a_2, \cdots, a_{n-1}$都是 $f(x)$的根.

例 4　证明 n 阶行列式

$$\begin{vmatrix}\cos\theta & 1 & 0 & \cdots & 0 & 0\\ 1 & 2\cos\theta & 1 & \cdots & 0 & 0\\ 0 & 1 & 2\cos\theta & \cdots & 0 & 0\\ \vdots & \vdots & \vdots & & \vdots & \vdots\\ 0 & 0 & 0 & \cdots & 2\cos\theta & 1\\ 0 & 0 & 0 & \cdots & 1 & 2\cos\theta\end{vmatrix}=\cos n\theta.$$

证明　用数学归纳法. 设左边行列式为 D_n. 当 $n=1$ 时，命题显然成立. 设 $D_{n-1}=\cos(n-1)\theta$，$D_{n-2}=\cos(n-2)\theta$，将 D_n从第 n 行展开，得到

$$\begin{aligned}D_n&=2\cos\theta D_{n-1}-D_{n-2}=2\cos\theta\cos(n-1)\theta-\cos(n-2)\theta\\&=[\cos n\theta+\cos(n-2)\theta]-\cos(n-2)\theta=\cos n\theta.\end{aligned}$$

例 5　计算 $n(n>2)$阶行列式

$$\begin{vmatrix}a_1+b_1 & a_1+b_2 & \cdots & a_1+b_n\\ a_2+b_1 & a_2+b_2 & \cdots & a_2+b_n\\ \vdots & \vdots & & \vdots\\ a_n+b_1 & a_n+b_2 & \cdots & a_n+b_n\end{vmatrix}.$$

解　原式$=\begin{vmatrix}a_1+b_1 & a_1+b_2 & \cdots & a_1+b_n\\ a_2+b_1 & a_2+b_2 & \cdots & a_2+b_n\\ \vdots & \vdots & & \vdots\\ a_n+b_1 & a_n+b_2 & \cdots & a_n+b_n\end{vmatrix}$

$$=\begin{vmatrix} a_1 & a_1+b_2 & \cdots & a_1+b_n \\ a_2 & a_2+b_2 & \cdots & a_2+b_n \\ \vdots & \vdots & & \vdots \\ a_n & a_n+b_2 & \cdots & a_n+b_n \end{vmatrix}+\begin{vmatrix} b_1 & a_1+b_2 & \cdots & a_1+b_n \\ b_1 & a_2+b_2 & \cdots & a_2+b_n \\ \vdots & \vdots & & \vdots \\ b_1 & a_n+b_2 & \cdots & a_n+b_n \end{vmatrix}=0.$$

例 6 设 $a_1, a_2, \cdots, a_{n+1}$ 是 $n+1$ 个不同的数，$b_1, b_2, \cdots, b_{n+1}$ 是任意 $n+1$ 个数，而多项式

$$f(x)=c_0+c_1x+\cdots+c_nx^n$$

有以下性质：$f(a_i)=b_i$，$i=1, 2, \cdots, n+1$. 用线性方程组的理论证明，$f(x)$ 的系数 $c_0, c_1, \cdots, c_n$ 是唯一确定的，并且对 $n=2$ 的情形导出拉格朗日插值公式.

证明 由 $c_0+c_1x+\cdots+c_nx^n=f(x)$ 得关于 $c_0, c_1, \cdots, c_n$ 的方程组：

$$\begin{gathered} c_0+c_1a_1+\cdots+c_na_1^n=b_1, \\ c_0+c_1a_2+\cdots+c_na_2^n=b_2, \\ \cdots\cdots \\ c_0+c_1a_{n+1}+\cdots+c_na_{n+1}^n=b_{n+1}. \end{gathered}$$

系数行列式

$$D=D'=\begin{vmatrix} 1 & 1 & 1 & \cdots & 1 \\ a_1 & a_2 & a_3 & \cdots & a_{n+1} \\ a_1^2 & a_2^2 & a_3^2 & \cdots & a_{n+1}^2 \\ \vdots & \vdots & \vdots & & \vdots \\ a_1^n & a_2^n & a_3^n & \cdots & a_{n+1}^n \end{vmatrix}=\prod_{1\leqslant i\leqslant j\leqslant n+1}(a_j-a_i)\neq 0.$$

从而方程组有唯一解，即 $c_0, c_1, \cdots, c_n$ 是唯一确定的.

当 $n=2$ 时，$f(x)=c_0+c_1x+c_2x^2$，所以

$$\begin{aligned} c_0+c_1a_1+c_2a_1^2=b_1, \\ c_0+c_1a_2+c_2a_2^2=b_2, \\ c_0+c_1a_3+c_2a_3^2=b_3. \end{aligned}$$

令

$$D=\begin{vmatrix} 1 & a_1 & a_1^2 \\ 1 & a_2 & a_2^2 \\ 1 & a_3 & a_3^2 \end{vmatrix}, D_1=\begin{vmatrix} b_1 & a_1 & a_1^2 \\ b_2 & a_2 & a_2^2 \\ b_3 & a_3 & a_3^2 \end{vmatrix},$$

$$D_2=\begin{vmatrix} 1 & b_1 & a_1^2 \\ 1 & b_2 & a_2^2 \\ 1 & b_3 & a_3^2 \end{vmatrix}, D_3=\begin{vmatrix} 1 & a_1 & b_1 \\ 1 & a_2 & b_2 \\ 1 & a_3 & b_3 \end{vmatrix}.$$

$$c_0=\frac{D_1}{D}=\frac{b_1a_2a_3(a_3-a_2)-b_2a_1a_3(a_3-a_1)+b_3a_1a_2(a_2-a_1)}{(a_3-a_2)(a_3-a_1)(a_2-a_1)},$$

$$c_1=\frac{D_2}{D}=\frac{-b_1^2(a_3^2-a_2^2)-b_2(a_3^2-a_1^2)+b_3(a_2^2-a_1^2)}{(a_3-a_2)(a_3-a_1)(a_2-a_1)},$$

$$c_2=\frac{D_3}{D}=\frac{b_1(a_3-a_2)-b_2(a_3-a_1)+b_3(a_2-a_1)}{(a_3-a_2)(a_3-a_1)(a_2-a_1)}.$$

所以

$$f(x)=\frac{b_1(x-a_3)(x-a_2)}{(a_1-a_3)(a_1-a_2)}+\frac{b_2(x-a_3)(x-a_1)}{(a_2-a_3)(a_2-a_1)}+\frac{b_3(x-a_1)(x-a_2)}{(a_3-a_1)(a_3-a_2)}.$$

例 7　设 $a_1,a_2,\cdots,a_n$ 是 n 个互不相同的数，证明下列线性方程组有唯一解：

$$\begin{aligned}x_1+x_2+\cdots+x_n&=1,\\ a_1x_1+a_2x_2+\cdots+a_nx_n&=b,\\ a_1^2x_1+a_2^2x_2+\cdots+a_n^2x_n&=b^2,\\ &\cdots\cdots\\ a_1^{n-1}x_1+a_2^{n-1}x_2+\cdots+a_n^{n-1}x_n&=b^{n-1},\end{aligned}$$

并求其解.

解　方程组的系数行列式为范德蒙行列式，当 $a_1,a_2,\cdots,a_n$ 互不相同时，此行列式不为零，方程组的唯一解为

$$x_i=\frac{\prod\limits_{j\neq i}(b-a_j)}{\prod\limits_{j\neq i}(a_i-a_j)},i=1,2,\cdots,n.$$

第 7 章　线性方程组

线性方程组是线性代数的最基本内容，在数学及其他许多领域有着广泛的应用. 在解析几何中，每个二元一次方程代表一条直线，因此称二元一次方程为线性方程. 借用这个名称，对多个未知数的方程 $a_1x_1+\cdots+a_nx_n=b$ 也称为线性方程. 线性方程组的一般形式为

$$\begin{cases} a_{11}x_1+a_{12}x_2+\cdots+a_{1n}x_n=b_1, \\ a_{21}x_1+a_{22}x_2+\cdots+a_{2n}x_n=b_2, \\ \cdots\cdots \\ a_{m1}x_1+a_{m2}x_2+\cdots+a_{mn}x_n=b_m. \end{cases} \tag{1}$$

其中 m 一般不等于 n，即方程的个数与未知量的个数可以不相等. 因此，方程组(1)更具一般性.

7.1　消元法

消元法是解线性方程组的具体方法，它通过对线性方程组施行三种初等变换：

(1)交换两个方程的顺序(换位变换)；

(2)用一个不等于零的数乘某一个方程(倍法变换)；

(3)用一个数乘某一个方程后加到另一个方程上去(消法变换).

将原方程组中某方程的某个未知量的系数变为 0——消去这个元，反复地这样做，得到一个化简的线性方程组，这是一个阶梯形线性方程组，它与原方程组同解(系数及常数项均为 0 的方程可去掉，因而方程个数未必与原方程组个数相等). 这样的阶梯形线性方程组非常简单，容易判断是否有解；有解时，容易得到所有的解，我们称之为标准形式的线性方程组. 消元法解线性方程组的理论根据是：线性方程组经初等变换得到同解方程组.

解线性方程组的过程与行列式计算的过程是类似的：通过一系列允许变换(保持同解性)得到标准型(阶梯形线性方程组)，然后求解. 这个思想贯穿线性

代数始终.

方程组(1)是否有解以及有些什么样的解，完全决定于方程组(1)的系数和常数项，因此，在讨论线性方程组时，主要是研究它的系数和常数项.

使用消元法解线性方程组可以在线性方程组的增广矩阵上进行，即对增广矩阵的行施行矩阵的相应的初等变换. 除了行初等变换外，还可以交换两列(除最后一列外). 方程组(1)的增广矩阵为

$$\overline{\mathbf{A}}=\begin{pmatrix} a_{11} & a_{12} & \cdots & a_{1n} & b_1 \\ a_{21} & a_{22} & \cdots & a_{2n} & b_2 \\ \vdots & \vdots & & \vdots & \vdots \\ a_{m1} & a_{m2} & \cdots & a_{mn} & b_m \end{pmatrix},$$

经初等行变换和第一种初等列变换可化为

$$\begin{pmatrix} 1 & 0 & 0 & \cdots & 0 & c_{1,r+1} & \cdots & c_{1n} & d_1 \\ 0 & 1 & 0 & \cdots & 0 & c_{2,r+1} & \cdots & c_{2n} & d_2 \\ \vdots & \vdots & \vdots & & \vdots & \vdots & & \vdots & \vdots \\ 0 & 0 & 0 & \cdots & 1 & c_{r,r+1} & \cdots & c_{rn} & d_r \\ 0 & 0 & 0 & \cdots & 0 & 0 & \cdots & 0 & d_{r+1} \\ 0 & 0 & 0 & \cdots & 0 & 0 & \cdots & 0 & 0 \\ \vdots & \vdots & \vdots & & \vdots & \vdots & & \vdots & \vdots \\ 0 & 0 & 0 & \cdots & 0 & 0 & \cdots & 0 & 0 \end{pmatrix}.$$

其对应的线性方程组为

$$\begin{gathered} x_{i_1}+\cdots+c_{1,r+1}x_{i_{r+1}}+\cdots+c_{1n}x_{i_n}=d_1, \\ x_{i_2}+\cdots+c_{2,r+1}x_{i_{r+1}}+\cdots+c_{2n}x_{i_n}=d_2, \\ \cdots\cdots \\ x_{i_r}+\cdots+c_{r,r+1}x_{i_{r+1}}+\cdots+c_{rn}x_{i_n}=d_r, \\ 0=d_{r+1}. \end{gathered}$$

若$r<m$，且 $d_{r+1}\neq 0$，方程组(1)无解.

若$d_{r+1}=0$，当 $r=n$ 时，方程组有唯一解：$x_{i_1}=d_1$，$x_{i_2}=d_2$，…，$x_{i_n}=d_n$；$r<n$ 时，方程组有无穷多个解：

$$\begin{gathered} x_{i_1}=d_1-c_{1,r+1}x_{i_{r+1}}-\cdots-c_{1n}x_{i_n}, \\ \cdots\cdots \\ x_{i_r}=d_r-c_{r,r+1}x_{i_{r+1}}-\cdots-c_{rn}x_{i_n}. \end{gathered} \tag{2}$$

$x_{i_{r+1}}$，…，x_{i_n} 为自由未知量，$x_{i_{r+1}}$，…，x_{i_n} 每取一组值，就可以得到方程组(1)的一个确定的解. 方程组(2)称为方程组(1)的一般解.

例 1 解下列线性方程组：

(1) $5x_1-x_2+2x_3+x_4=7,$

$2x_1+x_2+4x_3-2x_4=1,$

$x_1-3x_2-6x_3+5x_4=0.$

(2) $2x_1-x_2+3x_3=3,$

$3x_1+x_2-5x_3=0,$

$4x_1-x_2+x_3=3,$

$x_1+3x_2-13x_3=-6.$

解 (1)对方程的增广矩阵施行初等变换：

$$\bar{\boldsymbol{A}}=\begin{pmatrix}5&-1&2&1&7\\2&1&4&-2&1\\1&-3&-6&5&0\end{pmatrix}\to\begin{pmatrix}1&-3&-6&5&0\\0&7&16&-12&1\\0&0&0&0&5\end{pmatrix}.$$

因为 $0=5$ 是一个矛盾方程，所以方程组无解.

(2)

$$\bar{\boldsymbol{A}}=\begin{pmatrix}2&-1&3&3\\3&1&-5&0\\4&-1&1&3\\1&3&-13&-6\end{pmatrix}\to\begin{pmatrix}1&0&0&1\\0&1&0&2\\0&0&1&1\\0&0&0&0\end{pmatrix}$$

因为 $d_4=0$，方程组有唯一解：$x_1=1$，$x_2=2$，$x_3=1$.

例 2 a，b 取何值时，线性方程组

$$\begin{aligned}&x_1+x_2+x_3+x_4+x_5=1,\\&3x_1+2x_2+x_3+x_4-3x_5=a,\\&x_2+2x_3+2x_4+6x_5=4,\\&5x_1+4x_2+3x_3+3x_4-x_5=b.\end{aligned}$$

有解？在有解的情况下，求出一般解.

解 对线性方程的增广矩阵施行初等变换：

$$\bar{\boldsymbol{A}}=\begin{pmatrix}1&1&1&1&1&1\\3&2&1&1&-3&a\\0&1&2&2&6&4\\5&4&3&3&-1&b\end{pmatrix}\to\begin{pmatrix}1&1&1&1&1&1\\0&-1&-2&-2&-6&a-3\\0&1&2&2&6&4\\0&-1&-2&-2&-6&b-5\end{pmatrix}\to$$

$$\begin{pmatrix}1&1&1&1&1&1\\0&1&2&2&6&4\\0&0&0&0&0&a+1\\0&0&0&0&0&b-1\end{pmatrix}.$$

当 $a=-1$ 且 $b=1$ 时，方程组有解，其一般解为

$$\begin{aligned}&x_1=-3+x_3+x_4+5x_5,\\&x_2=4-2x_3-2x_4-6x_5.\end{aligned}$$

其中 x_3，x_4，x_5 为自由未知量.

例 3　证明：对矩阵施行第一种行初等变换相当于对它施行若干次第二和第三种行初等变换.

证明　**法一**　令

$$\boldsymbol{A}=\begin{pmatrix} a_{11} & a_{12} & \cdots & a_{1n} \\ a_{21} & a_{22} & \cdots & a_{2n} \\ \vdots & \vdots & & \vdots \\ a_{m1} & a_{m2} & \cdots & a_{mn} \end{pmatrix}.$$

不妨对第 1、2 行施行第一种行初等变换，令

$$\boldsymbol{B}=\begin{pmatrix} a_{21} & a_{22} & \cdots & a_{2n} \\ a_{11} & a_{12} & \cdots & a_{1n} \\ \vdots & \vdots & & \vdots \\ a_{m1} & a_{m2} & \cdots & a_{mn} \end{pmatrix},$$

则由矩阵 $\boldsymbol{A}$ 经过若干次第二和第三种行初等变换可得 $\boldsymbol{B}$，即

$$\boldsymbol{A}\to\begin{pmatrix} a_{11}+a_{21} & a_{12}+a_{22} & \cdots & a_{1n}+a_{2n} \\ a_{21} & a_{22} & \cdots & a_{2n} \\ \vdots & \vdots & & \vdots \\ a_{m1} & a_{m2} & \cdots & a_{mn} \end{pmatrix}\to$$

$$\begin{pmatrix} a_{11}+a_{21} & a_{12}+a_{22} & \cdots & a_{1n}+a_{2n} \\ -a_{11} & -a_{12} & \cdots & -a_{1n} \\ \vdots & \vdots & & \vdots \\ a_{m1} & a_{m2} & \cdots & a_{mn} \end{pmatrix}\to\begin{pmatrix} a_{21} & a_{22} & \cdots & a_{2n} \\ -a_{11} & -a_{12} & \cdots & -a_{1n} \\ \vdots & \vdots & & \vdots \\ a_{m1} & a_{m2} & \cdots & a_{mn} \end{pmatrix}\to$$

$$\begin{pmatrix} a_{21} & a_{22} & \cdots & a_{2n} \\ a_{11} & a_{12} & \cdots & a_{1n} \\ \vdots & \vdots & & \vdots \\ a_{m1} & a_{m2} & \cdots & a_{mn} \end{pmatrix}=\boldsymbol{B}.$$

法二　更一般化，对矩阵的第 i，j 行进行第一种初等变换，令

$$\boldsymbol{A}=\begin{pmatrix} \cdots & \cdots & \cdots & \cdots \\ a_{i1} & a_{i2} & \cdots & a_{in} \\ \vdots & \vdots & & \vdots \\ a_{j1} & a_{j2} & \cdots & a_{jn} \\ \cdots & \cdots & \cdots & \cdots \end{pmatrix},\ \boldsymbol{B}=\begin{pmatrix} \cdots & \cdots & \cdots & \cdots \\ a_{j1} & a_{j2} & \cdots & a_{jn} \\ \vdots & \vdots & & \vdots \\ a_{i1} & a_{i2} & \cdots & a_{in} \\ \cdots & \cdots & \cdots & \cdots \end{pmatrix}.$$

由矩阵 $\boldsymbol{A}$ 经过若干次第二和第三种行初等变换可得 $\boldsymbol{B}$，即

$$A=\begin{pmatrix}\cdots & \cdots & \cdots & \cdots\\ a_{i1} & a_{i2} & \cdots & a_{in}\\ \vdots & \vdots & & \vdots\\ a_{j1} & a_{j2} & \cdots & a_{jn}\\ \cdots & \cdots & \cdots & \cdots\end{pmatrix}\to\begin{pmatrix}\cdots & \cdots & \cdots & \cdots\\ a_{i1}+a_{j1} & a_{i2}+a_{j2} & \cdots & a_{in}+a_{jn}\\ \vdots & \vdots & & \vdots\\ a_{j1} & a_{j2} & \cdots & a_{jn}\\ \cdots & \cdots & \cdots & \cdots\end{pmatrix}\to$$

$$\begin{pmatrix}\cdots & \cdots & \cdots & \cdots\\ a_{i1}+a_{j1} & a_{i2}+a_{j2} & \cdots & a_{in}+a_{jn}\\ \vdots & \vdots & & \vdots\\ -a_{i1} & -a_{i2} & \cdots & -a_{in}\\ \cdots & \cdots & \cdots & \cdots\end{pmatrix}\to\begin{pmatrix}\cdots & \cdots & \cdots & \cdots\\ a_{j1} & a_{j2} & \cdots & a_{jn}\\ \vdots & \vdots & & \vdots\\ -a_{i1} & -a_{i2} & \cdots & -a_{in}\\ \cdots & \cdots & \cdots & \cdots\end{pmatrix}\to$$

$$\begin{pmatrix}\cdots & \cdots & \cdots & \cdots\\ a_{j1} & a_{j2} & \cdots & a_{jn}\\ \vdots & \vdots & & \vdots\\ a_{i1} & a_{i2} & \cdots & a_{in}\\ \cdots & \cdots & \cdots & \cdots\end{pmatrix}=B.$$

例 4 设 n 阶行列式

$$D=\begin{vmatrix}a_{11} & a_{12} & \cdots & a_{1n}\\ a_{21} & a_{22} & \cdots & a_{2n}\\ \vdots & \vdots & & \vdots\\ a_{n1} & a_{n2} & \cdots & a_{nn}\end{vmatrix}\neq 0.$$

证明：用行初等变换能把 n 行 n 列矩阵

$$\begin{pmatrix}a_{11} & a_{12} & \cdots & a_{1n}\\ a_{21} & a_{22} & \cdots & a_{2n}\\ \vdots & \vdots & & \vdots\\ a_{n1} & a_{n2} & \cdots & a_{nn}\end{pmatrix}$$

化为 n 行 n 列矩阵：

$$\begin{pmatrix}1 & 0 & \cdots & 0\\ 0 & 1 & \cdots & 0\\ \vdots & \vdots & & \vdots\\ 0 & 0 & \cdots & 1\end{pmatrix}.$$

证明 因 $D\neq 0$，所以行列式的每一行每一列至少有一个元素不为 0. 不妨假设 $a_{11}\neq 0$，用 $\dfrac{1}{a_{11}}$ 乘第 1 行；若 $a_{11}=0$ 而 $a_{i1}\neq 0$，将第 i 行的 $\dfrac{1-a_{11}}{a_{i1}}$ 倍加到第 1 行，原矩阵变为

$$\begin{pmatrix} 1 & a'_{12} & \cdots & a'_{1n} \\ a_{21} & a_{22} & \cdots & a_{2n} \\ \vdots & \vdots & & \vdots \\ a_{n1} & a_{n2} & \cdots & a_{nn} \end{pmatrix} \to \begin{pmatrix} 1 & a'_{12} & \cdots & a'_{1n} \\ 0 & a'_{22} & \cdots & a'_{2n} \\ \vdots & \vdots & & \vdots \\ 0 & a'_{n2} & \cdots & a'_{nn} \end{pmatrix}.$$

因此

$$\begin{vmatrix} a'_{22} & \cdots & a'_{2n} \\ \vdots & & \vdots \\ a'_{n2} & \cdots & a'_{nn} \end{vmatrix} = D \neq 0.$$

同理，上述矩阵可以进一步经初等行变换变为

$$\begin{pmatrix} 1 & 0 & \cdots & 0 \\ 0 & 1 & \cdots & 0 \\ \vdots & \vdots & & \vdots \\ 0 & 0 & \cdots & D \end{pmatrix} \to \begin{pmatrix} 1 & 0 & \cdots & 0 \\ 0 & 1 & \cdots & 0 \\ \vdots & \vdots & & \vdots \\ 0 & 0 & \cdots & 1 \end{pmatrix}.$$

例 5　证明：在前一题的假设下，可以通过若干次第三种初等变换把 n 行 n 列矩阵

$$\begin{pmatrix} a_{11} & a_{12} & \cdots & a_{1n} \\ a_{21} & a_{22} & \cdots & a_{2n} \\ \vdots & \vdots & & \vdots \\ a_{n1} & a_{n2} & \cdots & a_{nn} \end{pmatrix}$$

化为 n 行 n 列矩阵

$$\begin{pmatrix} 1 & 0 & \cdots & 0 \\ 0 & 1 & \cdots & 0 \\ \vdots & \vdots & & \vdots \\ 0 & 0 & \cdots & D \end{pmatrix}.$$

证明　由上题，因 $D \neq 0$，不妨假设 $a_{i1} \neq 0$，将第 i 行的 $\dfrac{1-a_{11}}{a_{i1}}$ 倍加到第 1 行，原矩阵变为

$$\begin{pmatrix} 1 & a'_{12} & \cdots & a'_{1n} \\ a_{21} & a_{22} & \cdots & a_{2n} \\ \vdots & \vdots & & \vdots \\ a_{n1} & a_{n2} & \cdots & a_{nn} \end{pmatrix} \to \begin{pmatrix} 1 & a'_{12} & \cdots & a'_{1n} \\ 0 & a'_{22} & \cdots & a'_{2n} \\ \vdots & \vdots & & \vdots \\ 0 & a'_{n2} & \cdots & a'_{nn} \end{pmatrix};$$

又 $\begin{vmatrix} a'_{22} & \cdots & a'_{2n} \\ \vdots & & \vdots \\ a'_{n2} & \cdots & a'_{nn} \end{vmatrix} = D \neq 0$，进而化为 $\begin{pmatrix} 1 & 0 & \cdots & 0 \\ 0 & a'_{22} & \cdots & a'_{2n} \\ \vdots & \vdots & & \vdots \\ 0 & a'_{n2} & \cdots & a'_{nn} \end{pmatrix}$. 因而上述矩阵可经过若干次第三种行和列的初等变换变为

$$\begin{pmatrix} 1 & 0 & \cdots & 0 \\ 0 & 1 & \cdots & 0 \\ \vdots & \vdots & & \vdots \\ 0 & 0 & \cdots & D \end{pmatrix}.$$

7.2 矩阵的秩及线性方程组可解的判别法

一个矩阵中不等于零的子式的最大阶数叫做这个矩阵的秩. 矩阵 $\boldsymbol{A}$ 的秩是由矩阵 $\boldsymbol{A}$ 唯一确定的非负整数. 矩阵的秩具有以下性质：

(1)一个矩阵 $\boldsymbol{A}$ 的秩为 k 的充要条件是这个矩阵存在 k 阶子式不为零，而所有的 $k+1$ 阶子式都为零；

(2)初等变换不改变矩阵的秩；

(3)若矩阵 $\boldsymbol{A}$ 有一个 k 阶子式 D 不为零，但 $\boldsymbol{A}$ 中所有包含 D 的 $k+1$ 阶子式都为零，那么 $\boldsymbol{A}$ 的秩等于 k.

矩阵的秩是矩阵内在特性的反应，它对矩阵理论的研究以及矩阵的应用都起着基本的作用.

通过对矩阵进行初等变换化为阶梯形矩阵，非零行行数即为矩阵的秩. 一个矩阵的秩为零的充要条件是这个矩阵为零矩阵.

例 1 求矩阵 $\boldsymbol{A} = \begin{pmatrix} 1 & 2 & 0 & 0 & 1 \\ 0 & 6 & 2 & 4 & 10 \\ 1 & 11 & 3 & 6 & 16 \\ 1 & -19 & -7 & -14 & -34 \end{pmatrix}$ 的秩.

解 法一 因为初等变换不改变矩阵的秩，所以为了求秩 $\boldsymbol{A}$，对 $\boldsymbol{A}$ 先施行初等变换：

$$\boldsymbol{A} = \begin{pmatrix} 1 & 2 & 0 & 0 & 1 \\ 0 & 6 & 2 & 4 & 10 \\ 1 & 11 & 3 & 6 & 16 \\ 1 & -19 & -7 & -14 & -34 \end{pmatrix} \rightarrow \begin{pmatrix} 1 & 2 & 0 & 0 & 1 \\ 0 & 3 & 1 & 2 & 5 \\ 0 & 0 & 0 & 0 & 0 \\ 0 & 0 & 0 & 0 & 0 \end{pmatrix}.$$

所以，秩 $\boldsymbol{A} = 2$.

法二　因为 $\boldsymbol{A}$ 有一个二阶子式 $D=\begin{vmatrix}1 & 2\\0 & 6\end{vmatrix}=6\neq0$，而 $\boldsymbol{A}$ 的所有包含 D 的三阶子式都等于零，即

$$\begin{vmatrix}1 & 2 & 0\\0 & 6 & 2\\1 & 11 & 3\end{vmatrix}=0,\quad\begin{vmatrix}1 & 2 & 0\\0 & 6 & 4\\1 & 11 & 6\end{vmatrix}=0,\quad\begin{vmatrix}1 & 2 & 1\\0 & 6 & 10\\1 & 11 & 16\end{vmatrix}=0,$$

$$\begin{vmatrix}1 & 2 & 0\\0 & 6 & 2\\1 & 11 & 6\end{vmatrix}=0,\quad\begin{vmatrix}1 & 2 & 0\\0 & 6 & 4\\1 & -19 & -14\end{vmatrix}=0,\quad\begin{vmatrix}1 & 2 & 1\\0 & 6 & 10\\1 & -19 & -34\end{vmatrix}=0,$$

由矩阵秩的定义知，秩 $\boldsymbol{A}=2$.

法三　由解法一知，$\boldsymbol{A}$ 通过初等变换可化为矩阵

$$\boldsymbol{A}\to\begin{pmatrix}1 & 2 & 0 & 0 & 1\\0 & 6 & 2 & 4 & 10\\0 & 9 & 3 & 6 & 15\\0 & -21 & -7 & -14 & -35\end{pmatrix}=\boldsymbol{B}.$$

$\boldsymbol{B}$ 有一个二阶子式 $D=\begin{vmatrix}1 & 2\\0 & 6\end{vmatrix}=6\neq0$，矩阵 $\boldsymbol{B}$ 的第 2，3，4 行两两成比例，所以 $\boldsymbol{B}$ 的所有包含 D 的三阶子式都等于零. 由矩阵秩的定义知，秩 $\boldsymbol{A}=$ 秩 $\boldsymbol{B}=2$.

分析：求一个以具体数字为元素的矩阵的秩，比较常用的方法就是初等变换. 它的基本思想是，欲求秩 $\boldsymbol{A}$，可以对 $\boldsymbol{A}$ 施行初等变换，把 $\boldsymbol{A}$ 化为一个容易求秩的矩阵 $\boldsymbol{B}$，从而把求秩 $\boldsymbol{A}$ 的问题转化为求秩 $\boldsymbol{B}$ 的问题.

矩阵的行(列)初等变换是指对一个矩阵施行的下列变换：

(1)行(列)换法变换——交换矩阵的两行(列)的位置；

(2)行(列)倍法变换——用一个不等于零的数乘矩阵的某一行(列)的每一个元素；

(3)行(列)消法变换——用某一个数乘矩阵的某一行(列)的每一个元素后加到另一行(列)的对应元素上.

矩阵的行初等变换和列初等变换统称为矩阵的初等变换. 矩阵的初等变换是处理矩阵问题的基本方法. 这一方法在线性代数中无论从计算还是从理论的角度来看都起着很重要的作用.

线性方程组(1)有解的充要条件是系数矩阵的秩等于增广矩阵的秩，即秩 $\boldsymbol{A}=$ 秩 $\overline{\boldsymbol{A}}=r$，且当 r 等于未知量的个数 n 时，线性方程组(1)有唯一解；当 $r<n$ 时，方程组(1)有无穷多解. 其等价命题为：线性方程组(1)无解的充要条件是系数矩阵的秩不等于增广矩阵的秩. 至此线性方程组(1)的解的存在性及解

的个数问题已得到解决.

例 2 解下列线性方程组：

(1)$x_1-2x_2+3x_3-x_4-x_5=2$,

$x_1+x_2-x_3+x_4-2x_5=1$,

$2x_1-x_2+x_3-2x_5=1$,

$2x_1+2x_2-5x_3+2x_4-x_5=5$.

(2)$x_1-2x_2+x_3+x_4-x_5=0$,

$2x_1+x_2-x_3-x_4+x_5=0$,

$x_1+7x_2-5x_3-5x_4+5x_5=0$,

$3x_1-x_2-2x_3+x_4-x_5=0$.

解 (1)$\bar{A}=\begin{pmatrix}1&-2&3&-1&-1&2\\1&1&-1&1&-2&1\\2&-1&1&0&-2&1\\2&2&-5&2&-1&5\end{pmatrix}\to\cdots\to$

$$\begin{pmatrix}1&-2&3&-1&-1&2\\0&3&-4&2&-1&-1\\0&0&-1&0&1&-2\\0&0&0&0&0&9\end{pmatrix},$$

秩($\boldsymbol{A}$)=3，秩($\bar{\boldsymbol{A}}$)=4，即系数矩阵的秩和增广矩阵的秩不相等，所以原方程组无解.

$$(2)\boldsymbol{A}=\begin{pmatrix}1&-2&1&1&-1\\2&1&-1&-1&1\\1&7&-5&-5&5\\3&-1&-2&1&-1\end{pmatrix}\to\begin{pmatrix}1&-2&1&1&-1\\0&5&-3&-3&3\\0&0&-3&-3&3\\0&0&0&3&-3\end{pmatrix}\to$$

$$\begin{pmatrix}1&0&0&0&0\\0&1&0&0&0\\0&0&1&0&0\\0&0&0&1&-1\end{pmatrix}.$$

秩($\boldsymbol{A}$)=4=秩$\bar{\boldsymbol{A}}$，自由未知量的个数为 1，原方程组的一般解为

$x_1=0$，$x_2=0$，$x_3=0$，$x_4=x_5$（x_5为自由未知量）.

例 3 λ 取怎样的数值时，线性方程组

$$\lambda x_1+x_2+2x_3-3x_4=2,$$
$$\lambda^2x_1-3x_2+2x_3+x_4=-1,$$
$$\lambda^3x_1-x_2+2x_3-x_4=-1.$$

有解?

解　令

$$\overline{\boldsymbol{A}}=\begin{pmatrix}\lambda & 1 & 2 & -3 & 2\\ \lambda^2 & -3 & 2 & 1 & -1\\ \lambda^3 & -1 & 2 & -1 & -1\end{pmatrix}\to\begin{pmatrix}-3 & 1 & 2 & \lambda & 2\\ 1 & -3 & 2 & \lambda^2 & -1\\ -1 & -1 & 2 & \lambda^3 & -1\end{pmatrix}\to$$

$$\begin{pmatrix}1 & -3 & 2 & \lambda^2 & -1\\ -3 & 1 & 2 & \lambda & 2\\ -1 & -1 & 2 & \lambda^3 & -1\end{pmatrix}\to\begin{pmatrix}1 & -3 & 2 & \lambda^2 & -1\\ 0 & -4 & 4 & \lambda^2+\lambda^3 & -2\\ 0 & 0 & 0 & \lambda+\lambda^2-2\lambda^3 & 3\end{pmatrix}.$$

当$\lambda+\lambda^2-2\lambda^3\neq0$，即$\lambda\neq0$，$\lambda\neq1$，$\lambda\neq-\dfrac{1}{2}$时，线性方程组系数矩阵和增广矩阵的秩相等，方程组有解.

例 4　证明：含有 n 个未知量 $n+1$ 个方程的线性方程组

$$\begin{aligned}a_{11}x_1+\cdots+a_{1n}x_n&=b_1,\\ &\cdots\cdots\\ a_{n1}x_1+\cdots+a_{nn}x_n&=b_n,\\ a_{n+1,1}x_1+\cdots+a_{n+1,n}x_n&=b_{n+1}.\end{aligned}$$

有解的必要条件是行列式

$$\begin{vmatrix}a_{11} & a_{12} & \cdots & a_{1n} & b_1\\ a_{21} & a_{22} & \cdots & a_{2n} & b_2\\ \vdots & \vdots & & \vdots & \vdots\\ a_{n1} & a_{n2} & \cdots & a_{nn} & b_n\\ a_{n+1,1} & a_{n+1,2} & \cdots & a_{n+1,n} & b_{n+1}\end{vmatrix}=0.$$

这个条件是不充分的，试举一反例.

证明　令方程组的增广矩阵

$$\overline{\boldsymbol{A}}=\begin{pmatrix}a_{11} & a_{12} & \cdots & a_{1n} & b_1\\ a_{21} & a_{22} & \cdots & a_{2n} & b_2\\ \vdots & \vdots & & \vdots & \vdots\\ a_{n1} & a_{n2} & \cdots & a_{nn} & b_n\\ a_{n+1,1} & a_{n+1,2} & \cdots & a_{n+1,n} & b_{n+1}\end{pmatrix}$$

若方程组有解，而

$$\begin{vmatrix} a_{11} & a_{12} & \cdots & a_{1n} & b_1 \\ a_{21} & a_{22} & \cdots & a_{2n} & b_2 \\ \vdots & \vdots & & \vdots & \vdots \\ a_{n1} & a_{n2} & \cdots & a_{nn} & b_n \\ a_{n+1,1} & a_{n+1,2} & \cdots & a_{n+1,n} & b_{n+1} \end{vmatrix} \neq 0.$$

因此，秩 $\mathbf{A} \leqslant n \neq n+1 =$ 秩$\overline{\mathbf{A}}$，与方程组有解矛盾. 所以所给行列式等于零. 这个条件是不充分的，如$\begin{cases} x_1+x_2=1 \\ 3x_1+3x_2=1 \\ 5x_1+5x_2=1 \end{cases}$，虽然$\begin{vmatrix} 1 & 1 & 1 \\ 3 & 3 & 1 \\ 5 & 5 & 1 \end{vmatrix}=0$，但此方程组无解.

例 5 λ 取怎样的数值时，线性方程组

$$\begin{aligned} \lambda x_1+x_2+x_3&=1, \\ x_1+\lambda x_2+x_3&=\lambda, \\ x_1+x_2+\lambda x_3&=\lambda^2 \end{aligned}$$

有无穷多解，有唯一解，无解?

解

$$\overline{\mathbf{A}}=\begin{pmatrix} \lambda & 1 & 1 & 1 \\ 1 & \lambda & 1 & \lambda \\ 1 & 1 & \lambda & \lambda^2 \end{pmatrix} \to \begin{pmatrix} 1 & 1 & \lambda & \lambda^2 \\ 1 & \lambda & 1 & \lambda \\ \lambda & 1 & 1 & 1 \end{pmatrix} \to \begin{pmatrix} 1 & 1 & \lambda & \lambda^2 \\ 0 & \lambda-1 & 1-\lambda & \lambda-\lambda^2 \\ 0 & 0 & 2-\lambda-\lambda^2 & 1+\lambda-\lambda^2-\lambda^3 \end{pmatrix}.$$

当$\begin{cases} 2-\lambda-\lambda^2=0 \\ 1+\lambda-\lambda^2-\lambda^3=0 \end{cases}$，即 $\lambda=1$ 时方程组有无穷多解；当 $2-\lambda-\lambda^2\neq 0$，即 $\lambda\neq 1$ 且$\lambda\neq-2$时方程组有唯一解；当$\begin{cases} 2-\lambda-\lambda^2=0 \\ 1+\lambda-\lambda^2-\lambda^3\neq 0 \end{cases}$，即 $\lambda=-2$ 时方程组无解.

7.3 线性方程组的公式解

设线性方程组

$$\begin{aligned} a_{11}x_1+\cdots+a_{1n}x_n&=b_1, \\ &\cdots\cdots \\ a_{m1}x_1+\cdots+a_{mn}x_n&=b_m. \end{aligned} \tag{1}$$

适合条件秩 $\overline{\mathbf{A}}=$ 秩 $\mathbf{A}=r$.

第一步，选择方程组(1)中的 r 个方程来代替方程组(1)，即选择方程组(1)的同解方程组. 这 r 个方程满足：它们的系数做成的矩阵含有 r 阶子式 $D\neq 0$. 而系数不在 D 中的各未知量就是自由未知量，它们可移到各方程的右

边. 一般来说，这 r 个方程的选法不唯一，且当 r 个方程选好后，自由未知量的选法也不唯一.

第二步，将自由未知量看成数，此时的方程组就是 r 个未知量 r 个方程的方程组，并且系数行列式 $D\neq 0$，直接利用克莱姆法则进行行列式计算，就得到公式解，各自由未知量可以自由取值.

当线性方程组的常数项都为零时，这个方程组叫做齐次线性方程组. 齐次线性方程组

$$\begin{aligned}&a_{11}x_1+\cdots+a_{1n}x_n=0,\\&\cdots\cdots\\&a_{m1}x_1+\cdots+a_{mn}x_n=0.\end{aligned}\tag{2}$$

永远有解，$x_1=0$，$x_2=0$，…，$x_n=0$ 是方程组(2)的解. 一般研究方程组(2)的非零解. 齐次线性方程组(2)有非零解的充要条件是它的系数矩阵的秩 r 小于它的未知量的个数 n. 如果一个齐次线性方程组方程的个数小于未知量的个数，那么这个方程组一定有非零解.

例 1　考虑线性方程组

$$\begin{aligned}x_1+x_2&=a_1,\\x_3+x_4&=a_2,\\x_1+x_3&=b_1,\\x_2+x_4&=b_2.\end{aligned}$$

这里 $a_1+a_2=b_1+b_2$. 证明：这个方程组有解，并且它的系数矩阵的秩是 3.

证明　令 $\boldsymbol{A}$ 和 $\overline{\boldsymbol{A}}$ 分别表示方程组的系数矩阵和增广矩阵，且

$$\overline{\boldsymbol{A}}=\begin{pmatrix}1&1&0&0&a_1\\0&0&1&1&a_2\\1&0&1&0&b_1\\0&1&0&1&b_2\end{pmatrix}\to\begin{pmatrix}1&1&0&0&a_1\\1&1&1&1&a_1+a_2\\1&0&1&0&b_1\\1&1&1&1&b_1+b_2\end{pmatrix}\to\begin{pmatrix}1&1&0&0&a_1\\1&1&1&1&a_1+a_2\\1&0&1&0&b_1\\0&0&0&0&0\end{pmatrix}.$$

秩 $\overline{\boldsymbol{A}}$ = 秩 $\boldsymbol{A}=3$，所以方程组有解.

例 2　用公式法解线性方程组

$$\begin{aligned}x_1-2x_2+x_3+x_4&=1,\\x_1-2x_2+x_3-x_4&=-1,\\x_1-2x_2+x_3+5x_4&=5.\end{aligned}$$

解　用 G_1，G_2，G_3 依次表示三个方程，$G_3=3G_1-2G_2$，因此 G_1，G_2 的解就是原方程组的解. 其中行列式

$$\begin{vmatrix}1&1\\1&-1\end{vmatrix}=-2\neq 0.$$

把 x_1，x_2 作为自由未知量，移到方程右边，得

$$x_3+x_4=1-x_1+2x_2,$$
$$x_3-x_4=-1-x_1+2x_2.$$

由克莱姆法则解出 x_3，x_4，得

$$x_3=\frac{\begin{vmatrix}1-x_1+2x_2 & 1\\ -1-x_1+2x_2 & -1\end{vmatrix}}{-2}=-x_1+x_2,$$

$$x_4=\frac{\begin{vmatrix}1 & 1-x_1+2x_2\\ 1 & -1-x_1+2x_2\end{vmatrix}}{-2}=1.$$

取 $x_1=1$，$x_2=0$，可得方程组的一个解：$x_1=1$，$x_2=0$，$x_3=-1$，$x_4=1$.

例 3 设线性方程组

$$\begin{cases}a_{11}x_1+a_{12}x_2+\cdots+a_{1n}x_n=b_1,\\ a_{21}x_1+a_{22}x_2+\cdots+a_{2n}x_n=b_2,\\ \cdots\cdots\\ a_{m1}x_1+a_{m2}x_2+\cdots+a_{mn}x_n=b_m\end{cases}\tag{a}$$

有解，并且添加一个方程

$$a_1x_1+a_2x_2+\cdots+a_nx_n=b$$

于方程(a)，所得的方程组与方程(a)同解. 证明：添加的方程是方程(a)中 m 个方程的结果.

证明 设添加一个方程后所得方程组为(b)，方程组(a)的系数矩阵和增广矩阵为 $\boldsymbol{A}$ 和$\overline{\boldsymbol{A}}$；方程组(b)的系数矩阵和增广矩阵为 $\boldsymbol{B}$ 和 $\overline{\boldsymbol{B}}$，设秩 $\boldsymbol{A}=r$. 因为方程组(a)有解，秩 $\boldsymbol{A}=$秩 $\overline{\boldsymbol{A}}=r\neq0$，则方程组(a)中可以选出 r 个方程，其余 $m-r$ 个方程都是这 r 个方程的结果. 记这 r 个方程组成的方程组为(c)，则方程组(a)与方程组(b)同解，从而方程组(b)与方程组(c)同解，方程组(b)中其余 $m-r+1$ 个方程都是这 r 个方程的结果，因而方程组(b)中添加的方程是方程组(a)中 m 个方程的结果.

7.4 线性方程组综合练习题

例 1 用公式解线性方程组

$$\begin{cases}x_1+x_2+x_3+4x_4=-3,\\ x_1+x_2-x_3-2x_4=-1,\\ 2x_1+2x_2+x_3+5x_4=-5,\\ 3x_1+3x_2+x_3+6x_4=-7.\end{cases}$$

解

$$\begin{pmatrix}1&1&1&4&-3\\1&1&-1&-2&-1\\2&2&1&5&-5\\3&3&1&6&-7\end{pmatrix}\to\begin{pmatrix}1&1&0&1&-2\\0&0&1&3&-1\\0&0&0&0&0\\0&0&0&0&0\end{pmatrix}.$$

所以，原方程组与

$$x_1+x_2+x_3+4x_4=-3,$$
$$x_1+x_2-x_3-2x_4=-1$$

同解. 由

$$x_3+4x_4=-x_1-x_2-3,$$
$$-x_3-2x_4=-x_1-x_2-1$$

解之得

$$x_3=3x_1+3x_2+5,$$
$$x_4=-x_1-x_2-2.$$

其中 x_1，x_2是自由未知量.

例 2　求齐次线性方程组

$$x_1-2x_2+x_3-x_4+x_5=0,$$
$$2x_1+x_2-x_3+2x_4-3x_5=0,$$
$$3x_1-2x_2-x_3+x_4-2x_5=0,$$
$$2x_1-5x_2+x_3-2x_4+2x_5=0$$

的解.

解

$$\boldsymbol{A}=\begin{pmatrix}1&-2&1&-1&1\\2&1&-1&2&-3\\3&-2&-1&1&-2\\2&-5&1&-2&2\end{pmatrix}\to\begin{pmatrix}1&-2&1&-1&1\\0&5&-3&4&-5\\0&4&-4&4&-5\\0&-1&-1&0&0\end{pmatrix}\to$$

$$\begin{pmatrix}1&0&3&-1&1\\0&1&1&0&0\\0&0&0&4&-5\\0&0&0&0&0\end{pmatrix}.$$

秩($\boldsymbol{A}$)=3，有 5−3=2 个自由未知量. 原齐次方程组的解是

$$x_1=-3x_3+\frac{1}{4}x_5,$$
$$x_2=-x_3,$$
$$x_4=\frac{5}{4}x_5.$$

其中 x_3，x_5 为自由未知量.

例 3 证明：方程组

$$\begin{cases} x_1-x_2=a_1, \\ x_2-x_3=a_2, \\ x_3-x_4=a_3, \\ x_4-x_5=a_4, \\ x_5-x_1=a_5 \end{cases} \tag{1}$$

有解的充要条件是 $\sum_{i=1}^{5} a_i=0$. 在有解的情况下，求出一切解.

证明 方程组(1)的增广矩阵是

$$\overline{\mathbf{A}}=\begin{pmatrix} 1 & -1 & 0 & 0 & 0 & a_1 \\ 0 & 1 & -1 & 0 & 0 & a_2 \\ 0 & 0 & 1 & -1 & 0 & a_3 \\ 0 & 0 & 0 & 1 & -1 & a_4 \\ -1 & 0 & 0 & 0 & 1 & a_5 \end{pmatrix}.$$

将第 1，2，3，4 行都加到末行，得

$$\begin{bmatrix} 1 & -1 & 0 & 0 & 0 & a_1 \\ 0 & 1 & -1 & 0 & 0 & a_2 \\ 0 & 0 & 1 & -1 & 0 & a_3 \\ 0 & 0 & 0 & 1 & -1 & a_4 \\ 0 & 0 & 0 & 0 & 0 & \sum_{i=1}^{5} a_i \end{bmatrix}.$$

由此可见，方程组(1)的系数矩阵 $\mathbf{A}$ 的秩是 4. 而方程组(1)有解的充要条件是 $\overline{\mathbf{A}}$ 的秩也是 4，即 $\sum_{i=1}^{5} a_i=0$. 于是当方程组(1)有解时，原方程组与方程组

$$x_1-x_2=a_1,$$
$$x_2-x_3=a_2,$$
$$x_3-x_4=a_3,$$
$$x_4=a_4+x_5.$$

同解，其中 x_5 为自由未知量. 由此即得一般解为

$$\begin{aligned}x_1&=a_1+a_2+a_3+a_4+x_5,\\x_2&=a_2+a_3+a_4+x_5,\\x_3&=a_3+a_4+x_5,\\x_4&=a_4+x_5.\end{aligned}$$

其中 x_5 为自由未知量.

例 4　a，b 为何值时，线性方程组

$$\begin{aligned}ax_1+x_2+x_3&=4,\\x_1+bx_2+x_3&=3,\\x_1+2bx_2+x_3&=4.\end{aligned}\tag{2}$$

有解，求其解.

解　对方程组的增广矩阵施行初等行变换：

$$\overline{\boldsymbol{A}}=\begin{pmatrix}a&1&1&4\\1&b&1&3\\1&2b&1&4\end{pmatrix}\to\begin{pmatrix}0&1-ab&1-a&4-3a\\1&b&1&3\\0&b&0&1\end{pmatrix}\to$$

$$\begin{pmatrix}0&1-ab&1-a&4-3a\\1&0&1&2\\0&b&0&1\end{pmatrix}\to\begin{pmatrix}0&1&1-a&4-2a\\1&0&1&2\\0&b&0&1\end{pmatrix}=\overline{\boldsymbol{B}}.$$

原方程组(2)与下面以 $\overline{\boldsymbol{B}}$ 为增广矩阵的线性方程组同解，即

$$\begin{cases}x_2+(1-a)x_3=4-2a,\\x_1+x_3=2,\\bx_2=1.\end{cases}\tag{3}$$

此方程组的系数行列式为

$$D=\begin{vmatrix}0&1&1-a\\1&0&1\\0&b&0\end{vmatrix}=b(1-a).$$

当 $D=b(1-a)\neq0$，即 $a\neq1$ 且 $b\neq0$ 时，方程组(3)(从而方程组(2))有唯一解，且由方程组(3)知，此唯一解为

$$x_1=\frac{2b-1}{b(1-a)},\ x_2=\frac{2}{b},\ x_3=\frac{1-4b+2ab}{b(1-a)}.$$

当 $a=1$，有以下两种情形：

(1)$b=\frac{1}{2}$ 时，原方程组(也就是方程组(3))有无穷多解：$x_1=2-x_3$，$x_2=2$，x_3 为任意数.

(2)$b\neq\frac{1}{2}$时，易知方程组(3)无解，从而原方程组无解；当 $b=0$ 时，显然方程组(3)也无解，从而原方程组也无解.

例 5 设齐次线性方程组

$$\begin{aligned} &a_{11}x_1+a_{12}x_2+\cdots+a_{1n}x_n=0,\\ &a_{21}x_1+a_{22}x_2+\cdots+a_{2n}x_n=0,\\ &\cdots\cdots\\ &a_{n1}x_1+a_{n2}x_2+\cdots+a_{nn}x_n=0 \end{aligned}$$

的系数行列式 $D=0$，而 D 中某一元素 a_{ij} 的代数余子式$A_{ij}\neq0$. 证明：这个方程组的解都可以写成

$$kA_{i1},\ kA_{i2},\ \cdots,\ kA_{in}$$

的形式，此处 k 是任意数.

证明 设 x_1，x_2，…，x_n 是原方程组的一个解，那么它也是以下方程组的解，

$$\begin{aligned} &a_{11}x_1+\cdots+a_{1,\,j-1}x_{j-1}+a_{1,\,j+1}x_{j+1}+\cdots+a_{1n}x_n=-a_{1j}x_j,\\ &\cdots\cdots\\ &a_{i-1,\,1}x_1+\cdots+a_{i-1,\,j-1}x_{j-1}+a_{i-1,\,j+1}x_{j+1}+\cdots+a_{i-1,\,n}x_n=-a_{i-1,j}x_j,\\ &a_{i+1,\,1}x_1+\cdots+a_{i+1,\,j-1}x_{j-1}+a_{i+1,\,j+1}x_{j+1}+\cdots+a_{i+1,\,n}x_n=-a_{i+1,j}x_j,\\ &\cdots\cdots\\ &a_{n1}x_1+\cdots+a_{n,\,j-1}x_{j-1}+a_{n,\,j+1}x_{j+1}+\cdots+a_{nn}x_n=-a_{n,j}x_j. \end{aligned}$$

因为$A_{ij}\neq0$，所以其系数行列式不等于零. 由克莱姆法则得

$$x_1=\frac{A_{i1}}{A_{ij}}x_j,\ x_2=\frac{A_{i2}}{A_{ij}}x_j,\ \cdots,\ x_n=\frac{A_{in}}{A_{ij}}x_j.$$

x_j 为自由未知量. 令 $x_j=k\,A_{ij}$(k 是任意数)，则

$$x_1=kA_{i1},\ x_2=kA_{i2},\ \cdots,\ x_n=kA_{in}.$$

于是原方程组的任一解都可以写成kA_{i1}，kA_{i2}，…，kA_{in}的形式.

例 6 设行列式

$$\begin{vmatrix} a_{11} & a_{12} & \cdots & a_{1n}\\ a_{21} & a_{22} & \cdots & a_{2n}\\ \vdots & \vdots & & \vdots\\ a_{n1} & a_{n2} & \cdots & a_{nn} \end{vmatrix}=0.$$

令A_{ij}是元素 a_{ij} 的代数余子式. 证明：矩阵

$$\begin{pmatrix} A_{11} & A_{21} & \cdots & A_{n1} \\ A_{12} & A_{22} & \cdots & A_{n2} \\ \vdots & \vdots & & \vdots \\ A_{1n} & A_{2n} & \cdots & A_{nn} \end{pmatrix}$$

的秩$\leqslant 1$.

证明　考虑齐次线性方程组

$$\begin{aligned} a_{11}x_1 + a_{12}x_2 + \cdots + a_{1n}x_n &= 0, \\ a_{21}x_1 + a_{22}x_2 + \cdots + a_{2n}x_n &= 0, \\ &\cdots\cdots \\ a_{n1}x_1 + a_{n2}x_2 + \cdots + a_{nn}x_n &= 0. \end{aligned}$$

因为它的系数行列式

$$D = \begin{vmatrix} a_{11} & a_{12} & \cdots & a_{1n} \\ a_{21} & a_{22} & \cdots & a_{2n} \\ \vdots & \vdots & & \vdots \\ a_{n1} & a_{n2} & \cdots & a_{nn} \end{vmatrix} = 0$$

由于$A_{i1}, A_{i2}, \cdots, A_{in}$($i=1, 2, \cdots, n$)都是方程组的解. 若所有$A_{ij}=0$($i, j=1, 2, \cdots, n$)，则题中矩阵的秩为 0；若有一个$A_{ij}\neq 0$，由上题，方程组的解都可以写成$kA_{i1}, kA_{i2}, \cdots, kA_{in}$，题中所给矩阵各列都与第 i 列成比例，所以矩阵的秩为 1.

第 8 章　矩　　阵

矩阵是高等代数中一个最重要的组成部分，也是高等数学的各个分支中不可缺少的工具，它有着广泛的实际应用．在上一章中引入了矩阵的概念，用矩阵的初等变换解线性方程组比消元法对方程的初等变换简明得多．同时，用线性方程组的系数矩阵和增广矩阵的秩给出线性方程组有解的判别法，这仅仅是矩阵的简单应用．随着科学技术的发展，矩阵的理论已渗透到近代数学的各个分支以及物理、工程技术、经济管理等学科．本章主要讨论矩阵的运算及其性质，矩阵的运算是矩阵理论研究的基础．

8.1　矩阵的运算及其性质

在代数系中，遇到一个新的代数系统，首先要弄清它的运算及各运算适合的算律．

矩阵的加法　设 $\boldsymbol{A}=(a_{ij})_{mn}$，$\boldsymbol{B}=(b_{ij})_{mn}$，则 $(a_{ij}+b_{ij})_{mn}$ 称为矩阵 $\boldsymbol{A}$ 与 $\boldsymbol{B}$ 的和，记为 $\boldsymbol{A}+\boldsymbol{B}$．只有当 $\boldsymbol{A}$ 与 $\boldsymbol{B}$ 的行数与列数分别相等时，即 $\boldsymbol{A}$ 与 $\boldsymbol{B}$ 是同型矩阵时才能相加．

矩阵的加法满足：

$$\boldsymbol{A}+\boldsymbol{B}=\boldsymbol{B}+\boldsymbol{A}（交换律）；$$

$$(\boldsymbol{A}+\boldsymbol{B})+\boldsymbol{C}=\boldsymbol{A}+(\boldsymbol{B}+\boldsymbol{C})（结合律）；$$

$$\boldsymbol{O}+\boldsymbol{A}=\boldsymbol{A}；$$

$$\boldsymbol{A}+(-\boldsymbol{A})=\boldsymbol{O}.$$

其中，$\boldsymbol{O}$ 为零矩阵．

数与矩阵的乘法　设 k 是任意一个数，$\boldsymbol{A}=(a_{ij})_{mn}$，则 $(ka_{ij})_{mn}$ 称为 k 与 $\boldsymbol{A}$ 的数量乘积，记为 $k\boldsymbol{A}$．

数与矩阵的乘法满足：$a(\boldsymbol{A}+\boldsymbol{B})=a\boldsymbol{A}+a\boldsymbol{B}$；

$$(a+b)\boldsymbol{A}=a\boldsymbol{A}+b\boldsymbol{A}（数乘分配律）；$$

$$a(b\boldsymbol{A})=(ab)\boldsymbol{A}（数乘结合律）.$$

其中 $\boldsymbol{A}$，$\boldsymbol{B}$ 为任意 $m\times n$ 矩阵，a，b 为数域 F 中的任意数.

矩阵的乘法　设 $\boldsymbol{A}=(a_{ij})_{mn}$，$\boldsymbol{B}=(b_{jk})_{np}$，则矩阵 $\boldsymbol{C}=(c_{ik})_{mp}$，其中

$$c_{ik}=\sum_{j=1}^{n}a_{ij}b_{jk}(i=1,2,\cdots,m;k=1,\cdots,p),$$

称为矩阵 $\boldsymbol{A}$ 与 $\boldsymbol{B}$ 的乘积，记作 $\boldsymbol{AB}$. 只有当前一个矩阵 $\boldsymbol{A}$ 的列数等于后一个矩阵 $\boldsymbol{B}$ 的行数时，$\boldsymbol{A}$ 与 $\boldsymbol{B}$ 才能相乘.

矩阵的乘法满足：$(\boldsymbol{AB})\boldsymbol{C}=\boldsymbol{A}(\boldsymbol{BC})$（结合律）；

$\boldsymbol{A}(\boldsymbol{B}+\boldsymbol{C})=\boldsymbol{AB}+\boldsymbol{AC}$（左乘分配律）；

$(\boldsymbol{B}+\boldsymbol{C})\boldsymbol{A}=\boldsymbol{BA}+\boldsymbol{CA}$（右乘分配律）；

$a(\boldsymbol{AB})=(a\boldsymbol{A})\boldsymbol{B}=\boldsymbol{A}(a\boldsymbol{B})$（数乘结合律、分配律）.

矩阵的运算与整数及多项式的运算适合很多相同的算律，它们对各自的加法和乘法均作成环. 但整数及多项式的乘法满足交换律和消去律，而矩阵的乘法一般不满足交换律和消去律.

矩阵的转置　设

$$\boldsymbol{A}=\begin{pmatrix}a_{11}&a_{12}&\cdots&a_{1n}\\a_{21}&a_{22}&\cdots&a_{2n}\\\vdots&\vdots&&\vdots\\a_{m1}&a_{m2}&\cdots&a_{mn}\end{pmatrix},$$

则矩阵 $\begin{pmatrix}a_{11}&\cdots&a_{i1}&\cdots&a_{m1}\\a_{12}&\cdots&a_{i2}&\cdots&a_{m2}\\\vdots&&\vdots&&\vdots\\a_{1n}&\cdots&a_{in}&\cdots&a_{mn}\end{pmatrix}$ 称为 $\boldsymbol{A}$ 的转置，表为 $\boldsymbol{A}^{\mathrm{T}}$ 或 $\boldsymbol{A}'$.

矩阵的转置满足：$(\boldsymbol{A}^{\mathrm{T}})^{\mathrm{T}}=\boldsymbol{A}$，$(\boldsymbol{A}+\boldsymbol{B})^{\mathrm{T}}=\boldsymbol{A}^{\mathrm{T}}+\boldsymbol{B}^{\mathrm{T}}$，$(\boldsymbol{AB})^{\mathrm{T}}=\boldsymbol{B}^{\mathrm{T}}\boldsymbol{A}^{\mathrm{T}}$，$(a\boldsymbol{A})^{\mathrm{T}}=a\boldsymbol{A}^{\mathrm{T}}$. 从而

$$(\boldsymbol{A}_1+\boldsymbol{A}_2+\cdots+\boldsymbol{A}_n)^{\mathrm{T}}=\boldsymbol{A}_1{}^{\mathrm{T}}+\boldsymbol{A}_2{}^{\mathrm{T}}+\cdots+\boldsymbol{A}_n{}^{\mathrm{T}},$$

$$(\boldsymbol{A}_1\boldsymbol{A}_2\cdots\boldsymbol{A}_n)^{\mathrm{T}}=\boldsymbol{A}_n{}^{\mathrm{T}}\cdots\boldsymbol{A}_1{}^{\mathrm{T}}.$$

例 1　证明：两个矩阵 $\boldsymbol{A}$ 与 $\boldsymbol{B}$ 的乘积 $\boldsymbol{AB}$ 的第 i 行等于 $\boldsymbol{A}$ 的第 i 行右乘以 $\boldsymbol{B}$，第 j 列等于 $\boldsymbol{B}$ 的第 j 列左乘以 $\boldsymbol{A}$.

证明　设 $\boldsymbol{A}=(a_{ij})_{mn}$，$\boldsymbol{B}=(b_{ij})_{np}$，$\boldsymbol{AB}=\boldsymbol{C}=(c_{ij})_{mp}$，则 $c_{ik}=a_{i1}b_{1k}+a_{i2}b_{2k}+\cdots+a_{in}b_{nk}$. 固定 i，令 $k=1,2,\cdots,p$. 可知 $\boldsymbol{C}$ 的第 i 行元素为

$$(c_{i1},c_{i2},\cdots,c_{ip})=(a_{i1},a_{i2},\cdots,a_{in})\begin{pmatrix}b_{11}&\cdots&b_{1p}\\\vdots&&\vdots\\b_{n1}&\cdots&b_{np}\end{pmatrix};$$

固定 k，令 $i=1,2,\cdots,m$. 可知 $\boldsymbol{C}$ 的第 k 列元素为

$$\begin{pmatrix} c_{1k} \\ c_{2k} \\ \vdots \\ c_{mk} \end{pmatrix} = \begin{pmatrix} a_{11} & \cdots & a_{1n} \\ \vdots & & \vdots \\ a_{m1} & \cdots & a_{mn} \end{pmatrix} \begin{pmatrix} b_{1k} \\ \vdots \\ b_{nk} \end{pmatrix}.$$

例 2 设

$$\boldsymbol{A} = \begin{pmatrix} 0 & 1 & 0 & 0 \\ 0 & 0 & 1 & 0 \\ 0 & 0 & 0 & 1 \\ 0 & 0 & 0 & 0 \end{pmatrix}.$$

证明：当且仅当

$$\boldsymbol{B} = \begin{pmatrix} a & b & c & d \\ 0 & a & b & c \\ 0 & 0 & a & b \\ 0 & 0 & 0 & a \end{pmatrix}$$

时，$\boldsymbol{AB} = \boldsymbol{BA}$.

证明 充分性　若 $\boldsymbol{B} = \begin{pmatrix} a & b & c & d \\ 0 & a & b & c \\ 0 & 0 & a & b \\ 0 & 0 & 0 & a \end{pmatrix}$，则 $\boldsymbol{AB} = \begin{pmatrix} 0 & a & b & c \\ 0 & 0 & a & b \\ 0 & 0 & 0 & a \\ 0 & 0 & 0 & 0 \end{pmatrix} = \boldsymbol{BA}$.

必要性　令 $\boldsymbol{B} = \begin{pmatrix} a_{11} & a_{12} & a_{13} & a_{14} \\ a_{21} & a_{22} & a_{23} & a_{24} \\ a_{31} & a_{32} & a_{33} & a_{34} \\ a_{41} & a_{42} & a_{43} & a_{44} \end{pmatrix}$，由 $\boldsymbol{AB} = \boldsymbol{BA}$，因

$$\boldsymbol{AB} = \begin{pmatrix} a_{21} & a_{22} & a_{23} & a_{24} \\ a_{31} & a_{32} & a_{33} & a_{34} \\ a_{41} & a_{42} & a_{43} & a_{44} \\ 0 & 0 & 0 & 0 \end{pmatrix}, \boldsymbol{BA} = \begin{pmatrix} 0 & a_{11} & a_{12} & a_{13} \\ 0 & a_{21} & a_{22} & a_{23} \\ 0 & a_{31} & a_{32} & a_{33} \\ 0 & a_{41} & a_{42} & a_{43} \end{pmatrix}.$$

得 $a_{21} = a_{31} = a_{41} = a_{42} = a_{43} = 0$.

令 $a_{11} = a_{22} = a_{33} = a_{44} = a$，$a_{12} = a_{23} = a_{34} = b$，$a_{13} = a_{24} = c$，$a_{14} = d$，则

$$\boldsymbol{B} = \begin{pmatrix} a & b & c & d \\ 0 & a & b & c \\ 0 & 0 & a & b \\ 0 & 0 & 0 & a \end{pmatrix}.$$

例 3　令 $\boldsymbol{E}_{ij}$ 是第 i 行第 j 列的元素是 1 而其余元素都是零的 n 阶矩阵. 求

$\boldsymbol{E}_{ij}\boldsymbol{E}_{kl}$.

解

$$\boldsymbol{E}_{ij}\boldsymbol{E}_{kl}=(i\text{ 行})\overset{(j\text{ 列})}{\begin{pmatrix} & \vdots & \\ \cdots & 1 & \cdots \\ & \vdots & \end{pmatrix}}\overset{(l\text{ 列})}{\begin{pmatrix} & \vdots & \\ \cdots & 1 & \cdots \\ & \vdots & \end{pmatrix}}=\begin{cases}\boldsymbol{E}_{il} & j=k, \\ \boldsymbol{0}, & j\neq k.\end{cases}$$

例 4 求满足下列条件的所有 n 阶矩阵 $\boldsymbol{A}$.

(1)$\boldsymbol{AE}_{ij}=\boldsymbol{E}_{ij}\boldsymbol{A}$, $i, j=1, 2, \cdots, n$;

(2)$\boldsymbol{AB}=\boldsymbol{BA}$, 这里 $\boldsymbol{B}$ 是任意 n 阶矩阵.

解 (1)令

$$\boldsymbol{A}=\begin{pmatrix} a_{11} & \cdots & a_{1n} \\ \vdots & & \vdots \\ a_{n1} & \cdots & a_{nn}\end{pmatrix},\quad \boldsymbol{E}_{ij}=\overset{(j\text{ 列})}{\begin{pmatrix} & \vdots & \\ \cdots & 1 & \cdots \\ & \vdots & \end{pmatrix}}(i\text{ 行}).$$

$$\boldsymbol{AE}_{ij}=\begin{pmatrix} \vdots & a_{1i} & \vdots \\ \vdots & a_{2i} & \vdots \\ \vdots & \vdots & \vdots \\ \vdots & a_{ni} & \vdots \end{pmatrix},\quad \boldsymbol{E}_{ij}\boldsymbol{A}=\begin{pmatrix} \cdots & \cdots & \cdots & \cdots \\ a_{j1} & a_{j2} & \cdots & a_{jn} \\ \cdots & \cdots & \cdots & \cdots \end{pmatrix},$$

因此, $a_{ii}=a_{jj}$, $a_{ij}=0(i\neq j)$, $i, j=1, 2, \cdots, n$. 从而所有的 a_{ii}, a_{jj} 都相等, 令其为 a, 则

$$\boldsymbol{A}=\begin{pmatrix} a & & & \\ & a & & \\ & & \ddots & \\ & & & a \end{pmatrix},$$

是一个数量矩阵.

(2)因为 $\boldsymbol{AB}=\boldsymbol{BA}$, $\boldsymbol{B}$ 是任意 n 阶矩阵. 于是取 $\boldsymbol{B}=\boldsymbol{E}_{ij}$, 则 $\boldsymbol{AE}_{ij}=\boldsymbol{E}_{ij}\boldsymbol{A}$, i, $j=1, 2, \cdots, n$, 由此得 $a_{ii}=a_{jj}$, $a_{ij}=0(i\neq j)$, $i, j=1, 2, \cdots, n$. 所以 $\boldsymbol{A}$ 是数量矩阵.

例 5 举例说明, 当 $\boldsymbol{AB}=\boldsymbol{AC}$ 时, 未必 $\boldsymbol{B}=\boldsymbol{C}$.

如: $\boldsymbol{A}=\begin{bmatrix} 0 & 0 \\ 0 & 0 \\ 0 & 0 \end{bmatrix}$, $\boldsymbol{B}=\begin{pmatrix} 1 & 2 \\ 3 & 4 \end{pmatrix}$, $\boldsymbol{C}=\begin{pmatrix} 2 & 5 \\ 6 & 7 \end{pmatrix}$, $\boldsymbol{AB}=\boldsymbol{AC}$, 但 $\boldsymbol{B}\neq\boldsymbol{C}$. 再如:

$$\boldsymbol{AB}=\begin{pmatrix} -2 & 4 \\ 3 & -6 \end{pmatrix}\begin{pmatrix} 2 & 10 \\ 1 & 5 \end{pmatrix}=\begin{pmatrix} 0 & 0 \\ 0 & 0 \end{pmatrix},$$

$$\boldsymbol{AC}=\begin{pmatrix} -2 & 4 \\ 3 & -6 \end{pmatrix}\begin{pmatrix} -6 & 4 \\ -3 & 2 \end{pmatrix}=\begin{pmatrix} 0 & 0 \\ 0 & 0 \end{pmatrix}.$$

虽然 $AB=AC$，但 $B\neq C$. 即矩阵的乘法不满足消去律.

例 6 证明，对任意 n 阶矩阵 A，B 都有 $AB-BA\neq I$.

证明 设 $A=(a_{ij})_{nn}$，$B=(b_{ij})_{nn}$，则 AB 主对角线上的元素为 $\sum\limits_{k=1}^{n}a_{ik}b_{ki}$. BA 主对角线上的元素为 $\sum\limits_{k=1}^{n}b_{ik}a_{ki}$. 因此 $AB-BA$ 主对角线上的元素为

$$\sum_{k=1}^{n}a_{ik}b_{ki}-\sum_{k=1}^{n}b_{ik}a_{ki}.$$

其主对角线上所有元素之和为

$$\sum_{i=1}^{n}\sum_{k=1}^{n}a_{ik}b_{ki}-\sum_{i=1}^{n}\sum_{k=1}^{n}b_{ik}a_{ki}.$$

至此可得，$AB-BA$ 主对角线上的元素的和为 0. 所以 $AB-BA\neq I$.

例 7 令 A 是任意 n 阶矩阵，而 I 是 n 阶单位矩阵. 证明

$$(I-A)(I+A+A^2+\cdots+A^{m-1})=I-A^m.$$

证明 根据矩阵乘法分配律，

$$\begin{aligned}&(I-A)(I+A+A^2+\cdots+A^{m-1})\\=&I+A+\cdots+A^{m-1}-A-A^2-\cdots-A^m\\=&I-A^m.\end{aligned}$$

8.2 可逆矩阵与矩阵乘积的行列式

可逆矩阵 对于 n 阶方阵 A，如果有 n 阶方阵 B，使得 $AB=BA=I$，则称 A 为可逆矩阵(非奇异矩阵或非退化矩阵)，B 为 A 的逆矩阵. 由于 A 的逆矩阵是唯一的，因此用 A^{-1} 表示 A 的逆矩阵. 于是 $AA^{-1}=A^{-1}A=I$. 单位矩阵 I 的逆矩阵就是 I.

可逆矩阵的作用

(1)对照方程 $ax=b$，当 $a\neq0$ 时，有解 $x=a^{-1}b$，得矩阵方程 $AX=B$，其中 A 为可逆矩阵，有解 $X=A^{-1}B$. 特别，当 B 是 $n\times1$ 矩阵时，这正是线性方程组解的公式的矩阵表示. 由于矩阵的乘法不满足交换律，对于矩阵方程 $XA=B$，当 A 为可逆矩阵时，有解 $X=BA^{-1}$；对于矩阵方程 $AXB=C$，当 A，B 均为可逆矩阵时，有解 $X=A^{-1}CB^{-1}$. 如下列矩阵方程：

$$\begin{pmatrix}2&1\\3&2\end{pmatrix}X\begin{pmatrix}-3&2\\5&-3\end{pmatrix}=\begin{pmatrix}-2&4\\3&-1\end{pmatrix}.$$

令 $A=\begin{pmatrix}2&1\\3&2\end{pmatrix}$，$B=\begin{pmatrix}-3&2\\5&-3\end{pmatrix}$，$C=\begin{pmatrix}-2&4\\3&-1\end{pmatrix}$，则 $A^{-1}=\begin{pmatrix}2&-1\\-3&2\end{pmatrix}$，

$B^{-1}=\begin{pmatrix}3 & 2\\5 & 3\end{pmatrix}$，所以 $X=A^{-1}CB^{-1}$.

(2)数的乘法满足交换律，若 $ab=ac$，且 $a\neq0$，则 $b=c$. 而矩阵的乘法一般不满足交换律. 例如 $A=\begin{pmatrix}-3 & 2\\5 & -3\end{pmatrix}$，$B=\begin{pmatrix}-2 & 4\\3 & -1\end{pmatrix}$，$AB=\begin{pmatrix}12 & -14\\-19 & 24\end{pmatrix}$，$BA=\begin{pmatrix}26 & -16\\-14 & 9\end{pmatrix}$，因此 $AB\neq BA$. 但是，若 $AB=AC$，且 A 可逆，则 $B=C$.

(3)由于用初等矩阵左(右)乘矩阵，相当于对矩阵的行(列)施行初等变换，且不改变矩阵的秩；又因为任一可逆矩阵可以表为初等矩阵的乘积，因此用可逆矩阵左(右)乘矩阵，不改变矩阵的秩.

初等矩阵　由单位矩阵 I 经过一次初等变换得到的矩阵称为初等矩阵. 互换矩阵 I 的第 i，j 行，得矩阵 P_{ij}，称 P_{ij} 为换法矩阵. 用非零数 k 乘矩阵 I 的第 i 行，得矩阵 $D_i(k)$，称 $D_i(k)$ 为倍法矩阵. 把矩阵 I 的第 j 行的 k 倍加到 i 行，得到矩阵 $T_{ij}(k)$，称 $T_{ij}(k)$ 为消法矩阵. 初等矩阵都是可逆的，初等矩阵的逆矩阵仍是初等矩阵，且

$$P_{ij}^{-1}=P_{ij},\ D_i(k)^{-1}=D_i(\frac{1}{k}),\ T_{ij}(k)^{-1}=T_{ij}(-k).$$

初等矩阵的作用：①交换矩阵 A_{mn} 的第 i，j 行相当于 A 左乘以 m 阶矩阵 P_{ij}；②在 A_{mn} 的第 i 行乘以非零数 k 相当于 A 左乘以 m 阶矩阵 $D_i(k)$；把 A_{mn} 的第 j 行的 k 倍加到 i 行，相当于 A 左乘以 m 阶矩阵 $T_{ij}(k)$. 对矩阵 A 作列变换，相当于右乘以相应的初等矩阵. 初等变换不改变矩阵的可逆性.

矩阵可逆的充要条件　n 阶方阵 A 可逆 $\Leftrightarrow A$ 可经初等变换化为单位矩阵 $I\Leftrightarrow A=E_1E_2\cdots E_s$ (E_i 为初等矩阵) $\Leftrightarrow$ 秩 $A=n\Leftrightarrow|A|\neq0$. 由此可得，若 n 阶方阵 A 不可逆，则 $r(A)<n$ 或 $|A|=0$.

矩阵乘积的行列式　设 A，B 是任意两个 n 阶方阵，则 $|AB|=|A|\cdot|B|$. 公式可以推广为：若 A_1，A_2，…，A_s 是任意 s 个 n 阶方阵，则

$$|A_1A_2\cdots A_s|=|A_1|\cdot|A_2|\cdot\cdots\cdot|A_s|.$$

例 1　求矩阵 X，设

(1) $\begin{pmatrix}1 & 0\\1 & -2\end{pmatrix}X=\begin{pmatrix}3 & 1\\2 & -2\end{pmatrix}$；　　(2) $X\begin{bmatrix}1 & 1 & -1\\0 & 2 & 2\\1 & -1 & 0\end{bmatrix}=\begin{bmatrix}1 & -1 & 1\\1 & 1 & 0\\2 & 1 & 1\end{bmatrix}$.

解　(1) $X=\begin{pmatrix}1 & 0\\1 & -2\end{pmatrix}^{-1}\begin{pmatrix}3 & 1\\2 & -2\end{pmatrix}=\begin{bmatrix}1 & 0\\\frac{1}{2} & -\frac{1}{2}\end{bmatrix}\begin{pmatrix}3 & 1\\2 & -2\end{pmatrix}=\begin{bmatrix}3 & 1\\\frac{1}{2} & \frac{3}{2}\end{bmatrix}$.

$$(2)\boldsymbol{X}=\begin{pmatrix}1&-1&1\\1&1&0\\2&1&1\end{pmatrix}\begin{pmatrix}1&1&-1\\0&2&2\\1&-1&0\end{pmatrix}^{-1}=\begin{pmatrix}-\frac{1}{3}&\frac{1}{3}&\frac{4}{3}\\\frac{2}{3}&\frac{1}{3}&\frac{1}{3}\\\frac{2}{3}&\frac{5}{6}&\frac{4}{3}\end{pmatrix}.$$

例 2 设

$$\boldsymbol{A}=\begin{pmatrix}a&b\\c&d\end{pmatrix},\ ad-bc=1.$$

证明，$\boldsymbol{A}$ 总可以表成$\boldsymbol{T}_{12}(k)$和$\boldsymbol{T}_{21}(k)$型初等矩阵的乘积.

证明 由已知 $\boldsymbol{A}$ 可逆，不妨设 $a\neq0$，则

$$\begin{pmatrix}a&b\\c&d\end{pmatrix}\to\begin{pmatrix}a&b\\0&a^{-1}\end{pmatrix}\to\begin{pmatrix}a&0\\0&a^{-1}\end{pmatrix},$$

即

$$\begin{pmatrix}a&0\\0&a^{-1}\end{pmatrix}=\begin{pmatrix}1&-ab\\0&1\end{pmatrix}\begin{pmatrix}1&0\\-\frac{c}{a}&1\end{pmatrix}\begin{pmatrix}a&b\\c&d\end{pmatrix}.$$

因而 $$\begin{pmatrix}a&b\\c&d\end{pmatrix}=\begin{pmatrix}1&0\\-\frac{c}{a}&1\end{pmatrix}^{-1}\begin{pmatrix}1&-ab\\0&1\end{pmatrix}^{-1}\begin{pmatrix}a&0\\0&a^{-1}\end{pmatrix}$$

$$=\begin{pmatrix}1&0\\\frac{c}{a}&1\end{pmatrix}\begin{pmatrix}1&ab\\0&1\end{pmatrix}\begin{pmatrix}a&0\\0&a^{-1}\end{pmatrix}$$

$$=\begin{pmatrix}1&0\\\frac{c}{a}&1\end{pmatrix}\begin{pmatrix}1&ab\\0&1\end{pmatrix}\begin{pmatrix}1&0\\-\frac{1}{a}&1\end{pmatrix}\begin{pmatrix}1&a-1\\0&1\end{pmatrix}\begin{pmatrix}1&0\\1&1\end{pmatrix}\begin{pmatrix}1&a^{-1}-1\\0&1\end{pmatrix}.$$

这是因为

$$\begin{pmatrix}1&0\\0&1\end{pmatrix}\to\begin{pmatrix}1&\frac{a}{a-1}\\0&1\end{pmatrix}\to\begin{pmatrix}1&\frac{a}{a-1}\\0&\frac{1}{a}\end{pmatrix}\to\begin{pmatrix}1&0\\0&\frac{1}{a}\end{pmatrix}\to\begin{pmatrix}a&0\\0&a^{-1}\end{pmatrix}.$$

由初等矩阵的性质知

$$\begin{pmatrix}a&0\\0&a^{-1}\end{pmatrix}=\begin{pmatrix}1&0\\-\frac{1}{a}&1\end{pmatrix}\begin{pmatrix}1&a-1\\0&1\end{pmatrix}\begin{pmatrix}1&0\\1&1\end{pmatrix}\begin{pmatrix}1&a^{-1}-1\\0&1\end{pmatrix}\begin{pmatrix}1&0\\0&1\end{pmatrix}.$$

若 $a=0$，则 $c\neq0$，把第二行加到第一行可化为第一种情形.

例 3 设 $\boldsymbol{A}$ 和 $\boldsymbol{B}$ 都是 n 阶矩阵. 证明：若 $\boldsymbol{AB}$ 可逆，则 $\boldsymbol{A}$ 和 $\boldsymbol{B}$ 都可逆.

证明　若 $\boldsymbol{AB}$ 可逆，则 $|\boldsymbol{AB}|=|\boldsymbol{A}||\boldsymbol{B}|\neq 0$，从而 $|\boldsymbol{A}|\neq 0$，$|\boldsymbol{B}|\neq 0$，故 $\boldsymbol{A}$ 和 $\boldsymbol{B}$ 都可逆.

例 4　设 $\boldsymbol{A}$ 和 $\boldsymbol{B}$ 都是 n 阶矩阵. 证明：若 $\boldsymbol{AB}=\boldsymbol{I}$，则 $\boldsymbol{A}$ 和 $\boldsymbol{B}$ 互为逆矩阵.

证明　若 $\boldsymbol{AB}=\boldsymbol{I}$，$|\boldsymbol{AB}|=|\boldsymbol{A}||\boldsymbol{B}|=1$，从而 $|\boldsymbol{A}|\neq 0$，$|\boldsymbol{B}|\neq 0$，$\boldsymbol{A}$ 和 $\boldsymbol{B}$ 都可逆，且 $\boldsymbol{B}^{-1}=\boldsymbol{A}$.

例 5　证明：一个 n 阶矩阵 $\boldsymbol{A}$ 的秩 $\leqslant 1$ 必要且只要 $\boldsymbol{A}$ 可以表为一个 $n\times 1$ 矩阵和一个 $1\times n$ 矩阵的乘积.

证明　若

$$\boldsymbol{A}=\begin{pmatrix} a_1 \\ a_2 \\ \vdots \\ a_n \end{pmatrix}(b_1,\ b_2,\ \cdots,\ b_n),$$

则 $\boldsymbol{A}$ 的秩 $\leqslant 1$. 反之，若 n 阶矩阵 $\boldsymbol{A}$ 的秩 $\leqslant 1$，当 $r(\boldsymbol{A})=0$ 时，有

$$\boldsymbol{A}=\begin{pmatrix} 0 \\ 0 \\ \vdots \\ 0 \end{pmatrix}(0,\ 0,\ \cdots,\ 0).$$

当秩 $\boldsymbol{A}=1$ 时，$\boldsymbol{A}$ 中任意两行成比例，不妨假设

$$\boldsymbol{A}=\begin{pmatrix} a_1b_1 & a_1b_2 & \cdots & a_1b_n \\ a_2b_1 & a_2b_2 & \cdots & a_2b_n \\ \vdots & \vdots & & \vdots \\ a_nb_1 & a_nb_2 & \cdots & a_nb_n \end{pmatrix}=\begin{pmatrix} a_1 \\ a_2 \\ \vdots \\ a_n \end{pmatrix}(b_1,\ b_2,\ \cdots,\ b_n).$$

例 6　证明：一个秩为 r 的矩阵总可以表示为 r 个秩为 1 的矩阵的和.

证明　设 $\boldsymbol{A}$ 是一个 $m\times n$ 矩阵，秩 $\boldsymbol{A}=r$，则必有若干个 m 阶初等矩阵和若干个 n 阶初等矩阵 $\boldsymbol{E}_1$，$\boldsymbol{E}_2$，$\cdots$，$\boldsymbol{E}_p$ 和 $\bar{\boldsymbol{E}}_1$，$\bar{\boldsymbol{E}}_2$，$\cdots$，$\bar{\boldsymbol{E}}_q$，使

$$\boldsymbol{E}_1\boldsymbol{E}_2\cdots\boldsymbol{E}_p\boldsymbol{A}\,\bar{\boldsymbol{E}}_1\bar{\boldsymbol{E}}_2\cdots\bar{\boldsymbol{E}}_q=\begin{pmatrix} \boldsymbol{I}_r & \boldsymbol{O} \\ \boldsymbol{O} & \boldsymbol{O} \end{pmatrix}=\boldsymbol{E}_{11}+\boldsymbol{E}_{22}+\cdots+\boldsymbol{E}_{rr}.$$

令 $\boldsymbol{E}_1\boldsymbol{E}_2\cdots\boldsymbol{E}_p=\boldsymbol{P}$，$\bar{\boldsymbol{E}}_1\bar{\boldsymbol{E}}_2\cdots\bar{\boldsymbol{E}}_q=\boldsymbol{Q}$，则 $\boldsymbol{P}$，$\boldsymbol{Q}$ 皆可逆. 所以

$$\boldsymbol{PAQ}=\boldsymbol{E}_{11}+\boldsymbol{E}_{22}+\cdots+\boldsymbol{E}_{rr},$$

从而

$$\boldsymbol{A}=\boldsymbol{P}^{-1}(\boldsymbol{E}_{11}+\boldsymbol{E}_{22}+\cdots+\boldsymbol{E}_{rr})\boldsymbol{Q}^{-1}=\boldsymbol{P}^{-1}\boldsymbol{E}_{11}\boldsymbol{Q}^{-1}+\cdots+\boldsymbol{P}^{-1}\boldsymbol{E}_{rr}\boldsymbol{Q}^{-1}.$$

因为 $\boldsymbol{E}_{ii}$ 的秩为 1，所以 $\boldsymbol{P}^{-1}\boldsymbol{E}_{ii}\boldsymbol{Q}^{-1}$ 的秩为 1，其中 $\boldsymbol{E}_{ii}$ 是第 i 行第 i 列的元素为 1，其余元素全为 0 的 $n\times n$ 矩阵. 由此知命题成立.

8.3 求逆矩阵的方法

逆矩阵的求法：

(1)初等行变换法．矩阵 $\boldsymbol{A}$ 可逆，$\boldsymbol{A}$ 可经初等行变换化为单位矩阵 $\boldsymbol{I}$，即 $\boldsymbol{E}_1\boldsymbol{E}_2\cdots\boldsymbol{E}_s\boldsymbol{A}=\boldsymbol{I}$，这里 $\boldsymbol{E}_1,\cdots,\boldsymbol{E}_s$ 都是初等矩阵．从而 $\boldsymbol{E}_1\boldsymbol{E}_2\cdots\boldsymbol{E}_s\boldsymbol{I}=\boldsymbol{A}^{-1}$．因此，当 $\boldsymbol{A}$ 经初等行变换变为单位矩阵 $\boldsymbol{I}$ 时，对 $\boldsymbol{I}$ 施行同样的初等行变换得到的矩阵即为 $\boldsymbol{A}^{-1}$：

$$(\boldsymbol{A},\boldsymbol{I})\xrightarrow{\text{初等行变换}}(\boldsymbol{E}_1\boldsymbol{E}_2\cdots\boldsymbol{E}_s\boldsymbol{A},\boldsymbol{E}_1\boldsymbol{E}_2\cdots\boldsymbol{E}_s\boldsymbol{I})=(\boldsymbol{I},\boldsymbol{A}^{-1}).$$

同样也可以得到初等列变换法：

$$\begin{pmatrix}\boldsymbol{A}\\ \boldsymbol{I}\end{pmatrix}\xrightarrow{\text{初等列变换}}\begin{pmatrix}\boldsymbol{A}\boldsymbol{E}_1\boldsymbol{E}_2\cdots\boldsymbol{E}_s\\ \boldsymbol{I}\boldsymbol{E}_1\boldsymbol{E}_2\cdots\boldsymbol{E}_s\end{pmatrix}=\begin{pmatrix}\boldsymbol{I}\\ \boldsymbol{A}^{-1}\end{pmatrix}.$$

(2)伴随矩阵法．设 $|\boldsymbol{A}|\neq 0$，则 n 阶方阵 $\boldsymbol{A}$ 的逆矩阵为

$$\boldsymbol{A}^{-1}=\frac{1}{|\boldsymbol{A}|}\boldsymbol{A}^*.$$

其中 $\boldsymbol{A}^*$ 为 $\boldsymbol{A}$ 的伴随矩阵．由此公式得

$$\boldsymbol{A}^*=|\boldsymbol{A}|\boldsymbol{A}^{-1},\ (\boldsymbol{A}^*)^{-1}=\frac{1}{|\boldsymbol{A}|}\boldsymbol{A},\ |\boldsymbol{A}^*|=(|\boldsymbol{A}|)^{n-1}.$$

在求数字矩阵的逆矩阵时，通常用初等变换的方法较方便．但更应重视求逆矩阵的公式法(伴随矩阵法)，该公式用于求逆矩阵时计算量较大，如果 $\boldsymbol{A}$ 是 n 阶方阵，就意味着要算 n^2 个行列式的值，但公式法有重要的理论价值，常常用于理论推导和证明与逆矩阵有关的命题，同时对某些数字矩阵利用公式法求逆矩阵也比较简单．

例 1 求 $\boldsymbol{A}=\begin{pmatrix}\cos\alpha & -\sin\alpha\\ \sin\alpha & \cos\alpha\end{pmatrix}$ 的逆矩阵．

解 若用初等变换法求 $\boldsymbol{A}$ 的逆矩阵，就需要对 $\cos\alpha\neq 0$ 及 $\cos\alpha=0$ 进行讨论，因此比较麻烦，而用伴随矩阵法较为简单．由公式

$$\boldsymbol{A}^{-1}=\frac{1}{|\boldsymbol{A}|}\boldsymbol{A}^*,\ |\boldsymbol{A}|=\begin{vmatrix}\cos\alpha & -\sin\alpha\\ \sin\alpha & \cos\alpha\end{vmatrix}=1,\ \boldsymbol{A}^*=\begin{pmatrix}\cos\alpha & \sin\alpha\\ -\sin\alpha & \cos\alpha\end{pmatrix},$$

所以 $\boldsymbol{A}^{-1}=\begin{pmatrix}\cos\alpha & \sin\alpha\\ -\sin\alpha & \cos\alpha\end{pmatrix}$．

例 2 设 $\boldsymbol{A}=\begin{pmatrix}1 & 0 & 0\\ 2 & 2 & 0\\ 3 & 4 & 5\end{pmatrix}$，$\boldsymbol{A}^*$ 是 $\boldsymbol{A}$ 的伴随矩阵，求 $(\boldsymbol{A}^*)^{-1}$．

解 $|\boldsymbol{A}|=10\neq0$，故$\boldsymbol{A}^*=|\boldsymbol{A}|\boldsymbol{A}^{-1}=10\boldsymbol{A}^{-1}$，于是

$$(\boldsymbol{A}^*)^{-1}=(10\boldsymbol{A}^{-1})^{-1}=\frac{1}{10}\boldsymbol{A}=\begin{pmatrix}\frac{1}{10}&0&0\\\frac{1}{5}&\frac{1}{5}&0\\\frac{3}{10}&\frac{2}{5}&\frac{1}{2}\end{pmatrix}.$$

例 3 设 $\boldsymbol{A}$，$\boldsymbol{B}$ 均为 n 阶方阵，$|\boldsymbol{A}|=2$，$|\boldsymbol{B}|=-3$，求$|2\boldsymbol{A}^*\boldsymbol{B}^{-1}|$.

解 $|2\boldsymbol{A}^*\boldsymbol{B}^{-1}|=2^n|\boldsymbol{A}^*||\boldsymbol{B}^{-1}|=2^n|\boldsymbol{A}|^{n-1}(-\frac{1}{3})=-\frac{2^{2n-1}}{3}$.

例 4 设矩阵 $\boldsymbol{A}=\begin{pmatrix}1&-1\\2&3\end{pmatrix}$，$\boldsymbol{B}=\boldsymbol{A}^2-3\boldsymbol{A}+2\boldsymbol{I}$，求$\boldsymbol{B}^{-1}$.

解 由

$$\boldsymbol{B}=\boldsymbol{A}^2-3\boldsymbol{A}+2\boldsymbol{I}=(\boldsymbol{A}-\boldsymbol{I})(\boldsymbol{A}-2\boldsymbol{I})=\begin{pmatrix}0&-1\\2&2\end{pmatrix}\begin{pmatrix}-1&-1\\2&1\end{pmatrix}=\begin{pmatrix}-2&-1\\2&0\end{pmatrix},$$

$$\boldsymbol{B}^{-1}=\begin{pmatrix}-2&-1\\2&0\end{pmatrix}^{-1}=\frac{1}{2}\begin{pmatrix}0&1\\-2&-2\end{pmatrix}=\begin{pmatrix}0&\frac{1}{2}\\-1&-1\end{pmatrix}.$$

例 5 设矩阵 $\boldsymbol{A}$，$\boldsymbol{B}$ 满足$\boldsymbol{A}^*\boldsymbol{B}\boldsymbol{A}=2\boldsymbol{B}\boldsymbol{A}-8\boldsymbol{I}$，其中 $\boldsymbol{A}=\begin{pmatrix}1&0&0\\0&-2&0\\0&0&1\end{pmatrix}$，$\boldsymbol{I}$ 为单位矩阵，$\boldsymbol{A}^*$ 为伴随矩阵，求 $\boldsymbol{B}$.

解 $|\boldsymbol{A}|=-2\neq0$，$\boldsymbol{A}\boldsymbol{A}^*=|\boldsymbol{A}|\boldsymbol{I}=-2\boldsymbol{I}$，$\boldsymbol{A}^*\boldsymbol{B}\boldsymbol{A}-2\boldsymbol{B}\boldsymbol{A}=-8\boldsymbol{I}$，因此

$$(\boldsymbol{A}^*-2\boldsymbol{I})\boldsymbol{B}\boldsymbol{A}=-8\boldsymbol{I}. \tag{1}$$

将 $\boldsymbol{A}$ 左乘(1)式两端得

$$(-2\boldsymbol{I}-2\boldsymbol{A})\boldsymbol{B}\boldsymbol{A}=-8\boldsymbol{A},$$
$$(\boldsymbol{I}+\boldsymbol{A})\boldsymbol{B}\boldsymbol{A}=4\boldsymbol{A}.$$

用$(\boldsymbol{I}+\boldsymbol{A})^{-1}$左乘上式两端，$\boldsymbol{A}^{-1}$右乘上式两端，得

$$\boldsymbol{B}=4(\boldsymbol{I}+\boldsymbol{A})^{-1},\ \boldsymbol{I}+\boldsymbol{A}=\begin{pmatrix}2&0&0\\0&-1&0\\0&0&2\end{pmatrix},\ (\boldsymbol{I}+\boldsymbol{A})^{-1}=\begin{pmatrix}\frac{1}{2}&0&0\\0&-1&0\\0&0&\frac{1}{2}\end{pmatrix}.$$

所以 $\boldsymbol{B}=\begin{pmatrix}2&0&0\\0&-4&0\\0&0&2\end{pmatrix}$.

例 6 设 $\boldsymbol{A}$ 是一个 n 阶矩阵，并且存在一个正整数 m 使得 $\boldsymbol{A}^m=\boldsymbol{O}$.

(1)证明 $\boldsymbol{I}-\boldsymbol{A}$ 可逆，并且

$$(\boldsymbol{I}-\boldsymbol{A})^{-1}=\boldsymbol{I}+\boldsymbol{A}+\cdots+\boldsymbol{A}^{m-1}.$$

(2)求矩阵

$$\begin{pmatrix}1 & -1 & 2 & -3 & 4\\ 0 & 1 & -1 & 2 & -3\\ 0 & 0 & 1 & -1 & 2\\ 0 & 0 & 0 & 1 & -1\\ 0 & 0 & 0 & 0 & 1\end{pmatrix}$$

的逆矩阵.

证明 (1)因为 $(\boldsymbol{I}-\boldsymbol{A})(\boldsymbol{I}+\boldsymbol{A}+\cdots+\boldsymbol{A}^{m-1})=\boldsymbol{I}+\boldsymbol{A}+\cdots+\boldsymbol{A}^{m-1}-\boldsymbol{A}-\cdots-\boldsymbol{A}^m=\boldsymbol{I}-\boldsymbol{A}^m=\boldsymbol{I}$，同理 $(\boldsymbol{I}+\boldsymbol{A}+\cdots+\boldsymbol{A}^{m-1})(\boldsymbol{I}-\boldsymbol{A})=\boldsymbol{I}$，所以 $\boldsymbol{I}-\boldsymbol{A}$ 可逆，并且

$$(\boldsymbol{I}-\boldsymbol{A})^{-1}=(\boldsymbol{I}+\boldsymbol{A}+\cdots+\boldsymbol{A}^{m-1}).$$

(2)根据(1)的结果，令

$$\boldsymbol{I}-\boldsymbol{A}=\begin{pmatrix}1 & -1 & 2 & -3 & 4\\ 0 & 1 & -1 & 2 & -3\\ 0 & 0 & 1 & -1 & 2\\ 0 & 0 & 0 & 1 & -1\\ 0 & 0 & 0 & 0 & 1\end{pmatrix},$$

则 $$\boldsymbol{A}=\begin{pmatrix}0 & 1 & -2 & 3 & -4\\ 0 & 0 & 1 & -2 & 3\\ 0 & 0 & 0 & 1 & -2\\ 0 & 0 & 0 & 0 & 1\\ 0 & 0 & 0 & 0 & 0\end{pmatrix},\quad \boldsymbol{A}^2=\begin{pmatrix}0 & 0 & 1 & -4 & 10\\ 0 & 0 & 0 & 1 & -4\\ 0 & 0 & 0 & 0 & 1\\ 0 & 0 & 0 & 0 & 0\\ 0 & 0 & 0 & 0 & 0\end{pmatrix},$$

$$\boldsymbol{A}^3=\begin{pmatrix}0 & 0 & 0 & 1 & -6\\ 0 & 0 & 0 & 0 & 1\\ 0 & 0 & 0 & 0 & 0\\ 0 & 0 & 0 & 0 & 0\\ 0 & 0 & 0 & 0 & 0\end{pmatrix},\quad \boldsymbol{A}^4=\begin{pmatrix}0 & 0 & 0 & 0 & 1\\ 0 & 0 & 0 & 0 & 0\\ 0 & 0 & 0 & 0 & 0\\ 0 & 0 & 0 & 0 & 0\\ 0 & 0 & 0 & 0 & 0\end{pmatrix},\quad \boldsymbol{A}^5=\boldsymbol{O}.$$

所以

$$(\boldsymbol{I}-\boldsymbol{A})^{-1}=\boldsymbol{I}+\boldsymbol{A}+\boldsymbol{A}^2+\boldsymbol{A}^3+\boldsymbol{A}^4=\begin{pmatrix}1&1&-1&0&1\\0&1&1&-1&0\\0&0&1&1&-1\\0&0&0&1&1\\0&0&0&0&1\end{pmatrix}.$$

例 7　令 $\boldsymbol{A}^*$ 是 n 阶矩阵 $\boldsymbol{A}$ 的伴随矩阵，证明：

$$|\boldsymbol{A}^*|=(|\boldsymbol{A}|)^{n-1}$$

(区别 $|\boldsymbol{A}|\neq 0$ 和 $|\boldsymbol{A}|=0$ 两种情形).

证明　(1)当 $|\boldsymbol{A}|\neq 0$ 时，$\boldsymbol{A}$ 可逆，则

$$\boldsymbol{A}^*\boldsymbol{A}=|\boldsymbol{A}|\boldsymbol{I}=\begin{pmatrix}|\boldsymbol{A}|&&&0\\&|\boldsymbol{A}|&&\\&&\ddots&\\0&&&|\boldsymbol{A}|\end{pmatrix}.$$

所以 $|\boldsymbol{A}^*\boldsymbol{A}|=|\boldsymbol{A}^*||\boldsymbol{A}|=|\boldsymbol{A}|^n$，从而 $|\boldsymbol{A}^*|=|\boldsymbol{A}|^{n-1}$.

(2)当 $|\boldsymbol{A}|=0$ 时，$|\boldsymbol{A}^*|=0$. 事实上，若 $|\boldsymbol{A}^*|\neq 0$，则 $\boldsymbol{A}^*$ 可逆，此时

$$\boldsymbol{A}=\boldsymbol{A}\boldsymbol{I}=\boldsymbol{A}\boldsymbol{A}^*(\boldsymbol{A}^*)^{-1}=|\boldsymbol{A}|(\boldsymbol{A}^*)^{-1}=\boldsymbol{O}.$$

例 8　证明：如果 $\boldsymbol{A}$ 是 $n(\geqslant 2)$ 阶矩阵，那么

$$秩(\boldsymbol{A}^*)=\begin{cases}n，当秩(\boldsymbol{A})=n，\\1，当秩(\boldsymbol{A})=n-1，\\0，当秩(\boldsymbol{A})<n-1.\end{cases}$$

证明　当秩$(\boldsymbol{A})=n$，即 $\boldsymbol{A}$ 为可逆矩阵时，由于 $|\boldsymbol{A}^*|=|\boldsymbol{A}|^{n-1}$. 故 $\boldsymbol{A}^*$ 也是可逆的，即秩$(\boldsymbol{A}^*)=n$；当秩$(\boldsymbol{A})=n-1$，有 $|\boldsymbol{A}|=0$，于是

$$\boldsymbol{A}\boldsymbol{A}^*=|\boldsymbol{A}|\cdot\boldsymbol{I}=\boldsymbol{O},$$

从而秩$(\boldsymbol{A}^*)\leqslant 1$. 又因秩$(\boldsymbol{A})=n-1$，所以至少有一个代数余子式 $A_{ij}\neq 0$. 从而又有秩$(\boldsymbol{A}^*)\geqslant 1$，于是秩$(\boldsymbol{A}^*)=1$. 当 $0\leqslant$秩$(\boldsymbol{A})<n-1$ 时，$\boldsymbol{A}^*=\boldsymbol{O}$，即此时秩$(\boldsymbol{A}^*)=\boldsymbol{0}$.

8.4　几种特殊的矩阵

数量矩阵　主对角线上的元素都是 k，其余位置上的元素都为零的方阵，即

$$k\boldsymbol{I}=\begin{pmatrix}k&0&\cdots&0\\0&k&\cdots&0\\\vdots&\vdots&&\vdots\\0&0&\cdots&k\end{pmatrix}$$

称为数量矩阵. 当 $k=1$ 时，数量矩阵就是单位矩阵 $\boldsymbol{I}$.

数量矩阵的转置矩阵就是它自身：

$$(k\boldsymbol{I})^{\mathrm{T}}=k\boldsymbol{I}.$$

数量矩阵可逆的充要条件是 $k\neq 0$，且当 $k\boldsymbol{I}$ 可逆时，有

$$(k\boldsymbol{I})^{-1}=k^{-1}\boldsymbol{I}.$$

对称矩阵与反对称矩阵 满足条件 $\boldsymbol{A}^{\mathrm{T}}=\boldsymbol{A}$，即 $a_{ij}=a_{ji}$ 的方阵 $\boldsymbol{A}=(a_{ij})$ 称为对称矩阵；满足条件 $\boldsymbol{A}^{\mathrm{T}}=-\boldsymbol{A}$，即 $a_{ij}=-a_{ji}$ 的方阵 $\boldsymbol{A}=(a_{ij})$ 称为反对称矩阵. 显然，在反对称矩阵中，$a_{ii}=0$.

正交矩阵 如果一个 n 阶实矩阵 $\boldsymbol{U}$ 满足 $\boldsymbol{U}\boldsymbol{U}^{\mathrm{T}}=\boldsymbol{U}^{\mathrm{T}}\boldsymbol{U}=\boldsymbol{I}$. 那么 $\boldsymbol{U}$ 就称为一个正交矩阵.

例 1 验证

$$\begin{pmatrix} \frac{1}{\sqrt{3}} & \frac{1}{\sqrt{3}} & \frac{1}{\sqrt{3}} \\ 0 & -\frac{1}{\sqrt{2}} & \frac{1}{\sqrt{2}} \\ -\frac{2}{\sqrt{6}} & \frac{1}{\sqrt{6}} & \frac{1}{\sqrt{6}} \end{pmatrix}$$

是正交矩阵.

证明 设 $\boldsymbol{A}=\begin{pmatrix} \frac{1}{\sqrt{3}} & \frac{1}{\sqrt{3}} & \frac{1}{\sqrt{3}} \\ 0 & -\frac{1}{\sqrt{2}} & \frac{1}{\sqrt{2}} \\ -\frac{2}{\sqrt{6}} & \frac{1}{\sqrt{6}} & \frac{1}{\sqrt{6}} \end{pmatrix}$，$\boldsymbol{A}^{\mathrm{T}}=\begin{pmatrix} \frac{1}{\sqrt{3}} & 0 & -\frac{2}{\sqrt{6}} \\ \frac{1}{\sqrt{3}} & -\frac{1}{\sqrt{2}} & \frac{1}{\sqrt{6}} \\ \frac{1}{\sqrt{3}} & \frac{1}{\sqrt{2}} & \frac{1}{\sqrt{6}} \end{pmatrix}$，且 $\boldsymbol{A}\boldsymbol{A}^{\mathrm{T}}=\boldsymbol{A}^{\mathrm{T}}\boldsymbol{A}=\boldsymbol{I}$，所以 $\boldsymbol{A}$ 为正交矩阵.

例 2 设 $\boldsymbol{A}$，$\boldsymbol{B}$ 为 n 阶矩阵，下面等式是否恒成立：

(1) $(\boldsymbol{A}+\boldsymbol{B})^2=\boldsymbol{A}^2+2\boldsymbol{A}\boldsymbol{B}+\boldsymbol{B}^2$；

(2) $(\boldsymbol{A}+\boldsymbol{B})(\boldsymbol{A}-\boldsymbol{B})=\boldsymbol{A}^2-\boldsymbol{B}^2$.

解 (1) $(\boldsymbol{A}+\boldsymbol{B})^2=(\boldsymbol{A}+\boldsymbol{B})(\boldsymbol{A}+\boldsymbol{B})=\boldsymbol{A}^2+\boldsymbol{A}\boldsymbol{B}+\boldsymbol{B}\boldsymbol{A}+\boldsymbol{B}^2$. 但 $\boldsymbol{A}\boldsymbol{B}$ 不一定等于 $\boldsymbol{B}\boldsymbol{A}$，所以等式不一定成立.

(2) $(\boldsymbol{A}+\boldsymbol{B})(\boldsymbol{A}-\boldsymbol{B})=\boldsymbol{A}^2-\boldsymbol{A}\boldsymbol{B}+\boldsymbol{B}\boldsymbol{A}+\boldsymbol{B}^2$. 但 $\boldsymbol{A}\boldsymbol{B}$ 不一定等于 $\boldsymbol{B}\boldsymbol{A}$，所以等式不一定成立.

如 $\boldsymbol{A}=\begin{pmatrix} 1 & -1 \\ 0 & 1 \end{pmatrix}$，$\boldsymbol{B}=\begin{pmatrix} 1 & 0 \\ -1 & 0 \end{pmatrix}$，$\boldsymbol{A}\boldsymbol{B}=\begin{pmatrix} 2 & 0 \\ -1 & 0 \end{pmatrix}$，$\boldsymbol{B}\boldsymbol{A}=\begin{pmatrix} 1 & -1 \\ -1 & 1 \end{pmatrix}$，$\boldsymbol{A}\boldsymbol{B}\neq\boldsymbol{B}\boldsymbol{A}$.

例 3 如果 $\boldsymbol{A}$ 是反对称矩阵，$\boldsymbol{B}$ 是对称矩阵，证明：

(1)$\boldsymbol{A}^2$是对称矩阵；

(2)$\boldsymbol{AB}-\boldsymbol{BA}$ 是对称矩阵；

(3)$\boldsymbol{AB}$ 是反对称矩阵的充要条件是 $\boldsymbol{AB}=\boldsymbol{BA}$.

证明 因为 $\boldsymbol{A}$ 是反对称矩阵，$\boldsymbol{B}$ 是对称矩阵，从而$\boldsymbol{A}^{\mathrm{T}}=-\boldsymbol{A}$，$\boldsymbol{B}^{\mathrm{T}}=\boldsymbol{B}$.

(1)$(\boldsymbol{A}^2)^{\mathrm{T}}=(\boldsymbol{AA})^{\mathrm{T}}=\boldsymbol{A}^{\mathrm{T}}\boldsymbol{A}^{\mathrm{T}}=(-\boldsymbol{A})(-\boldsymbol{A})=\boldsymbol{A}^2$，所以 $\boldsymbol{A}^2$是对称矩阵.

(2)$(\boldsymbol{AB}-\boldsymbol{BA})^{\mathrm{T}}=(\boldsymbol{AB})^{\mathrm{T}}-(\boldsymbol{BA})^{\mathrm{T}}=\boldsymbol{B}^{\mathrm{T}}\boldsymbol{A}^{\mathrm{T}}-\boldsymbol{A}^{\mathrm{T}}\boldsymbol{B}^{\mathrm{T}}=\boldsymbol{B}(-\boldsymbol{A})-(-\boldsymbol{A})\boldsymbol{B}=\boldsymbol{AB}-\boldsymbol{BA}$，所以 $\boldsymbol{AB}-\boldsymbol{BA}$ 是对称矩阵.

(3)若 $\boldsymbol{AB}$ 是反对称矩阵，则$(\boldsymbol{AB})^{\mathrm{T}}=-\boldsymbol{AB}$，即$(\boldsymbol{AB})^{\mathrm{T}}=\boldsymbol{B}^{\mathrm{T}}\boldsymbol{A}^{\mathrm{T}}=\boldsymbol{B}(-\boldsymbol{A})=-\boldsymbol{AB}$，所以 $\boldsymbol{AB}=\boldsymbol{BA}$.

若 $\boldsymbol{AB}=\boldsymbol{BA}$，则$(\boldsymbol{AB})^{\mathrm{T}}=\boldsymbol{B}^{\mathrm{T}}\boldsymbol{A}^{\mathrm{T}}=\boldsymbol{B}(-\boldsymbol{A})=-\boldsymbol{BA}=-\boldsymbol{AB}$，所以 $\boldsymbol{AB}$ 是反对称矩阵.

例 4 $\boldsymbol{A}$ 是实对称矩阵，且$\boldsymbol{A}^2=\boldsymbol{O}$，证明$\boldsymbol{A}=\boldsymbol{O}$.

证明 设 $\boldsymbol{A}=\begin{pmatrix} a_{11} & a_{12} & \cdots & a_{1n} \\ a_{21} & a_{22} & \cdots & a_{2n} \\ \vdots & \vdots & & \vdots \\ a_{n1} & a_{n2} & \cdots & a_{nn} \end{pmatrix}$，其中$a_{ij}$均为实数，并且$a_{ij}=a_{ji}$. 由于

$\boldsymbol{A}^2=\boldsymbol{O}$，故

$$\boldsymbol{A}^2=\boldsymbol{AA}^{\mathrm{T}}=\begin{pmatrix} a_{11} & a_{12} & \cdots & a_{1n} \\ a_{21} & a_{22} & \cdots & a_{2n} \\ \vdots & \vdots & & \vdots \\ a_{n1} & a_{n2} & \cdots & a_{nn} \end{pmatrix}\begin{pmatrix} a_{11} & a_{21} & \cdots & a_{n1} \\ a_{12} & a_{22} & \cdots & a_{n2} \\ \vdots & \vdots & & \vdots \\ a_{1n} & a_{2n} & \cdots & a_{nn} \end{pmatrix}=\boldsymbol{O},$$

取 $\boldsymbol{A}^2$的主对角线上的元素，有

$$a_{i1}{}^2+a_{i2}{}^2+\cdots+a_{in}{}^2=0,\ (i=1,\ 2,\ \cdots,\ n).$$

a_{ij} 均为实数，故有$a_{ij}=0$，因此，$\boldsymbol{A}=\boldsymbol{O}$.

例 5 对任意 n 阶矩阵$\boldsymbol{A}$，必有 n 阶矩阵 $\boldsymbol{B}$ 和$\boldsymbol{C}$，使 $\boldsymbol{A}=\boldsymbol{B}+\boldsymbol{C}$，并且 $\boldsymbol{B}=\boldsymbol{B}^{\mathrm{T}}$，$\boldsymbol{C}=-\boldsymbol{C}^{\mathrm{T}}$. 即任意 n 阶矩阵都可以表成一个对称矩阵和一个反对称矩阵的和.

证明 设 $\boldsymbol{A}$ 为任意一个 n 阶矩阵，则易知 $\boldsymbol{B}=\dfrac{1}{2}(\boldsymbol{A}+\boldsymbol{A}^{\mathrm{T}})$，$\boldsymbol{C}=\dfrac{1}{2}(\boldsymbol{A}-\boldsymbol{A}^{\mathrm{T}})$分别为对称矩阵与反对称矩阵，且有 $\boldsymbol{A}=\boldsymbol{B}+\boldsymbol{C}$.

8.5 矩阵的分块

在处理阶数较高的矩阵时，把一个大矩阵看成是由一些小矩阵组成的，在

运算中，把这些小矩阵当做数来处理，这就是矩阵的分块.

把 $m\times n$ 矩阵 $\boldsymbol{A}$ 分成如下形式的矩阵：

$$\boldsymbol{A}=\begin{pmatrix}\boldsymbol{A}_{11} & \boldsymbol{A}_{12} & \cdots & \boldsymbol{A}_{1q}\\ \boldsymbol{A}_{21} & \boldsymbol{A}_{22} & \cdots & \boldsymbol{A}_{2q}\\ \vdots & \vdots & & \vdots\\ \boldsymbol{A}_{p1} & \boldsymbol{A}_{p2} & \cdots & \boldsymbol{A}_{pq}\end{pmatrix} \qquad (*)$$

其中 $\boldsymbol{A}_{ij}$ 是 $m_i\times n_j$ 矩阵，$i=1, 2, \cdots, p$；$j=1, 2, \cdots, q$，且

$$\sum_{i=1}^{p} m_i=m, \ \sum_{j=1}^{q} n_i=n.$$

$(*)$式右端的矩阵叫做 $\boldsymbol{A}$ 的一个分块矩阵. 每一个分块的方法叫做 $\boldsymbol{A}$ 的一种分法.

分块矩阵的加法与数乘　设 $\boldsymbol{A}$，$\boldsymbol{B}$ 是两个 $m\times n$ 矩阵，并且对于 $\boldsymbol{A}$ 与 $\boldsymbol{B}$ 都用同样的方法分块. 若

$$\boldsymbol{A}=\begin{pmatrix}\boldsymbol{A}_{11} & \boldsymbol{A}_{12} & \cdots & \boldsymbol{A}_{1q}\\ \boldsymbol{A}_{21} & \boldsymbol{A}_{22} & \cdots & \boldsymbol{A}_{2q}\\ \vdots & \vdots & & \vdots\\ \boldsymbol{A}_{p1} & \boldsymbol{A}_{p2} & \cdots & \boldsymbol{A}_{pq}\end{pmatrix}, \boldsymbol{B}=\begin{pmatrix}\boldsymbol{B}_{11} & \boldsymbol{B}_{12} & \cdots & \boldsymbol{B}_{1q}\\ \boldsymbol{B}_{21} & \boldsymbol{B}_{22} & \cdots & \boldsymbol{B}_{2q}\\ \vdots & \vdots & & \vdots\\ \boldsymbol{B}_{p1} & \boldsymbol{B}_{p2} & \cdots & \boldsymbol{B}_{pq}\end{pmatrix},$$

则

$$\boldsymbol{A}+\boldsymbol{B}=\begin{pmatrix}\boldsymbol{A}_{11}+\boldsymbol{B}_{11} & \boldsymbol{A}_{12}+\boldsymbol{B}_{12} & \cdots & \boldsymbol{A}_{1q}+\boldsymbol{B}_{1q}\\ \boldsymbol{A}_{21}+\boldsymbol{B}_{21} & \boldsymbol{A}_{22}+\boldsymbol{B}_{22} & \cdots & \boldsymbol{A}_{2q}+\boldsymbol{B}_{2q}\\ \vdots & \vdots & & \vdots\\ \boldsymbol{A}_{p1}+\boldsymbol{B}_{p1} & \boldsymbol{A}_{p2}+\boldsymbol{B}_{p2} & \cdots & \boldsymbol{A}_{pq}+\boldsymbol{B}_{pq}\end{pmatrix},$$

$$a\boldsymbol{A}=\begin{pmatrix}a\boldsymbol{A}_{11} & a\boldsymbol{A}_{12} & \cdots & a\boldsymbol{A}_{1q}\\ a\boldsymbol{A}_{21} & a\boldsymbol{A}_{22} & \cdots & a\boldsymbol{A}_{2q}\\ \vdots & \vdots & & \vdots\\ a\boldsymbol{A}_{p1} & a\boldsymbol{A}_{p2} & \cdots & a\boldsymbol{A}_{pq}\end{pmatrix},$$

其中 a 是一个数. 即两个同型矩阵相加，如果按同一分法进行分块，那么 $\boldsymbol{A}$ 与 $\boldsymbol{B}$ 相加时，只需把对应位置的小块相加. 用一个数去乘一个分块矩阵时，只需用这个数遍乘各小块.

矩阵的分块乘法　在计算 $\boldsymbol{A}$ 与 $\boldsymbol{B}$ 的乘法时，把各小块看成矩阵的元素，然后按通常的矩阵乘法相乘. 前一个矩阵 $\boldsymbol{A}$ 的列的分法必须与后一个矩阵 $\boldsymbol{B}$ 的行的分法一致. 设

$$\boldsymbol{A}=\begin{pmatrix}\boldsymbol{A}_{11} & \boldsymbol{A}_{12} & \cdots & \boldsymbol{A}_{1q}\\ \boldsymbol{A}_{21} & \boldsymbol{A}_{22} & \cdots & \boldsymbol{A}_{2q}\\ \vdots & \vdots & & \vdots\\ \boldsymbol{A}_{s1} & \boldsymbol{A}_{s2} & \cdots & \boldsymbol{A}_{sq}\end{pmatrix},\ \boldsymbol{B}=\begin{pmatrix}\boldsymbol{B}_{11} & \boldsymbol{B}_{12} & \cdots & \boldsymbol{B}_{1t}\\ \boldsymbol{B}_{21} & \boldsymbol{B}_{22} & \cdots & \boldsymbol{B}_{2t}\\ \vdots & \vdots & & \vdots\\ \boldsymbol{B}_{q1} & \boldsymbol{B}_{q2} & \cdots & \boldsymbol{B}_{qt}\end{pmatrix},$$

则

$$\boldsymbol{AB}=\begin{pmatrix}\boldsymbol{C}_{11} & \boldsymbol{C}_{12} & \cdots & \boldsymbol{C}_{1t}\\ \boldsymbol{C}_{21} & \boldsymbol{C}_{22} & \cdots & \boldsymbol{C}_{2t}\\ \vdots & \vdots & & \vdots\\ \boldsymbol{C}_{s1} & \boldsymbol{C}_{s2} & \cdots & \boldsymbol{C}_{st}\end{pmatrix}.$$

值得注意的是，只有在通常的乘法运算 $\boldsymbol{A}$ 与 $\boldsymbol{B}$ 可乘的前提下，分块乘法才能进行.

对于如下的矩阵：

$$\boldsymbol{A}=\begin{pmatrix}\boldsymbol{A}_1 & \boldsymbol{O} & \cdots & \boldsymbol{O}\\ \boldsymbol{O} & \boldsymbol{A}_2 & \cdots & \boldsymbol{O}\\ \vdots & \vdots & & \vdots\\ \boldsymbol{O} & \boldsymbol{O} & \cdots & \boldsymbol{A}_s\end{pmatrix}$$

$\boldsymbol{A}_i$ 为 $n_i\times n_i(i=1,2,\cdots,s)$ 矩阵，称为准对角形矩阵. 两个具有相同分块的准对角形矩阵：

$$\boldsymbol{A}=\begin{pmatrix}\boldsymbol{A}_1 & \boldsymbol{O} & \cdots & \boldsymbol{O}\\ \boldsymbol{O} & \boldsymbol{A}_2 & \cdots & \boldsymbol{O}\\ \vdots & \vdots & & \vdots\\ \boldsymbol{O} & \boldsymbol{O} & \cdots & \boldsymbol{A}_s\end{pmatrix},\ \boldsymbol{B}=\begin{pmatrix}\boldsymbol{B}_1 & \boldsymbol{O} & \cdots & \boldsymbol{O}\\ \boldsymbol{O} & \boldsymbol{B}_2 & \cdots & \boldsymbol{O}\\ \vdots & \vdots & & \vdots\\ \boldsymbol{O} & \boldsymbol{O} & \cdots & \boldsymbol{B}_s\end{pmatrix},$$

则

$$\boldsymbol{A}+\boldsymbol{B}=\begin{pmatrix}\boldsymbol{A}_1+\boldsymbol{B}_1 & \boldsymbol{O} & \cdots & \boldsymbol{O}\\ \boldsymbol{O} & \boldsymbol{A}_2+\boldsymbol{B}_2 & \cdots & \boldsymbol{O}\\ \vdots & \vdots & & \vdots\\ \boldsymbol{O} & \boldsymbol{O} & \cdots & \boldsymbol{A}_s+\boldsymbol{B}_s\end{pmatrix},$$

$$\boldsymbol{AB}=\begin{pmatrix}\boldsymbol{A}_1\boldsymbol{B}_1 & \boldsymbol{O} & \cdots & \boldsymbol{O}\\ \boldsymbol{O} & \boldsymbol{A}_2\boldsymbol{B}_2 & \cdots & \boldsymbol{O}\\ \vdots & \vdots & & \vdots\\ \boldsymbol{O} & \boldsymbol{O} & \cdots & \boldsymbol{A}_s\boldsymbol{B}_s\end{pmatrix}.$$

当 $\boldsymbol{A}_1,\boldsymbol{A}_2,\cdots,\boldsymbol{A}_s$ 都可逆时，则 $\boldsymbol{A}$ 也可逆，且

$$A^{-1}=\begin{pmatrix} A_1^{-1} & O & \cdots & O \\ O & A_2^{-1} & \cdots & O \\ \vdots & \vdots & & \vdots \\ O & O & \cdots & A_s^{-1} \end{pmatrix}.$$

例 1 设 A 和 B 都是 n 阶矩阵，I 是 n 阶单位矩阵. 证明:

$$\begin{pmatrix} AB & O \\ B & O \end{pmatrix}\begin{pmatrix} I & A \\ O & I \end{pmatrix}=\begin{pmatrix} I & A \\ O & I \end{pmatrix}\begin{pmatrix} O & O \\ B & BA \end{pmatrix}.$$

证明 根据分块矩阵的乘法,

$$左=\begin{pmatrix} AB & O \\ B & O \end{pmatrix}\begin{pmatrix} I & A \\ O & I \end{pmatrix}=\begin{pmatrix} AB & ABA \\ B & BA \end{pmatrix},$$

$$右=\begin{pmatrix} I & A \\ O & I \end{pmatrix}\begin{pmatrix} O & O \\ B & BA \end{pmatrix}=\begin{pmatrix} AB & ABA \\ B & BA \end{pmatrix}.$$

所以等式成立.

例 2 设

$$X=\begin{pmatrix} O & A \\ C & O \end{pmatrix}.$$

已知 A^{-1}，C^{-1} 存在，求 X^{-1}.

解 由于 A^{-1}，C^{-1} 存在，即 $|A|\neq 0$，$|C|\neq 0$，但 $|X|$ 与 $|A||C|$ 最多只差一个符号，故 $|X|\neq 0$，即 X^{-1} 存在. 设

$$X^{-1}=\begin{pmatrix} K & L \\ M & N \end{pmatrix},$$

则由

$$XX^{-1}=\begin{pmatrix} O & A \\ C & O \end{pmatrix}\begin{pmatrix} K & L \\ M & N \end{pmatrix}=\begin{pmatrix} AM & AN \\ CK & CL \end{pmatrix}=I$$

可得 $K=O$，$L=C^{-1}$，$M=A^{-1}$，$N=O$. 于是

$$X^{-1}=\begin{pmatrix} O & C^{-1} \\ A^{-1} & O \end{pmatrix}.$$

例 3 设 $P=\begin{pmatrix} I_r & O \\ K & I_s \end{pmatrix}$，$Q=\begin{pmatrix} I_r & L \\ O & I_s \end{pmatrix}$，$T=\begin{pmatrix} O & I_r \\ I_s & O \end{pmatrix}$，$S=\begin{pmatrix} I_r & O \\ O & N \end{pmatrix}$ 都是 $r+s$ 阶方阵，N 是 s 阶可逆矩阵，$A=\begin{pmatrix} A_1 & A_2 \\ A_3 & A_4 \end{pmatrix}\begin{matrix} \}r \\ \}s \end{matrix}$. 求 PA，QA，TA，SA，由此能得出什么规律?

解 $PA=\begin{pmatrix} I_r & O \\ K & I_s \end{pmatrix}\begin{pmatrix} A_1 & A_2 \\ A_3 & A_4 \end{pmatrix}=\begin{pmatrix} A_1 & A_2 \\ KA_1+A_3 & KA_2+A_4 \end{pmatrix}$，即 A 左乘以 P,

相当于 $\boldsymbol{A}$ 的分块矩阵的第一行左乘以 $\boldsymbol{K}$ 后加到第 2 行上.

$\boldsymbol{QA}=\begin{pmatrix}\boldsymbol{I}_r & \boldsymbol{L}\\ \boldsymbol{O} & \boldsymbol{I}_s\end{pmatrix}\begin{pmatrix}\boldsymbol{A}_1 & \boldsymbol{A}_2\\ \boldsymbol{A}_3 & \boldsymbol{A}_4\end{pmatrix}=\begin{pmatrix}\boldsymbol{A}_1+\boldsymbol{L}\boldsymbol{A}_3 & \boldsymbol{A}_2+\boldsymbol{L}\boldsymbol{A}_4\\ \boldsymbol{A}_3 & \boldsymbol{A}_4\end{pmatrix}$，即 $\boldsymbol{A}$ 左乘以 $\boldsymbol{Q}$，相当于 $\boldsymbol{A}$ 的分块矩阵的第 2 行左乘以 $\boldsymbol{K}$ 后加到第 1 行上.

$\boldsymbol{TA}=\begin{pmatrix}\boldsymbol{O} & \boldsymbol{I}_r\\ \boldsymbol{I}_s & \boldsymbol{O}\end{pmatrix}\begin{pmatrix}\boldsymbol{A}_1 & \boldsymbol{A}_2\\ \boldsymbol{A}_3 & \boldsymbol{A}_4\end{pmatrix}=\begin{pmatrix}\boldsymbol{A}_3 & \boldsymbol{A}_4\\ \boldsymbol{A}_1 & \boldsymbol{A}_2\end{pmatrix}$，即 $\boldsymbol{A}$ 左乘以 $\boldsymbol{T}$，相当于 $\boldsymbol{A}$ 的分块矩阵的第 1、2 行互换.

$\boldsymbol{SA}=\begin{pmatrix}\boldsymbol{I}_r & \boldsymbol{O}\\ \boldsymbol{O} & \boldsymbol{N}\end{pmatrix}\begin{pmatrix}\boldsymbol{A}_1 & \boldsymbol{A}_2\\ \boldsymbol{A}_3 & \boldsymbol{A}_4\end{pmatrix}=\begin{pmatrix}\boldsymbol{A}_1 & \boldsymbol{A}_2\\ \boldsymbol{N}\boldsymbol{A}_3 & \boldsymbol{N}\boldsymbol{A}_4\end{pmatrix}$，即 $\boldsymbol{A}$ 左乘以 $\boldsymbol{S}$，相当于 $\boldsymbol{A}$ 的分块矩阵的第 2 行左乘以可逆矩阵 $\boldsymbol{N}$.

例 4　设 $\boldsymbol{S}=\begin{pmatrix}\boldsymbol{I}_r & \boldsymbol{O}\\ \boldsymbol{K} & \boldsymbol{I}_s\end{pmatrix}$，$\boldsymbol{T}=\begin{pmatrix}\boldsymbol{I}_r & \boldsymbol{K}\\ \boldsymbol{O} & \boldsymbol{I}_s\end{pmatrix}$都是 $n=r+s$ 阶矩阵，而 $\boldsymbol{A}=\begin{pmatrix}\boldsymbol{A}_1 & \boldsymbol{A}_2\\ \boldsymbol{A}_3 & \boldsymbol{A}_4\end{pmatrix}$是一个 n 阶矩阵，并且与 $\boldsymbol{S}$，$\boldsymbol{T}$ 有相同的分法. 求 $\boldsymbol{SA}$，$\boldsymbol{AS}$，$\boldsymbol{TA}$ 和 $\boldsymbol{AT}$，由此能得出什么规律?

解

$$\boldsymbol{SA}=\begin{pmatrix}\boldsymbol{A}_1 & \boldsymbol{A}_2\\ k\boldsymbol{A}_1+\boldsymbol{A}_3 & k\boldsymbol{A}_2+\boldsymbol{A}_4\end{pmatrix},\ \boldsymbol{AS}=\begin{pmatrix}\boldsymbol{A}_1+k\boldsymbol{A}_2 & \boldsymbol{A}_2\\ \boldsymbol{A}_3+k\boldsymbol{A}_4 & \boldsymbol{A}_4\end{pmatrix},$$

$$\boldsymbol{TA}=\begin{pmatrix}\boldsymbol{A}_1+k\boldsymbol{A}_3 & \boldsymbol{A}_2+k\boldsymbol{A}_4\\ \boldsymbol{A}_3 & \boldsymbol{A}_4\end{pmatrix},\ \boldsymbol{AT}=\begin{pmatrix}\boldsymbol{A}_1 & k\boldsymbol{A}_1+\boldsymbol{A}_2\\ \boldsymbol{A}_3 & k\boldsymbol{A}_3+\boldsymbol{A}_4\end{pmatrix}$$

规律：当在一个分块矩阵左(右)乘一个与其具有相同分法的初等矩阵时，就相当于对该分块矩阵实行第三种行(列)的初等变换.

例 5　设

$$\boldsymbol{A}=\begin{pmatrix}\boldsymbol{A}_1 & \boldsymbol{O} & \cdots & \boldsymbol{O}\\ \boldsymbol{O} & \boldsymbol{A}_2 & \cdots & \boldsymbol{O}\\ \vdots & \vdots & & \vdots\\ \boldsymbol{O} & \boldsymbol{O} & \cdots & \boldsymbol{A}_s\end{pmatrix}$$

是一个对角线分块矩阵. 证明：$|\boldsymbol{A}|=|\boldsymbol{A}_1||\boldsymbol{A}_2|\cdots|\boldsymbol{A}_s|$.

证明　设$\boldsymbol{A}_1$，$\boldsymbol{A}_2$，…，$\boldsymbol{A}_s$分别是n_1，n_2，…，n_s阶矩阵，且$n_1+n_2+\cdots+n_s=n$，对于每一个$\boldsymbol{A}_i$($i=1$，2，…，s)，可经过第三种初等变换化为主对角形矩阵. 从而

$$A \to \begin{bmatrix} a_{11} & & & & & & 0 \\ & \ddots & & & & & \\ & & a_{1n_1} & & & & \\ & & & \ddots & & & \\ & & & & a_{s1} & & \\ & & & & & \ddots & \\ 0 & & & & & & a_{sn_s} \end{bmatrix},$$

且$|A|=(a_{11}\cdots a_{1n_1})\cdots(a_{s1}\cdots a_{sn_s})=|A_1||A_2|\cdots|A_s|$.

例 6 证明，n 阶矩阵$\begin{pmatrix} A & O \\ C & B \end{pmatrix}$的行列式等于$|A|\cdot|B|$.

证明 设A是r阶矩阵，B是s阶矩阵，且$r+s=n$，由计算知

$$\begin{pmatrix} A & O \\ C & B \end{pmatrix}=\begin{pmatrix} A & O \\ O & I \end{pmatrix}\begin{pmatrix} I & O \\ C & I \end{pmatrix}\begin{pmatrix} I & O \\ O & B \end{pmatrix},$$

从而

$$\begin{vmatrix} A & O \\ C & B \end{vmatrix}=\begin{vmatrix} A & O \\ O & I \end{vmatrix}\begin{vmatrix} I & O \\ C & I \end{vmatrix}\begin{vmatrix} I & O \\ O & B \end{vmatrix}=|A|\cdot|B|.$$

例 7 设A，B，C，D都是n阶矩阵，其中$|A|\neq 0$并且$AC=CA$，证明：$\begin{vmatrix} A & B \\ C & D \end{vmatrix}=|AD-CB|$.

证明 由已知A可逆，且

$$\begin{pmatrix} I & O \\ -CA^{-1} & I \end{pmatrix}\begin{pmatrix} A & B \\ C & D \end{pmatrix}=\begin{pmatrix} A & B \\ O & D-CA^{-1}B \end{pmatrix}.$$

由上题可知，

$$\left|\begin{pmatrix} I & O \\ -CA^{-1} & I \end{pmatrix}\begin{pmatrix} A & B \\ C & D \end{pmatrix}\right|=\begin{vmatrix} A & B \\ C & D \end{vmatrix}=\begin{vmatrix} A & B \\ O & D-CA^{-1}B \end{vmatrix}.$$

$$=|A(D-CA^{-1}B)|$$

$$=|AD-CA^{-1}AB|=|AD-CB|.$$

8.6 矩阵综合练习题

例 1 计算下列矩阵.

(1)$\begin{pmatrix} 3 & 2 \\ -4 & -2 \end{pmatrix}^5$；(2)$\begin{pmatrix} \cos\alpha & -\sin\alpha \\ \sin\alpha & \cos\alpha \end{pmatrix}^n$；(3)$\begin{bmatrix} \lambda & 1 & 0 \\ 0 & \lambda & 1 \\ 0 & 0 & \lambda \end{bmatrix}^n$.

解　(1) $\begin{pmatrix}3 & 2\\ -4 & -2\end{pmatrix}^5=\begin{pmatrix}3 & -2\\ 4 & 8\end{pmatrix}$.

(2) $\begin{pmatrix}\cos\alpha & -\sin\alpha\\ \sin\alpha & \cos\alpha\end{pmatrix}^n=\begin{pmatrix}\cos n\alpha & -\sin n\alpha\\ \sin n\alpha & \cos n\alpha\end{pmatrix}$，可对 n 用数学归纳法证明之.

(3) $\begin{bmatrix}\lambda & 1 & 0\\ 0 & \lambda & 1\\ 0 & 0 & \lambda\end{bmatrix}^n=\begin{bmatrix}\lambda^n & n\lambda^{n-1} & \dfrac{n(n-1)}{2}\lambda^{n-2}\\ 0 & \lambda^n & n\lambda^{n-1}\\ 0 & 0 & \lambda^n\end{bmatrix}$，可对 n 用数学归纳法证明之.

例 2　已知 $f(x)=x^2-5x+3$，$\boldsymbol{A}$ 是一个 3 阶矩阵：

$$\begin{bmatrix}2 & 1 & 1\\ 3 & 1 & 2\\ 1 & -1 & 0\end{bmatrix},$$

求 $f(\boldsymbol{A})$.

解　$f(\boldsymbol{A})=\boldsymbol{A}^2-5\boldsymbol{A}+3\boldsymbol{I}$

$$=\begin{bmatrix}2 & 1 & 1\\ 3 & 1 & 2\\ 1 & -1 & 0\end{bmatrix}^2-5\begin{bmatrix}2 & 1 & 1\\ 3 & 1 & 2\\ 1 & -1 & 0\end{bmatrix}+3\begin{bmatrix}1 & 0 & 0\\ 0 & 1 & 0\\ 0 & 0 & 1\end{bmatrix}$$

$$=\begin{bmatrix}8 & 2 & 4\\ 11 & 2 & 5\\ -1 & 0 & -1\end{bmatrix}-\begin{bmatrix}10 & 5 & 5\\ 15 & 5 & 10\\ 5 & -5 & 0\end{bmatrix}+\begin{bmatrix}3 & 0 & 0\\ 0 & 3 & 0\\ 0 & 0 & 3\end{bmatrix}$$

$$=\begin{bmatrix}1 & -3 & -1\\ -4 & 0 & -5\\ -6 & 5 & 2\end{bmatrix}.$$

例 3　求满足 $\boldsymbol{A}^2=\boldsymbol{I}$ 的一切 2 阶矩阵 $\boldsymbol{A}$.

解　设 $\boldsymbol{A}=\begin{pmatrix}a & b\\ c & d\end{pmatrix}$，由 $\boldsymbol{A}^2=\boldsymbol{I}$ 得 $\begin{bmatrix}a^2+bc & ab+bd\\ ac+cd & bc+d^2\end{bmatrix}=\begin{pmatrix}1 & 0\\ 0 & 1\end{pmatrix}$，从而

$$\begin{cases}a^2+bc=1,\\ ab+bd=0,\\ ac+cd=0,\\ bc+d^2=1.\end{cases}$$

由此可推得 $\boldsymbol{A}$ 为 $\pm\boldsymbol{I}$ 及 $\begin{pmatrix}a & b\\ c & -a\end{pmatrix}$，其中 $a^2+bc=1$.

例 4 设 $\boldsymbol{A}$，$\boldsymbol{B}$ 为 n 阶矩阵，且

$$\boldsymbol{A}=\frac{1}{2}(\boldsymbol{B}+\boldsymbol{I}).$$

证明：$\boldsymbol{A}^2=\boldsymbol{A}$ 当且仅当$\boldsymbol{B}^2=\boldsymbol{I}$.

证明 由 $\boldsymbol{A}=\frac{1}{2}(\boldsymbol{B}+\boldsymbol{I})$得 $\boldsymbol{B}=2\boldsymbol{A}-\boldsymbol{I}$，从而$\boldsymbol{B}^2=4\boldsymbol{A}^2-4\boldsymbol{A}+\boldsymbol{I}^2=4\boldsymbol{A}^2-4\boldsymbol{A}+\boldsymbol{I}$. 若$\boldsymbol{A}^2=\boldsymbol{A}$，则$\boldsymbol{B}^2=4\boldsymbol{A}^2-4\boldsymbol{A}+\boldsymbol{I}=4\boldsymbol{A}-4\boldsymbol{A}+\boldsymbol{I}=\boldsymbol{I}$. 若$\boldsymbol{B}^2=\boldsymbol{I}$，则 $\boldsymbol{I}=4\boldsymbol{A}^2-4\boldsymbol{A}+\boldsymbol{I}$，所以$\boldsymbol{A}^2=\boldsymbol{A}$.

例 5 设

$$\boldsymbol{A}=\begin{pmatrix}1&0&0&2\\0&0&0&1\\-3&0&0&0\end{pmatrix},$$

求 3 阶可逆矩阵 $\boldsymbol{P}$，4 阶可逆矩阵 $\boldsymbol{Q}$，使得

$$\boldsymbol{A}=\boldsymbol{P}\begin{pmatrix}1&0&0&0\\0&1&0&0\\0&0&0&0\end{pmatrix}\boldsymbol{Q}.$$

解 显然秩 $\boldsymbol{A}=2$，故 $\boldsymbol{A}$ 可经初等变换化为标准形

$$\begin{pmatrix}1&0&0&0\\0&1&0&0\\0&0&0&0\end{pmatrix}$$

所求的 $\boldsymbol{P}$，$\boldsymbol{Q}$ 即为所施行的一些初等变换对应的初等方阵之积：

$$\boldsymbol{A}=\begin{pmatrix}1&0&0&2\\0&0&0&1\\-3&0&0&0\end{pmatrix}\xrightarrow{r_3+3r_1}\begin{pmatrix}1&0&0&2\\0&0&0&1\\0&0&0&6\end{pmatrix}\xrightarrow[r_3-6r_2]{r_1-2r_2}$$

$$\begin{pmatrix}1&0&0&0\\0&0&0&1\\0&0&0&0\end{pmatrix}\xrightarrow{c_2\leftrightarrow c_4}\begin{pmatrix}1&0&0&0\\0&1&0&0\\0&0&0&0\end{pmatrix}.$$

写出每一初等变换所对应的初等方阵，并将行变换所对应的初等方阵用$\boldsymbol{P}_i$表示，列变换所对应的初等方阵用$\boldsymbol{Q}_i$表示：

$$\boldsymbol{P}_1=\begin{pmatrix}1&0&0\\0&1&0\\3&0&1\end{pmatrix},\boldsymbol{P}_2=\begin{pmatrix}1&-2&0\\0&1&0\\0&0&1\end{pmatrix},\boldsymbol{P}_3=\begin{pmatrix}1&0&0\\0&1&0\\0&-6&1\end{pmatrix},$$

$$Q_1 = \begin{pmatrix} 1 & 0 & 0 & 0 \\ 0 & 0 & 0 & 1 \\ 0 & 0 & 1 & 0 \\ 0 & 1 & 0 & 0 \end{pmatrix},$$

则

$$P_3P_2P_1AQ_1 = \begin{pmatrix} 1 & 0 & 0 & 0 \\ 0 & 1 & 0 & 0 \\ 0 & 0 & 0 & 0 \end{pmatrix}.$$

令 $P = P_1^{-1}P_2^{-1}P_3^{-1} = \begin{pmatrix} 1 & 0 & 0 \\ 0 & 1 & 0 \\ -3 & 0 & 1 \end{pmatrix}\begin{pmatrix} 1 & 2 & 0 \\ 0 & 1 & 0 \\ 0 & 0 & 1 \end{pmatrix}\begin{pmatrix} 1 & 0 & 0 \\ 0 & 1 & 0 \\ 0 & 6 & 1 \end{pmatrix} = \begin{pmatrix} 1 & 2 & 0 \\ 0 & 1 & 0 \\ -3 & 0 & 1 \end{pmatrix}$,

$$Q = Q_1^{-1} = \begin{pmatrix} 1 & 0 & 0 & 0 \\ 0 & 0 & 0 & 1 \\ 0 & 0 & 1 & 0 \\ 0 & 1 & 0 & 0 \end{pmatrix},$$

则

$$A = P\begin{pmatrix} 1 & 0 & 0 & 0 \\ 0 & 1 & 0 & 0 \\ 0 & 0 & 0 & 0 \end{pmatrix}Q.$$

例 6 设 n 阶矩阵 A 满足 $A^2 + 2A - 3I = O$.

(1)证明 A，$A + 2I$ 可逆，并求其逆；

(2)设 m 为一整数，讨论矩阵 $A + mI$ 的可逆性.

解 (1)由 $A^2 + 2A - 3I = O$，得 $A(A + 2I) = 3I$，从而 $A(\frac{A + 2I}{3}) = I$ 或 $\frac{A}{3}(A + 2I) = I$. 所以 A，$A + 2I$ 可逆，且 $A^{-1} = \frac{A + 2I}{3}$，$(A + 2I)^{-1} = \frac{A}{3}$.

(2)由 $A^2 + 2A - 3I = O$，可得

$$(A + mI)[A - (m - 2)I] = -(m - 3)(m + 1)I.$$

故当 $m \neq 3$，$m \neq -1$ 时，$A + mI$ 可逆，其逆为

$$(A + mI)^{-1} = -\frac{A - (m - 2)I}{(m - 3)(m + 1)};$$

当 $m = 3$ 时，有

$$(A + 3I)(A - I) = O.$$

若 $A = I$，则 $A + 3I = 4I$ 可逆，且 $(A + 3I)^{-1} = \frac{1}{4}I$；若 $A \neq I$，则 $A + 3I$ 不

可逆. 当 $m\neq -1$ 时，有

$$(\boldsymbol{A}-\boldsymbol{I})(\boldsymbol{A}+3\boldsymbol{I})=\boldsymbol{O}.$$

若 $\boldsymbol{A}=-3\boldsymbol{I}$，则 $\boldsymbol{A}-\boldsymbol{I}=-4\boldsymbol{I}$ 可逆，且 $(\boldsymbol{A}-\boldsymbol{I})^{-1}=-\frac{1}{4}\boldsymbol{I}$；若 $\boldsymbol{A}\neq -3\boldsymbol{I}$，则 $\boldsymbol{A}-\boldsymbol{I}$ 不可逆.

例 7 设 n 阶矩阵 $\boldsymbol{A}$，$\boldsymbol{B}$ 满足条件 $\boldsymbol{A}+\boldsymbol{B}=\boldsymbol{AB}$.

(1)证明：$\boldsymbol{A}-\boldsymbol{I}$ 为可逆矩阵；

(2)证明：$\boldsymbol{AB}=\boldsymbol{BA}$；

(3)已知

$$\boldsymbol{B}=\begin{pmatrix}1 & -3 & 0\\ 2 & 1 & 0\\ 0 & 0 & 2\end{pmatrix},$$

求 $\boldsymbol{A}$.

证明 (1)由 $\boldsymbol{A}+\boldsymbol{B}=\boldsymbol{AB}$，可得

$$(\boldsymbol{A}-\boldsymbol{I})-(\boldsymbol{A}-\boldsymbol{I})\boldsymbol{B}=-\boldsymbol{I},\ (\boldsymbol{A}-\boldsymbol{I})(\boldsymbol{B}-\boldsymbol{I})=\boldsymbol{I},$$

从而 $\boldsymbol{A}-\boldsymbol{I}$ 可逆，且 $(\boldsymbol{A}-\boldsymbol{I})^{-1}=(\boldsymbol{B}-\boldsymbol{I})$.

(2)由(1)知，$(\boldsymbol{A}-\boldsymbol{I})^{-1}=(\boldsymbol{B}-\boldsymbol{I})$，由此得

$$(\boldsymbol{B}-\boldsymbol{I})(\boldsymbol{A}-\boldsymbol{I})=\boldsymbol{I},$$
$$\boldsymbol{BA}-\boldsymbol{B}-\boldsymbol{A}+\boldsymbol{I}=\boldsymbol{I},$$
$$\boldsymbol{BA}=\boldsymbol{B}+\boldsymbol{A}=\boldsymbol{A}+\boldsymbol{B}=\boldsymbol{AB}.$$

(3)由(1)得

$$\boldsymbol{A}=(\boldsymbol{B}-\boldsymbol{I})^{-1}+\boldsymbol{I}=\begin{pmatrix}1 & \frac{1}{2} & 0\\ -\frac{1}{3} & 1 & 0\\ 0 & 0 & 2\end{pmatrix}.$$

例 8 将可逆矩阵

$$\boldsymbol{A}=\begin{pmatrix}1 & 2 & 0\\ -1 & 1 & 1\\ 3 & -2 & 0\end{pmatrix}$$

表示为初等矩阵的乘积.

解 $$\boldsymbol{A}=\begin{pmatrix}1 & 0 & 0\\ -1 & 1 & 0\\ 0 & 0 & 1\end{pmatrix}\begin{pmatrix}1 & 0 & 0\\ 0 & 1 & 0\\ 3 & 0 & 1\end{pmatrix}\begin{pmatrix}1 & 0 & 0\\ 0 & 1 & 0\\ 0 & 0 & -8\end{pmatrix}\begin{pmatrix}1 & 0 & 0\\ 0 & 1 & 3\\ 0 & 0 & 1\end{pmatrix}\begin{pmatrix}1 & 0 & 0\\ 0 & 0 & 1\\ 0 & 1 & 0\end{pmatrix}\begin{pmatrix}1 & 2 & 0\\ 0 & 1 & 0\\ 0 & 0 & 1\end{pmatrix}.$$

例 9 设 $\boldsymbol{A}$ 是 n 阶反对称矩阵. 证明当 n 为奇数时，$\boldsymbol{A}^*$ 是对称矩阵；当 n

为偶数时，A^* 是反对称矩阵.

解　因为$A^T=-A$，$(A^*)^T=(-A)^*=(-1)^{n-1}A^*$. 从而当 n 为奇数时，A^* 是对称矩阵；当 n 为偶数时，A^* 是反对称矩阵.

例 10　证明，$2n$ 阶矩阵

$$\begin{bmatrix} A & O \\ O & A^{-1} \end{bmatrix}$$

总可以写成几个形如

$$\begin{pmatrix} I & P \\ O & I \end{pmatrix},\ \begin{pmatrix} I & O \\ Q & I \end{pmatrix}$$

的矩阵的乘积.

证明　因为

$$\begin{pmatrix} I & -I \\ O & I \end{pmatrix}\begin{bmatrix} I & O \\ I-A^{-1} & I \end{bmatrix}\begin{pmatrix} I & A \\ O & I \end{pmatrix}\begin{bmatrix} A & O \\ O & A^{-1} \end{bmatrix}\begin{pmatrix} I & O \\ I-A & I \end{pmatrix}=\begin{pmatrix} I & O \\ O & I \end{pmatrix}.$$

所以

$$\begin{aligned}\begin{bmatrix} A & O \\ O & A^{-1} \end{bmatrix}&=\begin{pmatrix} I & A \\ O & I \end{pmatrix}^{-1}\begin{bmatrix} I & O \\ I-A^{-1} & I \end{bmatrix}^{-1}\begin{pmatrix} I & -I \\ O & I \end{pmatrix}^{-1}\begin{pmatrix} I & O \\ I-A & I \end{pmatrix}^{-1}\\&=\begin{pmatrix} I & -A \\ O & I \end{pmatrix}\begin{pmatrix} I & O \\ I-A^{-1} & I \end{pmatrix}\begin{pmatrix} I & -I \\ O & I \end{pmatrix}\begin{pmatrix} I & O \\ I-A & I \end{pmatrix}.\end{aligned}$$

例 11　设 A，D 分别为 m 阶，n 阶可逆矩阵，则矩阵

$$H=\begin{pmatrix} A & B \\ C & D \end{pmatrix}$$

为可逆矩阵，当且仅当 $A-BD^{-1}C$ 与 $D-CA^{-1}B$ 都是可逆矩阵.

证明　因为 A 可逆，从而

$$\begin{pmatrix} A & B \\ C & D \end{pmatrix}\begin{bmatrix} I & -A^{-1}B \\ O & I \end{bmatrix}=\begin{bmatrix} A & O \\ C & D-CA^{-1}B \end{bmatrix},$$

但

$$\begin{vmatrix} I & -A^{-1}B \\ O & I \end{vmatrix}=1,$$

故

$$|H|=\begin{vmatrix} A & B \\ C & D \end{vmatrix}=\begin{vmatrix} A & O \\ C & D-CA^{-1}B \end{vmatrix}=|A|\,|D-CA^{-1}B|. \tag{1}$$

又由于

$$\begin{pmatrix} A & B \\ C & D \end{pmatrix}\begin{bmatrix} I & O \\ -D^{-1}C & I \end{bmatrix}=\begin{bmatrix} A-BD^{-1}C & B \\ O & D \end{bmatrix},$$

得

$$|\boldsymbol{H}|=\begin{vmatrix}\boldsymbol{A} & \boldsymbol{B}\\ \boldsymbol{C} & \boldsymbol{D}\end{vmatrix}=|\boldsymbol{D}|\,|\boldsymbol{A}-\boldsymbol{B}\boldsymbol{D}^{-1}\boldsymbol{C}|. \tag{2}$$

因$|\boldsymbol{D}|\neq 0$，由式(1)、式(2)可知，$\boldsymbol{H}$ 可逆当且仅当$|\boldsymbol{D}-\boldsymbol{C}\boldsymbol{A}^{-1}\boldsymbol{B}|\neq 0$ 及$|\boldsymbol{A}-\boldsymbol{B}\boldsymbol{D}^{-1}\boldsymbol{C}|\neq 0$，即 $\boldsymbol{A}-\boldsymbol{B}\boldsymbol{D}^{-1}\boldsymbol{C}$ 与 $\boldsymbol{D}-\boldsymbol{C}\boldsymbol{A}^{-1}\boldsymbol{B}$ 都是可逆的.

例 12 设 $\boldsymbol{A}$ 是一个 $n\times n$ 矩阵，$\boldsymbol{\beta}=(b_1, b_2, \cdots, b_n)^{\mathrm{T}}$，$\boldsymbol{\xi}=(x_1, x_2, \cdots, x_n)^{\mathrm{T}}$ 都是$n\times 1$矩阵. 用记号$(\boldsymbol{A}\overset{i}{\leftarrow}\boldsymbol{\beta})$表示以$\boldsymbol{\beta}$ 代替$\boldsymbol{A}$ 的第i 列后所得到的 $n\times n$ 矩阵.

(1)线性方程组 $\boldsymbol{A\xi}=\boldsymbol{\beta}$ 可以改写为

$$\boldsymbol{A}(\boldsymbol{I}\overset{i}{\leftarrow}\boldsymbol{\xi})=(\boldsymbol{A}\overset{i}{\leftarrow}\boldsymbol{\beta}),\ i=1, 2, \cdots, n.$$

(2)当$|\boldsymbol{A}|\neq 0$ 时，对(1)中的矩阵等式两端取行列式，证明克莱姆法则.

证明 (1)$(\boldsymbol{I}\overset{i}{\leftarrow}\boldsymbol{\xi})$表示以 $\boldsymbol{\xi}$ 代替 $\boldsymbol{I}$ 的第i 列后所得到的$n\times n$ 矩阵，令

$$\boldsymbol{A}=\begin{pmatrix}a_{11} & \cdots & a_{1n}\\ \vdots & & \vdots\\ a_{n1} & \cdots & a_{nn}\end{pmatrix},$$

从而

$$\boldsymbol{A}(\boldsymbol{I}\overset{i}{\leftarrow}\boldsymbol{\xi})=\boldsymbol{A}\begin{pmatrix}1 & \cdots & x_1 & \cdots & 0\\ 0 & \cdots & x_2 & \cdots & 0\\ \vdots & & \vdots & & \vdots\\ 0 & \cdots & x_n & \cdots & 1\end{pmatrix}$$

$$=\begin{pmatrix}a_{11} & \cdots & a_{1n}\\ \vdots & & \vdots\\ a_{n1} & \cdots & a_{nn}\end{pmatrix}\begin{pmatrix}1 & \cdots & x_1 & \cdots & 0\\ 0 & \cdots & x_2 & \cdots & 0\\ \vdots & & \vdots & & \vdots\\ 0 & \cdots & x_n & \cdots & 1\end{pmatrix}$$

$$=\begin{pmatrix}a_{11} & \cdots & a_{11}x_1+a_{12}x_2+\cdots+a_{1n}x_n & \cdots & a_{1n}\\ a_{21} & \cdots & a_{21}x_1+a_{22}x_2+\cdots+a_{2n}x_n & \cdots & a_{2n}\\ \vdots & & \vdots & & \vdots\\ a_{n1} & \cdots & a_{n1}x_1+a_{n2}x_2+\cdots+a_{nn}x_n & \cdots & a_{nn}\end{pmatrix}$$

$$(\boldsymbol{A}\overset{i}{\leftarrow}\boldsymbol{\beta})=\begin{pmatrix}a_{11} & \cdots & b_1 & \cdots & a_{1n}\\ a_{21} & \cdots & b_2 & \cdots & a_{2n}\\ \vdots & & \vdots & & \vdots\\ a_{n1} & \cdots & b_n & \cdots & a_{nn}\end{pmatrix},\ i=1, 2, \cdots, n.$$

所以线性方程组 $\boldsymbol{A\xi}=\boldsymbol{\beta}$ 可以改写为

$$\boldsymbol{A}(\boldsymbol{I}\overset{i}{\leftarrow}\boldsymbol{\xi})=(\boldsymbol{A}\overset{i}{\leftarrow}\boldsymbol{\beta}),\ i=1,\ 2,\ \cdots,\ n.$$

(2) 当 $|\boldsymbol{A}|\neq 0$ 时，对(1)中的矩阵等式两端取行列式，$|\boldsymbol{A}(\boldsymbol{I}\overset{i}{\leftarrow}\boldsymbol{\xi})|=|\boldsymbol{A}\overset{i}{\leftarrow}\boldsymbol{\beta}|$，因此

$$|\boldsymbol{A}|\cdot|\boldsymbol{I}\overset{i}{\leftarrow}\boldsymbol{\xi}|=|\boldsymbol{A}\overset{i}{\leftarrow}\boldsymbol{\beta}|,$$

$$|\boldsymbol{I}\overset{i}{\leftarrow}\boldsymbol{\xi}|=x_i,\ |\boldsymbol{A}\overset{i}{\leftarrow}\boldsymbol{\beta}|=b_1\boldsymbol{A}_{1i}+b_2\boldsymbol{A}_{2i}+\cdots+b_n\boldsymbol{A}_{ni},$$

从而

$$x_i=\frac{1}{|\boldsymbol{A}|}(b_1\boldsymbol{A}_{1i}+b_2\boldsymbol{A}_{2i}+\cdots+b_n\boldsymbol{A}_{ni}),\ i=1,\ 2,\ \cdots,\ n.$$

克莱姆法则得证.

第 9 章　二次型

二次型的理论起源于解析几何中二次曲线和二次曲面的理论．在平面解析几何里，中心位于坐标原点的中心二次曲线经过适当的坐标变换可以化成以下的标准方程，即方程左端为只含平方项的二次型．同样，空间的二次曲面，需要把三元二次型经过线性替换化成只含平方项的形式．在数学的其他分支以及物理、力学和工程技术中也能抽象出上述这种类型的问题．本章的中心问题是对于把一个二次型经过非退化（或非奇异，可逆）线性替换化成平方和的形式.

9.1　二次型与对称矩阵

关于二次型的概念　系数在数域 F 上的x_1，x_2，…，x_n的二次齐次多项式

$$q(x_1, x_2, \cdots, x_n)=a_{11}x_1^2+a_{22}x_2^2+\cdots+a_{nn}x_n^2+2a_{12}x_1x_2+\cdots+2a_{n-1,n}x_{n-1}x_n \tag{1}$$

称为 F 上的一个 n 元二次型，简称二次型.

令$a_{ij}=a_{ji}(i, j=1, 2, \cdots, n)$，因为$x_ix_j=x_jx_i$，所以

$$\begin{aligned}q(x_1, x_2, \cdots, x_n)=&a_{11}x_1^2+a_{12}x_1x_2+\cdots+a_{1n}x_1x_n\\&+a_{21}x_2x_1+a_{22}x_2^2+\cdots+a_{2n}x_2x_n\\&+\cdots\\&+a_{n1}x_nx_1+a_{n2}x_nx_2+\cdots+a_{nn}x_n^2\\=&\sum_{i=1}^{n}\sum_{j=1}^{n}a_{ij}x_ix_j\end{aligned} \tag{2}$$

二次型(2)的系数排成的 n 阶对称矩阵

$$\mathbf{A}=\begin{pmatrix}a_{11} & a_{12} & \cdots & a_{1n}\\a_{21} & a_{22} & \cdots & a_{2n}\\\vdots & \vdots & & \vdots\\a_{n1} & a_{n2} & \cdots & a_{nn}\end{pmatrix}$$

被称为二次型(2)的矩阵. 令 $\boldsymbol{X}=\begin{pmatrix}x_1\\x_2\\\vdots\\x_n\end{pmatrix}$，二次型(2)可表为

$$q(x_1, x_2, \cdots, x_n)=\sum_{i=1}^{n}\sum_{j=1}^{n} a_{ij} x_i x_j$$

$$=(x_1, x_2, \cdots, x_n)\begin{pmatrix}a_{11} & a_{12} & \cdots & a_{1n}\\a_{21} & a_{22} & \cdots & a_{2n}\\\vdots & \vdots & & \vdots\\a_{n1} & a_{n2} & \cdots & a_{nn}\end{pmatrix}\begin{pmatrix}x_1\\x_2\\\vdots\\x_n\end{pmatrix}$$

$$=\boldsymbol{X}^{\mathrm{T}}\boldsymbol{A}\boldsymbol{X} \tag{3}$$

其中 $\boldsymbol{A}$ 是对称矩阵，即$\boldsymbol{A}^{\mathrm{T}}=\boldsymbol{A}$. 二次型(3)的秩就是矩阵 $\boldsymbol{A}$ 的秩.

二次型的三种表示，前两种比较直观，第三种用矩阵的乘积表示二次型，为二次型的研究提供了强大的技术支持，便于二次型的标准化研究. 由(3)可见，任何一个 n 元二次型都与一个 n 阶实对称矩阵对应，反之亦然. 如二次型 $q(x_1, x_2, x_3)=x_1^2+3x_1x_2-2x_2^2-3x_3^2$的矩阵为

$$\boldsymbol{A}=\begin{pmatrix}1 & \frac{3}{2} & 0\\\frac{3}{2} & -2 & 0\\0 & 0 & -3\end{pmatrix}.$$

二次型的非奇异线性替换　设$x_1, x_2, \cdots, x_n$；$y_1, y_2, \cdots, y_n$是两组文字，系数在数域 F 中的一组关系式

$$\begin{aligned}x_1&=p_{11}y_1+p_{12}y_2+\cdots+p_{1n}y_n,\\x_2&=p_{21}y_1+p_{22}y_2+\cdots+p_{2n}y_n,\\&\cdots\cdots\\x_n&=p_{n1}y_1+p_{n2}y_2+\cdots+p_{nn}y_n\end{aligned} \tag{4}$$

被称为由$x_1, x_2, \cdots, x_n$到$y_1, y_2, \cdots, y_n$的数域 F 上的一个线性替换.

令 $\boldsymbol{P}=\begin{pmatrix}p_{11} & p_{12} & \cdots & p_{1n}\\p_{21} & p_{22} & \cdots & p_{2n}\\\vdots & \vdots & & \vdots\\p_{n1} & p_{n2} & \cdots & p_{nn}\end{pmatrix}$，$\boldsymbol{Y}=\begin{pmatrix}y_1\\y_2\\\vdots\\y_n\end{pmatrix}$，于是线性替换(4)可以写成

$$\begin{pmatrix} x_1 \\ x_2 \\ \vdots \\ x_n \end{pmatrix} = \begin{pmatrix} p_{11} & p_{12} & \cdots & p_{1n} \\ p_{21} & p_{22} & \cdots & p_{2n} \\ \vdots & \vdots & & \vdots \\ p_{n1} & p_{n2} & \cdots & p_{nn} \end{pmatrix} \begin{pmatrix} y_1 \\ y_2 \\ \vdots \\ y_n \end{pmatrix}$$

或者

$$\boldsymbol{X}=\boldsymbol{PY}.$$

当$|\boldsymbol{P}|\neq 0$时，式(4)称为非奇异的线性替换．如果数域 F 上二次型$q(x_1, x_2, \cdots, x_n)$经 F 上的非奇异线性替换 $\boldsymbol{X}=\boldsymbol{PY}$ 化为只含平方项的二次型$d_1y_1^2+d_2y_2^2+\cdots+d_ny_n^2$，这个二次型就称为$q(x_1, x_2, \cdots, x_n)$的一个标准型．二次型$q(x_1, x_2, \cdots, x_n)=\boldsymbol{X}^{\mathrm{T}}\boldsymbol{AX}$ 经一次非奇异的线性替换 $\boldsymbol{X}=\boldsymbol{PY}$ 得到的二次型的矩阵为$\boldsymbol{P}^{\mathrm{T}}\boldsymbol{AP}$，$\boldsymbol{P}^{\mathrm{T}}\boldsymbol{AP}$ 还是对称矩阵．

矩阵合同　对于数域 F 上的两个 n 阶矩阵$\boldsymbol{A}$，$\boldsymbol{B}$，如果存在 F 上的一个非奇异矩阵$\boldsymbol{P}$，使得$\boldsymbol{P}^{\mathrm{T}}\boldsymbol{AP}=\boldsymbol{B}$，就称$\boldsymbol{B}$与$\boldsymbol{A}$合同．矩阵的这种合同关系具有反身性、对称性、传递性．因而矩阵的合同关系是等价关系．

二次型的主要性质　①二次型和它的矩阵是互相唯一决定的；②非奇异的线性替换把一个二次型变为另一个二次型，且这两个二次型等价；③若$q(x_1, x_2, \cdots, x_n)=\boldsymbol{X}^{\mathrm{T}}\boldsymbol{AX}$，经$\boldsymbol{X}=\boldsymbol{PY}(|\boldsymbol{P}|\neq 0)$变成$\boldsymbol{Y}^{\mathrm{T}}\boldsymbol{BY}(\boldsymbol{B}^{\mathrm{T}}=\boldsymbol{B})$，则$\boldsymbol{B}=\boldsymbol{P}^{\mathrm{T}}\boldsymbol{AP}$，即经非奇异线性替换后，新二次型的矩阵与原二次型的矩阵是合同的，并且非奇异的线性替换不改变二次型的秩．④数域 F 上的任意一个二次型都可以经过非奇异的线性替换化成标准型．

例 1　证明：一个非奇异的对称矩阵与它的逆矩阵合同．

证明　设$\boldsymbol{A}$是非奇异的对称矩阵，则$\boldsymbol{A}=\boldsymbol{A}\boldsymbol{A}^{-1}\boldsymbol{A}=\boldsymbol{A}^{\mathrm{T}}\boldsymbol{A}^{-1}\boldsymbol{A}$，所以，$\boldsymbol{A}$与它的逆矩阵合同．

例 2　若二次型$f(x_1, x_2, \cdots, x_n)=\boldsymbol{X}^{\mathrm{T}}\boldsymbol{AX}=\boldsymbol{X}^{\mathrm{T}}\boldsymbol{BX}$，且$\boldsymbol{A}^{\mathrm{T}}=\boldsymbol{A}$，$\boldsymbol{B}^{\mathrm{T}}=\boldsymbol{B}$，那么$\boldsymbol{A}=\boldsymbol{B}$．

证明　设$\boldsymbol{A}=\begin{pmatrix} a_{11} & \cdots & a_{1n} \\ \vdots & \ddots & \vdots \\ a_{n1} & \cdots & a_{nn} \end{pmatrix}$，$\boldsymbol{B}=\begin{pmatrix} b_{11} & \cdots & b_{1n} \\ \vdots & \ddots & \vdots \\ b_{n1} & \cdots & b_{nn} \end{pmatrix}$，则$\boldsymbol{X}^{\mathrm{T}}\boldsymbol{AX}$与$\boldsymbol{X}^{\mathrm{T}}\boldsymbol{BX}$展开后$x_ix_j(i, j=1, \cdots, n; i\leqslant j)$的系数分别为$a_{ij}+a_{ji}$，$b_{ij}+b_{ji}$．因为$\boldsymbol{A}^{\mathrm{T}}=\boldsymbol{A}$，$\boldsymbol{B}^{\mathrm{T}}=\boldsymbol{B}$，即$a_{ij}=a_{ji}$，$b_{ij}=b_{ji}$，故$x_ix_j$在$\boldsymbol{X}^{\mathrm{T}}\boldsymbol{AX}$与$\boldsymbol{X}^{\mathrm{T}}\boldsymbol{BX}$中的系数对应相等，即$2a_{ij}=2b_{ij}(i, j=1, \cdots, n)$．从而$a_{ij}=b_{ij}$，所以$\boldsymbol{A}=\boldsymbol{B}$．

例 3　证明：对称矩阵只能与对称矩阵合同．

证明　设$\boldsymbol{A}$与$\boldsymbol{B}$合同，即存在可逆矩阵$\boldsymbol{P}$，使$\boldsymbol{B}=\boldsymbol{P}^{\mathrm{T}}\boldsymbol{AP}$．如果$\boldsymbol{A}$为对称矩阵，则

$$B^{\mathrm{T}}=(P^{\mathrm{T}}AP)^{\mathrm{T}}=P^{\mathrm{T}}A^{\mathrm{T}}(P^{\mathrm{T}})^{\mathrm{T}}=P^{\mathrm{T}}AP=B,$$

即 B 也是对称矩阵.

例 4　假设

$$A=\begin{pmatrix} a & 0 & 0 \\ 0 & b & 0 \\ 0 & 0 & c \end{pmatrix}, B=\begin{pmatrix} b & 0 & 0 \\ 0 & c & 0 \\ 0 & 0 & a \end{pmatrix}.$$

证明：$B \simeq A$.

证明　令$P=\begin{pmatrix} 0 & 0 & 1 \\ 1 & 0 & 0 \\ 0 & 1 & 0 \end{pmatrix}$，则 P 是可逆矩阵，且

$$P^{\mathrm{T}}\begin{pmatrix} a & 0 & 0 \\ 0 & b & 0 \\ 0 & 0 & c \end{pmatrix}P=\begin{pmatrix} b & 0 & 0 \\ 0 & c & 0 \\ 0 & 0 & a \end{pmatrix}.$$

所以 $B \simeq A$.

例 5　证明：实对角矩阵

$$A=\begin{pmatrix} a_1 & & & 0 \\ & a_2 & & \\ & & \ddots & \\ 0 & & & a_n \end{pmatrix}$$

与单位矩阵在实数域上合同的充要条件是每个$a_i>0$.

证明　若 A 与 I 在实数域上合同，即存在实可逆矩阵

$$C=\begin{pmatrix} c_{11} & \cdots & c_{1n} \\ \vdots & \ddots & \vdots \\ c_{n1} & \cdots & c_{nn} \end{pmatrix},$$

使 $A=C^{\mathrm{T}}IC=C^{\mathrm{T}}C$，由此可得

$$a_i=c_{1i}{}^2+c_{2i}{}^2+\cdots+c_{ni}{}^2>0,\ i=1,\ \cdots,\ n.$$

反之，若每个$a_i>0$，则取

$$C=\begin{pmatrix} \sqrt{a_1} & & & 0 \\ & \sqrt{a_2} & & \\ & & \ddots & \\ 0 & & & \sqrt{a_n} \end{pmatrix},$$

便有 $A=C^{\mathrm{T}}C=C^{\mathrm{T}}IC$，即 A 与 I 合同.

9.2 化二次型为标准形

二次型中最简单的是只含有平方项的形式：

$$d_1x_1^2+d_2x_2^2+\cdots+d_rx_r^2,$$

称为二次型的标准形.

例 1 化下列二次型为标准形：

(1) $f(x_1, x_2, x_3)=x_1^2+4x_1x_2-3x_2x_3$；

(2) $f(x_1, x_2, x_3)=x_1^2+2x_1x_2+2x_2^2+4x_2x_3+4x_3^2$.

解 (1) $f(x_1, x_2, x_3)=x_1^2+4x_1x_2-3x_2x_3$

$$=(x_1+x_2)^2-\left(x_2+\frac{3}{2}x_3\right)^2+\left(\frac{3}{2}x_3\right)^2,$$

令

$$\begin{cases} y_1=x_1+x_2, \\ y_2=x_2+\dfrac{3}{2}x_3, \\ y_3=\dfrac{3}{2}x_3. \end{cases}$$

即 $\begin{cases} x_1=y_1-y_2+y_3, \\ x_2=y_2-y_3, \\ x_3=\dfrac{2}{3}y_3. \end{cases}$ 代入 f 中，得 $f={y_1}^2-{y_2}^2+{y_3}^2$.

(2) $f(x_1, x_2, x_3)=x_1^2+2x_1x_2+2x_2^2+4x_2x_3+4x_3^2$

$$=(x_1^2+2x_1x_2+x_2^2)+(x_2^2+4x_2x_3+4x_3^2)$$

$$=(x_1+x_2)^2+(x_2+2x_3)^2.$$

令 $\begin{cases} y_1=x_1+x_2, \\ y_2=x_2+2x_3, \\ y_3=x_3, \end{cases}$ 即 $\begin{cases} x_1=y_1+y_2+2y_3, \\ x_2=y_2-2y_3, \\ x_3=y_3, \end{cases}$ 代入 f 中，得 $f={y_1}^2+{y_2}^2$.

例 2 对于下列每一矩阵 $\boldsymbol{A}$，分别求一可逆矩阵 $\boldsymbol{P}$，使 $\boldsymbol{P}^{\mathrm{T}}\boldsymbol{A}\boldsymbol{P}$ 是对角形式：

(1) $\boldsymbol{A}=\begin{pmatrix} 1 & -2 & 3 \\ -2 & 0 & 1 \\ 3 & 1 & 1 \end{pmatrix}$；(2) $\boldsymbol{A}=\begin{pmatrix} 0 & 1 & 1 & 1 \\ 1 & 0 & 1 & 1 \\ 1 & 1 & 0 & 1 \\ 1 & 1 & 1 & 0 \end{pmatrix}$.

解 (1) 对 $\boldsymbol{A}$ 施行行和列初等变换，将 $\boldsymbol{A}$ 变成 $\boldsymbol{P}^{\mathrm{T}}\boldsymbol{A}\boldsymbol{P}$，使得 $\boldsymbol{P}^{\mathrm{T}}\boldsymbol{A}\boldsymbol{P}$ 是一个对角形矩阵，同时对单位矩阵 $\boldsymbol{I}_3$ 施行同样的列初等变换得出 $\boldsymbol{P}$.

$$\begin{pmatrix} 1 & -2 & 3 \\ -2 & 0 & 1 \\ 3 & 1 & 1 \\ 1 & 0 & 0 \\ 0 & 1 & 0 \\ 0 & 0 & 1 \end{pmatrix} \to \begin{pmatrix} 1 & 0 & 3 \\ 0 & -4 & 7 \\ 3 & 7 & 1 \\ 1 & 2 & 0 \\ 0 & 1 & 0 \\ 0 & 0 & 1 \end{pmatrix} \to \begin{pmatrix} 1 & 0 & 0 \\ 0 & -4 & 7 \\ 0 & 7 & -8 \\ 1 & 2 & -3 \\ 0 & 1 & 0 \\ 0 & 0 & 1 \end{pmatrix} \to \begin{pmatrix} 1 & 0 & 0 \\ 0 & -4 & 0 \\ 0 & 0 & \frac{17}{4} \\ 1 & 2 & \frac{1}{2} \\ 0 & 1 & \frac{7}{4} \\ 0 & 0 & 1 \end{pmatrix},$$

所以

$$\boldsymbol{P} = \begin{pmatrix} 1 & 2 & \frac{1}{2} \\ 0 & 1 & \frac{7}{4} \\ 0 & 0 & 1 \end{pmatrix}.$$

(2)对 $\boldsymbol{A}$ 施行行和列初等变换，将 $\boldsymbol{A}$ 变成 $\boldsymbol{P}^{\mathrm{T}}\boldsymbol{AP}$，使得 $\boldsymbol{P}^{\mathrm{T}}\boldsymbol{AP}$ 是一个对角形矩阵，同时对单位矩阵 $\boldsymbol{I}_3$ 施行同样的列初等变换得出 $\boldsymbol{P}$.

$$\begin{pmatrix} 0 & 1 & 1 & 1 \\ 1 & 0 & 1 & 1 \\ 1 & 1 & 0 & 1 \\ 1 & 1 & 1 & 0 \\ 1 & 0 & 0 & 0 \\ 0 & 1 & 0 & 0 \\ 0 & 0 & 1 & 0 \\ 0 & 0 & 0 & 1 \end{pmatrix} \to \begin{pmatrix} 2 & 1 & 2 & 2 \\ 1 & 0 & 1 & 1 \\ 2 & 1 & 0 & 1 \\ 2 & 1 & 1 & 0 \\ 1 & 0 & 0 & 0 \\ 1 & 1 & 0 & 0 \\ 0 & 0 & 1 & 0 \\ 0 & 0 & 0 & 1 \end{pmatrix} \to \begin{pmatrix} 2 & 0 & 2 & 2 \\ 0 & -\frac{1}{2} & 0 & 0 \\ 2 & 0 & 0 & 1 \\ 2 & 0 & 1 & 0 \\ 1 & -\frac{1}{2} & 0 & 0 \\ 1 & \frac{1}{2} & 0 & 0 \\ 0 & 0 & 1 & 0 \\ 0 & 0 & 0 & 1 \end{pmatrix} \to \begin{pmatrix} 2 & 0 & 0 & 2 \\ 0 & -\frac{1}{2} & 0 & 0 \\ 0 & 0 & -2 & -1 \\ 2 & 0 & -1 & 0 \\ 1 & -\frac{1}{2} & -1 & 0 \\ 1 & \frac{1}{2} & -1 & 0 \\ 0 & 0 & 1 & 0 \\ 0 & 0 & 0 & 1 \end{pmatrix}$$

$$\to \begin{pmatrix} 2 & 0 & 0 & 0 \\ 0 & -\frac{1}{2} & 0 & 0 \\ 0 & 0 & -2 & -1 \\ 0 & 0 & -1 & -2 \\ 1 & -\frac{1}{2} & -1 & -1 \\ 1 & \frac{1}{2} & -1 & -1 \\ 0 & 0 & 1 & 0 \\ 0 & 0 & 0 & 1 \end{pmatrix} \to \begin{pmatrix} 2 & 0 & 0 & 0 \\ 0 & -\frac{1}{2} & 0 & 0 \\ 0 & 0 & -2 & 0 \\ 0 & 0 & 0 & -\frac{3}{2} \\ 1 & -\frac{1}{2} & -1 & -\frac{1}{2} \\ 1 & \frac{1}{2} & -1 & -\frac{1}{2} \\ 0 & 0 & 1 & -\frac{1}{2} \\ 0 & 0 & 0 & 1 \end{pmatrix},$$

所以 $\boldsymbol{P}=\begin{pmatrix} 1 & -\frac{1}{2} & -1 & -\frac{1}{2} \\ 0 & \frac{1}{2} & -1 & -\frac{1}{2} \\ 0 & 0 & 1 & -\frac{1}{2} \\ 0 & 0 & 0 & 1 \end{pmatrix}$.

例 3 化二次型 $\sum_{i=1}^{3}\sum_{j=1}^{3}|i-j|x_i x_j$ 为标准形.

解 $q(x_1, x_2, x_3)=2x_1x_2+4x_1x_3+2x_2x_3$，它的矩阵为 $\boldsymbol{A}=\begin{pmatrix} 0 & 1 & 2 \\ 1 & 0 & 1 \\ 2 & 1 & 0 \end{pmatrix}$，对 $\boldsymbol{A}$ 施行行和列初等变换，将 $\boldsymbol{A}$ 变成 $\boldsymbol{P}^{\mathrm{T}}\boldsymbol{AP}$，使得 $\boldsymbol{P}^{\mathrm{T}}\boldsymbol{AP}$ 是一个对角形矩阵，同时对单位矩阵 $\boldsymbol{I}_3$ 施行同样的列初等变换得出 $\boldsymbol{P}$. 即

$$\begin{pmatrix} 0 & 1 & 2 \\ 1 & 0 & 1 \\ 2 & 1 & 0 \\ 1 & 0 & 0 \\ 0 & 1 & 0 \\ 0 & 0 & 1 \end{pmatrix} \to \begin{pmatrix} 2 & 1 & 3 \\ 1 & 0 & 1 \\ 3 & 1 & 0 \\ 1 & 0 & 0 \\ 1 & 1 & 0 \\ 0 & 0 & 1 \end{pmatrix} \to \begin{pmatrix} 2 & 0 & 0 \\ 0 & -\frac{1}{2} & 0 \\ 0 & 0 & -1 \\ 1 & -\frac{1}{2} & -1 \\ 1 & \frac{1}{2} & -2 \\ 0 & 0 & 1 \end{pmatrix},$$

令

$$x_1=y_1-\frac{1}{2}y_2-y_3,$$
$$x_2=y_1+\frac{1}{2}y_2-y_3,$$
$$x_3=y_3.$$

则
$$q(x_1, x_2, x_3)=2y_1^2-\frac{1}{2}y_2^2-y_3^2.$$

例 4　令 $\boldsymbol{A}$ 是数域 F 上 n 阶反对称矩阵，即满足条件$\boldsymbol{A}^{\mathrm{T}}=-\boldsymbol{A}$.

(1)$\boldsymbol{A}$ 必与如下形式的一个矩阵合同：

$$\begin{pmatrix} 0 & 1 & & & & & & 0 \\ -1 & 0 & & & & & & \\ & & \ddots & & & & & \\ & & & 0 & 1 & & & \\ & & & -1 & 0 & & & \\ & & & & & 0 & & \\ & & & & & & \ddots & \\ 0 & & & & & & & 0 \end{pmatrix};$$

(2)反对称矩阵的秩一定是偶数；

(3)数域 F 上两个 n 阶反对称矩阵合同的充要条件是它们有相同的秩.

证明　(1)用数学归纳法. 当 $n=1$ 时，$\boldsymbol{A}=(0)$与一阶零矩阵(0)合同. 设 $\boldsymbol{A}$ 为非零反对称矩阵. 当 $n=2$ 时，$\boldsymbol{A}=\begin{pmatrix} 0 & a_{12} \\ -a_{12} & 0 \end{pmatrix}\to\begin{pmatrix} 0 & 1 \\ -1 & 0 \end{pmatrix}$. 故 $\boldsymbol{A}$ 与$\begin{pmatrix} 0 & 1 \\ -1 & 0 \end{pmatrix}$合同.

假设 $n\leqslant k$ 时结论成立，则 $n=k+1$ 时，

$$\boldsymbol{A}=\begin{pmatrix} 0 & \cdots & a_{1k} & a_{1,k+1} \\ \vdots & & \vdots & \vdots \\ -a_{1k} & \cdots & 0 & a_{k,k+1} \\ -a_{1,k+1} & \cdots & -a_{k,k+1} & 0 \end{pmatrix}.$$

如果最后一行(列)的元素全为零，由归纳假设知，结论已经成立；否则经过行列的同时对换，可设$a_{k,k+1}\neq 0$，最后一行和最后一列都乘以$\dfrac{1}{a_{k,k+1}}$，则 $\boldsymbol{A}$ 化为

$$\begin{pmatrix} 0 & \cdots & a_{1k} & b_1 \\ \vdots & & \vdots & \vdots \\ -a_{1k} & \cdots & 0 & 1 \\ -b_1 & \cdots & -1 & 0 \end{pmatrix}.$$

再利用 1，-1 将最后两列的其他非零元素化成零，则 $\boldsymbol{A}$ 又可化为

$$\begin{pmatrix} 0 & \cdots & b_{1,k-1} & 0 & 0 \\ \vdots & & \vdots & \vdots & \vdots \\ -b_{1,k-1} & \cdots & 0 & 0 & 0 \\ 0 & \cdots & 0 & 0 & 1 \\ 0 & \cdots & 0 & -1 & 0 \end{pmatrix}$$

由归纳假设知，$\begin{pmatrix} 0 & \cdots & b_{1,k-1} \\ \vdots & & \vdots \\ -b_{1,k-1} & \cdots & 0 \end{pmatrix}$与$\begin{pmatrix} 0 & 1 & & & \\ -1 & 0 & & & \\ & & \ddots & & \\ & & & 0 & \\ & & & & 0 \end{pmatrix}$合同，从而$\boldsymbol{A}$合同于矩阵

$$\begin{pmatrix} 0 & 1 & & & & & & & & \\ -1 & 0 & & & & & & & & \\ & & \ddots & & & & & & & \\ & & & 0 & 1 & & & & & \\ & & & -1 & 0 & & & & & \\ & & & & & 0 & & & & \\ & & & & & & \ddots & & & \\ & & & & & & & 0 & & \\ & & & & & & & & 0 & 1 \\ & & & & & & & & -1 & 0 \end{pmatrix}.$$

再将最后两行和两列交换到前面去，则结论对 $k+1$ 阶矩阵也成立，从而对任意阶数的反对称矩阵结论成立.

(2)由(1)知,$\boldsymbol{A}$ 与一个秩为偶数的矩阵合同，所以斜对称矩阵 $\boldsymbol{A}$ 的秩一定是偶数.

(3)充分性　若 $\boldsymbol{A}$ 与 $\boldsymbol{B}$ 都与(1)中形式的矩阵合同，由合同的传递性，$\boldsymbol{A}$ 与 $\boldsymbol{B}$ 合同.

必要性　若 $\boldsymbol{A}$ 与 $\boldsymbol{B}$ 合同，则 $\boldsymbol{A}$ 与 $\boldsymbol{B}$ 的秩一定相等.

9.3　复数域和实数域上的二次型

复数域和实数域上的二次型分别叫做复二次型和实二次型. 复二次型 $q(x_1, x_2, \cdots, x_n)$可经复数域 $\mathbf{C}$ 上的非奇异线性替换 $\boldsymbol{X}=\boldsymbol{PY}$ 化为$y_1^2+y_2^2+\cdots+y_r^2$，称为复二次型$q(x_1, x_2, \cdots, x_n)$的规范型.

若实数域 **R** 上的二次型 $q(x_1, x_2, \cdots, x_n)$ 经 **R** 上的非奇异线性替换 $\boldsymbol{X}=\boldsymbol{PY}$ 化为 $y_1^2+y_2^2+\cdots+y_p^2-y_{p+1}^2-\cdots-y_{p+q}^2$，此式就称为实二次型 $q(x_1, x_2, \cdots, x_n)$ 的典范型. 非负整数 p，q 分别称为实二次型的正、负惯性指数，差 $p-q$ 称为符号差.

复二次型和实二次型的主要性质

(1)复数域 **C** 上的任意一个二次型都可以经过 **C** 上的非奇异线性替换化为规范型，且规范型是唯一的.

(2)实数域 **R** 上的任意一个二次型都可以经过 **R** 上的非奇异线性替换化成典范形式.

(3)(惯性定理)实二次型的典范型是唯一的.

(4)两个实二次型等价的充要条件是它们有相同的秩和符号差.

例 1　令

$$\boldsymbol{A}=\begin{pmatrix}5&4&3\\4&5&3\\3&3&2\end{pmatrix}, \boldsymbol{B}=\begin{pmatrix}4&0&-6\\0&1&0\\-6&0&9\end{pmatrix}.$$

证明 $\boldsymbol{A}$ 与 $\boldsymbol{B}$ 在实数域上合同，并且求一可逆实矩阵 $\boldsymbol{P}$，使得 $\boldsymbol{P}^{\mathrm{T}}\boldsymbol{AP}=\boldsymbol{B}$.

解

$$\begin{pmatrix}\boldsymbol{A}\\\boldsymbol{I}\end{pmatrix}=\begin{pmatrix}5&4&3\\4&5&3\\3&3&2\\1&0&0\\0&1&0\\0&0&1\end{pmatrix}\to\begin{pmatrix}2&0&0\\0&\frac{9}{2}&0\\0&0&0\\1&\frac{1}{2}&-\frac{1}{3}\\-1&\frac{1}{2}&-\frac{1}{3}\\0&0&1\end{pmatrix}\to\begin{pmatrix}1&0&0\\0&\frac{9}{2}&0\\0&0&0\\\frac{1}{\sqrt{2}}&\frac{1}{2}&-\frac{1}{3}\\-\frac{1}{\sqrt{2}}&\frac{1}{2}&-\frac{1}{3}\\0&0&1\end{pmatrix}\to\begin{pmatrix}1&0&0\\0&1&0\\0&0&0\\\frac{1}{\sqrt{2}}&\frac{\sqrt{2}}{6}&-\frac{1}{3}\\-\frac{1}{\sqrt{2}}&\frac{\sqrt{2}}{6}&-\frac{1}{3}\\0&0&1\end{pmatrix},$$

$$\begin{pmatrix}\boldsymbol{B}\\\boldsymbol{I}\end{pmatrix}=\begin{pmatrix}4&0&-6\\0&1&0\\-6&0&9\\1&0&0\\0&1&0\\0&0&1\end{pmatrix}\to\begin{pmatrix}1&0&0\\0&1&0\\0&0&0\\0&\frac{1}{2}&\frac{3}{2}\\1&0&0\\0&0&1\end{pmatrix}.$$

所以 $\boldsymbol{A}$，$\boldsymbol{B}$ 都与 $\begin{pmatrix}1&0&0\\0&1&0\\0&0&0\end{pmatrix}$ 合同，从而 $\boldsymbol{A}$ 与 $\boldsymbol{B}$ 合同. 令

$$\boldsymbol{P}_1=\begin{pmatrix}\frac{1}{\sqrt{2}}&\frac{\sqrt{2}}{6}&-\frac{1}{3}\\-\frac{1}{\sqrt{2}}&\frac{\sqrt{2}}{6}&-\frac{1}{3}\\0&0&1\end{pmatrix},\ \boldsymbol{P}_2=\begin{pmatrix}0&\frac{1}{2}&\frac{3}{2}\\1&0&0\\0&0&1\end{pmatrix}.$$

$$\boldsymbol{P}_1{}^{\mathrm{T}}\boldsymbol{A}\boldsymbol{P}_1=\boldsymbol{P}_2{}^{\mathrm{T}}\boldsymbol{B}\boldsymbol{P}_2=\begin{pmatrix}1&0&0\\0&1&0\\0&0&0\end{pmatrix}.$$

所以 $\boldsymbol{B}=(\boldsymbol{P}_2^{-1})^{\mathrm{T}}\boldsymbol{P}_1{}^{\mathrm{T}}\boldsymbol{A}\boldsymbol{P}_1\boldsymbol{P}_2{}^{-1}=(\boldsymbol{P}_1\boldsymbol{P}_2^{-1})^{\mathrm{T}}\boldsymbol{A}\boldsymbol{P}_1\boldsymbol{P}_2{}^{-1}$. 令 $\boldsymbol{P}=\boldsymbol{P}_1\boldsymbol{P}_2^{-1}$ 即可.

例 2 确定实二次型

$$x_1x_2+x_3x_4+\cdots+x_{2n-1}x_{2n}$$

的秩和符号差.

解 令

$$\begin{cases}x_1=y_1+y_2,\\x_2=y_1-y_2,\\\vdots\\x_{2n-1}=y_{2n-1}+y_{2n},\\x_{2n}=y_{2n-1}-y_{2n}.\end{cases}$$

则二次型化为 $y_1^2+y_3^2+\cdots+y_{2n-1}^2-y_2^2-y_4^2-\cdots-y_{2n}^2$. 所以此二次型的秩为 $2n$，符号差为 0.

例 3 确定实二次型 $ayz+bzx+cxy$ 的秩和符号差.

解 令 $f=ayz+bzx+cxy$. 若 a，b，c 全为零，则 f 的秩和符号差都为零；若 a，b，c 不全为零，不失一般性，设 $c\neq0$，用配方法或矩阵的初等变换可得 f 的标准型为

$$f=c\,x_1^2-c\,y_1^2-\frac{ab}{c}z_1^2.$$

由此可知：

(1)当 $abc\neq0$ 时，f 的秩等于 3. 若 $c>0$，$ab>0$，则符号差为 -1；若 $c>0$，$ab<0$，则符号差为 1；若 $c<0$，$ab>0$，则符号差为 1；若 $c<0$，$ab<0$，则符号差为 -1.

(2)当 $abc=0$ 时，f 的秩等于 2，符号差为 0.

综上所述，当 a，b，c 全为零时，f 的秩和符号差都为零. 当 a，b，c 不全为零时，若 $abc>0$，则 f 的秩等于3，符号差为-1；若 $abc<0$，则 f 的秩等于3，符号差为1；若 $abc=0$，则 f 的秩等于2，符号差为0.

例4　设 $\boldsymbol{S}$ 是复数域上一个 n 阶对称矩阵. 证明，存在复数域上一个矩阵 $\boldsymbol{A}$，使得

$$\boldsymbol{S}=\boldsymbol{A}^{\mathrm{T}}\boldsymbol{A}.$$

证明　设 $\boldsymbol{S}$ 的秩为 r，则存在复数域上一个 n 阶可逆矩阵 $\boldsymbol{P}$，使得 $\boldsymbol{P}^{\mathrm{T}}\boldsymbol{S}\boldsymbol{P}=\begin{pmatrix}\boldsymbol{I}_r & \\ & \boldsymbol{O}\end{pmatrix}$. 其中 $\boldsymbol{I}_r$ 为 r 阶单位阵，且 $\begin{pmatrix}\boldsymbol{I}_r & \\ & \boldsymbol{O}\end{pmatrix}=\begin{pmatrix}\boldsymbol{I}_r & \\ & \boldsymbol{O}\end{pmatrix}^{\mathrm{T}}\begin{pmatrix}\boldsymbol{I}_r & \\ & \boldsymbol{O}\end{pmatrix}$. 令

$$\boldsymbol{B}=\begin{pmatrix}\boldsymbol{I}_r & \\ & \boldsymbol{O}\end{pmatrix},\ \boldsymbol{A}=\boldsymbol{B}\boldsymbol{P}^{-1},$$

所以 $\boldsymbol{S}=\boldsymbol{A}^{\mathrm{T}}\boldsymbol{A}$.

例5　如果把彼此合同的 n 阶实对称矩阵看做一类，那么 n 阶实对称矩阵一共有多少类？写出 $n=3$ 时每类中一个最简单形式的矩阵.

解　两个 n 阶实对称矩阵合同的充要条件是，它们所对应的二次型有相同的秩，而且有相同的正惯性指数. 由此可见，秩为零时为一类（即零矩阵单独成一类）；秩为1时有2类（正惯性指数为1与0，即它们的典范型为 y_1^2 与 $-y_1^2$）；秩为2时有3类（正惯性指数为2，1，0，即它们的规范型为 $y_1^2+y_2^2$，$y_1^2-y_2^2$，$-y_1^2-y_2^2$）；…；秩为 n 时有 $n+1$ 类（正惯性指数为 n，$n-1$，…，1，0，即它们的典范型分别为 $y_1^2+y_2^2\cdots+y_n^2$，$y_1^2+y_2^2\cdots+y_{n-1}^2-y_n^2$，…，$-y_1^2-y_2^2-\cdots-y_n^2$），从而共有 $1+2+3+\cdots+n+(n+1)=\dfrac{1}{2}(n+1)(n+2)$ 类.

当 $n=3$ 时，3阶实对称矩阵所对应的二次型的秩有四种情况，即0，1，2，3，每类中最简单形式的矩阵分别为

$$\begin{pmatrix}0&0&0\\0&0&0\\0&0&0\end{pmatrix},\ \begin{pmatrix}1&0&0\\0&0&0\\0&0&0\end{pmatrix},\ \begin{pmatrix}1&0&0\\0&1&0\\0&0&0\end{pmatrix},\ \begin{pmatrix}1&0&0\\0&1&0\\0&0&1\end{pmatrix}.$$

例6　证明，一个实二次型 $q(x_1,x_2,\cdots,x_n)$ 可以分解成两个实系数 n 元一次齐次多项式乘积的充分必要条件是：或者 q 的秩等于1，或者 q 的秩等于2，并且符号差等于0.

证明　必要性　　设 $q=(a_1x_1+a_2x_2+\cdots+a_nx_n)(b_1x_1+b_2x_2+\cdots+b_nx_n)$.

(1)若这两个一次式的系数成比例，即 $b_i=k\,a_i$，$i=1,2,\cdots,n$. 不失一般性，设 $a_1\neq0$，令

$$\begin{cases} y_1 = a_1x_1 + a_2x_2 + \cdots + a_nx_n, \\ y_2 = x_2, \\ \vdots \\ y_n = x_n, \end{cases}$$

则 $q = k\, y_1^2$，因此二次型 q 的秩为 1.

(2)若这两个一次式系数不成比例，同样设$\frac{a_1}{b_1} \neq \frac{a_2}{b_2}$，令

$$\begin{cases} y_1 = a_1x_1 + a_2x_2 + \cdots + a_nx_n, \\ y_2 = b_1x_1 + b_2x_2 + \cdots + b_nx_n, \\ y_3 = x_3, \\ \vdots \\ y_n = x_n, \end{cases}$$

则 $q = y_1y_2$；再令

$$\begin{cases} y_1 = z_1 + z_2, \\ y_2 = z_1 - z_2, \\ y_3 = z_3, \\ \vdots \\ y_n = z_n, \end{cases}$$

则 $q = y_1y_2 = z_1^2 - z_2^2$，故二次型的秩为 2，符号差为 0.

充分性　(1)若 q 的秩为 1，则 q 可经非奇异线性变换化为 $q = ky_1^2$，其中 y_1 为 x_1，x_2，…，x_n 的一次齐次式，即 $y_1 = a_1x_1 + a_2x_2 + \cdots + a_nx_n$，所以 $q = k(a_1x_1 + a_2x_2 + \cdots + a_nx_n)^2$.

(2) 若 q 的秩为 2，且符号差为 0，则 q 可经非奇异线性变换化为 $q = y_1^2 - y_2^2 = (y_1 - y_2)(y_1 + y_2)$，其中 y_1，y_2 为 x_1，x_2，…，x_n 的一次齐次式，即 $y_1 = a_1x_1 + a_2x_2 + \cdots + a_nx_n$，$y_2 = b_1x_1 + b_2x_2 + \cdots + b_nx_n$. 故 q 可以表示成两个一次齐次式的乘积.

例 7　证明，实二次型

$$\sum_{i=1}^{n}\sum_{j=1}^{n}(\lambda ij + i + j)\, x_i\, x_j \,(n > 1)$$

的秩和符号差与 λ 无关.

证明　二次型 f 的矩阵为

$$\begin{pmatrix} \lambda+2 & 2\lambda+3 & 3\lambda+4 & \cdots & n\lambda+(n+1) \\ 2\lambda+3 & 4\lambda+4 & 6\lambda+5 & \cdots & 2n\lambda+(n+2) \\ 3\lambda+4 & 6\lambda+5 & 9\lambda+6 & \cdots & 3n\lambda+(n+3) \\ \vdots & \vdots & \vdots & & \vdots \\ n\lambda+(n+1) & 2n\lambda+(n+2) & 3n\lambda+(n+3) & \cdots & n^2\lambda+2n \end{pmatrix}$$

依次把 $\boldsymbol{A}$ 的第 1 行的 (-2)，(-3)，…，$(-n)$ 倍加到第 2，3，…，n 行，得

$$\begin{pmatrix} \lambda+2 & 2\lambda+3 & 3\lambda+4 & \cdots & n\lambda+(n+1) \\ -1 & -2 & -3 & \cdots & -n \\ -2 & -4 & -6 & \cdots & -2n \\ \vdots & \vdots & \vdots & & \vdots \\ -(n-1) & -2(n-1) & -3(n-1) & \cdots & -n(n-1) \end{pmatrix}$$

再作相应的列初等变换，把矩阵的第 1 列的 (-2)，(-3)，…，$(-n)$ 倍加到第 2，3，…，n 列，得到与 $\boldsymbol{A}$ 合同的矩阵

$$\begin{pmatrix} \lambda+2 & -1 & -2 & \cdots & -(n-1) \\ -1 & 0 & 0 & \cdots & 0 \\ -2 & 0 & 0 & \cdots & 0 \\ \vdots & \vdots & \vdots & & \vdots \\ -(n-1) & 0 & 0 & \cdots & 0 \end{pmatrix}$$

把矩阵的第 2 行的 $(\lambda+2)/2$，-2，…，$-(n-1)$ 依次倍加到第 2，3，…，n 行上，同时再作相应的列初等变换，得到与 $\boldsymbol{A}$ 合同的矩阵

$$\begin{pmatrix} 0 & -1 & 0 & \cdots & 0 \\ -1 & 0 & 0 & \cdots & 0 \\ 0 & 0 & 0 & \cdots & 0 \\ \vdots & \vdots & \vdots & & \vdots \\ 0 & 0 & 0 & \cdots & 0 \end{pmatrix}.$$

所以二次型 f 可经非奇异线性变换化为 $-2y_1y_2$. 故 f 的秩为 2，符号差为 0，与 λ 无关.

9.4　正定二次型及其性质

正定二次型　设 $q(x_1, x_2, \cdots, x_n)$ 是实二次型，如果对任意的一组不全为零的实数 $c_1, c_2, \cdots, c_n$ 都有 $q(c_1, c_2, \cdots, c_n)>0$，称 $q(x_1, x_2, \cdots, x_n)$ 是正定二次型.

正定二次型的主要性质

(1)实二次型 $q(x_1, x_2, \cdots, x_n)$ 为正定二次型的充要条件是 $q(x_1, x_2, \cdots, x_n)$ 的正惯性指数 p 等于秩$(q)=n$.

(2)设实二次型 $q(x_1, x_2, \cdots, x_n)=\boldsymbol{X}^{\mathrm{T}}\boldsymbol{A}\boldsymbol{X}$，$\boldsymbol{A}$ 的位于前 k 行 k 列的元素组成的 k 阶行列式，称为 $\boldsymbol{A}$ 的 k 阶顺序主子式，即

$$\begin{vmatrix} a_{11} & a_{12} & \cdots & a_{1k} \\ a_{21} & a_{22} & \cdots & a_{2k} \\ \vdots & \vdots & & \vdots \\ a_{k1} & a_{k2} & \cdots & a_{kk} \end{vmatrix} (k=1, 2, \cdots, n),$$

则实二次型 $q(x_1, x_2, \cdots, x_n)=\boldsymbol{X}^{\mathrm{T}}\boldsymbol{A}\boldsymbol{X}$ 正定的充要条件是 $\boldsymbol{A}$ 的所有 n 个顺序主子式都大于零. 其等价命题为：实二次型 $q(x_1, x_2, \cdots, x_n)=X^{\mathrm{T}}\boldsymbol{A}\boldsymbol{X}$ 不正定的充要条件是 $\boldsymbol{A}$ 有一个顺序主子式不大于零.

正定矩阵的等价形式

(1)实二次型 $q(x_1, x_2, \cdots, x_n)=\boldsymbol{X}^{\mathrm{T}}\boldsymbol{A}\boldsymbol{X}$，如果对任何的 $\boldsymbol{X}^{\mathrm{T}}=(x_1, x_2, \cdots, x_n)\neq 0$，都有 $\boldsymbol{X}^{\mathrm{T}}\boldsymbol{A}\boldsymbol{X}>0$，则称之为正定二次型，$\boldsymbol{A}$ 称为正定矩阵.

(2)实对称矩阵是正定矩阵$\Leftrightarrow\boldsymbol{A}$ 的特征根都是正实数.

(3)实对称矩阵 $\boldsymbol{A}$ 是正定矩阵$\Leftrightarrow\boldsymbol{A}$ 与单位矩阵合同.

(4)实对称矩阵 $\boldsymbol{A}$ 是正定矩阵$\Leftrightarrow\boldsymbol{A}$ 的一切顺序主子式均大于零.

(5)实对称矩阵 $\boldsymbol{A}$ 是正定矩阵$\Leftrightarrow$存在非退化矩阵 $\boldsymbol{P}$，使得 $\boldsymbol{A}=\boldsymbol{P}\boldsymbol{P}^{\mathrm{T}}$.

(6)实对称矩阵 $\boldsymbol{A}$ 是正定矩阵$\Leftrightarrow$存在非退化上(下)三角矩阵 $\boldsymbol{Q}$，使得 $\boldsymbol{A}=\boldsymbol{Q}^{\mathrm{T}}\boldsymbol{Q}$.

正定矩阵与实对称矩阵比较

(1)正定矩阵都是非奇异的(满秩、可逆)，而实对称矩阵可能不可逆.

(2)正定矩阵的特征根都是正实数，而实对称矩阵的特征根只是实数.

(3)正定矩阵合同于单位矩阵，而实对称矩阵合同于

$$\begin{pmatrix} 1 & & & & & & & & 0 \\ & \ddots & & & & & & & \\ & & 1 & & & & & & \\ & & & -1 & & & & & \\ & & & & \ddots & & & & \\ & & & & & -1 & & & \\ & & & & & & 0 & & \\ & & & & & & & \ddots & \\ 0 & & & & & & & & 0 \end{pmatrix}.$$

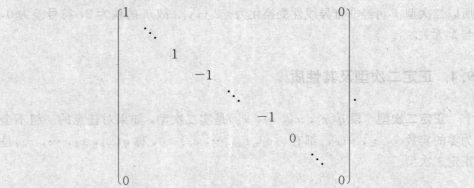

(4)正定矩阵的所有各阶主子式均大于零，而实对称矩阵一般不具备这个性质.

正定矩阵的一些重要结论

(1)若 $\boldsymbol{A}$，$\boldsymbol{B}$ 为正定矩阵，则对任意的 a，$b>0$，$a\boldsymbol{A}+b\boldsymbol{B}$ 为正定矩阵.

(2)若 $\boldsymbol{A}$ 为正定矩阵，$a>0$，则 $a\boldsymbol{A}$，$\boldsymbol{A}^*$，$\boldsymbol{A}^{-1}$为正定矩阵.

(3)若 $\boldsymbol{A}$ 为正定矩阵，则存在 $a>0$，$a\boldsymbol{I}+\boldsymbol{A}$ 为正定矩阵.

(4)若 $\boldsymbol{A}$ 为正定矩阵，则对任意的正整数 k，$\boldsymbol{A}^k$ 为正定矩阵.

例 1　判断下列二次型是否正定.

(1) $-5x_1^2-6x_2^2-4x_3^2+4x_1x_2+4x_1x_3$；

(2) $x_1^2+x_2^2+14x_3^2+7x_4^2+6x_1x_2+24x_1x_4-4x_2x_3+2x_2x_4+4x_3x_4$.

解　(1)二次型的矩阵 $\boldsymbol{A}=\begin{pmatrix}-5&2&2\\2&-6&0\\2&0&-4\end{pmatrix}$，一阶顺序主子式 $-5<0$，所以该二次型不正定.

(2) 二次型的矩阵 $\boldsymbol{A}=\begin{pmatrix}1&3&0&12\\3&1&-2&1\\0&-2&14&2\\12&1&2&7\end{pmatrix}$，二阶顺序主子式 $\begin{vmatrix}1&3\\3&1\end{vmatrix}=-8<0$，所以该二次型不正定.

例 2　λ 为什么值时，下面的实二次型是正定的?

(1) $\lambda(x_1^2+x_2^2+x_3^2)+2x_1x_2-2x_2x_3-2x_1x_3+x_4^2$；

(2) $2x_1^2+x_2^2+x_3^2+2x_1x_2+\lambda x_2x_3$.

解　(1)二次型的矩阵为

$$\boldsymbol{A}=\begin{pmatrix}\lambda&1&-1&0\\1&\lambda&-1&0\\-1&-1&\lambda&0\\0&0&0&1\end{pmatrix}.$$

二次型正定的充要条件是

$$\lambda>0,\quad\begin{vmatrix}\lambda&1\\1&\lambda\end{vmatrix}=\lambda^2-1>0,\quad\begin{vmatrix}\lambda&1&-1\\1&\lambda&-1\\-1&-1&\lambda\end{vmatrix}=\lambda(\lambda+1)(\lambda-1)>0,$$

$$|\boldsymbol{A}|=\lambda(\lambda+1)(\lambda-1)>0,$$

即$\begin{cases}\lambda>0\\ \lambda^2-1>0\\ \lambda(\lambda+1)(\lambda-1)>0\end{cases}$，解得$\lambda>1$. 从而当$\lambda$取开区间$(1, +\infty)$内所有值时，此二次型是正定的.

(2)二次型的矩阵为$\boldsymbol{A}=\begin{pmatrix}2 & 1 & 0\\ 1 & 1 & \frac{\lambda}{2}\\ 0 & \frac{\lambda}{2} & 1\end{pmatrix}$. 由于$\boldsymbol{A}$正定$\Leftrightarrow\boldsymbol{A}$的所有顺序主子式大于零，而一、二阶主子式显然大于零，由3阶主子式

$$\begin{vmatrix}2 & 1 & 0\\ 1 & 1 & \frac{\lambda}{2}\\ 0 & \frac{\lambda}{2} & 1\end{vmatrix}=1-\frac{\lambda^2}{2}>0,$$

得$|\lambda|<\sqrt{2}$.

例3 证明，对于任意实对称矩阵$\boldsymbol{A}$，总存在足够大的实数t，使得$t\boldsymbol{I}+\boldsymbol{A}$是正定的.

证明 由于$\boldsymbol{A}$是实对称矩阵，故对任意的实数t，$t\boldsymbol{I}+\boldsymbol{A}$也是实对称矩阵. 令$f_1(t)$，$f_2(t)$，…，$f_n(t)$为$t\boldsymbol{I}+\boldsymbol{A}$的顺序主子式，它们都是首项系数为1的实系数多项式. 由数学分析知，对充分大的正实数t，可使

$$f_i(t)>0,\ i=1,\ 2,\ \cdots,\ n.$$

因此对充分大的正实数t，可使$t\boldsymbol{I}+\boldsymbol{A}$为正定矩阵.

例4 实二次型$f(x_1, x_2, x_3)=kx_1^2+(k-2)x_2^2+(k-1)x_3^2$为正定二次型，求$k$的取值范围.

解 二次型的矩阵为

$$\boldsymbol{A}=\begin{pmatrix}k & 0 & 0\\ 0 & k-2 & 0\\ 0 & 0 & k-1\end{pmatrix}.$$

要使二次型f正定，$\boldsymbol{A}$的三个顺序主子式都应大于零，即

$$k>0,\ k(k-2)>0,\ k(k-2)(k-1)>0.$$

所以当$k>2$时，二次型正定.

例5 证明：n阶实对称矩阵$\boldsymbol{A}=(a_{ij})$是正定的，必要且只要对于任意$1\leqslant i_1<i_2<\cdots<i_k\leqslant n$，$k$阶子式

$$\begin{vmatrix} a_{i_1i_1} & a_{i_1i_2} & \cdots & a_{i_1i_k} \\ a_{i_2i_1} & a_{i_2i_2} & \cdots & a_{i_2i_k} \\ \vdots & \vdots & & \vdots \\ a_{i_ki_1} & a_{i_ki_2} & \cdots & a_{i_ki_k} \end{vmatrix} > 0,\ k=1,\ 2,\ \cdots,\ n.$$

证明　充分性　　因为对于任意$1 \leqslant i_1 < i_2 < \cdots < i_k \leqslant n$，$k$ 阶子式都大于零，那么顺序主子式必全大于零，从而 $\boldsymbol{A}$ 是正定的.

必要性　　设 n 阶实对称矩阵 $\boldsymbol{A}=(a_{ij})$是正定的，而

$$\boldsymbol{A}_k = \begin{pmatrix} a_{i_1i_1} & a_{i_1i_2} & \cdots & a_{i_1i_k} \\ a_{i_2i_1} & a_{i_2i_2} & \cdots & a_{i_2i_k} \\ \vdots & \vdots & & \vdots \\ a_{i_ki_1} & a_{i_ki_2} & \cdots & a_{i_ki_k} \end{pmatrix},\ 1 \leqslant i_1 < i_2 < \cdots < i_k \leqslant n$$

为 $\boldsymbol{A}$ 的任一 k 阶主子式$|\boldsymbol{A}_k|$所对应的 k 阶实对称矩阵.

由于 $\boldsymbol{A}=(a_{ij})$是正定的，故二次型 $f(x_1,\ x_2,\ \cdots,\ x_n)=\boldsymbol{X}^{\mathrm{T}}\boldsymbol{A}\boldsymbol{X}$ 对任意不全为零的实数$c_1,\ c_2,\ \cdots,\ c_n$都有

$$f(c_1,\ c_2,\ \cdots,\ c_n)>0.$$

从而对不全为零的实数$c_{i_1},\ c_{i_2},\ \cdots,\ c_{i_k}$有

$$f(0,\ \cdots,\ c_{i_1},\ \cdots,\ c_{i_k},\ \cdots,\ 0)>0.$$

即在 $f(x_1,\ x_2,\ \cdots,\ x_n)$中，除$x_{i_1},\ x_{i_2},\ \cdots,\ x_{i_k}$外其余变量全取 0. 但对变量为$x_{i_1},\ x_{i_2},\ \cdots,\ x_{i_k}$而矩阵为$\boldsymbol{A}_k$的二次型$g(x_{i_1},\ x_{i_2},\ \cdots,\ x_{i_k})$来说，有

$$g(c_{i_1},\ c_{i_2},\ \cdots,\ c_{i_k})=f(0,\ \cdots,\ c_{i_1},\ \cdots,\ c_{i_k},\ \cdots,\ 0)>0.$$

故 g 是正定二次型，从而$\boldsymbol{A}_k$是正定的. 所以$|\boldsymbol{A}_k|>0$.

例 6　设 $\boldsymbol{A}=(a_{ij})$是 n 阶正定矩阵. 证明

$$|\boldsymbol{A}| \leqslant a_{11}a_{22}\cdots a_{nn}$$

当且仅当 $\boldsymbol{A}$ 是对角形矩阵时，等号成立.

证明　对 n 用数学归纳法.

当 $n=1$ 时，$|\boldsymbol{A}_1|=a_{11}$，命题成立.

当 $n=2$ 时，因$\boldsymbol{A}_2$正定，所以$|\boldsymbol{A}_2|=\begin{vmatrix} a_{11} & a_{12} \\ a_{12} & a_{22} \end{vmatrix}=a_{11}a_{22}-a_{12}^2>0$，因此$|\boldsymbol{A}_2| \leqslant a_{11}a_{22}$，命题成立.

假设命题对 k 成立，则 $n=k+1$ 时，令$\boldsymbol{A}_{k+1}=\begin{pmatrix} \boldsymbol{A}_k & \boldsymbol{B} \\ \boldsymbol{B}^{\mathrm{T}} & a_{k+1,\ k+1} \end{pmatrix}$，$\boldsymbol{T}=\begin{pmatrix} \boldsymbol{I} & -\boldsymbol{A}_k^{-1}\boldsymbol{B} \\ \boldsymbol{O} & \boldsymbol{I} \end{pmatrix}$，则

$$T^{\mathrm{T}} A_{k+1} T=\begin{pmatrix} I & O \\ -B^{\mathrm{T}} A_k^{-1} & I \end{pmatrix}\begin{pmatrix} A_k & B \\ B^{\mathrm{T}} & a_{k+1,k+1} \end{pmatrix}\begin{pmatrix} I & -A_k^{-1} B \\ O & I \end{pmatrix}$$

$$=\begin{pmatrix} A_k & O \\ O & a_{k+1,k+1}-B^{\mathrm{T}} A_k^{-1} B \end{pmatrix}.$$

因此$|A_{k+1}|=\begin{vmatrix} A_k & O \\ O & a_{k+1,k+1}-B^{\mathrm{T}} A_k^{-1} B \end{vmatrix}=|A_k| \cdot |a_{k+1,k+1}-B^{\mathrm{T}} A_k^{-1} B|$.

又因为A_{k+1}正定，故A_k正定，A_k^{-1}正定，于是$B^{\mathrm{T}} A_k^{-1} B \geqslant 0$，所以$|A_{k+1}| \leqslant a_{k+1,k+1} \cdot |A_k|$，由归纳法假设$|A_k| \leqslant a_{11} a_{22} \cdots a_{kk}$，所以

$$|A_{k+1}| \leqslant a_{11} a_{22} \cdots a_{kk} a_{k+1,k+1}.$$

综上所述，命题对正整数n成立，即

$$|A| \leqslant a_{11} a_{22} \cdots a_{nn}.$$

当且仅当A是对角形矩阵时，等号成立.

例 7 设$A=(a_{ij})$是任意n阶实矩阵. 证明：

$$(|A|)^2 \leqslant \prod_{j=1}^{n}(a_{1j}^2+a_{2j}^2+\cdots+a_{nj}^2)\text{(阿达马不等式)}.$$

证明 (1)当$|A|=0$时，命题成立.

(2)$|A| \neq 0$时，因为$(A^{\mathrm{T}} A)^{\mathrm{T}}=A^{\mathrm{T}} A$，且$(A^{-1})^{\mathrm{T}} A^{\mathrm{T}} A A^{-1}=I$，所以$A^{\mathrm{T}} A$为正定矩阵，即

$$A^{\mathrm{T}} A=\begin{pmatrix} \sum_{i=1}^{n} a_{i1}^2 & * & \cdots & * \\ * & \sum_{i=1}^{n} a_{i2}^2 & \cdots & * \\ \vdots & \vdots & & \vdots \\ * & * & \cdots & \sum_{i=1}^{n} a_{in}^2 \end{pmatrix}.$$

由例 6，

$$(|A|)^2=|A^{\mathrm{T}} A| \leqslant \prod_{j=1}^{n}(a_{1j}^2+a_{2j}^2+\cdots+a_{nj}^2).$$

9.5 二次型综合练习题

例 1 化下列二次型为标准形，并用矩阵加以验证：

(1)$x_1 x_{2n}+x_2 x_{2n-1}+\cdots+x_n x_{n+1}$；

(2) $\sum_{i=1}^{n} x_i^2 + \sum_{1\leqslant i\leqslant j\leqslant n} x_i x_j$.

解　(1)作可逆线性变换 $\begin{cases} x_1 = y_1 + y_{2n}, \\ x_2 = y_2 + y_{2n-1}, \\ \quad\cdots\cdots \\ x_n = y_n + y_{n+1}, \\ x_{n+1} = y_n - y_{n+1}, \\ \quad\cdots\cdots \\ x_{2n} = y_1 - y_{2n}. \end{cases}$

原二次型经此线性变换化为标准型：${y_1}^2 + \cdots + {y_n}^2 - {y_{n+1}}^2 - \cdots - {y_{2n}}^2$.

此二次型的矩阵为 $\boldsymbol{B} = \begin{pmatrix} 1 & & & & & \\ & \ddots & & & & \\ & & 1 & & & \\ & & & -1 & & \\ & & & & \ddots & \\ & & & & & -1 \end{pmatrix}$. 原二次型的矩阵为

$\boldsymbol{A} = \frac{1}{2}\begin{pmatrix} & & & 1 \\ & & 1 & \\ & \iddots & & \\ 1 & & & \end{pmatrix}$. 所作的可逆线性变换为 $\boldsymbol{X} = \boldsymbol{CY}$，其中

$$\boldsymbol{C} = \begin{pmatrix} 1 & & & & & 1 \\ & \ddots & & & \iddots & \\ & & 1 & 1 & & \\ & & 1 & -1 & & \\ & \iddots & & & \ddots & \\ 1 & & & & & -1 \end{pmatrix}.$$

矩阵的乘法为

$$\boldsymbol{C}^{\mathrm{T}}\boldsymbol{AC} = \begin{pmatrix} 1 & & & & & 1 \\ & \ddots & & & \iddots & \\ & & 1 & 1 & & \\ & & 1 & -1 & & \\ & \iddots & & & \ddots & \\ 1 & & & & & -1 \end{pmatrix}^{\mathrm{T}} \cdot \frac{1}{2}\begin{pmatrix} & & & 1 \\ & & 1 & \\ & \iddots & & \\ 1 & & & \end{pmatrix} \begin{pmatrix} 1 & & & & & 1 \\ & \ddots & & & \iddots & \\ & & 1 & 1 & & \\ & & 1 & -1 & & \\ & \iddots & & & \ddots & \\ 1 & & & & & -1 \end{pmatrix}$$

$$=\begin{pmatrix}1&&&&&\\&\ddots&&&&\\&&1&&&\\&&&-1&&\\&&&&\ddots&\\&&&&&-1\end{pmatrix}=\boldsymbol{B}.$$

(2)可将 f 化为

$$f=\left(x_1+\frac{1}{2}\sum_{j=2}^{n}x_j\right)^2+\frac{3}{4}\left(x_2+\frac{1}{3}\sum_{j=3}^{n}x_j\right)^2$$
$$+\cdots+\frac{n}{2(n-1)}\left(x_{n-1}+\frac{1}{n}x_n\right)^2+\frac{n+1}{2n}x_n^2.$$

令
$$\begin{cases}y_1=x_1+\dfrac{1}{2}\sum\limits_{j=2}^{n}x_j,\\ y_2=x_2+\dfrac{1}{3}\sum\limits_{j=3}^{n}x_j,\\ \quad\cdots\cdots\\ y_{n-1}=x_{n-1}+\dfrac{1}{n}x_n,\\ y_n=x_n.\end{cases}$$

即
$$\begin{cases}x_1=y_1-\dfrac{1}{2}y_2-\dfrac{1}{3}y_3-\cdots-\dfrac{1}{n-1}y_{n-1}-\dfrac{1}{n}y_n,\\ x_2=y_2-\dfrac{1}{3}y_3-\cdots-\dfrac{1}{n-1}y_{n-1}-\dfrac{1}{n}y_n,\\ \quad\cdots\cdots\\ x_{n-1}=y_{n-1}-\dfrac{1}{n}y_n,\\ x_n=y_n.\end{cases}$$

$$\boldsymbol{C}=\begin{pmatrix}1&-\dfrac{1}{2}&-\dfrac{1}{3}&\cdots&-\dfrac{1}{n-1}&-\dfrac{1}{n}\\0&1&-\dfrac{1}{3}&\cdots&-\dfrac{1}{n-1}&-\dfrac{1}{n}\\0&0&1&\cdots&-\dfrac{1}{n-1}&-\dfrac{1}{n}\\\vdots&\vdots&\vdots&&\vdots&\vdots\\0&0&0&\cdots&1&-\dfrac{1}{n}\\0&0&0&\cdots&0&1\end{pmatrix}.$$

将代换代入 f，即得

$$f=y_1{}^2+\frac{3}{4}y_2{}^2+\cdots+\frac{n}{2(n-1)}y_{n-1}{}^2+\frac{n+1}{2n}y_n{}^2.$$

此二次型的矩阵为

$$\boldsymbol{B}=\begin{pmatrix}1 & & & & \\ & \frac{3}{4} & & & \\ & & \ddots & & \\ & & & \frac{n}{2(n-1)} & \\ & & & & \frac{n+1}{2n}\end{pmatrix}.$$

用 $\boldsymbol{A}$ 表示原二次型的矩阵，则由矩阵乘法直接可得

$$\boldsymbol{C}^{\mathrm{T}}\boldsymbol{A}\boldsymbol{C}=\begin{pmatrix}1 & 0 & 0 & \cdots & 0 & 0\\ -\frac{1}{2} & 1 & 0 & \cdots & 0 & 0\\ -\frac{1}{3} & -\frac{1}{3} & 1 & \cdots & 0 & 0\\ \vdots & \vdots & \vdots & & \vdots & \vdots\\ -\frac{1}{n-1} & -\frac{1}{n-1} & -\frac{1}{n-1} & \cdots & 1 & 0\\ -\frac{1}{n} & -\frac{1}{n} & -\frac{1}{n} & \cdots & -\frac{1}{n} & 1\end{pmatrix}\begin{pmatrix}1 & \frac{1}{2} & \frac{1}{2} & \cdots & \frac{1}{2} & \frac{1}{2}\\ \frac{1}{2} & 1 & \frac{1}{2} & \cdots & \frac{1}{2} & \frac{1}{2}\\ \frac{1}{2} & \frac{1}{2} & 1 & \cdots & \frac{1}{2} & \frac{1}{2}\\ \vdots & \vdots & \vdots & & \vdots & \vdots\\ \frac{1}{2} & \frac{1}{2} & \frac{1}{2} & \cdots & 1 & \frac{1}{2}\\ \frac{1}{2} & \frac{1}{2} & \frac{1}{2} & \cdots & \frac{1}{2} & 1\end{pmatrix}.$$

$$\begin{pmatrix}1 & -\frac{1}{2} & -\frac{1}{3} & \cdots & -\frac{1}{n-1} & -\frac{1}{n}\\ 0 & 1 & -\frac{1}{3} & \cdots & -\frac{1}{n-1} & -\frac{1}{n}\\ 0 & 0 & 1 & \cdots & -\frac{1}{n-1} & -\frac{1}{n}\\ \vdots & \vdots & \vdots & & \vdots & \vdots\\ 0 & 0 & 0 & \cdots & 1 & -\frac{1}{n}\\ 0 & 0 & 0 & \cdots & 0 & 1\end{pmatrix}=\begin{pmatrix}1 & & & & \\ & \frac{3}{4} & & & \\ & & \ddots & & \\ & & & \frac{n}{2(n-1)} & \\ & & & & \frac{n+1}{2n}\end{pmatrix}=\boldsymbol{B}.$$

例 2　证明：任何一个 n 阶可逆复对称矩阵 $\boldsymbol{A}$，若 $n=2\nu$，则 $\boldsymbol{A}$ 与 $\begin{pmatrix}\boldsymbol{O} & \boldsymbol{I}_\nu\\ \boldsymbol{I}_\nu & \boldsymbol{O}\end{pmatrix}$ 合同；若 $n=2\nu+1$，则 $\boldsymbol{A}$ 与 $\begin{pmatrix}\boldsymbol{O} & \boldsymbol{I}_\nu & \boldsymbol{O}\\ \boldsymbol{I}_\nu & \boldsymbol{O} & \boldsymbol{O}\\ \boldsymbol{O} & \boldsymbol{O} & \boldsymbol{I}\end{pmatrix}$ 合同.

证明 设 $\boldsymbol{A}$ 为任一 n 阶可逆复对称矩阵，则 $\boldsymbol{A}$ 合同于$\boldsymbol{I}_n$. 当 n 是偶数时，令 $\nu=\frac{n}{2}$，则$\boldsymbol{I}_n=\begin{pmatrix}\boldsymbol{I}_\nu & \boldsymbol{O}\\ \boldsymbol{O} & \boldsymbol{I}_\nu\end{pmatrix}$合同于$\begin{pmatrix}O & \boldsymbol{I}_\nu\\ \boldsymbol{I}_\nu & \boldsymbol{O}\end{pmatrix}$，所以 $\boldsymbol{A}$ 合同于$\begin{pmatrix}\boldsymbol{O} & \boldsymbol{I}_\nu\\ \boldsymbol{I}_\nu & \boldsymbol{O}\end{pmatrix}$. 当 n 为奇数时，令 $\nu=\frac{n-1}{2}$，则$\boldsymbol{I}_n=\begin{pmatrix}\boldsymbol{I}_\nu & \boldsymbol{O} & \boldsymbol{O}\\ \boldsymbol{O} & \boldsymbol{I}_\nu & \boldsymbol{O}\\ \boldsymbol{O} & \boldsymbol{O} & \boldsymbol{I}\end{pmatrix}$合同于$\begin{pmatrix}\boldsymbol{O} & \boldsymbol{I}_\nu & \boldsymbol{O}\\ \boldsymbol{I}_\nu & \boldsymbol{O} & \boldsymbol{O}\\ \boldsymbol{O} & \boldsymbol{O} & \boldsymbol{I}\end{pmatrix}$，所以 $\boldsymbol{A}$ 合同于$\begin{pmatrix}\boldsymbol{O} & \boldsymbol{I}_\nu & \boldsymbol{O}\\ I_\nu & \boldsymbol{O} & \boldsymbol{O}\\ \boldsymbol{O} & \boldsymbol{O} & \boldsymbol{I}\end{pmatrix}$.

例 3 证明：任何一个 n 阶可逆实对称矩阵必定与以下形式的矩阵之一合同：

$$\begin{pmatrix}\boldsymbol{O} & \boldsymbol{I}_\nu & \boldsymbol{O}\\ \boldsymbol{I}_\nu & \boldsymbol{O} & \boldsymbol{O}\\ \boldsymbol{O} & \boldsymbol{O} & \boldsymbol{I}_{n-2\nu}\end{pmatrix}\text{或}\begin{pmatrix}\boldsymbol{O} & \boldsymbol{I}_\nu & \boldsymbol{O}\\ \boldsymbol{I}_\nu & \boldsymbol{O} & \boldsymbol{O}\\ \boldsymbol{O} & \boldsymbol{O} & -\boldsymbol{I}_{n-2\nu}\end{pmatrix}.$$

证明 设 $\boldsymbol{A}$ 为任一 n 阶可逆实对称矩阵，于是秩 $\boldsymbol{A}=n$. 当 A 的符号差 $s=p-(n-p)\geqslant 0$时，记 $n-p=\nu(\geqslant 0)$，那么

$$p=n-\nu=\nu+(n-2\nu),$$

且 $n-2\nu=(n-\nu)-\nu=p-(n-p)\geqslant 0$. 所以 $\boldsymbol{A}$ 合同于$\begin{pmatrix}\boldsymbol{I}_p & \boldsymbol{O}\\ \boldsymbol{O} & -\boldsymbol{I}_{n-p}\end{pmatrix}$，同理 $\boldsymbol{A}$ 也合同于

$$\begin{pmatrix}\boldsymbol{I}_\nu & \boldsymbol{O} & \boldsymbol{O}\\ \boldsymbol{O} & -\boldsymbol{I}_\nu & \boldsymbol{O}\\ \boldsymbol{O} & \boldsymbol{O} & \boldsymbol{I}_{n-2\nu}\end{pmatrix}.$$

当 $\boldsymbol{A}$ 的符号差 $s=p-(n-p)\leqslant 0$ 时，记 $p=\nu(\geqslant 0)$，于是

$$n-p=n-\nu=\nu+(n-2\nu),$$

且

$$n-2\nu=(n-p)-p\geqslant 0.$$

故 $\boldsymbol{A}$ 合同于矩阵

$$\begin{pmatrix}\boldsymbol{I}_p & \boldsymbol{O}\\ \boldsymbol{O} & -\boldsymbol{I}_{n-p}\end{pmatrix}=\begin{pmatrix}\boldsymbol{I}_\nu & \boldsymbol{O} & \boldsymbol{O}\\ \boldsymbol{O} & -\boldsymbol{I}_\nu & \boldsymbol{O}\\ \boldsymbol{O} & \boldsymbol{O} & -\boldsymbol{I}_{n-2\nu}\end{pmatrix}.$$

令

$$\boldsymbol{P}=\frac{\sqrt{2}}{2}\begin{pmatrix}\boldsymbol{I}_\nu & \boldsymbol{I}_\nu\\ -\boldsymbol{I}_\nu & \boldsymbol{I}_\nu\end{pmatrix},$$

则 $\boldsymbol{P}^{\mathrm{T}}\begin{pmatrix}\boldsymbol{I}_\nu & \boldsymbol{O}\\ \boldsymbol{O} & -\boldsymbol{I}_\nu\end{pmatrix}\boldsymbol{P}=\begin{pmatrix}\boldsymbol{O} & \boldsymbol{I}_\nu\\ \boldsymbol{I}_\nu & \boldsymbol{O}\end{pmatrix}$，所以存在 $\boldsymbol{Q}=\begin{pmatrix}\boldsymbol{P} & \boldsymbol{O}\\ \boldsymbol{O} & \boldsymbol{I}_{n-2\nu}\end{pmatrix}$，使

$$\boldsymbol{Q}^{\mathrm{T}}\begin{pmatrix}\boldsymbol{I}_\nu & \boldsymbol{O} & \boldsymbol{O}\\ \boldsymbol{O} & -\boldsymbol{I}_\nu & \boldsymbol{O}\\ \boldsymbol{O} & \boldsymbol{O} & \boldsymbol{I}_{n-2\nu}\end{pmatrix}\boldsymbol{Q}=\begin{pmatrix}\boldsymbol{O} & \boldsymbol{I}_\nu & \boldsymbol{O}\\ \boldsymbol{I}_\nu & \boldsymbol{O} & \boldsymbol{O}\\ \boldsymbol{O} & \boldsymbol{O} & \boldsymbol{I}_{n-2\nu}\end{pmatrix},$$

$$\boldsymbol{Q}^{\mathrm{T}}\begin{pmatrix}\boldsymbol{I}_\nu & \boldsymbol{O} & \boldsymbol{O}\\ \boldsymbol{O} & -\boldsymbol{I}_\nu & \boldsymbol{O}\\ \boldsymbol{O} & \boldsymbol{O} & -\boldsymbol{I}_{n-2\nu}\end{pmatrix}\boldsymbol{Q}=\begin{pmatrix}\boldsymbol{O} & \boldsymbol{I}_\nu & \boldsymbol{O}\\ \boldsymbol{I}_\nu & \boldsymbol{O} & \boldsymbol{O}\\ \boldsymbol{O} & \boldsymbol{O} & -\boldsymbol{I}_{n-2\nu}\end{pmatrix}.$$

故 $\boldsymbol{A}$ 必合同于上述两种形式的矩阵之一.

例 4　证明：如果 $\boldsymbol{A}$，$\boldsymbol{B}$ 都是 n 阶正定矩阵，且 $\boldsymbol{AB}=\boldsymbol{BA}$，那么 $\boldsymbol{AB}$ 是正定矩阵.

证明　**法一**　因为 $(\boldsymbol{AB})^{\mathrm{T}}=\boldsymbol{B}^{\mathrm{T}}\boldsymbol{A}^{\mathrm{T}}=\boldsymbol{BA}=\boldsymbol{AB}$，从而 $\boldsymbol{AB}$ 是对称矩阵. 由于 $\boldsymbol{A}$，$\boldsymbol{B}$ 都是 n 阶正定矩阵，故存在可逆矩阵 $\boldsymbol{P}$，使 $\boldsymbol{A}=\boldsymbol{PP}^{\mathrm{T}}$，从而

$$\boldsymbol{AB}=\boldsymbol{PP}^{\mathrm{T}}\boldsymbol{BPP}^{-1}=\boldsymbol{PCP}^{-1}.$$

其中 $\boldsymbol{C}=\boldsymbol{P}^{\mathrm{T}}\boldsymbol{BP}$ 是正定矩阵，因此 $\boldsymbol{C}$ 的特征根都大于零，所以 $\boldsymbol{AB}$ 的特征根均大于零，$\boldsymbol{AB}$ 是正定矩阵.

法二　因为 $\boldsymbol{A}$ 是正定矩阵，因此存在正交矩阵 $\boldsymbol{U}$，使得

$$\boldsymbol{U}^{\mathrm{T}}\boldsymbol{AU}=\begin{pmatrix}\lambda_1 & & & \\ & \lambda_2 & & \\ & & \ddots & \\ & & & \lambda_n\end{pmatrix}=\boldsymbol{A}_1,\ \lambda_i>0\ (i=1,2,\cdots,n),$$

而 $\boldsymbol{U}^{\mathrm{T}}\boldsymbol{BU}$ 仍为正定矩阵，故存在正交矩阵 $\boldsymbol{S}$，使得

$$\boldsymbol{S}^{\mathrm{T}}\boldsymbol{U}^{\mathrm{T}}\boldsymbol{BUS}=\begin{pmatrix}\mu_1 & & & \\ & \mu_2 & & \\ & & \ddots & \\ & & & \mu_n\end{pmatrix}=\boldsymbol{B}_1,\ \mu_i>0\ (i=1,2,\cdots,n),$$

$$\begin{aligned}(\boldsymbol{US})^{\mathrm{T}}(\boldsymbol{BA})(\boldsymbol{US})&=(\boldsymbol{US})^{\mathrm{T}}\boldsymbol{B}(\boldsymbol{US})(\boldsymbol{US})^{\mathrm{T}}\boldsymbol{A}(\boldsymbol{US})\\&=(\boldsymbol{US})^{\mathrm{T}}\boldsymbol{B}(\boldsymbol{US})\boldsymbol{S}^{\mathrm{T}}(\boldsymbol{U}^{\mathrm{T}}\boldsymbol{AU})\boldsymbol{S}=\boldsymbol{B}_1(\boldsymbol{S}^{\mathrm{T}}\boldsymbol{A}_1\boldsymbol{S})=\boldsymbol{B}_1\boldsymbol{G}.\end{aligned}$$

其中 $\boldsymbol{G}$ 为正定矩阵，令 $\boldsymbol{H}=(\boldsymbol{US})^{\mathrm{T}}(\boldsymbol{AB})(\boldsymbol{US})=\boldsymbol{B}_1\boldsymbol{G}$，考虑 $\boldsymbol{H}$ 的 k 阶顺序主子式

$$|\boldsymbol{H}_k|=\mu_1\mu_2\cdots\mu_n|\boldsymbol{G}_k|>0.$$

这里 $|\boldsymbol{G}_k|$ 表示 $\boldsymbol{G}$ 的 k 阶顺序主子式，因此，$\boldsymbol{H}$ 正定，从而 $\boldsymbol{AB}$ 是正定矩阵.

例 5 设实矩阵 $\boldsymbol{A}=(a_{ij})_{m\times n}$ 的秩为 n，证明：$\boldsymbol{A}^{\mathrm{T}}\boldsymbol{A}$ 为正定矩阵.

证明 先证明 $\boldsymbol{A}^{\mathrm{T}}\boldsymbol{A}$ 是对称矩阵. 事实上 $(\boldsymbol{A}^{\mathrm{T}}\boldsymbol{A})^{\mathrm{T}}=\boldsymbol{A}^{\mathrm{T}}\boldsymbol{A}$，所以 $\boldsymbol{A}^{\mathrm{T}}\boldsymbol{A}$ 是对称矩阵.

令 $f(x_1, x_2, \cdots, x_n)=\boldsymbol{X}^{\mathrm{T}}\boldsymbol{A}^{\mathrm{T}}\boldsymbol{A}\boldsymbol{X}=(\boldsymbol{A}\boldsymbol{X})^{\mathrm{T}}(\boldsymbol{A}\boldsymbol{X})$，其中

$$\boldsymbol{X}=\begin{pmatrix} x_1 \\ x_2 \\ \vdots \\ x_n \end{pmatrix}, \boldsymbol{A}=\begin{pmatrix} a_{11} & a_{12} & \cdots & a_{1n} \\ a_{21} & a_{22} & \cdots & a_{2n} \\ \vdots & \vdots & & \vdots \\ a_{m1} & a_{m2} & \cdots & a_{mn} \end{pmatrix},$$

则

$$\boldsymbol{A}\boldsymbol{X}=\begin{pmatrix} a_{11}x_1+a_{12}x_2+\cdots+a_{1n}x_n \\ a_{21}x_1+a_{22}x_2+\cdots+a_{2n}x_n \\ \cdots\cdots \\ a_{m1}x_1+a_{m2}x_2+\cdots+a_{mn}x_n \end{pmatrix},$$

$$(\boldsymbol{A}\boldsymbol{X})^{\mathrm{T}}=(a_{11}x_1+a_{12}x_2+\cdots+a_{1n}x_n, \cdots, a_{m1}x_1+a_{m2}x_2+\cdots+a_{mn}x_n),$$

$$f(x_1, \cdots, x_n)=(\boldsymbol{A}\boldsymbol{X})^{\mathrm{T}}(\boldsymbol{A}\boldsymbol{X})=(a_{11}x_1+\cdots+a_{1n}x_n)^2+$$
$$\cdots+(a_{m1}x_1+\cdots+a_{mn}x_n)^2\geqslant 0.$$

对任意不全为零的实数组 $x_1, x_2, \cdots, x_n$，$f(x_1, x_2, \cdots, x_n)>0$. 若不然，必有

$$a_{11}x_1+a_{12}x_2+\cdots+a_{1n}x_n=0,$$
$$a_{21}x_1+a_{22}x_2+\cdots+a_{2n}x_n=0,$$
$$\cdots\cdots$$
$$a_{m1}x_1+a_{m2}x_2+\cdots+a_{mn}x_n=0.$$

由已知，秩 $\boldsymbol{A}=n$. 所以方程组有唯一解，且只能是零解 $x_1=x_2=\cdots=x_n=0$.

例 6 证明：二次型 $f(x_1, x_2, \cdots, x_n)$ 半正定的充要条件是它的正惯性指数与秩相等.

证明 充分性 设 f 的秩和正惯性指数相等，都为 r，则负惯性指数为零. 于是 f 经可逆线性变换 $\boldsymbol{X}=\boldsymbol{C}\boldsymbol{Y}$ 化成

$$f(x_1, x_2, \cdots, x_n)=y_1{}^2+\cdots+y_r{}^2.$$

从而对任一组实数 $x_1, x_2, \cdots, x_n$，由 $\boldsymbol{X}=\boldsymbol{C}\boldsymbol{Y}$ 可得 $\boldsymbol{Y}=\boldsymbol{C}^{-1}\boldsymbol{X}$，即有相应的实数 $y_1, y_2, \cdots, y_r, \cdots, y_n$，使

$$f(x_1, x_2, \cdots, x_n)=y_1{}^2+\cdots+y_r{}^2\geqslant 0.$$

即 f 是半正定的.

必要性 设 f 是半正定的，则 f 的负惯性指数必为零；否则，f 可经过可逆线性变换 $\boldsymbol{X}=\boldsymbol{C}\boldsymbol{Y}$ 化为

$$f(x_1, x_2, \cdots, x_n)=y_1{}^2+\cdots+y_s{}^2-y_{s+1}{}^2-\cdots-y_r{}^2, s<r.$$

于是当$y_r=1$，其余$y_i=0$时，由 $\boldsymbol{X}=\boldsymbol{CY}$ 可得相应的值$x_1, x_2, \cdots, x_n$，代入上式则得

$$f(x_1, x_2, \cdots, x_n)=-1<0.$$

这与 f 是半正定的相矛盾. 从而 f 的正惯性指数与秩相等.

例 7　设$\boldsymbol{A}=\begin{pmatrix}1 & 5\\ 5 & 16\end{pmatrix}$，求非零整数 x，y，使得

$$(x, y)\boldsymbol{A}\begin{pmatrix}x\\ y\end{pmatrix}=0.$$

解　$(x, y)\boldsymbol{A}\begin{pmatrix}x\\ y\end{pmatrix}=x^2+10xy+16y^2=(x+5y)^2-9y^2$

$$=(x+5y+3y)(x+5y-3y)=(x+8y)(x+2y)=0,$$

从而 $x+8y=0$ 或 $x+2y=0$，即 $x=-8y$ 或 $x=-2y$，如 $x=-8$，$y=1$ 或 $x=-2$，$y=1$ 等都是适合$(x, y)\boldsymbol{A}\begin{pmatrix}x\\ y\end{pmatrix}=0$ 的非零整数解.

例 8　设二次型

$$f(x_1, x_2, \cdots, x_n)=\sum_{i=1}^{s}(a_{i1}x_1+a_{i2}x_2+\cdots+a_{in}x_n)^2$$

证明二次型 $f(x_1, x_2, \cdots, x_n)$的秩等于矩阵

$$\boldsymbol{A}=\begin{pmatrix}a_{11} & a_{12} & \cdots & a_{1n}\\ a_{21} & a_{22} & \cdots & a_{2n}\\ \vdots & \vdots & & \vdots\\ a_{s1} & a_{s2} & \cdots & a_{sn}\end{pmatrix}$$

的秩.

证明　设矩阵 $\boldsymbol{A}$ 的秩为 r. 适当调换 f 中各括号的次序及括号内各项的次序后，可设 $\boldsymbol{A}$ 的前 r 行线性无关，且 $\boldsymbol{A}$ 的左上角 r 阶子式不为零，则

$$\begin{cases}y_1=a_{11}x_1+a_{12}x_2+\cdots+a_{1n}x_n,\\ \quad\cdots\cdots\\ y_r=a_{r1}x_1+a_{r2}x_2+\cdots+a_{rn}x_n,\\ y_{r+1}=x_{r+1},\\ \quad\cdots\cdots\\ y_n=x_n.\end{cases}$$

显然是可逆线性变换，f 经此代换化为

$$f=y_1{}^2+\cdots+y_r{}^2+l_{r+1}{}^2+\cdots+l_s{}^2.$$

由于$\boldsymbol{A}$的后$s-r$行都是前r行的线性组合，所以f中后$s-r$个括号中的项$l_j=a_{j1}x_1+a_{j2}x_2+\cdots+a_{jn}x_n(j=r+1,\cdots,s)$都是前$r$个括号中项的线性组合，即$l_j(j=r+1,\cdots,s)$是$y_1,y_2,\cdots,y_r$的一次式，令$l_j=k_{j1}y_1+k_{j2}y_2+\cdots+a_{jr}y_r$. 因此$f$是$y_1,y_2,\cdots,y_r$的二次型，且显然当取$y_1,y_2,\cdots,y_r$不全为零的值时，$f>0$，所以$f$是$y_1,y_2,\cdots,y_r$的正定二次型，因此$f$的秩为$r$，即矩阵$\boldsymbol{A}$的秩为$r$.

第 10 章　向量空间

向量空间是高等代数的重要内容. 向量空间的概念是从通常的二维和三维空间中抽象出来的. 由于向量空间涵盖的范围较广泛，很多空间已不再具有直观的几何意义，采用公理化方法引入向量空间的概念，具体展示了代数的高度抽象性和应用的广泛性. 本章概念较多，通过基本概念和定理进行推理，对学生逻辑思维能力的训练是十分重要的.

10.1　向量空间的定义和性质

向量空间实质上是定义了加法和数乘两种运算且满足 8 条公理的非空集合，研究它着重是讨论这种集合的运算性质，把这种集合叫做空间，主要是由于它在数学形式上与通常的几何空间很类似. 向量空间是另一个重要的代数系，它的几何背景是通常解析几何里的平面$\mathbf{R}^2$及空间$\mathbf{R}^3$.

向量空间定义见上篇 3.4，这一概念是采用公理化方法定义的，具有高度的抽象性. 首先，它的元素是抽象的，就一个具体的向量空间而言，它的元素不一定是数，可以是向量、矩阵、多项式、函数等；其次，它的运算也是抽象的，加法未必就是通常的加法，更不必是数的加法，数乘也不必是通常的倍数乘法. 向量空间中零向量是唯一的，任何一个向量的负向量是唯一的.

近代数学的特点之一，就是把具有某些共同特点的对象的集合，概括起来统一研究，所得到的结果自然对具有共同特点的各讨论对象均适用.

判定一个集合 V 对所给的运算是否构成数域 F 上向量空间，首先要证明所给的加法和数乘运算是 V 的运算，其次要验证 V 的加法和数乘满足向量空间定义中的 8 条算律. 而验证 V 不是数域 F 上的向量空间，只需指出不符合定义中的某一个条件，并且只需通过具体例子指出就行.

例 1　证明：数域 F 上一个向量空间如果含有一个非零向量，那么它一定含有无限多个向量.

证明　设 $\boldsymbol{\alpha}$ 是数域 F 上向量空间 V 的非零向量，则对任意的数 $a\in F$，$a\boldsymbol{\alpha}$

$\in V$，由 a 的任意性，V 含有无限多个向量.

例 2　证明，向量空间定义中条件(3)，(8)不能由其余条件推出.

证明　令 $V=\{(a, b) \mid a, b\in F\}$，$\forall (a_1, b_1)$，$(a_2, b_2)\in V$，$a\in F$，定义向量的加法：

$$(a_1, b_1)+(a_2, b_2)=(a_1+a_2, b_1+b_2);$$

数与向量的乘法：

$$k(a_1, b_1)=(ka_1, 0).$$

则满足向量空间定义中条件(1)，(2)，(3)中 1)～7)，但不满足 8). 事实上，取 $b\neq 0$，有 $1\cdot(a, b)=(a, 0)\neq(a, b)$.

10.2　向量的线性相关性

研究一般的向量空间，向量的线性相关性起着极为重要的作用. 这部分内容涉及的概念较多，而且较抽象，只有通过对概念正反两个方面的准确理解，才能把握概念的内涵和实质.

10.2.1　关于向量的线性组合、线性表示、线性相关、线性无关

(1)设 $\boldsymbol{\alpha}_1, \boldsymbol{\alpha}_2, \cdots, \boldsymbol{\alpha}_r$ 是向量空间 V 的 r 个向量，$a_1, a_2, \cdots, a_r$ 是数域 F 中的 r 个数，称 $a_1\boldsymbol{\alpha}_1+a_2\boldsymbol{\alpha}_2+\cdots+a_r\boldsymbol{\alpha}_r$ 为向量 $\boldsymbol{\alpha}_1, \boldsymbol{\alpha}_2, \cdots, \boldsymbol{\alpha}_r$ 的一个线性组合；又若 $\boldsymbol{\alpha}\in V$，存在数域 F 中的 r 个数 $a_1, a_2, \cdots, a_r$，使得 $\boldsymbol{\alpha}=a_1\boldsymbol{\alpha}_1+a_2\boldsymbol{\alpha}_2+\cdots+a_r\boldsymbol{\alpha}_r$，称 $\boldsymbol{\alpha}$ 可由 $\boldsymbol{\alpha}_1, \boldsymbol{\alpha}_2, \cdots, \boldsymbol{\alpha}_r$ 线性表示或称 $\boldsymbol{\alpha}$ 是 $\boldsymbol{\alpha}_1, \boldsymbol{\alpha}_2, \cdots, \boldsymbol{\alpha}_r$ 的线性组合. 前者中的 $a_1, a_2, \cdots, a_r$ 是任意的，后者的 $a_1, a_2, \cdots, a_r$ 是由向量 $\boldsymbol{\alpha}$ 和 $\boldsymbol{\alpha}_1, \boldsymbol{\alpha}_2, \cdots, \boldsymbol{\alpha}_r$ 确定的.

(2)设 $\boldsymbol{\alpha}_1, \boldsymbol{\alpha}_2, \cdots, \boldsymbol{\alpha}_r$ 是向量空间 V 的 r 个向量，如果存在数域 F 中的 r 个不全为零的数 $a_1, a_2, \cdots, a_r$，使得 $a_1\boldsymbol{\alpha}_1+a_2\boldsymbol{\alpha}_2+\cdots+a_r\boldsymbol{\alpha}_r=\boldsymbol{0}$，称 $\boldsymbol{\alpha}_1, \boldsymbol{\alpha}_2, \cdots, \boldsymbol{\alpha}_r (r\geqslant 1)$ 线性相关. 一个向量组不线性相关就线性无关.

若 $\boldsymbol{\alpha}_1, \boldsymbol{\alpha}_2, \cdots, \boldsymbol{\alpha}_r$ 线性相关，一定存在一组不全为零的数 $a_1, a_2, \cdots, a_r$，使得 $a_1\boldsymbol{\alpha}_1+a_2\boldsymbol{\alpha}_2+\cdots+a_r\boldsymbol{\alpha}_r=\boldsymbol{0}$，这组不全为零的数可以不唯一.

若 $\boldsymbol{\alpha}_1, \boldsymbol{\alpha}_2, \cdots, \boldsymbol{\alpha}_r$ 线性无关，只有当 $a_1, a_2, \cdots, a_r$ 全为零时，才有 $a_1\boldsymbol{\alpha}_1+a_2\boldsymbol{\alpha}_2+\cdots+a_r\boldsymbol{\alpha}_r=\boldsymbol{0}$，即对任何一组不全为零的数 $a_1, a_2, \cdots, a_r$，都有 $a_1\boldsymbol{\alpha}_1+a_2\boldsymbol{\alpha}_2+\cdots+a_r\boldsymbol{\alpha}_r\neq\boldsymbol{0}$.

由此可得一些特殊向量组的线性相关性. 如果一组向量中有一个零向量，这组向量线性相关；单独一个零向量线性相关；单独一个非零向量线性无关；向量组中有两个向量相等或对应成比例，那么这组向量线性相关.

10.2.2　极大无关组

任何一个向量组(只要有一个非零向量)都有极大无关组. 如果向量组 $\boldsymbol{\alpha}_1$，$\boldsymbol{\alpha}_2$，…，$\boldsymbol{\alpha}_r$ 中存在 s 个线性无关的向量，且其中任何一个向量 $\boldsymbol{\alpha}_i$ $(1\leqslant i\leqslant r)$ 可由这 s 个向量线性表示，这 s 个线性无关的向量就称为向量组 $\boldsymbol{\alpha}_1$，$\boldsymbol{\alpha}_2$，…，$\boldsymbol{\alpha}_r$ 的极大线性无关组(极大无关组). 一组向量的极大无关组不唯一，若向量组 $\boldsymbol{\alpha}_1$，$\boldsymbol{\alpha}_2$，…，$\boldsymbol{\alpha}_r$ 的极大无关组含有 s 个向量，则向量组中任何 s 个线性无关的向量都可以作为它的极大无关组. 一个向量组的核心是它的极大无关组.

10.2.3　线性相关与线性无关的重要结论

(1)设 $\boldsymbol{\alpha}_1$，$\boldsymbol{\alpha}_2$，…，$\boldsymbol{\alpha}_r$ 是向量空间 V 的 r 个向量，则下列命题等价：

① $\boldsymbol{\alpha}_1$，$\boldsymbol{\alpha}_2$，…，$\boldsymbol{\alpha}_r$ 线性相关.

②满足等式 $a_1\boldsymbol{\alpha}_1+a_2\boldsymbol{\alpha}_2+\cdots+a_r\boldsymbol{\alpha}_r=\mathbf{0}$ 的数组 a_1，a_2，…，a_r 除了全为零外，还必须有不全为零的数组 a_1，a_2，…，a_r.

③向量组 $\boldsymbol{\alpha}_1$，$\boldsymbol{\alpha}_2$，…，$\boldsymbol{\alpha}_r$ 中，至少有一个向量 $\boldsymbol{\alpha}_i$ $(1\leqslant i\leqslant r)$ 可由其余向量线性表示.

④向量组 $\boldsymbol{\alpha}_1$，$\boldsymbol{\alpha}_2$，…，$\boldsymbol{\alpha}_r$ 的极大无关组所含向量个数小于 r.

⑤向量方程 $x_1\boldsymbol{\alpha}_1+x_2\boldsymbol{\alpha}_2+\cdots+x_r\boldsymbol{\alpha}_r=\mathbf{0}$，除了零解 $x_1=x_2=\cdots=x_r=0$ 外，还有非零解.

⑥向量组 $\boldsymbol{\alpha}_1$，$\boldsymbol{\alpha}_2$，…，$\boldsymbol{\alpha}_r$ 不线性无关.

(2)设 $\boldsymbol{\alpha}_1$，$\boldsymbol{\alpha}_2$，…，$\boldsymbol{\alpha}_r$ 是向量空间 V 的 r 个向量，则下列命题等价：

① $\boldsymbol{\alpha}_1$，$\boldsymbol{\alpha}_2$，…，$\boldsymbol{\alpha}_r$ 线性无关.

②满足等式 $a_1\boldsymbol{\alpha}_1+a_2\boldsymbol{\alpha}_2+\cdots+a_r\boldsymbol{\alpha}_r=\mathbf{0}$ 的数组 a_1，a_2，…，a_r 必须全为零，而且只能全为零.

③任何一组不全为零的数 a_1，a_2，…，a_r 都有 $a_1\boldsymbol{\alpha}_1+a_2\boldsymbol{\alpha}_2+\cdots+a_r\boldsymbol{\alpha}_r\neq\mathbf{0}$.

④向量组 $\boldsymbol{\alpha}_1$，$\boldsymbol{\alpha}_2$，…，$\boldsymbol{\alpha}_r$ 中任何一个向量 $\boldsymbol{\alpha}_i$ $(1\leqslant i\leqslant r)$ 都不能由其余向量线性表示.

⑤向量组 $\boldsymbol{\alpha}_1$，$\boldsymbol{\alpha}_2$，…，$\boldsymbol{\alpha}_r$ 的极大无关组就是它本身.

⑥向量方程 $x_1\boldsymbol{\alpha}_1+x_2\boldsymbol{\alpha}_2+\cdots+x_r\boldsymbol{\alpha}_r=\mathbf{0}$，只有零解 $x_1=x_2=\cdots=x_r=0$，无非零解.

⑦向量组 $\boldsymbol{\alpha}_1$，$\boldsymbol{\alpha}_2$，…，$\boldsymbol{\alpha}_r$ 不线性相关.

(3)设 $\boldsymbol{\alpha}_1$，$\boldsymbol{\alpha}_2$，…，$\boldsymbol{\alpha}_r$ 是向量空间 V 的 r 个向量，$\boldsymbol{\alpha}_1$，$\boldsymbol{\alpha}_2$，…，$\boldsymbol{\alpha}_r$ 线性无关，则必有如下结论：

①向量组 $\boldsymbol{\alpha}_1$，$\boldsymbol{\alpha}_2$，…，$\boldsymbol{\alpha}_r$ 的任何部分组线性无关.

②向量组 $\boldsymbol{\alpha}_1, \boldsymbol{\alpha}_2, \cdots, \boldsymbol{\alpha}_r$ 中任何一个向量都不是零向量.

(4)设 $\boldsymbol{\alpha}_1, \boldsymbol{\alpha}_2, \cdots, \boldsymbol{\alpha}_r$ 是向量空间 V 的 r 个向量，则必有如下结论：

①若向量组 $\boldsymbol{\alpha}_1, \boldsymbol{\alpha}_2, \cdots, \boldsymbol{\alpha}_r$ 线性相关，则 $\boldsymbol{\alpha}_1, \boldsymbol{\alpha}_2, \cdots, \boldsymbol{\alpha}_r, \boldsymbol{\alpha}_{r+1}$ 线性相关($\boldsymbol{\alpha}_{r+1}$ 是任何一个向量)，即一组向量中有一部分组线性相关，则这组向量一定线性相关.

②n 维向量空间的任意 $n+1$ 个向量 $\boldsymbol{\alpha}_1, \boldsymbol{\alpha}_2, \cdots, \boldsymbol{\alpha}_n, \boldsymbol{\alpha}_{n+1}$ 一定线性相关.

10.2.4 向量组等价

若向量组 $\boldsymbol{\alpha}_1, \boldsymbol{\alpha}_2, \cdots, \boldsymbol{\alpha}_r$ 中每一个向量 $\boldsymbol{\alpha}_i (i=1, 2, \cdots, r)$ 都可以由向量组 $\boldsymbol{\beta}_1, \boldsymbol{\beta}_2, \cdots, \boldsymbol{\beta}_s$ 线性表示，且向量组 $\boldsymbol{\beta}_1, \boldsymbol{\beta}_2, \cdots, \boldsymbol{\beta}_s$ 中每一个向量 $\boldsymbol{\beta}_i (i=1, 2, \cdots, s)$ 都可以由向量组 $\boldsymbol{\alpha}_1, \boldsymbol{\alpha}_2, \cdots, \boldsymbol{\alpha}_r$ 线性表示，即两个向量组可以互相线性表示，就称这两个向量组等价.

向量组之间的等价关系满足反身性、对称性、传递性. 等价的向量组的极大无关组含有相同个数的向量. 一个向量组与它的任一极大无关组等价.

例 1 设向量组 $\boldsymbol{\alpha}_i=(a_{i1}, a_{i2}, \cdots, a_{in}), i=1, 2, \cdots, n$；且行列式

$$D=\begin{vmatrix} a_{11} & a_{12} & \cdots & a_{1n} \\ a_{21} & a_{22} & \cdots & a_{2n} \\ \vdots & \vdots & & \vdots \\ a_{n1} & a_{n2} & \cdots & a_{nn} \end{vmatrix} \neq 0,$$

那么，向量组 $\boldsymbol{\alpha}_1, \boldsymbol{\alpha}_2, \cdots, \boldsymbol{\alpha}_n$ 线性无关.

证明 法一 设 $x_1\boldsymbol{\alpha}_1+x_2\boldsymbol{\alpha}_2+\cdots+x_n\boldsymbol{\alpha}_n=\mathbf{0}$，即 $x_1(a_{11}, a_{12}, \cdots, a_{1n})+\cdots+x_n(a_{n1}, a_{n2}, \cdots, a_{nn})=(0, 0, \cdots, 0)$，由此可得

$$\begin{aligned} &a_{11}x_1+a_{21}x_2+\cdots+a_{n1}x_n=0, \\ &a_{12}x_1+a_{22}x_2+\cdots+a_{n2}x_n=0, \\ &\cdots\cdots \\ &a_{1n}x_1+a_{2n}x_2+\cdots+a_{nn}x_n=0. \end{aligned} \qquad (*)$$

因为方程组$(*)$的系数行列式

$$\begin{vmatrix} a_{11} & a_{21} & \cdots & a_{n1} \\ a_{12} & a_{22} & \cdots & a_{n2} \\ \vdots & \vdots & & \vdots \\ a_{1n} & a_{2n} & \cdots & a_{nn} \end{vmatrix}=D'=D\neq 0,$$

由克莱姆法则和齐次线性方程组的基本性质知，线性方程组$(*)$只有唯一解

$$x_1=x_2=\cdots=x_n=0.$$

法二 (用反证法)假设向量组 $\boldsymbol{\alpha}_1, \boldsymbol{\alpha}_2, \cdots, \boldsymbol{\alpha}_n$ 线性相关，则有一组不全为

零的数x_1，x_2，…，x_n，使得

$$x_1\boldsymbol{\alpha}_1+x_2\boldsymbol{\alpha}_2+\cdots+x_n\boldsymbol{\alpha}_n=\mathbf{0}.$$

此式相当于线性方程组

$$\begin{cases} a_{11}x_1+a_{21}x_2+\cdots+a_{n1}x_n=0, \\ a_{12}x_1+a_{22}x_2+\cdots+a_{n2}x_n=0, \\ \cdots\cdots \\ a_{1n}x_1+a_{2n}x_2+\cdots+a_{nn}x_n=0. \end{cases} \quad (*)$$

由此可知，x_1，x_2，…，x_n为线性方程组（$*$）的一个非零解．所以线性方程组（$*$）的解不唯一．由克莱姆法则的逆否命题得方程组（$*$）的系数行列式

$$D'=0，即 D=0.$$

与已知矛盾．

法三　假设$\boldsymbol{\alpha}_1$，$\boldsymbol{\alpha}_2$，…，$\boldsymbol{\alpha}_n$线性相关，则向量组中必有某一向量$\boldsymbol{\alpha}_i$是其余向量的线性组合，即有

$$\boldsymbol{\alpha}_i=a_1\boldsymbol{\alpha}_1+\cdots+a_{i-1}\boldsymbol{\alpha}_{i-1}+a_{i+1}\boldsymbol{\alpha}_{i+1}+\cdots+a_n\boldsymbol{\alpha}_n.$$

用$-a_1$，…，$-a_{i-1}$，$-a_{i+1}$，…，$-a_n$分别乘以行列式D的第1，…，$i-1$，$i+1$，…，n行后，都加到第i行上，则D的第i行所有元素变为零．所以，行列式$D=0$．与题设矛盾．

证明向量组线性无关，通常采用两种基本方法：

第一种，欲证$\boldsymbol{\alpha}_1$，$\boldsymbol{\alpha}_2$，…，$\boldsymbol{\alpha}_r$线性无关，只需证明由$x_1\boldsymbol{\alpha}_1+x_2\boldsymbol{\alpha}_2+\cdots+x_r\boldsymbol{\alpha}_r=\mathbf{0}$，推出$x_1=x_2=\cdots=x_r=0$即可．

第二种，反证法．因为线性无关与线性相关是两个互斥的概念，所以，在证明这类命题时，反证法具有基本的重要性．

例 2　判断下列向量组是线性相关还是线性无关．

(1)$\boldsymbol{\alpha}_1=(1, 1, 1)$，$\boldsymbol{\alpha}_2=(1, 2, 3)$，$\boldsymbol{\alpha}_3=(1, 3, 6)$；

(2)$\boldsymbol{\alpha}_1=(1, -1, 2, 4)$，$\boldsymbol{\alpha}_2=(0, 3, 1, 2)$，$\boldsymbol{\alpha}_3=(3, 0, 7, 14)$．

分析　判断向量组$\boldsymbol{\alpha}_1$，$\boldsymbol{\alpha}_2$，…，$\boldsymbol{\alpha}_r$的线性相关性，由定义可知，即考察是否存在r个不全为零的数k_1，k_2，…，k_r，使

$$k_1\boldsymbol{\alpha}_1+k_2\boldsymbol{\alpha}_2+\cdots+k_r\boldsymbol{\alpha}_r=\mathbf{0},$$

即方程组

$$\begin{cases} a_{11}k_1+a_{21}k_2+\cdots+a_{r1}k_r=0, \\ a_{12}k_1+a_{22}k_2+\cdots+a_{r2}k_r=0, \\ \cdots\cdots \\ a_{1n}k_1+a_{2n}k_2+\cdots+a_{rn}k_r=0 \end{cases} \quad (*)$$

是否有非零解，其中$\boldsymbol{\alpha}_i=(a_{i1}, a_{i2}, \cdots, a_{in})$，$i=1, 2, \cdots, r$．也等价于判断矩

阵

$$A=\begin{pmatrix}\boldsymbol{\alpha}_1\\ \boldsymbol{\alpha}_2\\ \vdots\\ \boldsymbol{\alpha}_r\end{pmatrix}=\begin{pmatrix}a_{11} & a_{12} & \cdots & a_{1n}\\ a_{21} & a_{22} & \cdots & a_{2n}\\ \vdots & \vdots & & \vdots\\ a_{r1} & a_{r2} & \cdots & a_{rn}\end{pmatrix}$$

的秩是否小于 r.

解 (1)设$k_1\boldsymbol{\alpha}_1+k_2\boldsymbol{\alpha}_2+k_3\boldsymbol{\alpha}_3=\mathbf{0}$，即

$$\begin{aligned}k_1+k_2+k_3&=0,\\ k_1+2k_2+3k_3&=0,\\ k_1+3k_2+6k_3&=0.\end{aligned}$$

因方程组的系数行列式

$$\begin{vmatrix}1 & 1 & 1\\ 1 & 2 & 3\\ 1 & 3 & 6\end{vmatrix}=1\neq 0.$$

所以方程组只有零解$k_1=k_2=k_3=0$，即$\boldsymbol{\alpha}_1$，$\boldsymbol{\alpha}_2$，$\boldsymbol{\alpha}_3$线性无关.

(2)令 $A=\begin{pmatrix}\boldsymbol{\alpha}_1\\ \boldsymbol{\alpha}_2\\ \boldsymbol{\alpha}_3\end{pmatrix}=\begin{pmatrix}1 & -1 & 2 & 4\\ 0 & 3 & 1 & 2\\ 3 & 0 & 7 & 14\end{pmatrix}\rightarrow\begin{pmatrix}1 & -1 & 2 & 4\\ 0 & 3 & 1 & 2\\ 0 & 0 & 0 & 0\end{pmatrix}$，

所以 A 的秩为 2，故 $\boldsymbol{\alpha}_1$，$\boldsymbol{\alpha}_2$，$\boldsymbol{\alpha}_3$线性相关.

例 3 令 $\boldsymbol{\alpha}_i=(a_{i1},a_{i2},\cdots,a_{in})\in F^n$，$i=1,2,\cdots,n$. 证明$\boldsymbol{\alpha}_1$，$\boldsymbol{\alpha}_2$，…，$\boldsymbol{\alpha}_n$线性相关必要且只要行列式

$$\begin{vmatrix}a_{11} & a_{12} & \cdots & a_{1n}\\ a_{21} & a_{22} & \cdots & a_{2n}\\ \vdots & \vdots & & \vdots\\ a_{n1} & a_{n2} & \cdots & a_{nn}\end{vmatrix}=0.$$

证明 令$k_1\boldsymbol{\alpha}_1+k_2\boldsymbol{\alpha}_2+\cdots+k_n\boldsymbol{\alpha}_n=\mathbf{0}$，即

$$\begin{aligned}k_1a_{11}+k_2a_{21}+\cdots+k_na_{n1}&=0,\\ k_1a_{12}+k_2a_{22}+\cdots+k_na_{n2}&=0,\\ &\cdots\cdots\\ k_1a_{1n}+k_2a_{2n}+\cdots+k_na_{nn}&=0.\end{aligned}$$

$\boldsymbol{\alpha}_1$，$\boldsymbol{\alpha}_2$，…，$\boldsymbol{\alpha}_n$线性相关的充分必要条件是此齐次线性方程组有非零解，而方程组有非零解的充分必要条件是系数行列式

$$\begin{vmatrix} a_{11} & a_{21} & \cdots & a_{n1} \\ a_{12} & a_{22} & \cdots & a_{n2} \\ \vdots & \vdots & & \vdots \\ a_{1n} & a_{2n} & \cdots & a_{nn} \end{vmatrix} = \begin{vmatrix} a_{11} & a_{12} & \cdots & a_{1n} \\ a_{21} & a_{22} & \cdots & a_{2n} \\ \vdots & \vdots & & \vdots \\ a_{n1} & a_{n2} & \cdots & a_{nn} \end{vmatrix} = 0.$$

例 4　设 $\boldsymbol{\alpha}_i=(a_{i1}, a_{i2}, \cdots, a_{in})\in F^n$, $i=1, 2, \cdots, m$，线性无关. 对每一个 $\boldsymbol{\alpha}_i$ 任意添上 p 个数，得到 F^{n+p} 的 m 个向量

$$\boldsymbol{\beta}_i=(a_{i1}, a_{i2}, \cdots, a_{in}, b_{i1}, b_{i2}, \cdots, b_{ip}),\ i=1, 2, \cdots, m.$$

证明 $\{\boldsymbol{\beta}_1, \boldsymbol{\beta}_2, \cdots, \boldsymbol{\beta}_m\}$ 也线性无关.

证明　令 $k_1\boldsymbol{\beta}_1+k_2\boldsymbol{\beta}_2+\cdots+k_m\boldsymbol{\beta}_m=\mathbf{0}$，即

$$\begin{aligned} k_1a_{11}+k_2a_{21}+\cdots+k_ma_{m1}&=0, \\ k_1a_{12}+k_2a_{22}+\cdots+k_ma_{m2}&=0, \\ &\cdots\cdots \\ k_1a_{1n}+k_2a_{2n}+\cdots+k_ma_{mn}&=0, \\ k_1b_{11}+k_2b_{21}+\cdots+k_mb_{m1}&=0, \\ &\cdots\cdots \\ k_1b_{1p}+k_2b_{2p}+\cdots+k_mb_{mp}&=0. \end{aligned}$$

因 $\boldsymbol{\alpha}_i=(a_{i1}, a_{i2}, \cdots, a_{in})\in F^n (i=1, 2, \cdots, m)$，线性无关，所以前 m 个方程只有零解，即 $k_1=k_2=\cdots=k_m=0$，并且也是后 p 个方程的解. 所以，方程组只有零解，故 $\{\boldsymbol{\beta}_1, \boldsymbol{\beta}_2, \cdots, \boldsymbol{\beta}_m\}$ 线性无关.

例 5　设 $\boldsymbol{\alpha}, \boldsymbol{\beta}, \boldsymbol{\gamma}$ 线性无关. 证明 $\boldsymbol{\alpha}+\boldsymbol{\beta}, \boldsymbol{\beta}+\boldsymbol{\gamma}, \boldsymbol{\gamma}+\boldsymbol{\alpha}$ 也线性无关.

证明　**法一**　由线性无关的定义来证明，令 $k_1(\boldsymbol{\alpha}+\boldsymbol{\beta})+k_2(\boldsymbol{\beta}+\boldsymbol{\gamma})+k_3(\boldsymbol{\gamma}+\boldsymbol{\alpha})=\mathbf{0}$，即 $(k_1+k_3)\boldsymbol{\alpha}+(k_2+k_3)\boldsymbol{\beta}+(k_1+k_2)\boldsymbol{\gamma}=\mathbf{0}$，由于 $\boldsymbol{\alpha}, \boldsymbol{\beta}, \boldsymbol{\gamma}$ 线性无关. 所以

$$\begin{aligned} k_1+k_3&=0, \\ k_2+k_3&=0, \\ k_1+k_2&=0. \end{aligned}$$

解之得 $k_1=k_2=k_3=0$，所以向量组线性无关.

法二　利用等价的向量组的极大无关组含有相同个数的向量这一事实来证. 因为

$$\boldsymbol{\alpha}=\frac{1}{2}(\boldsymbol{\alpha}+\boldsymbol{\beta})-\frac{1}{2}(\boldsymbol{\beta}+\boldsymbol{\gamma})+\frac{1}{2}(\boldsymbol{\gamma}+\boldsymbol{\alpha}),$$

$$\boldsymbol{\beta}=\frac{1}{2}(\boldsymbol{\alpha}+\boldsymbol{\beta})+\frac{1}{2}(\boldsymbol{\beta}+\boldsymbol{\gamma})-\frac{1}{2}(\boldsymbol{\gamma}+\boldsymbol{\alpha}),$$

$$\boldsymbol{\gamma}=-\frac{1}{2}(\boldsymbol{\alpha}+\boldsymbol{\beta})-\frac{1}{2}(\boldsymbol{\beta}+\boldsymbol{\gamma})+\frac{1}{2}(\boldsymbol{\gamma}+\boldsymbol{\alpha}),$$

所以 $\boldsymbol{\alpha}, \boldsymbol{\beta}, \boldsymbol{\gamma}$ 与 $\boldsymbol{\alpha}+\boldsymbol{\beta}, \boldsymbol{\beta}+\boldsymbol{\gamma}, \boldsymbol{\gamma}+\boldsymbol{\alpha}$ 等价. 因此 $\boldsymbol{\alpha}+\boldsymbol{\beta}, \boldsymbol{\beta}+\boldsymbol{\gamma}, \boldsymbol{\gamma}+\boldsymbol{\alpha}$ 线性无关.

例 6 设向量组 $\{\boldsymbol{\alpha}_1, \boldsymbol{\alpha}_2, \cdots, \boldsymbol{\alpha}_r\}(r\geqslant 2)$ 线性无关. 任取 $k_1, k_2, \cdots, k_{r-1} \in F$. 证明，向量组 $\boldsymbol{\beta}_1=\boldsymbol{\alpha}_1+k_1\boldsymbol{\alpha}_r, \boldsymbol{\beta}_2=\boldsymbol{\alpha}_2+k_2\boldsymbol{\alpha}_r, \cdots, \boldsymbol{\beta}_{r-1}=\boldsymbol{\alpha}_{r-1}+k_{r-1}\boldsymbol{\alpha}_r, \boldsymbol{\alpha}_r$ 线性无关.

证明 令 $a_1\boldsymbol{\beta}_1+a_2\boldsymbol{\beta}_2+\cdots+a_{r-1}\boldsymbol{\beta}_{r-1}+a_r\boldsymbol{\alpha}_r=\mathbf{0}$，即

$$a_1\boldsymbol{\alpha}_1+a_2\boldsymbol{\alpha}_2+\cdots+a_{r-1}\boldsymbol{\alpha}_{r-1}+(a_1k_1+\cdots+a_{r-1}k_{r-1}+a_r)\boldsymbol{\alpha}_r=\mathbf{0},$$

由于 $\{\boldsymbol{\alpha}_1, \boldsymbol{\alpha}_2, \cdots, \boldsymbol{\alpha}_r\}(r\geqslant 2)$ 线性无关，所以

$$a_1=a_2=\cdots=a_{r-1}=0,\ a_1k_1+\cdots+a_{r-1}k_{r-1}+a_r=0.$$

从而 $a_r=0$，故所给向量组线性无关.

例 7 设向量 $\boldsymbol{\beta}$ 可以由 $\boldsymbol{\alpha}_1, \boldsymbol{\alpha}_2, \cdots, \boldsymbol{\alpha}_r$ 线性表示，但不能由 $\boldsymbol{\alpha}_1, \boldsymbol{\alpha}_2, \cdots, \boldsymbol{\alpha}_{r-1}$ 线性表示. 证明，向量组 $\{\boldsymbol{\alpha}_1, \boldsymbol{\alpha}_2, \cdots, \boldsymbol{\alpha}_{r-1}, \boldsymbol{\alpha}_r\}$ 与向量组 $\{\boldsymbol{\alpha}_1, \boldsymbol{\alpha}_2, \cdots, \boldsymbol{\alpha}_{r-1}, \boldsymbol{\beta}\}$ 等价.

证明 令 $\boldsymbol{\beta}=a_1\boldsymbol{\alpha}_1+a_2\boldsymbol{\alpha}_2+\cdots+a_{r-1}\boldsymbol{\alpha}_{r-1}+a_r\boldsymbol{\alpha}_r$，则 $a_r\neq 0$，否则 $\boldsymbol{\beta}$ 可由 $\boldsymbol{\alpha}_1, \boldsymbol{\alpha}_2, \cdots, \boldsymbol{\alpha}_{r-1}$ 线性表示. 从而

$$\boldsymbol{\alpha}_r=-\frac{a_1}{a_r}\boldsymbol{\alpha}_1-\cdots-\frac{a_{r-1}}{a_r}\boldsymbol{\alpha}_{r-1}-\frac{1}{a_r}\boldsymbol{\beta}.$$

所以 $\{\boldsymbol{\alpha}_1, \boldsymbol{\alpha}_2, \cdots, \boldsymbol{\alpha}_{r-1}, \boldsymbol{\alpha}_r\}$ 与 $\{\boldsymbol{\alpha}_1, \boldsymbol{\alpha}_2, \cdots, \boldsymbol{\alpha}_{r-1}, \boldsymbol{\beta}\}$ 等价.

10.3 基与维数

在解析几何中，平面 $\mathbf{R}^2$ 或普通空间 $\mathbf{R}^3$ 均含有无穷多个向量，但它们的坐标系分别含有两个和三个向量；在选定了坐标系后，每一个向量在此坐标系之下的坐标是唯一的. 这样，坐标系可以看成空间的代表. 对于数域 F 上的一般有限维向量空间 V，引入基的概念，作为 V_2，V_3 中坐标系概念的推广. 同时基的概念也是向量组的极大无关组的概念的推广.

数域 F 上向量空间 V 的一个基 $\boldsymbol{\alpha}_1, \boldsymbol{\alpha}_2, \cdots, \boldsymbol{\alpha}_n$ 就是 V 的一个线性无关的生成元，即 $V=L(\boldsymbol{\alpha}_1, \boldsymbol{\alpha}_2, \cdots, \boldsymbol{\alpha}_n)$.

数域 F 上向量空间 V 的向量 $\boldsymbol{\alpha}_1, \boldsymbol{\alpha}_2, \cdots, \boldsymbol{\alpha}_n$ 线性无关，V 中任何一个向量都可由 $\boldsymbol{\alpha}_1, \boldsymbol{\alpha}_2, \cdots, \boldsymbol{\alpha}_n$ 线性表示，则 $\boldsymbol{\alpha}_1, \boldsymbol{\alpha}_2, \cdots, \boldsymbol{\alpha}_n$ 称为 V 的一个基，并称 V 为 n 维向量空间；如果在向量空间 V 中可以找到任意多个线性无关的向量，则称 V 是无限维向量空间；如果 V 只含有零向量，则称 V 为零空间. 向量空间的维数是它的基所含向量的个数，零空间的维数为零.

n 维向量空间 V 的任意 n 个线性无关的向量都是 V 的基，n 维向量空间 V 的任意 r 个线性无关的向量 $\boldsymbol{\alpha}_1, \boldsymbol{\alpha}_2, \cdots, \boldsymbol{\alpha}_r(r<n)$ 都可以扩充成 V 的一个基.

向量空间的基不是唯一的. 向量空间 V 中任何一个向量都可以由基向量唯一线性表示，由此可得 n 维向量空间 V 中，任何 $n+1$ 个向量必线性相关.

例 1　判断向量组 $\boldsymbol{\alpha}_1=(1,\ 2,\ 3)$，$\boldsymbol{\alpha}_2=(1,\ 0,\ -1)$，$\boldsymbol{\alpha}_3=(3,\ -1,\ 0)$是否构成向量空间$V_3$的一个基.

解　以V_3中向量$\boldsymbol{\alpha}_1$，$\boldsymbol{\alpha}_2$，$\boldsymbol{\alpha}_3$为列作矩阵 $\mathbf{A}$，将 $\mathbf{A}$ 施行初等行变换化为阶梯形矩阵.

$$\mathbf{A}=\begin{pmatrix}1&1&3\\2&0&-1\\3&-1&0\end{pmatrix}\to\begin{pmatrix}1&1&3\\0&-2&-7\\0&-4&-3\end{pmatrix}\to\begin{pmatrix}1&1&3\\0&-2&-7\\0&0&11\end{pmatrix},$$

秩$(\mathbf{A})=3$，从而$\boldsymbol{\alpha}_1$，$\boldsymbol{\alpha}_2$，$\boldsymbol{\alpha}_3$线性无关. 因此$\boldsymbol{\alpha}_1$，$\boldsymbol{\alpha}_2$，$\boldsymbol{\alpha}_3$构成向量空间V_3的一个基.

例 2　令 $V=\left\{a+b\omega\ \middle|\ a,b\in\mathbf{Q},\ \boldsymbol{\omega}=\dfrac{-1+\sqrt{3}\mathrm{i}}{2}\right\}$，对于数的加法运算及数乘运算构成有理数域 $\mathbf{Q}$ 上的向量空间.

(1)向量 $\boldsymbol{\omega}$，$\overline{\boldsymbol{\omega}}$，$\sqrt{3}\mathrm{i}$ 是否线性相关?

(2)求 V 的一个基及 $\dim V$.

解　(1)令$k_1\boldsymbol{\omega}+k_2\overline{\boldsymbol{\omega}}+k_3\sqrt{3}\mathrm{i}=0(k_i\in\mathbf{Q})$，即

$$\frac{-1+\sqrt{3}\mathrm{i}}{2}k_1+\frac{-1-\sqrt{3}\mathrm{i}}{2}k_2+\sqrt{3}\mathrm{i}\,k_3=0,$$

根据复数相等的定义，有

$$k_1+k_2=0,$$
$$k_1-k_2+2k_3=0.$$

解之得，$k_1=-k_2$，$k_3=k_2$，k_2是自由未知量. 所以$\boldsymbol{\omega}$，$\overline{\boldsymbol{\omega}}$，$\sqrt{3}\mathrm{i}$线性相关.

(2) $\forall\boldsymbol{\alpha}=a+b\boldsymbol{\omega}\in V$，$\boldsymbol{\alpha}=a$，$1+b$，$\boldsymbol{\omega}$，而且 1，$\boldsymbol{\omega}$ 线性无关，所以 1，$\boldsymbol{\omega}$ 构成 V 的一个基. $\dim V=2$.

例 3　令$F_n[x]$表示数域F 上一切次数$\leqslant n$ 的多项式及零所组成的向量空间. 这个向量空间的维数是多少? 向量组x^3+1，$x+1$，x^2+x，x^3+2x+2 是不是$F_3[x]$的基?

解　$F_n[x]$的维数是$n+1$，1，x，x^2，…，x^n是它的一个基.

令$a_1(x^3+1)+a_2(x+1)+a_3(x^2+x)+a_4(x^3+2x+2)=0$，即$a_1+a_4=0$，$a_3+a_4=0$，$a_2+a_3+2a_4=0$，$a_1+a_2+2a_4=0$，解之得$a_1=a_2=a_3=-a_4$；令$a_4\neq 0$，因此$x^3+1$，$x+1$，$x^2+x$，$x^3+2x+2$ 线性相关，不是$F_3[x]$的一个基.

例 4 证明，复数域$\mathbf{C}$作为实数域$\mathbf{R}$上的向量空间，维数是 2. 如果将$\mathbf{C}$看成它本身上的向量空间，其维数是多少？

证明 取$\boldsymbol{\varepsilon}_1=1$，$\boldsymbol{\varepsilon}_2=\mathrm{i}$，显然$\varepsilon_1$，$\varepsilon_2$线性无关，且对任意的$\boldsymbol{\alpha}=a+b\mathrm{i}\in\mathbf{C}$，$\boldsymbol{\alpha}=a\boldsymbol{\varepsilon}_1+b\boldsymbol{\varepsilon}_2(a, b\in\mathbf{R})$. 所以$\mathbf{C}$作为实数域$\mathbf{R}$上的向量空间，维数是 2. 若将$\mathbf{C}$看成它本身上的向量空间，则其维数是 1. 事实上，取$\boldsymbol{\varepsilon}=1$，对任意$\boldsymbol{\alpha}=a+b\mathrm{i}\in\mathbf{C}$，$\boldsymbol{\alpha}=(a+b\mathrm{i})\boldsymbol{\varepsilon}$.

例 5 令S是数域F上一切满足条件$\boldsymbol{A}^{\mathrm{T}}=\boldsymbol{A}$的$n$阶矩阵$\boldsymbol{A}$所成的向量空间. 求$S$的维数.

解 取$\boldsymbol{E}_{ij}$是第i行第j列和第j行第i列的元素为 1,其余元素为 0 的n阶矩阵，$\boldsymbol{E}_{ij}^{\mathrm{T}}=\boldsymbol{E}_{ij}$，且$\boldsymbol{E}_{ij}(i, j=1, 2, \cdots, n)$构成$S$的一个基，$\dim S=\frac{n(n+1)}{2}$.

10.4 子空间

在研究向量空间及其结构时，常常要用到它的子空间，因此，子空间是一个重要的概念.

关于子空间的定义 令W是数域F上向量空间V的一个非空子集. 如果W对V的加法和数乘来说是封闭的，那么就称W是V的一个子空间. 由此判断数域F上向量空间V的一个非空子集W是否为V的子空间，必须验证对任意的$\boldsymbol{\alpha}$，$\boldsymbol{\beta}\in W$，$\boldsymbol{\alpha}+\boldsymbol{\beta}\in W$及对任意的$a\in F$，$a\boldsymbol{\alpha}\in W$即可. 反之，若$W$不是$V$的子空间，只需验证存在$\boldsymbol{\alpha}_0$，$\boldsymbol{\beta}_0\in W$，但$\boldsymbol{\alpha}_0+\boldsymbol{\beta}_0\notin W$或存在$a_0\in F$，$\boldsymbol{\alpha}_0\in W$，但$a_0\boldsymbol{\alpha}_0\notin W$.

W是数域F上向量空间V的一个非空子集，如果W对V的加法和数乘来说作成F上的一个向量空间，就称W是V的一个子空间.

W是数域F上向量空间V的一个非空子集，如果对任意的$\boldsymbol{\alpha}$，$\boldsymbol{\beta}\in W$，任意的a，$b\in F$，有$a\boldsymbol{\alpha}+b\boldsymbol{\beta}\in W$，那么$W$就是$V$的子空间.

子空间的交与和 W_1，W_2是V的两个子空间，则$W_1\cap W_2$是V的子空间. 一般地，设$\{W_i\}$是V的一组子空间，则$\bigcap\limits_i W_i$也是V的子空间.

W_1，W_2是V的两个子空间，$W_1+W_2=\{\boldsymbol{\alpha}_1+\boldsymbol{\alpha}_2 \mid \boldsymbol{\alpha}_1\in W_1, \boldsymbol{\alpha}_2\in W_2\}$是$V$的子空间，称为$W_1$与$W_2$的和. 子空间的和的概念可以推广，一切形如

$$\sum_{i=1}^{n}\boldsymbol{\alpha}_i, \ \boldsymbol{\alpha}_i\in W_i, \ i=1, 2, \cdots, n$$

的向量作成V的一个子空间，称为W_1，…，W_n的和，表为$W_1+\cdots+W_n$. 即

$$W_1+\cdots+W_n=\left\{\sum_{i=1}^{n}\boldsymbol{\alpha}_i \mid \boldsymbol{\alpha}_i\in W_i, \ i=1, 2, \cdots, n\right\}.$$

子空间的交与和是子空间的集合的运算，是生成新子空间的一种方法. 必须注意的是两个子空间的并集一般未必是子空间，不能把子空间的和与并混为一谈.

如，设 $V=M_2(F)$，$W_1=\left\{\begin{pmatrix} a & b \\ 0 & 0 \end{pmatrix} \middle| a, b\in\mathbf{R}\right\}$，$W_2=\left\{\begin{pmatrix} c & 0 \\ d & 0 \end{pmatrix} \middle| c, d\in\mathbf{R}\right\}$. 证明$W_1+W_2$是 V 的子空间.

分析：只需证明W_1，W_2是 V 的两个子空间即可. 事实上，对任意的 $\boldsymbol{A}=\begin{pmatrix} a & b \\ 0 & 0 \end{pmatrix}$，$\boldsymbol{B}=\begin{bmatrix} a_1 & b_1 \\ 0 & 0 \end{bmatrix}\in W_1$，任意的 m，$n\in\mathbf{R}$，$m\boldsymbol{A}+n\boldsymbol{B}=\begin{bmatrix} ma+na_1 & mb+nb_1 \\ 0 & 0 \end{bmatrix}\in W_1$，因此，$W_1$是 V 的子空间. 同理，W_2也是 V 的子空间. 所以W_1+W_2是 V 的子空间.

例 1　设 $V=F^n$，$W=\{(a_1, a_2, \cdots, a_n) \mid a_i\in F, a_i\leqslant 0\}$，$W$ 是否为 V 的子空间？

事实上，取 $\boldsymbol{\alpha}_0=(-1, -1, \cdots, -1)\in W$，$a_0=-1\in F$，$a_0\boldsymbol{\alpha}_0=-1(-1, -1, \cdots, -1)=(1, 1, \cdots, 1)\notin W$，即 W 对 V 的数乘运算不封闭，所以 W 不是 V 的子空间.

例 2　设 $V=\mathbf{R}^n$，$W=\left\{(a_1, a_2, \cdots, a_n) \middle| \sum\limits_{i=1}^{n} a_i=0\right\}$，则 W 是 V 的子空间.

证明　对任意的 $\boldsymbol{\alpha}=(a_1, a_2, \cdots, a_n)$，$\boldsymbol{\beta}=(b_1, b_2, \cdots, b_n)\in W$，任意的 a，$b\in F$，有 $a\boldsymbol{\alpha}+b\boldsymbol{\beta}=(aa_1+bb_1, \cdots, aa_n+bb_n)$，且 $\sum\limits_{i=1}^{n}(aa_i+bb_i)=a\sum\limits_{i=1}^{n}a_i+b\sum\limits_{i=1}^{n}b_i=0$，即 $a\boldsymbol{\alpha}+b\boldsymbol{\beta}\in W$. 所以 W 是 V 的子空间.

特别要注意的是，向量空间 V 和它的子空间 W 必须具有共同的基础域(数域)、共同的运算.

例 3　求下列子空间的维数：

(1)$L((2, -3, 1), (1, 4, 2), (5, -2, 4))\subseteq\mathbf{R}^3$；

(2)$L(x-1, 1-x^2, x^2-x)\subseteq F[x]$；

(3)$L(e^x, e^{2x}, e^{3x})\subseteq\mathbf{C}[a, b]$.

解　(1)因为向量组$(2, -3, 1)$，$(1, 4, 2)$，$(5, -2, 4)$线性相关，其极大无关组所含向量个数为 2，所以

$$\dim L((2, -3, 1), (1, 4, 2), (5, -2, 4))=2.$$

(2)因为$x^2-x=-(1-x^2)-(x-1)$，即 $x-1$，$1-x^2$，x^2-x 线性相关，

其极大无关组所含向量个数为 2，所以 $\dim L(x-1, 1-x^2, x^2-x)=2$.

(3)e^x，e^{2x}，e^{3x}线性无关，所以 $\dim L(e^x, e^{2x}, e^{3x})=3$.

例 4 令$M_n(F)$表示数域 F 上一切 n 阶矩阵所组成的向量空间. 令

$$S=\{\boldsymbol{A}\in\boldsymbol{M}_n(\boldsymbol{F})\mid\boldsymbol{A}^{\mathrm{T}}=\boldsymbol{A}\},\ T=\{\boldsymbol{A}\in\boldsymbol{M}_n(\boldsymbol{F})\mid\boldsymbol{A}^{\mathrm{T}}=-\boldsymbol{A}\}.$$

证明，S 和 T 都是$M_n(F)$的子空间，并且$M_n(F)=S+T$，$S\cap T=\{\boldsymbol{O}\}$.

证明 $\forall\boldsymbol{A},\boldsymbol{B}\in S$，$a$，$b\in F$，$a\boldsymbol{A}+b\boldsymbol{B}=a\boldsymbol{A}^{\mathrm{T}}+b\boldsymbol{B}^{\mathrm{T}}=(a\boldsymbol{A}+b\boldsymbol{B})^{\mathrm{T}}\in S$. 所以 S 是$M_n(F)$的子空间.

同理，T 也是$M_n(F)$的子空间. 又对任意的 $\boldsymbol{B}\in M_n(F)$，$\boldsymbol{B}=\frac{1}{2}(\boldsymbol{B}+\boldsymbol{B}^{\mathrm{T}})+\frac{1}{2}(\boldsymbol{B}-\boldsymbol{B}^{\mathrm{T}})$，令 $\boldsymbol{C}=\frac{1}{2}(\boldsymbol{B}+\boldsymbol{B}^{\mathrm{T}})$，$\boldsymbol{D}=\frac{1}{2}(\boldsymbol{B}-\boldsymbol{B}^{\mathrm{T}})$，则 $\boldsymbol{C}=\boldsymbol{C}^{\mathrm{T}}$，$\boldsymbol{D}=-\boldsymbol{D}^{\mathrm{T}}$，所以 $\boldsymbol{B}\in S+T$. 且当 $\boldsymbol{B}\in S\cap T$ 时，$\boldsymbol{B}^{\mathrm{T}}=\boldsymbol{B}$，$\boldsymbol{B}^{\mathrm{T}}=-\boldsymbol{B}$，即 $\boldsymbol{B}=\boldsymbol{O}$. 因此，$S\cap T=\{\boldsymbol{O}\}$.

例 5 设W_1，W_2是向量空间 V 的子空间. 证明：如果 V 的一个子空间既包含W_1又包含W_2，那么它一定包含 W_1+W_2. 在这个意义下，W_1+W_2是 V 的既包含W_1又包含W_2的最小子空间.

证明 令$\boldsymbol{\alpha}\in W_1+W_2$，则有 $\boldsymbol{\alpha}_1\in W_1$，$\boldsymbol{\alpha}_2\in W_2$，使$\boldsymbol{\alpha}=\boldsymbol{\alpha}_1+\boldsymbol{\alpha}_2$，设 W 是 V 的一个子空间，且$W_1\subseteq W$，$W_2\subseteq W$，从而 $\boldsymbol{\alpha}_1\in W$，$\boldsymbol{\alpha}_2\in W$，$\boldsymbol{\alpha}_1+\boldsymbol{\alpha}_2\in W$，因此 $W_1+W_2\subseteq W$，即W_1+W_2包含在任意一个既包含W_1又包含W_2的子空间中.

另一方面，W_1+W_2也是 V 的一个子空间，且$W_1\subseteq W_1+W_1$，$W_2\subseteq W_1+W_2$，因而W_1+W_2是 V 的既包含W_1又包含W_2的最小子空间.

例 6 设 V 是一个向量空间，且 $V\neq\{\boldsymbol{0}\}$. 证明：V 不可能表成它的两个真子空间的并集.

证明 (1) 若W_1，W_2是向量空间 V 的真子空间. 且$W_1\subseteq W_2$或$W_2\subseteq W_1$，结论成立.

(2)若W_1，W_2互不包含，假设 $V=W_1\cup W_2$，$V\neq\{\boldsymbol{0}\}$，因此必有 $\boldsymbol{\alpha}\in W_1$但 $\boldsymbol{\alpha}\notin W_2$，$\boldsymbol{\beta}\in W_2$但$\boldsymbol{\beta}\notin W_1$，从而$\boldsymbol{\alpha}+\boldsymbol{\beta}\notin W_1\cup W_2$. 否则，若 $\boldsymbol{\gamma}=\boldsymbol{\alpha}+\boldsymbol{\beta}\in W_1\cup W_2$，则$\boldsymbol{\gamma}\in W_1$或 $\boldsymbol{\gamma}\in W_2$. 不妨设 $\boldsymbol{\gamma}\in W_1$，则 $\boldsymbol{\beta}=\boldsymbol{\gamma}-\boldsymbol{\alpha}\in W_1$与 $\boldsymbol{\beta}\in W_2$但$\boldsymbol{\beta}\notin W_1$矛盾. 所以 $\boldsymbol{\alpha}+\boldsymbol{\beta}\notin V$，$V\neq W_1\cup W_2$.

例 7 设W，W_1，W_2都是向量空间 V 的子空间，其中$W_1\subseteq W_2$且$W\cap W_1=W\cap W_2$，$W+W_1=W+W_2$. 证明：$W_1=W_2$.

证明 只需证明$W_2\subseteq W_1$.

对于 $\boldsymbol{\alpha}\in W_2$，若 $\boldsymbol{\alpha}\in W\cap W_2$，则 $\boldsymbol{\alpha}\in W\cap W_1$，$\boldsymbol{\alpha}\in W_1$；若 $\boldsymbol{\alpha}\notin W\cap W_1$，则 $\boldsymbol{\alpha}\in W+W_2$，故 $\boldsymbol{\alpha}\in W+W_1$，即存在 $\boldsymbol{\alpha}_1\in W$，$\boldsymbol{\alpha}_2\in W_1$，使 $\boldsymbol{\alpha}=\boldsymbol{\alpha}_1+\boldsymbol{\alpha}_2$. 又 $\boldsymbol{\alpha}_2\in W_2$，

因此 $\boldsymbol{\alpha}_1 \in W_2$，所以 $\boldsymbol{\alpha}_2 \in W \cap W_2 = W \cap W_1$，故 $\boldsymbol{\alpha}_1 \in W_1$，即 $W_2 \subseteq W_1$，因而 $W_2 = W_1$.

例 8　设 W_1，W_2 是数域 F 上向量空间 V 的两个子空间. $\boldsymbol{\alpha}$，$\boldsymbol{\beta}$ 是 V 的两个向量，其中 $\boldsymbol{\alpha} \in W_2$，但 $\boldsymbol{\alpha} \notin W_1$，又 $\boldsymbol{\beta} \notin W_2$. 证明：

(1)对于任意 $k \in F$，$\boldsymbol{\beta} + k\boldsymbol{\alpha} \notin W_2$.

(2)至多有一个 $k \in F$ 使得 $\boldsymbol{\beta} + k\boldsymbol{\alpha} \in W_1$.

证明　(1)若存在 $k_0 \in F$，使 $\boldsymbol{\beta} + k_0\boldsymbol{\alpha} \in W_2$，又因为 $\boldsymbol{\alpha} \in W_2$，所以 $-k_0\boldsymbol{\alpha} \in W_2$，从而 $(\boldsymbol{\beta} + k_0\boldsymbol{\alpha}) + (-k_0\boldsymbol{\alpha}) \in W_2$，与已知矛盾.

(2)若有 k_1，$k_2 \in F$，且 $k_1 \neq k_2$，使 $\boldsymbol{\beta} + k_1\boldsymbol{\alpha} \in W_1$，$\boldsymbol{\beta} + k_2\boldsymbol{\alpha} \in W_1$，那么 $(\boldsymbol{\beta} + k_1\boldsymbol{\alpha}) - (\boldsymbol{\beta} + k_2\boldsymbol{\alpha}) = (k_1 - k_2)\boldsymbol{\alpha} \in W_1$，从而 $\boldsymbol{\alpha} \in W_1$，与已知矛盾.

例 9　设 W_1，W_2，…，W_r 都是向量空间 V 的子空间，且 $W_i \neq V$，$i=1, 2, \cdots, r$. 证明：存在一个向量 $\boldsymbol{\xi} \in V$，使得 $\boldsymbol{\xi} \notin W_i$，$i=1, 2, \cdots, r$.

证明　对 r 作数学归纳法. 当 $r=2$ 时，结论成立.

假定对于 $r-1$ 的情况已经成立. 下面证明 r 的情况成立. 设 $\boldsymbol{\xi}' \in W_r$，由 W_r 是 V 的真子空间，存在 $\boldsymbol{\eta} \notin W_r$. 由本章 10.4 中的例 8(2)知，对于 V 的每一个真子空间 W_i，至多有一个 k_i，使 $\boldsymbol{\eta} + k_i\boldsymbol{\xi}' \in W_i$，所以只要 $k \neq k_i$，就有 $\boldsymbol{\eta} + k\boldsymbol{\xi}' \notin W_i (i=1, 2, \cdots, r)$. 另外由例 8(1)知，$\boldsymbol{\eta} + k\boldsymbol{\xi}' \notin W_r$，所以取 $\boldsymbol{\xi} = \boldsymbol{\eta} + k\boldsymbol{\xi}' \notin W_i (i=1, 2, \cdots, r)$，对任意整数 r 命题成立.

10.5　坐标及其变换

如果 V 中的向量 $\boldsymbol{\alpha}$ 由 V 的基 $\boldsymbol{\alpha}_1$，$\boldsymbol{\alpha}_2$，…，$\boldsymbol{\alpha}_n$ 唯一线性表示为 $\boldsymbol{\alpha} = x_1\boldsymbol{\alpha}_1 + x_2\boldsymbol{\alpha}_2 + \cdots + x_n\boldsymbol{\alpha}_n$，则称有序组 $(x_1, x_2, \cdots, x_n)$ 为向量 $\boldsymbol{\alpha}$ 在基 $\boldsymbol{\alpha}_1$，$\boldsymbol{\alpha}_2$，…，$\boldsymbol{\alpha}_n$ 下的坐标. 由此解析几何中平面直角坐标，空间解析几何中的直角坐标可以看成是向量在基 $\boldsymbol{\varepsilon}_1 = (1, 0)$，$\boldsymbol{\varepsilon}_2 = (0, 1)$ 和 基 $\boldsymbol{\varepsilon}_1 = (1, 0, 0)$，$\boldsymbol{\varepsilon}_2 = (0, 1, 0)$，$\boldsymbol{\varepsilon}_3 = (0, 0, 1)$ 下的坐标. 进而可知，同一向量关于不同基的坐标是不同的，因此，可以建立多种坐标系.

过渡矩阵　设 $\boldsymbol{\alpha}_1$，$\boldsymbol{\alpha}_2$，…，$\boldsymbol{\alpha}_n$ 与 $\boldsymbol{\beta}_1$，$\boldsymbol{\beta}_2$，…，$\boldsymbol{\beta}_n$ 是 n 维向量空间 V 的两个基，$\boldsymbol{\beta}_1$，$\boldsymbol{\beta}_2$，…，$\boldsymbol{\beta}_n$ 由 $\boldsymbol{\alpha}_1$，$\boldsymbol{\alpha}_2$，…，$\boldsymbol{\alpha}_n$ 线性表示为：

$$\begin{gathered}
\boldsymbol{\beta}_1 = a_{11}\boldsymbol{\alpha}_1 + a_{21}\boldsymbol{\alpha}_2 + \cdots + a_{n1}\boldsymbol{\alpha}_n, \\
\boldsymbol{\beta}_2 = a_{12}\boldsymbol{\alpha}_1 + a_{22}\boldsymbol{\alpha}_2 + \cdots + a_{n2}\boldsymbol{\alpha}_n, \\
\cdots\cdots \\
\boldsymbol{\beta}_n = a_{1n}\boldsymbol{\alpha}_1 + a_{2n}\boldsymbol{\alpha}_2 + \cdots + a_{nn}\boldsymbol{\alpha}_n.
\end{gathered}$$

则 n 阶矩阵

$$A=\begin{pmatrix} a_{11} & a_{12} & \cdots & a_{1n} \\ a_{21} & a_{22} & \cdots & a_{2n} \\ \vdots & \vdots & & \vdots \\ a_{n1} & a_{n2} & \cdots & a_{nn} \end{pmatrix}$$

称为基$\boldsymbol{\alpha}_1$，$\boldsymbol{\alpha}_2$，…，$\boldsymbol{\alpha}_n$到$\boldsymbol{\beta}_1$，$\boldsymbol{\beta}_2$，…，$\boldsymbol{\beta}_n$的过渡矩阵. 即

$$(\boldsymbol{\beta}_1, \boldsymbol{\beta}_2, \cdots, \boldsymbol{\beta}_n)=(\boldsymbol{\alpha}_1, \boldsymbol{\alpha}_2, \cdots, \boldsymbol{\alpha}_n)\boldsymbol{A}.$$

过渡矩阵一定是可逆的.

坐标变换公式　设向量$\boldsymbol{\alpha}$在基$\boldsymbol{\alpha}_1$，$\boldsymbol{\alpha}_2$，…，$\boldsymbol{\alpha}_n$下的坐标是$(x_1, x_2, \cdots, x_n)$，在基$\boldsymbol{\beta}_1$，$\boldsymbol{\beta}_2$，…，$\boldsymbol{\beta}_n$下的坐标是$(y_1, y_2, \cdots, y_n)$，$\boldsymbol{A}$是基$\boldsymbol{\alpha}_1$，$\boldsymbol{\alpha}_2$，…，$\boldsymbol{\alpha}_n$到基$\boldsymbol{\beta}_1$，$\boldsymbol{\beta}_2$，…，$\boldsymbol{\beta}_n$的过渡矩阵，则

$$\begin{pmatrix} x_1 \\ x_2 \\ \vdots \\ x_n \end{pmatrix}=\boldsymbol{A}\begin{pmatrix} y_1 \\ y_2 \\ \vdots \\ y_n \end{pmatrix} \text{或} \begin{pmatrix} y_1 \\ y_2 \\ \vdots \\ y_n \end{pmatrix}=\boldsymbol{A}^{-1}\begin{pmatrix} x_1 \\ x_2 \\ \vdots \\ x_n \end{pmatrix}.$$

例 1　设$F_3[x]$是数域F上一切次数<4的多项式及零构成的向量空间. 证明，$\{x^3, x^3+x, x^2+1, x+1\}$是$F_3[x]$的一个基，求多项式$x^2+2x+3$关于这个基的坐标.

证明　因为$F_3[x]$中的每一个多项式都可由1，x，x^2，x^3线性表示，且1，x，x^2，x^3线性无关，所以$F_3[x]$是四维空间，要证x^3，x^3+x，x^2+1，$x+1$是$F_3[x]$的一个基，只需证明它是线性无关的. 事实上，令$k_1x^3+k_2(x^3+x)+k_3(x^2+1)+k_4(x+1)=0$，得

$$\begin{aligned} k_1+k_2&=0, \\ k_3&=0, \\ k_2+k_4&=0, \\ k_3+k_4&=0. \end{aligned}$$

解之，得$k_1=k_2=k_3=k_4=0$，即$\{x^3, x^3+x, x^2+1, x+1\}$线性无关，所以它是$F_3[x]$的一个基.

求$F_3[x]$的一个多项式$f(x)$在一组基下的坐标有两种方法，一种是求线性表示式，另一种是用坐标变换公式.

法一　因为$x^2+2x+3=0\,x^3+0(x^3+x)+1(x^2+1)+2(x+1)$，即多项式$x^2+2x+3$关于这个基的坐标为$(0, 0, 1, 2)$.

法二　由

$$x^3=0\cdot 1+0\cdot x+0\cdot x^2+1\cdot x^3,$$
$$x^3+x=0\cdot 1+1\cdot x+0\cdot x^2+1\cdot x^3,$$

$$x^2+1=1\cdot 1+0\cdot x+1\cdot x^2+0\cdot x^3,$$
$$x+1=1\cdot 1+1\cdot x+0\cdot x^2+0\cdot x^3,$$

知基 $1, x, x^2, x^3$ 到基 $x^3, x^3+x, x^2+1, x+1$ 的过渡矩阵为

$$A=\begin{pmatrix}0&0&1&1\\0&1&0&1\\0&0&1&0\\1&1&0&0\end{pmatrix}.$$

x^2+2x+3 在基 $1, x, x^2, x^3$ 下的坐标为(3, 2, 1, 0)，由坐标变换公式，x^2+2x+3 在基 $x^3, x^3+x, x^2+1, x+1$ 下的坐标为

$$A^{-1}\begin{pmatrix}3\\2\\1\\0\end{pmatrix}=\begin{pmatrix}1&-1&-1&1\\-1&1&1&1\\0&0&1&0\\1&0&-1&0\end{pmatrix}\begin{pmatrix}3\\2\\1\\0\end{pmatrix}=\begin{pmatrix}0\\0\\1\\2\end{pmatrix}.$$

例 2　设$\{\boldsymbol{\alpha}_1, \boldsymbol{\alpha}_2, \cdots, \boldsymbol{\alpha}_n\}$是 V 的一个基，求这个基到$\{\boldsymbol{\alpha}_2, \cdots, \boldsymbol{\alpha}_n, \boldsymbol{\alpha}_1\}$的过渡矩阵.

解　$\boldsymbol{\alpha}_2=0\boldsymbol{\alpha}_1+1\boldsymbol{\alpha}_2+0\boldsymbol{\alpha}_3+\cdots+0\boldsymbol{\alpha}_n$,

$\boldsymbol{\alpha}_3=0\boldsymbol{\alpha}_1+0\boldsymbol{\alpha}_2+1\boldsymbol{\alpha}_3+\cdots+0\boldsymbol{\alpha}_n$,

……

$\boldsymbol{\alpha}_n=0\boldsymbol{\alpha}_1+0\boldsymbol{\alpha}_2+0\boldsymbol{\alpha}_3+\cdots+1\boldsymbol{\alpha}_n$,

$\boldsymbol{\alpha}_1=1\boldsymbol{\alpha}_1+0\boldsymbol{\alpha}_2+0\boldsymbol{\alpha}_3+\cdots+0\boldsymbol{\alpha}_n$.

所以这个基到$\{\boldsymbol{\alpha}_2, \cdots, \boldsymbol{\alpha}_n, \boldsymbol{\alpha}_1\}$的过渡矩阵为

$$T=\begin{pmatrix}0&0&\cdots&0&1\\1&0&\cdots&0&0\\0&1&\cdots&0&0\\\vdots&\vdots&&\vdots&\vdots\\0&0&\cdots&1&0\end{pmatrix}.$$

例 3　设 $\boldsymbol{\alpha}_1=(2,1,-1,1)$，$\boldsymbol{\alpha}_2=(0,3,1,0)$，$\boldsymbol{\alpha}_3=(5,3,2,1)$，$\boldsymbol{\alpha}_4=(6,6,1,3)$. 证明 $\{\boldsymbol{\alpha}_1, \boldsymbol{\alpha}_2, \boldsymbol{\alpha}_3, \boldsymbol{\alpha}_4\}$作成 $\mathbf{R}^4$ 的一个基. 在 $\mathbf{R}^4$ 中求一个非零向量，使它关于这个基的坐标与关于标准基的坐标相同.

证明　**法一**　直接证明$\{\boldsymbol{\alpha}_1, \boldsymbol{\alpha}_2, \boldsymbol{\alpha}_3, \boldsymbol{\alpha}_4\}$线性无关；

法二　令 $A=\begin{pmatrix}2&0&5&6\\1&3&3&6\\-1&1&2&1\\1&0&1&3\end{pmatrix}$，$\mathbf{R}^4$ 中的标准基 $\boldsymbol{\varepsilon}_1=(1, 0, 0, 0)$，$\boldsymbol{\varepsilon}_2=(0,$

$1, 0, 0)$，$\boldsymbol{\varepsilon}_3=(0, 0, 1, 0)$，$\boldsymbol{\varepsilon}_4=(0, 0, 0, 1)$，则$(\boldsymbol{\alpha}_1, \boldsymbol{\alpha}_2, \boldsymbol{\alpha}_3, \boldsymbol{\alpha}_4)=(\boldsymbol{\varepsilon}_1, \boldsymbol{\varepsilon}_2, \boldsymbol{\varepsilon}_3, \boldsymbol{\varepsilon}_4)\boldsymbol{A}$，$|\boldsymbol{A}|=27\neq 0$，矩阵 $\boldsymbol{A}$ 可逆，$\{\boldsymbol{\alpha}_1, \boldsymbol{\alpha}_2, \boldsymbol{\alpha}_3, \boldsymbol{\alpha}_4\}$是 $\mathbf{R}^4$ 的一个基. 由

$$(\boldsymbol{\alpha}_1, \boldsymbol{\alpha}_2, \boldsymbol{\alpha}_3, \boldsymbol{\alpha}_4)=(\boldsymbol{\varepsilon}_1, \boldsymbol{\varepsilon}_2, \boldsymbol{\varepsilon}_3, \boldsymbol{\varepsilon}_4)\boldsymbol{A},$$

并设 $\boldsymbol{\xi}=(x_1, x_2, x_3, x_4)$为 $\mathbf{R}^4$ 中的非零向量，它关于标准基的坐标为(x_1, x_2, x_3, x_4)，若它关于$\{\boldsymbol{\alpha}_1, \boldsymbol{\alpha}_2, \boldsymbol{\alpha}_3, \boldsymbol{\alpha}_4\}$的坐标也为$(x_1, x_2, x_3, x_4)$，则

$$\begin{pmatrix}x_1\\x_2\\x_3\\x_4\end{pmatrix}=\boldsymbol{A}\begin{pmatrix}x_1\\x_2\\x_3\\x_4\end{pmatrix}，即 (\boldsymbol{A}-\boldsymbol{I})\begin{pmatrix}x_1\\x_2\\x_3\\x_4\end{pmatrix}=\begin{pmatrix}0\\0\\0\\0\end{pmatrix}，\begin{pmatrix}1&0&5&6\\1&2&3&6\\-1&1&1&1\\1&0&1&2\end{pmatrix}\begin{pmatrix}x_1\\x_2\\x_3\\x_4\end{pmatrix}=\begin{pmatrix}0\\0\\0\\0\end{pmatrix},$$

由 $\begin{pmatrix}1&0&5&6\\1&2&3&6\\-1&1&1&1\\1&0&1&2\end{pmatrix}\to\begin{pmatrix}1&0&0&1\\0&1&0&1\\0&0&1&1\\0&0&0&0\end{pmatrix}$，并令 $x_4=t$ 为自由未知量，则 $x_1=-t$，$x_2=-t$，$x_3=-t$，$x_4=t(t\neq 0)$即为所求.

例 4 设 $V=\left\{\boldsymbol{A}=\begin{pmatrix}a_{11}&a_{12}\\a_{21}&a_{22}\end{pmatrix}\middle| a_{ij}\in F, i, j=1, 2\right\}$是数域 F 上的向量空间. 证明

$$\boldsymbol{A}_1=\begin{pmatrix}1&1\\1&1\end{pmatrix}, \boldsymbol{A}_2=\begin{pmatrix}0&-1\\1&0\end{pmatrix}, \boldsymbol{A}_3=\begin{pmatrix}1&-1\\0&0\end{pmatrix}, \boldsymbol{A}_4=\begin{pmatrix}1&0\\0&0\end{pmatrix}$$

是 V 的一个基，求由基

$$\boldsymbol{B}_1=\begin{pmatrix}1&0\\0&0\end{pmatrix}, \boldsymbol{B}_2=\begin{pmatrix}0&1\\0&0\end{pmatrix}, \boldsymbol{B}_3=\begin{pmatrix}0&0\\1&0\end{pmatrix}, \boldsymbol{B}_4=\begin{pmatrix}0&0\\0&1\end{pmatrix}$$

到基 $\boldsymbol{A}_1, \boldsymbol{A}_2, \boldsymbol{A}_3, \boldsymbol{A}_4$ 的过渡矩阵. 并求 $\boldsymbol{A}=\begin{pmatrix}2&-1\\0&1\end{pmatrix}$关于基 $\boldsymbol{A}_1, \boldsymbol{A}_2, \boldsymbol{A}_3, \boldsymbol{A}_4$ 的坐标.

解 令 $k_1\boldsymbol{A}_1+k_2\boldsymbol{A}_2+k_3\boldsymbol{A}_3+k_4\boldsymbol{A}_4=\boldsymbol{0}$，即 $\begin{pmatrix}k_1+k_3+k_4&k_1-k_2-k_3\\k_1+k_2&k_1\end{pmatrix}=\begin{pmatrix}0&0\\0&0\end{pmatrix}$，解得 $k_1=k_2=k_3=k_4=0$，即$\{\boldsymbol{A}_1, \boldsymbol{A}_2, \boldsymbol{A}_3, \boldsymbol{A}_4\}$线性无关，是 V 的一个基，且

$$\begin{aligned}&\boldsymbol{A}_1=\boldsymbol{B}_1+\boldsymbol{B}_2+\boldsymbol{B}_3+\boldsymbol{B}_4,\\&\boldsymbol{A}_2=0\cdot\boldsymbol{B}_1+(-1)\cdot\boldsymbol{B}_2+\boldsymbol{B}_3+0\cdot\boldsymbol{B}_4,\\&\boldsymbol{A}_3=1\cdot\boldsymbol{B}_1+(-1)\cdot\boldsymbol{B}_2+0\cdot\boldsymbol{B}_3+0\cdot\boldsymbol{B}_4,\\&\boldsymbol{A}_4=\boldsymbol{B}_1+0\cdot\boldsymbol{B}_2+0\cdot\boldsymbol{B}_3+0\cdot\boldsymbol{B}_4.\end{aligned}$$

所以由基$\{\boldsymbol{B}_1, \boldsymbol{B}_2, \boldsymbol{B}_3, \boldsymbol{B}_4\}$到基$\{\boldsymbol{A}_1, \boldsymbol{A}_2, \boldsymbol{A}_3, \boldsymbol{A}_4\}$的过渡矩阵为

$$\boldsymbol{T}=\begin{pmatrix}1 & 0 & 1 & 1\\ 1 & -1 & -1 & 0\\ 1 & 1 & 0 & 0\\ 1 & 0 & 0 & 0\end{pmatrix}.$$

设 $k_1\boldsymbol{A}_1 + k_2\boldsymbol{A}_2 + k_3\boldsymbol{A}_3 + k_4\boldsymbol{A}_4 = \boldsymbol{A}$，即 $\begin{bmatrix}k_1+k_3+k_4 & k_1-k_2-k_3\\ k_1+k_2 & k_1\end{bmatrix}=\begin{pmatrix}2 & -1\\ 0 & 1\end{pmatrix}$，解之得 $k_1=1$，$k_2=-1$，$k_3=3$，$k_4=-2$，即 $\boldsymbol{A}=\begin{pmatrix}2 & -1\\ 0 & 1\end{pmatrix}$关于基 $\boldsymbol{A}_1$，$\boldsymbol{A}_2$，$\boldsymbol{A}_3$，$\boldsymbol{A}_4$ 的坐标为$(1, -1, 3, -2)$.

10.6 向量空间的同构

验证 V 到 W 的一个映射 f 是同构映射，只需证明 f 是 V 到 W 的一个一一映射，满足加法：$\forall \boldsymbol{\xi}, \boldsymbol{\eta}\in V$，$f(\boldsymbol{\xi}+\boldsymbol{\eta})=f(\boldsymbol{\xi})+f(\boldsymbol{\eta})$；数乘：$\forall a\in F$，$f(a\boldsymbol{\xi})=a\,f(\boldsymbol{\xi})$. 凡存在同构映射 f 的两个向量空间 V 与 W，称为同构向量空间，表示为 $V\cong W$. 另一方面，若要验证 f 不是 V 到 W 的同构映射，只需验证 f 不满足下列条件之一：

(1)f 不是 V 到 W 的一一映射；

(2)$\exists \boldsymbol{\xi}_0, \boldsymbol{\eta}_0\in V$，但 $f(\boldsymbol{\xi}_0+\boldsymbol{\eta}_0)\neq f(\boldsymbol{\xi}_0)+f(\boldsymbol{\eta}_0)$；

(3)$\exists a_0\in F$，$\boldsymbol{\xi}_0\in V$ 但 $f(a_0\boldsymbol{\xi}_0)\neq a_0\,f(\boldsymbol{\xi}_0)$.

例 1　令 $V=F_3[x]$，$W=F^4$，求 f，使得 $V\cong W$.

解　$\forall g(x)\in F_3[x]$，$g(x)$都可以写成 $F_3[x]$的基 $1, x, x^2, x^3$ 的唯一线性组合：$g(x)=a_1+a_2x+a_3x^2+a_4x^3$，$(a_1, a_2, a_3, a_4)\in F^4$ 是 $g(x)$在基 1，x, x^2, x^3 下的坐标，从而就建立了 $F_3[x]$到 F^4 的一一映射 f：$g(x)\mapsto(a_1, a_2, a_3, a_4)$. 满足(1)$\forall g(x)=a_1+a_2x+a_3x^2+a_4x^3$，$h(x)=b_1+b_2x+b_3x^2+b_4x^3\in F_3[x]$，$f[g(x)+h(x)]=f[g(x)]+f[h(x)]$；(2)$\forall a\in F$，$f(ag(x))=a\,f(g(x))$. 所以 $F_3[x]\cong F^4$.

例 2　设 V，W 为数域 F 上的两个向量空间，且 $\dim V=n$，$\dim W=m$，$m\neq n$. 证明：V 与 W 不同构.

证明　(用反证法)设 $\boldsymbol{\alpha}_1, \boldsymbol{\alpha}_2, \cdots, \boldsymbol{\alpha}_n$ 为 V 的一个基，$\boldsymbol{\beta}_1, \boldsymbol{\beta}_2, \cdots, \boldsymbol{\beta}_m$ 为 W 的一个基. 若存在 V 到 W 的一个同构映射 f，由同构的性质知，$f(\boldsymbol{\alpha}_1)$，$f(\boldsymbol{\alpha}_2), \cdots, f(\boldsymbol{\alpha}_n)$是 W 中线性无关的向量，所以 $m\geqslant n$. 同样 $f^{-1}(\boldsymbol{\beta}_1)$，$f^{-1}(\boldsymbol{\beta}_2), \cdots, f^{-1}(\boldsymbol{\beta}_m)$是 V 中线性无关的向量，所以 $n\geqslant m$. 于是 $n=m$，与题

设矛盾. 这说明 $m\neq n$ 时，V 与 W 不同构.

数域 F 上任何 n 维向量空间 V 都与 F^n 同构. 在同构的意义下，F 上不同的有限维向量空间可以取 F，F^2，…，F^n，…为代表. 维数是有限维向量空间的唯一本质特征.

例 3 证明，复数域 **C** 作为实数域 **R** 上向量空间，与 V_2 同构.

证明 因为复数域 **C** 作为实数域 **R** 上向量空间是二维空间，V_2 是实数域 **R** 上的二维空间，所以这两个空间同构.

例 4 给出数域 F 上全体 n 阶对称矩阵所组成的向量空间 V_1 与全体 n 阶上三角矩阵所组成的向量空间 V_2 之间的一个同构映射.

解 $f: V_1\to V_2$，$\boldsymbol{A}\to\boldsymbol{B}$. 其中 $\boldsymbol{A}$ 是 n 阶对称矩阵，$\boldsymbol{B}$ 是 n 阶上三角矩阵. V_1 和 V_2 都是$\dfrac{n(n+1)}{2}$维的.

例 5 f 是向量空间 V 到 W 的一个同构映射，V_1 是 V 的一个子空间. 证明 $f(V_1)$是 W 的一个子空间.

证明 取 $\boldsymbol{\beta}_1$，$\boldsymbol{\beta}_2\in f(V_1)$，则存在 $\boldsymbol{\alpha}_1$，$\boldsymbol{\alpha}_2\in V_1$，使 $f(\boldsymbol{\alpha}_1)=\boldsymbol{\beta}_1$，$f(\boldsymbol{\alpha}_2)=\boldsymbol{\beta}_2$，故

$$b_1\boldsymbol{\beta}_1+b_2\boldsymbol{\beta}_2=b_1f(\boldsymbol{\alpha}_1)+b_2f(\boldsymbol{\alpha}_2)=f(b_1\boldsymbol{\alpha}_1+b_2\boldsymbol{\alpha}_2)\in f(V_1).$$

所以 $f(V_1)$是 W 的子空间.

例 6 证明：向量空间 $F[x]$可以与它的一个子空间同构.

证明 设 $G[x]$是 $F[x]$中常数项为 0 的多项式组成的集合，则 $G[x]$是 $F[x]$的一个真子空间. 令

$$f:F[x]\to G[x],\ h(x)\to xh(x)$$

是 $F[x]$到 $G[x]$的双射，对任意的 a，$b\in F$，有

$$\begin{aligned}f(ah_1(x)+bh_2(x))&=x[ah_1(x)+bh_2(x)]\\&=axh_1(x)+bxh_2(x)=af(h_1(x))+bf(h_2(x)).\end{aligned}$$

所以 $F[x]$与 $G[x]$同构.

10.7 矩阵秩的几何意义

本部分利用向量空间的理论来研究矩阵的秩的意义. 一个矩阵的行空间的维数等于列空间的维数，等于这个矩阵的秩. 由此可见，矩阵的行向量组和列向量组的极大无关组所含向量个数相等，因此，矩阵的秩可以定义为行(或列)向量组的极大无关组所含向量的个数. 向量组的极大无关组所含向量个数及极大无关组都可以通过初等变换求矩阵的秩得到.

例 1　证明：行列式等于零的充分必要条件是它的行（或列）线性相关．

证明　令 $D=\begin{vmatrix} a_{11} & a_{12} & \cdots & a_{1n} \\ a_{21} & a_{22} & \cdots & a_{2n} \\ \vdots & \vdots & & \vdots \\ a_{n1} & a_{n2} & \cdots & a_{nn} \end{vmatrix}$，$\boldsymbol{\alpha}_i=(a_{i1},\ a_{i2},\ \cdots,\ a_{in})$，$i=1,\ 2,\ \cdots,\ n$．一方面，若 $D=0$，则矩阵 $\begin{pmatrix} a_{11} & a_{12} & \cdots & a_{1n} \\ a_{21} & a_{22} & \cdots & a_{2n} \\ \vdots & \vdots & & \vdots \\ a_{n1} & a_{n2} & \cdots & a_{nn} \end{pmatrix}$ 的行空间 $L(\boldsymbol{\alpha}_1,\ \boldsymbol{\alpha}_2,\ \cdots,\ \boldsymbol{\alpha}_n)$ 的维数小于 n，所以 $\{\boldsymbol{\alpha}_1,\ \boldsymbol{\alpha}_2,\ \cdots,\ \boldsymbol{\alpha}_n\}$ 线性相关．另一方面，若 $\{\boldsymbol{\alpha}_1,\ \boldsymbol{\alpha}_2,\ \cdots,\ \boldsymbol{\alpha}_n\}$ 线性相关，不妨假设

$$\boldsymbol{\alpha}_i=k_1\boldsymbol{\alpha}_1+\cdots+k_{i-1}\boldsymbol{\alpha}_{i-1}+k_{i+1}\boldsymbol{\alpha}_{i+1}+\cdots+k_n\boldsymbol{\alpha}_n,$$

则以 $\boldsymbol{\alpha}_i=(a_{i1},\ a_{i2},\ \cdots,\ a_{in})$ $(i=1,\ 2,\ \cdots,\ n)$ 为行的行列式等于零．

例 2　证明，秩$(\boldsymbol{A}+\boldsymbol{B})\leqslant$秩 $\boldsymbol{A}+$秩 $\boldsymbol{B}$．

证明　设 $\boldsymbol{A}$ 的列向量为 $\boldsymbol{\alpha}_1,\ \boldsymbol{\alpha}_2,\ \cdots,\ \boldsymbol{\alpha}_n$，$\boldsymbol{B}$ 的列向量为 $\boldsymbol{\beta}_1,\ \boldsymbol{\beta}_2,\ \cdots,\ \boldsymbol{\beta}_n$．$\boldsymbol{\alpha}_{i_1},\ \boldsymbol{\alpha}_{i_2},\ \cdots,\ \boldsymbol{\alpha}_{i_r}$ 与 $\boldsymbol{\beta}_{i_1},\ \boldsymbol{\beta}_{i_2},\ \cdots,\ \boldsymbol{\beta}_{i_s}$ 分别为 $\boldsymbol{A}$，$\boldsymbol{B}$ 的列向量组的极大无关组，$\boldsymbol{A}+\boldsymbol{B}=(\boldsymbol{\alpha}_1+\boldsymbol{\beta}_1,\ \boldsymbol{\alpha}_2+\boldsymbol{\beta}_2,\ \cdots,\ \boldsymbol{\alpha}_n+\boldsymbol{\beta}_n)$，$\boldsymbol{A}+\boldsymbol{B}$ 的列向量组的极大无关组可由 $\boldsymbol{\alpha}_{i_1},\ \boldsymbol{\alpha}_{i_2},\ \cdots,\ \boldsymbol{\alpha}_{i_r},\ \boldsymbol{\beta}_{i_1},\ \boldsymbol{\beta}_{i_2},\ \cdots,\ \boldsymbol{\beta}_{i_s}$ 线性表示，由替换定理，秩$(\boldsymbol{A}+\boldsymbol{B})\leqslant$秩 $\boldsymbol{A}$ $+$秩 $\boldsymbol{B}$．

例 3　设 $\boldsymbol{A}$ 是一个 m 行的矩阵，秩 $\boldsymbol{A}=r$，从 $\boldsymbol{A}$ 中任意取出 s 行，作一个 s 行的矩阵 $\boldsymbol{B}$．证明，秩 $\boldsymbol{B}\geqslant r+s-m$．

证明　设 $\boldsymbol{A}$ 的行向量组为 $\boldsymbol{\alpha}_1,\ \boldsymbol{\alpha}_2,\ \cdots,\ \boldsymbol{\alpha}_m$，其极大无关组为 $\boldsymbol{\alpha}_{i_1},\ \boldsymbol{\alpha}_{i_2},\ \cdots,\ \boldsymbol{\alpha}_{i_r}$，$\boldsymbol{B}$ 的行向量组为 $\boldsymbol{\alpha}_{j_1},\ \boldsymbol{\alpha}_{j_2},\ \cdots,\ \boldsymbol{\alpha}_{j_s}$，其极大无关组所含向量个数为 t，即秩 $\boldsymbol{B}=t$．把 $\boldsymbol{B}$ 的行向量组的极大无关组扩充为 $\boldsymbol{A}$ 的行向量组的极大无关组，要补充 $r-t$ 个线性无关的向量．

在 $\boldsymbol{A}$ 的行向量组中，除 $\boldsymbol{\alpha}_{j_1},\ \boldsymbol{\alpha}_{j_2},\ \cdots,\ \boldsymbol{\alpha}_{j_s}$ 外的 $m-s$ 个向量所成向量组的极大无关组含有 $r-t$ 个向量．所以 $r-t\leqslant m-s$，即秩 $\boldsymbol{B}\geqslant r+s-m$．

例 4　设 $\boldsymbol{A}$ 是一个 $m\times n$ 矩阵，秩 $\boldsymbol{A}=r$，从 $\boldsymbol{A}$ 中任意划去 $m-s$ 行与 $n-t$ 列，其余元素按原来的位置排成一个 $s\times t$ 矩阵 $\boldsymbol{C}$．证明，秩 $\boldsymbol{C}\geqslant r+s+t-m-n$．

证明　由秩 $\boldsymbol{A}=r$ 知，在 $\boldsymbol{A}$ 的行向量组中存在 r 个线性无关的向量 $\boldsymbol{\alpha}_1,\ \boldsymbol{\alpha}_2,\ \cdots,\ \boldsymbol{\alpha}_r$．在 $\boldsymbol{A}$ 中划去 $m-s$ 行而得到 $\boldsymbol{A}_1$，则 $\boldsymbol{A}_1$ 的行向量组的极大无关组所含向量的个数 $r_1\geqslant r-(m-s)$．因此，在 $\boldsymbol{A}_1$ 中存在 r_1 个线性无关的列向量 $\boldsymbol{\beta}_1,\ \boldsymbol{\beta}_2,\ \cdots,\ \boldsymbol{\beta}_{r_1}$．在 $\boldsymbol{A}_1$ 中划去 $n-t$ 个列向量得到 $\boldsymbol{C}$，则 $\boldsymbol{C}$ 中线性无关的列向量

的最多个数为

$$r_2 \geqslant r_1-(n-t) \geqslant r-(m-s)-(n-t)=r+s+t-m-n.$$

因而秩 $\boldsymbol{C} \geqslant r+s+t-m-n$.

10.8 线性方程组解的结构

10.8.1 齐次线性方程组

$$\begin{cases} a_{11} x_1+a_{12} x_2+\cdots+a_{1n} x_n=0, \\ a_{21} x_1+a_{22} x_2+\cdots+a_{2n} x_n=0, \\ \cdots\cdots \\ a_{m1} x_1+a_{m2} x_2+\cdots+a_{mn} x_n=0. \end{cases} \tag{1}$$

(1)解的性质:方程组(1)的两个解的和还是方程组(1)的解;方程组(1)的一个解的倍数还是方程组(1)的解.

(2)基础解系:齐次线性方程组(1)的一组解 $\boldsymbol{\eta}_1, \boldsymbol{\eta}_2, \cdots, \boldsymbol{\eta}_t$ 称为方程组(1)的一个基础解系,那么,①方程组(1)的任何一个解都能表成 $\boldsymbol{\eta}_1, \boldsymbol{\eta}_2, \cdots, \boldsymbol{\eta}_t$ 的一个线性组合;② $\boldsymbol{\eta}_1, \boldsymbol{\eta}_2, \cdots, \boldsymbol{\eta}_t$ 线性无关.

在齐次线性方程组(1)有非零解的情况下,它有基础解系,并且基础解系所含向量个数等于 $n-r$,这里 r 表示系数矩阵的秩. 齐次线性方程组(1)的解空间为 $L(\boldsymbol{\eta}_1, \boldsymbol{\eta}_2, \cdots, \boldsymbol{\eta}_{n-r})$,维数等于 $n-r$.

10.8.2 非齐次线性方程组

$$\begin{cases} a_{11} x_1+a_{12} x_2+\cdots+a_{1n} x_n=b_1, \\ a_{21} x_1+a_{22} x_2+\cdots+a_{2n} x_n=b_2, \\ \cdots\cdots \\ a_{m1} x_1+a_{m2} x_2+\cdots+a_{mn} x_n=b_m. \end{cases} \tag{2}$$

(a)线性方程组有解的判别定理:线性方程组(2)有解的充要条件为它的系数矩阵

$$\boldsymbol{A}=\begin{pmatrix} a_{11} & a_{12} & \cdots & a_{1n} \\ a_{21} & a_{22} & \cdots & a_{2n} \\ \vdots & \vdots & & \vdots \\ a_{m1} & a_{m2} & \cdots & a_{mn} \end{pmatrix}$$

与增广矩阵

$$\overline{\boldsymbol{A}}=\begin{pmatrix} a_{11} & a_{12} & \cdots & a_{1n} & b_1 \\ a_{21} & a_{22} & \cdots & a_{2n} & b_2 \\ \vdots & \vdots & & \vdots & \vdots \\ a_{m1} & a_{m2} & \cdots & a_{mn} & b_m \end{pmatrix}$$

有相同的秩. 齐次线性方程组(1)称为方程组(2)的导出方程组.

(b)解的性质:线性方程组(2)的两个解的差是它的导出方程组(1)的解;线性方程组(2)的一个解与它的导出方程组(1)的一个解之和还是线性方程组(2)的一个解.

(c)解的结构:如果 $\boldsymbol{\gamma}_0$ 是线性方程组(2)的一个特解，那么方程组(2)的任何一个解都可以表示成

$$\boldsymbol{\gamma}=\boldsymbol{\gamma}_0+\boldsymbol{\eta}.$$

其中 $\boldsymbol{\eta}$ 是导出方程组(1)的一个解. 因此，求出线性方程组(2)的一个特解 $\boldsymbol{\gamma}_0$ 和它的导出方程组(1)的一个基础解系 $\boldsymbol{\eta}_1$，$\boldsymbol{\eta}_2$，…，$\boldsymbol{\eta}_{n-r}$，则可得线性方程组(2)的全部解:

$$\boldsymbol{\gamma}=\boldsymbol{\gamma}_0+k_1\boldsymbol{\eta}_1+k_2\boldsymbol{\eta}_2+\cdots+k_{n-r}\boldsymbol{\eta}_{n-r}.$$

其中 k_1，k_2，…，k_{n-r}是 $n-r$ 个数.

例 1　求齐次线性方程组

$$\begin{aligned} x_1+x_2+x_3+x_4+x_5&=0,\\ 3x_1+2x_2+x_3+x_4-3x_5&=0,\\ 5x_1+4x_2+3x_3+3x_4-x_5&=0,\\ x_2+2x_3+2x_4+x_5&=0 \end{aligned}$$

的一个基础解系.

解　方程组的系数矩阵

$$\begin{pmatrix} 1 & 1 & 1 & 1 & 1 \\ 3 & 2 & 1 & 1 & -3 \\ 5 & 4 & 3 & 3 & -1 \\ 0 & 1 & 2 & 2 & 1 \end{pmatrix}\rightarrow\begin{pmatrix} 1 & 1 & 1 & 1 & 1 \\ 0 & 1 & 2 & 2 & 6 \\ 0 & 0 & 0 & 0 & 1 \\ 0 & 0 & 0 & 0 & 0 \end{pmatrix},$$

相应的方程组为

$$\begin{aligned} x_1+x_2+x_3+x_4+x_5&=0,\\ x_2+2x_3+2x_4+6x_5&=0,\\ x_5&=0. \end{aligned}$$

令 x_3，x_4 为自由未知量，当 $x_3=1$，$x_4=0$ 时，$\boldsymbol{\eta}_1=(1,\ -2,\ 1,\ 0,\ 0)$；当 $x_3=0$，$x_4=1$ 时，$\boldsymbol{\eta}_2=(1,\ -2,\ 0,\ 1,\ 0)$. 所以 $\boldsymbol{\eta}_1$，$\boldsymbol{\eta}_2$ 是方程组的一个基础解系.

例 2　求线性方程组

$$x_1 - x_2 + 5x_3 - x_4 = -1,$$
$$3x_1 - x_2 + 8x_3 + x_4 = 2,$$
$$x_1 + 3x_2 - 9x_3 + 7x_4 = 9.$$

的全部解.

解 方程组的增广矩阵

$$\begin{pmatrix} 1 & -1 & 5 & -1 & -1 \\ 3 & -1 & 8 & 1 & 2 \\ 1 & 3 & -9 & 7 & 9 \end{pmatrix} \to \begin{pmatrix} 1 & 0 & 3/2 & 1 & 3/2 \\ 0 & 1 & -7/2 & 2 & 5/2 \\ 0 & 0 & 0 & 0 & 0 \end{pmatrix},$$

相应的方程组为

$$x_1 = -\frac{3}{2}x_3 - x_4 + \frac{3}{2},$$

$$x_2 = \frac{7}{2}x_3 - 2x_4 + \frac{5}{2}.$$

方程组的一个特解 $\boldsymbol{\eta}_0 = (-1, 4, 1, 1)$. 令 x_3, x_4 为自由未知量，当 $x_3 = 1$, $x_4 = 0$ 时，$\boldsymbol{\eta}_1 = (-\frac{3}{2}, \frac{7}{2}, 1, 0)$；当 $x_3 = 0$, $x_4 = 1$ 时，$\boldsymbol{\eta}_2 = (-1, -2, 0, 1)$. 所以 $\boldsymbol{\eta}_1$, $\boldsymbol{\eta}_2$ 是原方程组的导出组的一个基础解系. 所以原方程组的全部解为 $\boldsymbol{\eta}_0 + k_1\boldsymbol{\eta}_1 + k_2\boldsymbol{\eta}_2$, k_1, k_2 不全为零.

例 3 证明：F^n 的任意一个子空间都是某一含 n 个未知数的齐次线性方程组的解空间.

证明 (1)若 $W = \{\mathbf{0}\}$，任取可逆矩阵 $\mathbf{A}$，则 W 是以 $\mathbf{A}$ 为系数矩阵的齐次线性方程组的解空间.

(2)若 $W \neq \{\mathbf{0}\}$，设 $\dim W = r$，$\boldsymbol{\beta}_i = (b_{i1}, b_{i2}, \cdots, b_{in})$ $(i = 1, 2, \cdots, r)$ 为 W 的基，于是齐次线性方程组

$$b_{11}x_1 + b_{12}x_2 + \cdots + b_{1n}x_n = 0,$$
$$b_{21}x_1 + b_{22}x_2 + \cdots + b_{2n}x_n = 0,$$
$$\cdots\cdots$$
$$b_{r1}x_1 + b_{r2}x_2 + \cdots + b_{rn}x_n = 0.$$

的解空间 U 是 $n - r$ 维的. 设 $\boldsymbol{\alpha}_j = (a_{j1}, a_{j2}, \cdots, a_{jn})$, $j = 1, \cdots, n - r$ 是 U 的一个基础解系，于是齐次线性方程组

$$a_{11}y_1 + a_{12}y_2 + \cdots + a_{1n}y_n = 0,$$
$$a_{21}y_1 + a_{22}y_2 + \cdots + a_{2n}y_n = 0,$$
$$\cdots\cdots$$
$$a_{n-r,1}y_1 + a_{n-r,2}y_2 + \cdots + a_{n-r,n}y_n = 0.$$

的解空间 T 是 r 维的，且 $\boldsymbol{\beta}_1$，$\boldsymbol{\beta}_2$，…，$\boldsymbol{\beta}_r$ 为 T 的一个基础解系，所以 $T=W$.

例 4　证明：F^n 的任意一个不等于 F^n 的子空间都是若干个 $n-1$ 维子空间的交.

证明　法一　设 W 为齐次线性方程组

$$\begin{aligned}&a_{11}y_1+a_{12}y_2+\cdots+a_{1n}y_n=0,\\&a_{21}y_1+a_{22}y_2+\cdots+a_{2n}y_n=0,\\&\cdots\cdots\\&a_{m1}y_1+a_{m2}y_2+\cdots+a_{mn}y_n=0\end{aligned}$$

的解空间，且 $(a_{i1},a_{i2},\cdots,a_{in})\neq(0,0,\cdots,0)$，$i=1,2,\cdots,m$.

设 U_i 为 $a_{i1}y_1+a_{i2}y_2+\cdots+a_{in}y_n=0$ 的解空间，$i=1,2,\cdots,m$. 显然 $\dim U_i=n-1$，此时

$$W=\bigcap_{i=1}^{m}U_i.$$

法二　(1)若 $W=\{\mathbf{0}\}$，设 $\{\boldsymbol{\alpha}_1,\boldsymbol{\alpha}_2,\cdots,\boldsymbol{\alpha}_n\}$ 是 F^n 的一个基，令 $W_i=L(\boldsymbol{\alpha}_1,\cdots,\boldsymbol{\alpha}_{i-1},\boldsymbol{\alpha}_{i+1},\cdots,\boldsymbol{\alpha}_n)$，$i=1,2,\cdots,n$. 显然 $\dim W_i=n-1$. 令 $U=\bigcap_{i=1}^{n}W_i$，易证 $U=\{\mathbf{0}\}=W$.

(2)若 $W\neq\{\mathbf{0}\}$，设 $\{\boldsymbol{\alpha}_1,\boldsymbol{\alpha}_2,\cdots,\boldsymbol{\alpha}_r\}$ 是 W 的一个基，扩充为 V 的一个基 $\{\boldsymbol{\alpha}_1,\cdots,\boldsymbol{\alpha}_r,\boldsymbol{\alpha}_{r+1},\cdots,\boldsymbol{\alpha}_n\}$. 令

$$\begin{aligned}&W_1=L(\boldsymbol{\alpha}_1,\cdots,\boldsymbol{\alpha}_r,\boldsymbol{\alpha}_{r+2},\cdots,\boldsymbol{\alpha}_n),\\&W_2=L(\boldsymbol{\alpha}_1,\cdots,\boldsymbol{\alpha}_r,\boldsymbol{\alpha}_{r+1},\boldsymbol{\alpha}_{r+3},\cdots,\boldsymbol{\alpha}_n),\\&\cdots\cdots\\&W_{n-r}=L(\boldsymbol{\alpha}_1,\cdots,\boldsymbol{\alpha}_r,\boldsymbol{\alpha}_{r+1},\cdots,\boldsymbol{\alpha}_{n-1}).\end{aligned}$$

显然 $\dim W_j=n-1$，$j=1,2,\cdots,n-r$.

令 $U=\bigcap_{j=1}^{n-r}W_j$，$W\subseteq U$. 设 $\zeta\in U$，$\zeta=\sum_{i=1}^{r}k_i\boldsymbol{\alpha}_i+\sum_{j=r+1}^{n}l_j\boldsymbol{\alpha}_j$，则有 $l_j=0$，所以 $\zeta\in W$，这样 $W=U=\bigcap_{j=1}^{n-r}W_j$.

10.9　向量空间综合练习题

例 1　设在向量组 $\boldsymbol{\alpha}_1$，$\boldsymbol{\alpha}_2$，…，$\boldsymbol{\alpha}_r$ 中，$\boldsymbol{\alpha}_1\neq\mathbf{0}$ 并且每一 $\boldsymbol{\alpha}_i$ 都不能表成它的前 $i-1$ 个向量 $\boldsymbol{\alpha}_1$，$\boldsymbol{\alpha}_2$，…，$\boldsymbol{\alpha}_{i-1}$ 的线性组合. 证明 $\boldsymbol{\alpha}_1$，$\boldsymbol{\alpha}_2$，…，$\boldsymbol{\alpha}_r$ 线性无关.

证明　设 $a_1\boldsymbol{\alpha}_1+a_2\boldsymbol{\alpha}_2+\cdots+a_r\boldsymbol{\alpha}_r=\mathbf{0}$，若 $a_r\neq0$，则 $\boldsymbol{\alpha}_r$ 可表成它的前 $r-1$ 个向量 $\boldsymbol{\alpha}_1$，$\boldsymbol{\alpha}_2$，…，$\boldsymbol{\alpha}_{r-1}$ 的线性组合，与已知矛盾. 因此 $a_r=0$. 同理 $a_{r-1}=\cdots=a_2=0$，进而 $a_1\boldsymbol{\alpha}_1=\mathbf{0}$，由于 $\boldsymbol{\alpha}_1\neq\mathbf{0}$，所以 $a_1=0$. 因而 $\boldsymbol{\alpha}_1$，$\boldsymbol{\alpha}_2$，…，$\boldsymbol{\alpha}_r$ 线性

无关.

例 2 设向量组 $\boldsymbol{\alpha}_1, \boldsymbol{\alpha}_2, \cdots, \boldsymbol{\alpha}_r$ 线性无关，而 $\boldsymbol{\alpha}_1, \boldsymbol{\alpha}_2, \cdots, \boldsymbol{\alpha}_r, \boldsymbol{\beta}, \boldsymbol{\gamma}$ 线性相关. 证明：或者 $\boldsymbol{\beta}$ 与 $\boldsymbol{\gamma}$ 中至少有一个可由 $\boldsymbol{\alpha}_1, \boldsymbol{\alpha}_2, \cdots, \boldsymbol{\alpha}_r$ 线性表示，或者向量组 $\{\boldsymbol{\alpha}_1, \boldsymbol{\alpha}_2, \cdots, \boldsymbol{\alpha}_r, \boldsymbol{\beta}\}$ 与 $\{\boldsymbol{\alpha}_1, \boldsymbol{\alpha}_2, \cdots, \boldsymbol{\alpha}_r, \boldsymbol{\gamma}\}$ 等价.

证明 令 $a_1\boldsymbol{\alpha}_1 + a_2\boldsymbol{\alpha}_2 + \cdots + a_r\boldsymbol{\alpha}_r + a\boldsymbol{\beta} + b\boldsymbol{\gamma} = \mathbf{0}$, $a_1, a_2, \cdots, a_r, a, b$ 不全为零. 若 $a = b = 0$，则 $\boldsymbol{\alpha}_1, \boldsymbol{\alpha}_2, \cdots, \boldsymbol{\alpha}_r$ 线性相关，与已知矛盾. 因此 a, b 至少有一个不为 0，不妨假设①$a \neq 0$, $b = 0$, $\boldsymbol{\beta}$ 可由 $\boldsymbol{\alpha}_1, \boldsymbol{\alpha}_2, \cdots, \boldsymbol{\alpha}_r$ 线性表示；②$a \neq 0$, $b \neq 0$，那么 $\{\boldsymbol{\alpha}_1, \boldsymbol{\alpha}_2, \cdots, \boldsymbol{\alpha}_r, \boldsymbol{\beta}\}$ 与 $\{\boldsymbol{\alpha}_1, \boldsymbol{\alpha}_2, \cdots, \boldsymbol{\alpha}_r, \boldsymbol{\gamma}\}$ 等价.

例 3 如果向量空间 V 的每一个向量都可以唯一地表成 V 中的向量 $\boldsymbol{\alpha}_1, \boldsymbol{\alpha}_2, \cdots, \boldsymbol{\alpha}_n$ 的线性组合，那么 $\dim V = n$.

证明 令 $a_1\boldsymbol{\alpha}_1 + a_2\boldsymbol{\alpha}_2 + \cdots + a_n\boldsymbol{\alpha}_n = \mathbf{0}$，显然有 $0\boldsymbol{\alpha}_1 + 0\boldsymbol{\alpha}_2 + \cdots + 0\boldsymbol{\alpha}_n = \mathbf{0}$. 由唯一性知，$a_1 = a_2 = \cdots = a_n = 0$，所以 $\boldsymbol{\alpha}_1, \boldsymbol{\alpha}_2, \cdots, \boldsymbol{\alpha}_n$ 线性无关，且 $V = L(\boldsymbol{\alpha}_1, \boldsymbol{\alpha}_2, \cdots, \boldsymbol{\alpha}_n)$，所以 $\dim V = n$.

例 4 设 W 是 $\mathbf{R}^n$ 的一个非零子空间，而对于 W 的每一个向量 $(\boldsymbol{\alpha}_1, \boldsymbol{\alpha}_2, \cdots, \boldsymbol{\alpha}_n)$ 来说，要么 $a_1 = a_2 = \cdots = a_n = 0$，要么每一个 a_i 都不等于零，证明 $\dim W = 1$.

证明 若 $\dim W \geqslant 2$，那么 W 中至少有两个非零向量 $\boldsymbol{\alpha}$, $\boldsymbol{\beta}$ 不成比例. 设 $\boldsymbol{\alpha} = (a_1, a_2, \cdots, a_n)$, $\boldsymbol{\beta} = (b_1, b_2, \cdots, b_n)$ 并且

$$\frac{a_1}{b_1} = \cdots = \frac{a_s}{b_s} = k, \ \frac{a_{s+1}}{b_{s+1}} \neq k \ (1 \leqslant s \leqslant n-1),$$

则 $\boldsymbol{\alpha} - k\boldsymbol{\beta} = (0, \cdots, 0, a_{s+1} - kb_{s+1}, *, \cdots, *) \in W$，其中 $a_{s+1} - kb_{s+1} \neq 0$，与已知矛盾，所以 $\dim W < 2$. 又因为 $W \neq \{\mathbf{0}\}$, $\dim W > 0$，所以 $\dim W = 1$.

例 5 设 W 是 n 维向量空间 V 的一个子空间，且 $0 < \dim W < n$. 证明：W 在 V 中有不只一个余子空间.

证明 设 V 的维数为 r，且 $\boldsymbol{\alpha}_1, \boldsymbol{\alpha}_2, \cdots, \boldsymbol{\alpha}_r$ 为 W 的一个基，则 $\boldsymbol{\alpha}_1, \boldsymbol{\alpha}_2, \cdots, \boldsymbol{\alpha}_r$ 一定可以扩充成 V 的一个基：$\boldsymbol{\alpha}_1, \boldsymbol{\alpha}_2, \cdots, \boldsymbol{\alpha}_r, \boldsymbol{\beta}_1, \cdots, \boldsymbol{\beta}_{n-r}$，令 $W' = L(\boldsymbol{\beta}_1, \cdots, \boldsymbol{\beta}_{n-r})$，则 W' 是 W 的一个余子空间，且 $\dim W' = n - r$. 又 $\boldsymbol{\alpha}_1 + \boldsymbol{\beta}_1, \boldsymbol{\beta}_2, \cdots, \boldsymbol{\beta}_{n-r}$ 线性无关，令 $W'' = L(\boldsymbol{\alpha}_1 + \boldsymbol{\beta}_1, \boldsymbol{\beta}_2, \cdots, \boldsymbol{\beta}_{n-r})$，则 $W'' \oplus W = V$. 而 $\boldsymbol{\beta}_1, \cdots, \boldsymbol{\beta}_{n-r}$ 与 $\boldsymbol{\alpha}_1 + \boldsymbol{\beta}_1, \boldsymbol{\beta}_2, \cdots, \boldsymbol{\beta}_{n-r}$ 不等价. 所以

$$L(\boldsymbol{\beta}_1, \cdots, \boldsymbol{\beta}_{n-r}) \neq L(\boldsymbol{\alpha}_1 + \boldsymbol{\beta}_1, \boldsymbol{\beta}_2, \cdots, \boldsymbol{\beta}_{n-r}).$$

例 6 如果 V 是子空间 $W_1, W_2, \cdots, W_t$ 的直和，那么 V 中每一个向量 $\boldsymbol{\alpha}$ 可以唯一地表示成：$\boldsymbol{\alpha} = \boldsymbol{\alpha}_1 + \boldsymbol{\alpha}_2 + \cdots + \boldsymbol{\alpha}_t$ 的形式，这里 $\boldsymbol{\alpha}_i \in W_i$, $i = 1, 2, \cdots, t$，并且当 V 是有限维向量空间时，

$$\dim V = \dim W_1 + \cdots + \dim W_t.$$

证明 设 $\boldsymbol{\alpha}\in V,\boldsymbol{\alpha}_i\in W_i$，$i=1,2,\cdots,t$，$\boldsymbol{\alpha}=\boldsymbol{\alpha}_1+\boldsymbol{\alpha}_2+\cdots+\boldsymbol{\alpha}_t$. 若还有 $\boldsymbol{\alpha}=\boldsymbol{\alpha}_1'+\boldsymbol{\alpha}_2'+\cdots+\boldsymbol{\alpha}_t'(\boldsymbol{\alpha}_i'\in W_i)$，则

$$\boldsymbol{\alpha}_1+\boldsymbol{\alpha}_2+\cdots+\boldsymbol{\alpha}_t=\boldsymbol{\alpha}_1'+\boldsymbol{\alpha}_2'+\cdots+\boldsymbol{\alpha}_t',$$

即

$$\boldsymbol{\alpha}_1-\boldsymbol{\alpha}_1'=(\boldsymbol{\alpha}_2'-\boldsymbol{\alpha}_2)+\cdots+(\boldsymbol{\alpha}_t'-\boldsymbol{\alpha}_t).$$

又 $V=W_1\oplus\cdots\oplus W_t$，所以

$$W_i\cap(W_1+\cdots+W_{i-1}+W_{i+1}+\cdots+W_t)=\{\mathbf{0}\}.$$

而 $\boldsymbol{\alpha}_1-\boldsymbol{\alpha}_1'\in W_1\cap(W_2+W_3+\cdots+W_t)$，因此 $\boldsymbol{\alpha}_1-\boldsymbol{\alpha}_1'=\mathbf{0}$，即 $\boldsymbol{\alpha}_1=\boldsymbol{\alpha}_1'$. 同理，$\boldsymbol{\alpha}_2=\boldsymbol{\alpha}_2',\cdots,\boldsymbol{\alpha}_t=\boldsymbol{\alpha}_t'$. 唯一性得证.

设 $\dim V=n$，则 $V=W_i+(W_1+\cdots+W_{i-1}+W_{i+1}+\cdots+W_n)$，且

$$W_i\cap(W_1+\cdots+W_{i-1}+W_{i+1}+\cdots+W_n)=\{\mathbf{0}\},$$

从而 $W_1+\cdots+W_{i-1}+W_{i+1}+\cdots+W_n$ 是 $W_i(i=1,2,\cdots,n)$的余子空间. 所以

$$\dim V=\dim W_1+\dim(W_2+W_3+\cdots+W_n).$$

同理，

$$\dim(W_2+W_3+\cdots+W_n)=\dim W_2+\dim(W_3+W_4+\cdots+W_n),$$

以此类推，可得

$$\dim V=\dim W_1+\cdots+\dim W_n.$$

例 7 设 V 是由数域 F 上的所有 n 阶上三角矩阵(即主对角线下方的元素全为零)组成的集合. 证明 V 关于矩阵的加法与数乘运算构成 F 上的向量空间，并求 $\dim V$ 与 V 的一个基.

解 任取 $\boldsymbol{A},\boldsymbol{B}\in V$，$k$，$l\in F$，$k\boldsymbol{A}+l\boldsymbol{B}\in V$，所以 V 关于矩阵的加法与数乘运算构成 F 上的向量空间.

$\boldsymbol{E}_{ij}(1\leqslant i\leqslant j\leqslant n)$共有$\dfrac{n(n+1)}{2}$个，构成全体 n 阶上三角矩阵所作成的向量空间的一组基，其中 $\boldsymbol{E}_{ij}$ 为位于第 i 行第 j 列的元素且为 1，其余元素为零的 n 阶方阵. 故此空间的维数为$\dfrac{n(n+1)}{2}$.

例 8 设 V 为复数域上的全体 n 维向量的集合，V 是实数域上的几维空间?

解 V 是实数域上的 $2n$ 维空间. 事实上，可证明 V 中的 $2n$ 个向量 $\boldsymbol{\varepsilon}_1=(1,0,\cdots,0)$，$\boldsymbol{\varepsilon}_2=(0,1,\cdots,0)$，$\cdots$，$\boldsymbol{\varepsilon}_n=(0,0,\cdots,1)$；$\boldsymbol{\eta}_1=(i,0,\cdots,0)$，$\boldsymbol{\eta}_2=(0,i,\cdots,0)$，$\cdots$，$\boldsymbol{\eta}_n=(0,0,\cdots,i)$为 V(作为实数域上的向量空间)的一个基. 事实上，设有实数 $k_1,\cdots,k_n,l_1,\cdots,l_n$，使

$$k_1\boldsymbol{\varepsilon}_1+\cdots+k_n\boldsymbol{\varepsilon}_n+l_1\boldsymbol{\eta}_1+\cdots+l_n\boldsymbol{\eta}_n=\mathbf{0},$$

则得

$$(k_1+l_1 i, k_2+l_2 i, \cdots, k_n+l_n i)=0,$$

于是

$$k_1+l_1 i=0, k_2+l_2 i=0, \cdots, k_n+l_n i=0,$$

故 $k_1=\cdots=k_n=l_1=\cdots=l_n=0$. 即 $\boldsymbol{\varepsilon}_1, \cdots, \boldsymbol{\varepsilon}_n, \boldsymbol{\eta}_1, \cdots, \boldsymbol{\eta}_n$ 在实数域上线性无关.

其次，设

$$\boldsymbol{\alpha}=(k_1+l_1 i, k_2+l_2 i, \cdots, k_n+l_n i)$$

为 V 中任一向量，则

$$\boldsymbol{\alpha}=k_1\boldsymbol{\varepsilon}_1+\cdots+k_n\boldsymbol{\varepsilon}_n+l_1\boldsymbol{\eta}_1+\cdots+l_n\boldsymbol{\eta}_n.$$

故 $2n$ 个向量 $\boldsymbol{\varepsilon}_1, \cdots, \boldsymbol{\varepsilon}_n, \boldsymbol{\eta}_1, \cdots, \boldsymbol{\eta}_n$ 是 V 的一个基，从而 V 是实数域上的 $2n$ 维空间.

第 11 章　线性变换

本章主要讨论有限维向量空间的线性变换及其运算，线性变换的特征值和特征向量以及线性变换的矩阵表示. 线性变换和矩阵是同一事物的两种表现形式. 变换实质上就是一种映射，向量空间到自身的一种特定的映射称为线性变换. 线性变换是向量空间中最基本的变换，是线性代数研究的主要对象，它在讨论向量空间中向量的内在联系及向量空间的结构方面有着重要的作用.

11.1　线性变换的概念和性质

线性变换是一种特殊的映射，是定义在数域 F 上的向量空间 V 到自身的函数(映射)，它保持向量空间的加法和数与向量的乘法运算. 即 V 到自身的映射 σ，满足：① $\forall \boldsymbol{\xi}, \boldsymbol{\eta} \in V$，$\sigma(\boldsymbol{\xi}+\boldsymbol{\eta})=\sigma(\boldsymbol{\xi})+\sigma(\boldsymbol{\eta})$；② $\forall \boldsymbol{\xi} \in V$，$a \in F$，$\sigma(a\boldsymbol{\xi})=a\sigma(\boldsymbol{\xi})$. 称 σ 是 V 的线性变换.

根据定义证明 σ 是线性变换，必须验证映射 σ 满足的两个条件. 判断 σ 不是线性变换，只需验证存在 $\boldsymbol{\xi}_0$，$\boldsymbol{\eta}_0 \in V$，使得 $\sigma(\boldsymbol{\xi}_0+\boldsymbol{\eta}_0) \neq \sigma(\boldsymbol{\xi}_0)+\sigma(\boldsymbol{\eta}_0)$；或者存在 $\boldsymbol{\xi}_0 \in V$，$a_0 \in F$，使得 $\sigma(a_0\boldsymbol{\xi}_0) \neq a_0\sigma(\boldsymbol{\xi}_0)$ 即可.

例 1　令 $\boldsymbol{\xi}=(x_1, x_2, x_3)$ 是 $\mathbf{R}^3$ 的任意向量，判断下列变换 σ 哪些是 $\mathbf{R}^3$ 的线性变换？若是，请加以证明；若不是，请举例加以说明.

(1) $\sigma(\boldsymbol{\xi})=\boldsymbol{\xi}+\boldsymbol{\alpha}$，$\boldsymbol{\alpha}$ 是 $\mathbf{R}^3$ 的一个固定向量；

(2) $\sigma(\boldsymbol{\xi})=(x_1-x_2+x_3, x_2+x_3, x_2-x_3)$；

(3) $\sigma(\boldsymbol{\xi})=(x_1{}^2, x_1+x_2, x_3{}^2)$；

(4) $\sigma(\boldsymbol{\xi})=(1, x_1x_2x_3, 1)$；

(5) $\sigma(\boldsymbol{\xi})=(\cos x_1, \sin x_2, 0)$；

(6) $\sigma(\boldsymbol{\xi})=(0, x_1+x_2+x_3, 0)$.

解　(1) 当 $\boldsymbol{\alpha}=\mathbf{0}$ 时，σ 是 $\mathbf{R}^3$ 到自身的线性映射；$\boldsymbol{\alpha} \neq \mathbf{0}$ 时，不是.

(2) 是，可直接验证.

(3) 不是，事实上，存在 $\boldsymbol{\xi}=(1, 0, 0)$，$\sigma(\boldsymbol{\xi})=(1, 1, 0)$，$2\sigma(\boldsymbol{\xi})=(2, 2, 0)$，

$\sigma(2\boldsymbol{\xi})=(4, 2, 0)\neq 2\sigma(\boldsymbol{\xi})$.

(4)不是，事实上，存在$\boldsymbol{\xi}=(-1, 1, 1)$，$\sigma(\boldsymbol{\xi})=(1, -1, 1)$，$2\sigma(\boldsymbol{\xi})=(2, -2, 2)$，$\sigma(2\boldsymbol{\xi})=(1, -8, 1)\neq 2\sigma(\boldsymbol{\xi})$.

(5)不是，事实上，存在$a\neq 1$，取$a=2$，$\boldsymbol{\xi}=(x_1, x_2, x_3)=(\pi, \pi, \pi)$，$\sigma(2\boldsymbol{\xi})=(\cos 2\pi, \sin 2\pi, 0)=(1, 0, 0)\neq 2\sigma(\boldsymbol{\xi})$.

(6)是，可直接验证.

例 2 在$F[x]$中，定义$\sigma: f(x)\mapsto f'(x)$，$\tau: f(x)\mapsto xf(x)$. 这里$f'(x)$表示$f(x)$的导数. 证明，$\sigma$，$\tau$都是$F[x]$的线性变换.

证明 σ，τ显然都是$F[x]$的变换. 设$f(x)$，$g(x)\in F[x]$，$k\in F$，则

$$\sigma(f(x)+g(x))=(f(x)+g(x))'=f'(x)+g'(x)=\sigma f(x)+\sigma g(x),$$

$$\sigma(kf(x))=(kf(x))'=kf'(x)=k\sigma f(x),$$

σ是$F[x]$的线性变换.

又$\tau(f(x)+g(x))=x(f(x)+g(x))=xf(x)+xg(x)=\tau f(x)+\tau g(x)$,

$$\tau(kf(x))=xkf(x)=kxf(x)=k\tau f(x),$$

τ是$F[x]$的线性变换.

例 3 令$M_n(F)$表示数域F上一切n阶矩阵所成的向量空间. 取定$\boldsymbol{A}\in M_n(F)$. 对于任意的$\boldsymbol{X}\in M_n(F)$，定义

$$\sigma(\boldsymbol{X})=\boldsymbol{AX}-\boldsymbol{XA}.$$

(1)证明：σ是$M_n(F)$的线性变换.

(2)证明：对于任意的$\boldsymbol{X}$，$\boldsymbol{Y}\in M_n(F)$，

$$\sigma(\boldsymbol{XY})=\sigma(\boldsymbol{X})\boldsymbol{Y}+\boldsymbol{X}\sigma(\boldsymbol{Y}).$$

证明 (1)对于任意的a，$b\in F$，$\boldsymbol{X}$，$\boldsymbol{Y}\in M_n(F)$，$\sigma(a\boldsymbol{X}+b\boldsymbol{Y})=\boldsymbol{A}(a\boldsymbol{X}+b\boldsymbol{Y})-(a\boldsymbol{X}+b\boldsymbol{Y})\boldsymbol{A}=a\sigma(\boldsymbol{X})+b\sigma(\boldsymbol{Y})$. 所以$\sigma$是$M_n(F)$到自身的线性映射.

(2)$\sigma(\boldsymbol{XY})=(\boldsymbol{AX}-\boldsymbol{XA})\boldsymbol{Y}+\boldsymbol{X}(\boldsymbol{AY}-\boldsymbol{YA})=\sigma(\boldsymbol{X})\boldsymbol{Y}+\boldsymbol{X}\sigma(\boldsymbol{Y})$.

例 4 设V是数域F上一个一维向量空间. 证明V到自身的一个映射σ是线性变换的充要条件是：对任意的$\boldsymbol{\xi}\in V$，都有$\sigma(\boldsymbol{\xi})=a\boldsymbol{\xi}$，这里$a$是$F$中的一个定数.

证明 必要性　设$\boldsymbol{\alpha}$是V的一个基，σ是V的线性变换，对任意的$\boldsymbol{\xi}\in V$，当$\boldsymbol{\xi}\neq\boldsymbol{0}$时，$\boldsymbol{\xi}=k\boldsymbol{\alpha}$，$k\neq 0$，令$\sigma(\boldsymbol{\xi})=\boldsymbol{\beta}=b\boldsymbol{\alpha}=\dfrac{b}{k}(k\boldsymbol{\alpha})=a\boldsymbol{\xi}$，$a=\dfrac{b}{k}\in F$；当$\boldsymbol{\xi}=\boldsymbol{0}$时，$\sigma(\boldsymbol{\xi})=\boldsymbol{0}=a\boldsymbol{\xi}$.

充分性　对任意的m，$n\in F$，$\boldsymbol{\xi}$，$\boldsymbol{\eta}\in V$，$\sigma(m\boldsymbol{\xi}+n\boldsymbol{\eta})=a(m\boldsymbol{\xi}+n\boldsymbol{\eta})=ma\boldsymbol{\xi}+na\boldsymbol{\eta}=n\sigma(\boldsymbol{\xi})+n\sigma(\boldsymbol{\eta})$. 所以$\sigma$是$V$的线性变换.

11.2　线性变换的运算

向量空间 V 的线性变换也有加法、数乘(标量与线性变换的乘法)、乘积运算，用 $L(V)$ 表示数域 F 上向量空间 V 的线性变换的集合，定义线性变换的加法、数乘、乘积运算如下：$\forall \sigma, \tau \in L(V)$，$\forall \boldsymbol{\xi} \in V$，$\forall a \in F$，

$$\sigma+\tau: \boldsymbol{\xi} \mapsto \sigma(\boldsymbol{\xi})+\tau(\boldsymbol{\xi}),$$

$$a\sigma: \boldsymbol{\xi} \mapsto a\sigma(\boldsymbol{\xi}),$$

$$\sigma\tau: \boldsymbol{\xi} \mapsto \sigma(\tau(\boldsymbol{\xi})).$$

并且 $\sigma+\tau$，$a\sigma$，$\sigma\tau \in L(V)$，这些运算满足以下运算律：

(1)$\sigma+\tau=\tau+\sigma$；

(2)$(\rho+\sigma)+\tau=\rho+(\sigma+\tau)$；

(3)$\theta+\sigma=\sigma$；(θ 是零变换)

(4)$\sigma+(-\sigma)=\theta$；($-\sigma$ 是 σ 的负变换)

(5)$k(\sigma+\tau)=k\sigma+k\tau$；

(6)$(k+l)\sigma=k\sigma+l\sigma$；

(7)$(kl)\sigma=k(l\sigma)$；

(8)$1\sigma=\sigma$；

(9)$\rho(\sigma+\tau)=\rho\sigma+\rho\tau$；

(10)$(\sigma+\tau)\rho=\sigma\rho+\tau\rho$；

(11)$(a\sigma)\tau=\sigma(a\tau)=a(\sigma\tau)$.

由向量空间的定义，$L(V)$ 是数域 F 上的向量空间. 同样可以定义线性变换的 n 次幂：$\sigma^n=\overbrace{\sigma\sigma\cdots\sigma}^{n个}$，规定 $\sigma^0=\iota$(V 的单位变换). 这样 σ 就可以作为数参与运算. 如果线性变换 σ 有逆变换 σ^{-1}，则 σ^{-1} 也是线性变换.

值得注意的是，线性变换的乘法不满足交换律. 在 $L(V)$ 中，$\sigma\tau=\theta$(θ 是零变换)不能推出 $\sigma=\theta$ 或 $\tau=\theta$，因此由 $\sigma\tau=\sigma\rho(\sigma\neq\theta)$，不能得出 $\tau=\rho$. 即线性变换的乘法不满足消去律.

例 1　举例说明，线性变换的乘法不满足交换律.

如令 $V=F^2$，$\boldsymbol{\xi}=(a, b)\in V$，定义 $\sigma(\boldsymbol{\xi})=(a, 0)$，$\tau(\boldsymbol{\xi})=(b, a)$，$\sigma, \tau \in L(V)$，取 $\boldsymbol{\xi}=(1, 2)$，则 $\sigma\tau(\boldsymbol{\xi})=\sigma(2, 1)=(2, 0)$，$\tau\sigma(\boldsymbol{\xi})=\tau(1, 0)=(0, 1)$，所以 $\sigma\tau \neq \tau\sigma$.

例 2　证明 $\sigma(x_1, x_2)=(x_2, -x_1)$，$\tau(x_1, x_2)=(x_1, -x_2)$ 是 F^2 的两个线性变换，并求 $\sigma+\tau$，$\sigma\tau$ 及 $\tau\sigma$.

证明 σ，τ 显然都是F^2的变换. 令 $\boldsymbol{\xi}=(x_1, x_2)$，$\eta=(y_1, y_2)$，因为

$$\sigma(\boldsymbol{\xi}+\eta)=\sigma[(x_1, x_2)+(y_1, y_2)]=\sigma(x_1+y_1, x_2+y_2)$$
$$=(x_2+y_2, -x_1-y_1)=(x_2, -x_1)+(y_2, -y_1)=\sigma(\boldsymbol{\xi})+\sigma(\eta).$$
$$\sigma(k\boldsymbol{\xi})=\sigma[k(x_1, x_2)]=\sigma(kx_1, kx_2)=(kx_2, -kx_1)$$
$$=k(x_2, -x_1)=k\sigma(\boldsymbol{\xi}).$$

故 σ 是F^2的线性变换. 同理可验证，τ 也是F^2的线性变换.

又易知

$$(\sigma+\tau)(x_1, x_2)=\sigma(x_1, x_2)+\tau(x_1, x_2)$$
$$=(x_2, -x_1)+(x_1, -x_2)=(x_1+x_2, -x_1-x_2),$$
$$(\sigma\tau)(x_1, x_2)=\sigma[\tau(x_1, x_2)]=\sigma(x_1, -x_2)=(-x_2, -x_1),$$
$$(\tau\sigma)(x_1, x_2)=\tau[\sigma(x_1, x_2)]=\tau(x_2, -x_1)=(x_2, x_1).$$

例 3 设 σ，τ 是向量空间 V 的两个线性变换. 证明：如果 $\sigma\tau-\tau\sigma=\iota$（单位变换），则对任意正整数 k，都有

$$\sigma^k\tau-\tau\sigma^k=k\sigma^{k-1}.$$

证明 对 k 用数学归纳法. 当 $k=1$ 时，即 $\sigma\tau-\tau\sigma=\iota$，由假设成立. 假设等式对 k 成立，即有

$$\sigma^k\tau-\tau\sigma^k=k\sigma^{k-1}.$$

下面证明等式对 $k+1$ 也成立.

$$\sigma^{k+1}\tau-\tau\sigma^{k+1}=\sigma^k(\sigma\tau)-\tau\sigma^{k+1}=\sigma^k(\iota+\tau\sigma)-\tau\sigma^{k+1}$$
$$=\sigma^k+(\sigma^k\tau-\tau\sigma^k)\sigma=\sigma^k+k\sigma^{k-1}\sigma=(k+1)\sigma^k.$$

即等式对 $k+1$ 也成立. 从而对任意正整数都成立.

例 4 设 V 是数域 F 上一个有限维向量空间. 证明对于 V 的线性变换 σ，下列三个条件是等价：

(1)σ 是满射；

(2)$\mathrm{Ker}(\sigma)=\{\mathbf{0}\}$；

(3)σ 非奇异.

当 V 不是有限维时，(1)，(2)是否等价？

证明 设 $\dim V=n$，则 $n=\dim\mathrm{Im}(\sigma)+\dim\mathrm{Ker}(\sigma)$，由(1)，若 σ 是满射，即 $\mathrm{Im}(\sigma)=V$，则 $\dim\mathrm{Ker}(\sigma)=0$，从而 $\mathrm{Ker}(\sigma)=\{\mathbf{0}\}$，反之亦然，即条件(1)$\Leftrightarrow$条件(2).

条件(2)$\Leftrightarrow$若 $\mathrm{Ker}(\sigma)=\{\mathbf{0}\}$，则 σ 是单射，σ 又是满射，从而 σ 有逆映射，所以 σ 非奇异.

当 V 不是有限维向量空间时，令 $V=F[x]$，$\dim V=\infty$，$\sigma(F[x])=F[x]$，定义

$$\sigma: f(x) \mapsto f^{(n)}(x),$$

但 $\mathrm{Ker}(\sigma)=\{f(x) \mid f^{(n)}(x)=0,\ f(x)\in F[x]\}$，$\dim\mathrm{Ker}(\sigma)=n-1$，即 $\mathrm{Ker}(\sigma)\neq\{\mathbf{0}\}$.

例 5　设 $\sigma\in L(V)$，$\xi\in V$，并且 $\boldsymbol{\xi}, \sigma(\boldsymbol{\xi}), \cdots, \sigma^{k-1}(\boldsymbol{\xi})$ 都不等于零，但 $\sigma^k(\boldsymbol{\xi})=\mathbf{0}$. 证明：$\boldsymbol{\xi}, \sigma(\boldsymbol{\xi}), \cdots, \sigma^{k-1}(\boldsymbol{\xi})$ 线性无关.

证明　令
$$a_1\boldsymbol{\xi}+a_2\sigma(\boldsymbol{\xi})+\cdots+a_k\sigma^{k-1}(\boldsymbol{\xi})=\mathbf{0},$$
由
$$\sigma^{k-1}[a_1\boldsymbol{\xi}+a_2\sigma(\boldsymbol{\xi})+\cdots+a_k\sigma^{k-1}(\boldsymbol{\xi})]=\mathbf{0},$$
得 $a_1\sigma^{k-1}(\boldsymbol{\xi})=\mathbf{0}$，而 $\sigma^{k-1}(\boldsymbol{\xi})\neq\mathbf{0}$，因此 $a_1=0$. 以此类推，$a_2=\cdots=a_k=0$. 所以 $\boldsymbol{\xi}, \sigma(\boldsymbol{\xi}), \cdots, \sigma^{k-1}(\boldsymbol{\xi})$ 线性无关.

例 6　设 $F^n=\{(x_1, x_2, \cdots, x_n) \mid x_i\in F\}$ 是数域 F 上的 n 维行空间. 定义
$$\sigma(x_1, x_2, \cdots, x_n)=(0, x_1, \cdots, x_{n-1}).$$

(1)证明：σ 是 F^n 的一个线性变换，且 $\sigma^n=\theta$；

(2)求 $\mathrm{Ker}(\sigma)$ 和 $\mathrm{Im}(\sigma)$ 的维数.

证明　(1)对任意的 $\boldsymbol{\xi}=(x_1, x_2, \cdots, x_n)$，$\boldsymbol{\eta}=(y_1, y_2, \cdots, y_n)\in F^n$，$a, b\in F$，$\sigma(a\boldsymbol{\xi}+b\boldsymbol{\eta})=(0, ax_1+by_1, ax_n+by_n)=a\sigma(\boldsymbol{\xi})+b\sigma(\boldsymbol{\eta})$. 所以，$\sigma$ 是 F^n 的一个线性变换.

对任意的 $\boldsymbol{\xi}=(x_1, x_2, \cdots, x_n)\in F^n$，由 $\sigma(x_1, x_2, \cdots, x_n)=(0, x_1, \cdots, x_{n-1})$. 知

$$\sigma^2(x_1, x_2, \cdots, x_n)=\sigma(0, x_1, \cdots, x_{n-1})=(0, 0, x_1, \cdots, x_{n-2}).$$

$$\cdots\cdots$$

$$\begin{aligned}\sigma^n(x_1, x_2, \cdots, x_n)&=\sigma^{n-1}(0, x_1, \cdots, x_{n-1})=\cdots=(0, 0, \cdots, 0)\\&=\theta(x_1, x_2, \cdots, x_n),\end{aligned}$$

即 $\sigma^n=\theta$.

(2) 要 $\sigma(x_1, x_2, \cdots, x_n)=(0, x_1, \cdots, x_{n-1})=(0, 0, \cdots, 0)$，则 $x_1=x_2=\cdots=x_{n-1}=0$. 所以 $\dim\mathrm{Ker}(\sigma)=1$，$\dim\mathrm{Im}(\sigma)=n-1$.

11.3　线性变换与矩阵

在数域 F 上的 n 维向量空间 V 中，可以利用 V 的基给出 V 的线性变换 σ 的矩阵表示 $\boldsymbol{A}$，从而把讨论线性变换的问题转化为用矩阵来处理，使问题变得具体而简单，并且提供了丰富的内容，进一步体现矩阵工具的应用价值.

线性变换的矩阵表示　设 σ 是数域 F 上的 n 维向量空间 V 的一个线性变换，$\boldsymbol{\alpha}_1, \boldsymbol{\alpha}_2, \cdots, \boldsymbol{\alpha}_n$ 是 V 的一个基，基向量的像 $\sigma(\boldsymbol{\alpha}_1), \sigma(\boldsymbol{\alpha}_2), \cdots, \sigma(\boldsymbol{\alpha}_n)$ 可以

被基唯一线性表示：

$$\begin{aligned}\sigma(\boldsymbol{\alpha}_1)&=a_{11}\boldsymbol{\alpha}_1+a_{21}\boldsymbol{\alpha}_2+\cdots+a_{n1}\boldsymbol{\alpha}_n,\\ \sigma(\boldsymbol{\alpha}_2)&=a_{12}\boldsymbol{\alpha}_1+a_{22}\boldsymbol{\alpha}_2+\cdots+a_{n2}\boldsymbol{\alpha}_n,\\ &\cdots\cdots\\ \sigma(\boldsymbol{\alpha}_n)&=a_{1n}\boldsymbol{\alpha}_1+a_{2n}\boldsymbol{\alpha}_2+\cdots+a_{nn}\boldsymbol{\alpha}_n,\end{aligned}\tag{$*$}$$

则

$$\boldsymbol{A}=\begin{bmatrix}a_{11}&a_{12}&\cdots&a_{1n}\\a_{21}&a_{22}&\cdots&a_{2n}\\\vdots&\vdots&&\vdots\\a_{n1}&a_{n2}&\cdots&a_{nn}\end{bmatrix}$$

称为线性变换 σ 关于基 $\boldsymbol{\alpha}_1, \boldsymbol{\alpha}_2, \cdots, \boldsymbol{\alpha}_n$ 的矩阵.（$*$）也可用矩阵表示为

$$(\sigma(\boldsymbol{\alpha}_1), \sigma(\boldsymbol{\alpha}_2), \cdots, \sigma(\boldsymbol{\alpha}_n))=(\boldsymbol{\alpha}_1, \boldsymbol{\alpha}_2, \cdots, \boldsymbol{\alpha}_n)\boldsymbol{A}.$$

数域 F 上的 n 维向量空间 V 的基 $\{\boldsymbol{\alpha}_1, \boldsymbol{\alpha}_2, \cdots, \boldsymbol{\alpha}_n\}$ 一旦选定，则 $\forall\sigma\in L(V)$，有唯一确定数域 F 上的 n 阶方阵与之对应. 反之，对于每一个 n 阶方阵 $\boldsymbol{A}$ 有且仅有一个线性变换 σ，以 $\boldsymbol{A}$ 为 σ 在基 $\{\boldsymbol{\alpha}_1, \boldsymbol{\alpha}_2, \cdots, \boldsymbol{\alpha}_n\}$ 下的矩阵.

线性变换与矩阵的对应　设 $\sigma, \tau\in L(V)$，矩阵 $\boldsymbol{A}, \boldsymbol{B}$ 分别是 σ, τ 在基 $\boldsymbol{\alpha}_1, \boldsymbol{\alpha}_2, \cdots, \boldsymbol{\alpha}_n$ 下的矩阵，a 为数域 F 中的数，则

(1) $\sigma+\tau$ 在基 $\boldsymbol{\alpha}_1, \boldsymbol{\alpha}_2, \cdots, \boldsymbol{\alpha}_n$ 下的矩阵是 $\boldsymbol{A}+\boldsymbol{B}$；

(2) $\sigma\tau$ 在基 $\boldsymbol{\alpha}_1, \boldsymbol{\alpha}_2, \cdots, \boldsymbol{\alpha}_n$ 下的矩阵是 $\boldsymbol{AB}$；

(3) $a\sigma$ 在基 $\boldsymbol{\alpha}_1, \boldsymbol{\alpha}_2, \cdots, \boldsymbol{\alpha}_n$ 下的矩阵是 $a\boldsymbol{A}$；

(4) 若 σ 是可逆线性变换，则 σ 关于给定基的矩阵 $\boldsymbol{A}$ 是可逆矩阵，且 σ^{-1} 关于这个基的矩阵就是 $\boldsymbol{A}^{-1}$.

例 1　求下列线性变换关于给定基的矩阵：

(1) F^3 中线性变换

$$\sigma(x_1, x_2, x_3)=(x_2+x_3, x_1+x_3, x_1+x_2),$$

关于基 $\boldsymbol{\varepsilon}_1=(1, 0, 0), \boldsymbol{\varepsilon}_2=(0, 1, 0), \boldsymbol{\varepsilon}_3=(0, 0, 1)$.

(2) 令 $F_n[x]$ 表示一切次数不大于 n 的多项式连同零多项式所成的向量空间，$\sigma: f(x)\mapsto f'(x)$，关于基

$$1, x, \frac{x^2}{2!}, \cdots, \frac{x^n}{n!}.$$

(3) 在 F^3 中，σ 关于基 $\boldsymbol{\alpha}_1=(-1, 1, 1), \boldsymbol{\alpha}_2=(1, 0, -1), \boldsymbol{\alpha}_3=(0, 1, 1)$ 的矩阵是

$$\begin{bmatrix}1&0&1\\1&1&0\\-1&2&1\end{bmatrix},$$

求 σ 关于基 $\boldsymbol{\varepsilon}_1=(1, 0, 0)$，$\boldsymbol{\varepsilon}_2=(0, 1, 0)$，$\boldsymbol{\varepsilon}_3=(0, 0, 1)$的矩阵.

(4)下列六个函数

$$\boldsymbol{\alpha}_1=\mathrm{e}^{ax}\cos bx,\quad \boldsymbol{\alpha}_2=\mathrm{e}^{ax}\sin bx,\quad \boldsymbol{\alpha}_3=x\,\mathrm{e}^{ax}\cos bx,$$

$$\boldsymbol{\alpha}_4=x\,\mathrm{e}^{ax}\sin bx,\quad \boldsymbol{\alpha}_5=\frac{1}{2}x^2\mathrm{e}^{ax}\cos bx,\quad \boldsymbol{\alpha}_6=\frac{1}{2}x^2\mathrm{e}^{ax}\sin bx$$

的所有实系数线性组合构成实数域上的六维向量空间. 求微分变换 σ 关于基 $\boldsymbol{\alpha}_1$，$\boldsymbol{\alpha}_2$，$\boldsymbol{\alpha}_3$，$\boldsymbol{\alpha}_4$，$\boldsymbol{\alpha}_5$，$\boldsymbol{\alpha}_6$的矩阵.

解　(1)$\sigma(\boldsymbol{\varepsilon}_1)=(0, 1, 1)=0\boldsymbol{\varepsilon}_1+\boldsymbol{\varepsilon}_2+\boldsymbol{\varepsilon}_3$,

$\sigma(\boldsymbol{\varepsilon}_2)=(1, 0, 1)=\boldsymbol{\varepsilon}_1+0\boldsymbol{\varepsilon}_2+\boldsymbol{\varepsilon}_3$,

$\sigma(\boldsymbol{\varepsilon}_3)=(1, 1, 0)=\boldsymbol{\varepsilon}_1+\boldsymbol{\varepsilon}_2+0\boldsymbol{\varepsilon}_3$.

故此 σ 关于基 $\boldsymbol{\varepsilon}_1=(1, 0, 0)$，$\boldsymbol{\varepsilon}_2=(0, 1, 0)$，$\boldsymbol{\varepsilon}_3=(0, 0, 1)$为

$$\begin{pmatrix}0&1&1\\1&0&1\\1&1&0\end{pmatrix}.$$

(2)　$\sigma(1)=0=0\times1+0\times x+0\times\frac{x^2}{2!}+\cdots+0\times\frac{x^n}{n!}$,

$$\sigma(x)=1=1\times1+0\times x+0\times\frac{x^2}{2!}+\cdots+0\times\frac{x^n}{n!},$$

$$\sigma\left(\frac{x^2}{2!}\right)=x=0\times1+1\times x+0\times\frac{x^2}{2!}+\cdots+0\times\frac{x^n}{n!},$$

……

$$\sigma\left(\frac{x^n}{n!}\right)=x=0\times1+0\times x+0\times\frac{x^2}{2!}+\cdots+1\times\frac{x^{n-1}}{(n-1)!}+0\times\frac{x^n}{n!}.$$

故此 σ 关于基 $1, x, \frac{x^2}{2!}, \cdots, \frac{x^n}{n!}$的矩阵为

$$\begin{pmatrix}0&1&0&\cdots&0\\0&0&1&\cdots&0\\0&0&0&\cdots&0\\\vdots&\vdots&\vdots&&\vdots\\0&0&0&\cdots&1\\0&0&0&\cdots&0\end{pmatrix}.$$

(3)由假设

$$\sigma(\boldsymbol{\alpha}_1, \boldsymbol{\alpha}_2, \boldsymbol{\alpha}_3)=(\boldsymbol{\alpha}_1, \boldsymbol{\alpha}_2, \boldsymbol{\alpha}_3)\begin{pmatrix}1&0&1\\1&1&0\\-1&2&1\end{pmatrix},$$

但是

$$(\boldsymbol{\alpha}_1, \boldsymbol{\alpha}_2, \boldsymbol{\alpha}_3)=(\boldsymbol{\varepsilon}_1, \boldsymbol{\varepsilon}_2, \boldsymbol{\varepsilon}_3)\begin{pmatrix}-1 & 1 & 0\\ 1 & 0 & 1\\ 1 & -1 & 1\end{pmatrix},$$

故 $(\boldsymbol{\varepsilon}_1, \boldsymbol{\varepsilon}_2, \boldsymbol{\varepsilon}_3)=(\boldsymbol{\alpha}_1, \boldsymbol{\alpha}_2, \boldsymbol{\alpha}_3)\begin{pmatrix}-1 & 1 & 0\\ 1 & 0 & 1\\ 1 & -1 & 1\end{pmatrix}^{-1}=(\boldsymbol{\alpha}_1, \boldsymbol{\alpha}_2, \boldsymbol{\alpha}_3)\begin{pmatrix}-1 & 1 & -1\\ 0 & 1 & -1\\ 1 & 0 & 1\end{pmatrix}$.

由此可得

$$\sigma(\boldsymbol{\varepsilon}_1, \boldsymbol{\varepsilon}_2, \boldsymbol{\varepsilon}_3)=(\boldsymbol{\varepsilon}_1, \boldsymbol{\varepsilon}_2, \boldsymbol{\varepsilon}_3)\begin{pmatrix}-1 & 1 & 0\\ 1 & 0 & 1\\ 1 & -1 & 1\end{pmatrix}\begin{pmatrix}1 & 0 & 1\\ 1 & 1 & 0\\ -1 & 2 & 1\end{pmatrix}\begin{pmatrix}-1 & 1 & -1\\ 0 & 1 & -1\\ 1 & 0 & 1\end{pmatrix}$$

$$=(\boldsymbol{\varepsilon}_1, \boldsymbol{\varepsilon}_2, \boldsymbol{\varepsilon}_3)\begin{pmatrix}-1 & 1 & -2\\ 2 & 2 & 0\\ 3 & 0 & 2\end{pmatrix}.$$

故 σ 关于基 $\boldsymbol{\varepsilon}_1=(1, 0, 0)$，$\boldsymbol{\varepsilon}_2=(0, 1, 0)$，$\boldsymbol{\varepsilon}_3=(0, 0, 1)$ 的矩阵为

$$\begin{pmatrix}-1 & 1 & -2\\ 2 & 2 & 0\\ 3 & 0 & 2\end{pmatrix}.$$

(4)由微分运算性质直接可得

$$\sigma(\boldsymbol{\alpha}_1)=(\mathrm{e}^{ax}\cos bx)'=a\boldsymbol{\alpha}_1-b\boldsymbol{\alpha}_2,$$
$$\sigma(\boldsymbol{\alpha}_2)=(\mathrm{e}^{ax}\sin bx)'=b\boldsymbol{\alpha}_1+a\boldsymbol{\alpha}_2,$$
$$\sigma(\boldsymbol{\alpha}_3)=(x\,\mathrm{e}^{ax}\cos bx)'=\boldsymbol{\alpha}_1+a\boldsymbol{\alpha}_3-b\boldsymbol{\alpha}_4,$$
$$\sigma(\boldsymbol{\alpha}_4)=(x\,\mathrm{e}^{ax}\sin bx)'=\boldsymbol{\alpha}_2+b\boldsymbol{\alpha}_3+a\boldsymbol{\alpha}_4,$$
$$\sigma(\boldsymbol{\alpha}_5)=(\frac{1}{2}x^2\mathrm{e}^{ax}\cos bx)'=\boldsymbol{\alpha}_3+a\boldsymbol{\alpha}_5-b\boldsymbol{\alpha}_6,$$
$$\sigma(\boldsymbol{\alpha}_6)=(\frac{1}{2}x^2\mathrm{e}^{ax}\sin bx)'=\boldsymbol{\alpha}_4+b\boldsymbol{\alpha}_5+a\boldsymbol{\alpha}_6.$$

由此可得 σ 关于基 $\boldsymbol{\alpha}_1, \boldsymbol{\alpha}_2, \boldsymbol{\alpha}_3, \boldsymbol{\alpha}_4, \boldsymbol{\alpha}_5, \boldsymbol{\alpha}_6$ 的矩阵为

$$\begin{pmatrix} a & b & 1 & 0 & 0 & 0 \\ -b & a & 0 & 1 & 0 & 0 \\ 0 & 0 & a & b & 1 & 0 \\ 0 & 0 & -b & a & 0 & 1 \\ 0 & 0 & 0 & 0 & a & b \\ 0 & 0 & 0 & 0 & -b & a \end{pmatrix}.$$

例 2　设 F 上三维向量空间的线性变换 σ 关于基 $\{\boldsymbol{\alpha}_1, \boldsymbol{\alpha}_2, \boldsymbol{\alpha}_3\}$ 的矩阵是

$$\begin{pmatrix} 15 & -11 & 5 \\ 20 & -15 & 8 \\ 8 & -7 & 6 \end{pmatrix}.$$

求 σ 关于基

$$\boldsymbol{\beta}_1 = 2\boldsymbol{\alpha}_1 + 3\boldsymbol{\alpha}_2 + \boldsymbol{\alpha}_3,$$
$$\boldsymbol{\beta}_2 = 3\boldsymbol{\alpha}_1 + 4\boldsymbol{\alpha}_2 + \boldsymbol{\alpha}_3,$$
$$\boldsymbol{\beta}_3 = \boldsymbol{\alpha}_1 + 2\boldsymbol{\alpha}_2 + 2\boldsymbol{\alpha}_3.$$

的矩阵；设 $\boldsymbol{\xi} = 2\boldsymbol{\alpha}_1 + \boldsymbol{\alpha}_2 - \boldsymbol{\alpha}_3$，求 $\sigma(\boldsymbol{\xi})$ 关于 $\boldsymbol{\beta}_1, \boldsymbol{\beta}_2, \boldsymbol{\beta}_3$ 的坐标.

解　令

$$\boldsymbol{A} = \begin{pmatrix} 15 & -11 & 5 \\ 20 & -15 & 8 \\ 8 & -7 & 6 \end{pmatrix}, \boldsymbol{B} = \begin{pmatrix} 2 & 3 & 1 \\ 3 & 4 & 2 \\ 1 & 1 & 2 \end{pmatrix}.$$

$$(\boldsymbol{\beta}_1, \boldsymbol{\beta}_2, \boldsymbol{\beta}_3) = (\boldsymbol{\alpha}_1, \boldsymbol{\alpha}_2, \boldsymbol{\alpha}_3)\begin{pmatrix} 2 & 3 & 1 \\ 3 & 4 & 2 \\ 1 & 1 & 2 \end{pmatrix},$$

$$(\sigma(\boldsymbol{\beta}_1), \sigma(\boldsymbol{\beta}_2), \sigma(\boldsymbol{\beta}_3)) = (\sigma(\boldsymbol{\alpha}_1), \sigma(\boldsymbol{\alpha}_2), \sigma(\boldsymbol{\alpha}_3))\begin{pmatrix} 2 & 3 & 1 \\ 3 & 4 & 2 \\ 1 & 1 & 2 \end{pmatrix}$$

$$= (\boldsymbol{\alpha}_1, \boldsymbol{\alpha}_2, \boldsymbol{\alpha}_3)\begin{pmatrix} 15 & -11 & 5 \\ 20 & -15 & 8 \\ 8 & -7 & 6 \end{pmatrix}\begin{pmatrix} 2 & 3 & 1 \\ 3 & 4 & 2 \\ 1 & 1 & 2 \end{pmatrix}$$

$$= (\boldsymbol{\beta}_1, \boldsymbol{\beta}_2, \boldsymbol{\beta}_3)\boldsymbol{B}^{-1}\boldsymbol{A}\boldsymbol{B}.$$

故 σ 关于基 $\boldsymbol{\beta}_1, \boldsymbol{\beta}_2, \boldsymbol{\beta}_3$ 的矩阵为

$$\boldsymbol{B}^{-1}\boldsymbol{A}\boldsymbol{B} = \begin{pmatrix} -6 & 5 & -2 \\ 4 & -3 & 1 \\ 1 & -1 & 1 \end{pmatrix}\begin{pmatrix} 15 & -11 & 5 \\ 20 & -15 & 8 \\ 8 & -7 & 6 \end{pmatrix}\begin{pmatrix} 2 & 3 & 1 \\ 3 & 4 & 2 \\ 1 & 1 & 2 \end{pmatrix} = \begin{pmatrix} 1 & 0 & 0 \\ 0 & 2 & 0 \\ 0 & 0 & 3 \end{pmatrix}.$$

由 $\boldsymbol{\xi} = 2\boldsymbol{\alpha}_1 + \boldsymbol{\alpha}_2 - \boldsymbol{\alpha}_3$，得

$$\sigma(\boldsymbol{\xi})=2\sigma(\boldsymbol{\alpha}_1)+\sigma(\boldsymbol{\alpha}_2)-\sigma(\boldsymbol{\alpha}_3)$$

$$=(\sigma(\boldsymbol{\alpha}_1),\sigma(\boldsymbol{\alpha}_2),\sigma(\boldsymbol{\alpha}_3))\begin{pmatrix}2\\1\\-1\end{pmatrix}$$

$$=(\boldsymbol{\alpha}_1,\boldsymbol{\alpha}_2,\boldsymbol{\alpha}_3)\begin{pmatrix}15&-11&5\\20&-15&8\\8&-7&6\end{pmatrix}\begin{pmatrix}2\\1\\-1\end{pmatrix}.$$

又因为 $$(\boldsymbol{\beta}_1,\boldsymbol{\beta}_2,\boldsymbol{\beta}_3)=(\boldsymbol{\alpha}_1,\boldsymbol{\alpha}_2,\boldsymbol{\alpha}_3)\begin{pmatrix}2&3&1\\3&4&2\\1&1&2\end{pmatrix},$$

$$(\boldsymbol{\alpha}_1,\boldsymbol{\alpha}_2,\boldsymbol{\alpha}_3)=(\boldsymbol{\beta}_1,\boldsymbol{\beta}_2,\boldsymbol{\beta}_3)\begin{pmatrix}2&3&1\\3&4&2\\1&1&2\end{pmatrix}^{-1},$$

所以 $$\sigma(\boldsymbol{\xi})=(\boldsymbol{\beta}_1,\boldsymbol{\beta}_2,\boldsymbol{\beta}_3)\begin{pmatrix}2&3&1\\3&4&2\\1&1&2\end{pmatrix}^{-1}\begin{pmatrix}15&-11&5\\20&-15&8\\8&-7&6\end{pmatrix}\begin{pmatrix}2\\1\\-1\end{pmatrix},$$

从而 $\sigma(\boldsymbol{\xi})$ 关于 $\boldsymbol{\beta}_1,\boldsymbol{\beta}_2,\boldsymbol{\beta}_3$ 的坐标为

$$\begin{pmatrix}y_1\\y_2\\y_3\end{pmatrix}=\begin{pmatrix}2&3&1\\3&4&2\\1&1&2\end{pmatrix}^{-1}\begin{pmatrix}15&-11&5\\20&-15&8\\8&-7&6\end{pmatrix}\begin{pmatrix}2\\1\\-1\end{pmatrix}=\begin{pmatrix}-5\\8\\0\end{pmatrix}.$$

例 3 设 $\{\boldsymbol{\gamma}_1,\boldsymbol{\gamma}_2,\cdots,\boldsymbol{\gamma}_n\}$ 是 n 维向量空间 V 的一个基.

$$\boldsymbol{\alpha}_j=\sum_{i=1}^{n}a_{ij}\boldsymbol{\gamma}_i,\ \boldsymbol{\beta}_j=\sum_{i=1}^{n}b_{ij}\boldsymbol{\gamma}_i,\ j=1,2,\cdots,n,$$

并且 $\boldsymbol{\alpha}_1,\boldsymbol{\alpha}_2,\cdots,\boldsymbol{\alpha}_n$ 线性无关. 又设 σ 是 V 的一个线性变换，使得 $\sigma(\boldsymbol{\alpha}_j)=\boldsymbol{\beta}_j$，$j=1,2,\cdots,n$. 求 σ 关于基 $\boldsymbol{\gamma}_1,\boldsymbol{\gamma}_2,\cdots,\boldsymbol{\gamma}_n$ 的矩阵.

解 由已知 $(\boldsymbol{\alpha}_1,\boldsymbol{\alpha}_2,\cdots,\boldsymbol{\alpha}_n)=(\boldsymbol{\gamma}_1,\boldsymbol{\gamma}_2,\cdots,\boldsymbol{\gamma}_n)\mathbf{A}$，其中

$$\mathbf{A}=\begin{pmatrix}a_{11}&\cdots&a_{1n}\\\vdots&\ddots&\vdots\\a_{n1}&\cdots&a_{nn}\end{pmatrix}$$

为由基 $\boldsymbol{\gamma}_1,\boldsymbol{\gamma}_2,\cdots,\boldsymbol{\gamma}_n$ 到基 $\boldsymbol{\alpha}_1,\boldsymbol{\alpha}_2,\cdots,\boldsymbol{\alpha}_n$ 的过渡矩阵.

$$(\boldsymbol{\beta}_1,\boldsymbol{\beta}_2,\cdots,\boldsymbol{\beta}_n)=(\boldsymbol{\gamma}_1,\boldsymbol{\gamma}_2,\cdots,\boldsymbol{\gamma}_n)\begin{pmatrix}b_{11}&\cdots&b_{1n}\\\vdots&\ddots&\vdots\\b_{n1}&\cdots&b_{nn}\end{pmatrix}.$$

令 $\boldsymbol{B}=\begin{bmatrix} b_{11} & \cdots & b_{1n} \\ \vdots & \ddots & \vdots \\ b_{n1} & \cdots & b_{nn} \end{bmatrix}$，而 $(\boldsymbol{\gamma}_1, \boldsymbol{\gamma}_2, \cdots, \boldsymbol{\gamma}_n)=(\boldsymbol{\alpha}_1, \boldsymbol{\alpha}_2, \cdots, \boldsymbol{\alpha}_n)\boldsymbol{A}^{-1}$，所以

$$
\begin{aligned}
(\sigma(\boldsymbol{\gamma}_1), \sigma(\boldsymbol{\gamma}_2), \cdots, \sigma(\boldsymbol{\gamma}_n)) &= (\sigma(\boldsymbol{\alpha}_1), \sigma(\boldsymbol{\alpha}_2), \cdots, \sigma(\boldsymbol{\alpha}_n))\boldsymbol{A}^{-1} \\
&= (\boldsymbol{\beta}_1, \boldsymbol{\beta}_2, \cdots, \boldsymbol{\beta}_n)\boldsymbol{A}^{-1}=(\boldsymbol{\gamma}_1, \boldsymbol{\gamma}_2, \cdots, \boldsymbol{\gamma}_n)\boldsymbol{B}\boldsymbol{A}^{-1}
\end{aligned}
$$

故 σ 关于基 $\boldsymbol{\gamma}_1, \boldsymbol{\gamma}_2, \cdots, \boldsymbol{\gamma}_n$ 的矩阵为 $\boldsymbol{B}\boldsymbol{A}^{-1}$.

例 4　在 F^3 中，σ 关于基 $\boldsymbol{\alpha}_1, \boldsymbol{\alpha}_2, \boldsymbol{\alpha}_3$ 的矩阵是

$$
\boldsymbol{A}=\begin{bmatrix} a_{11} & a_{12} & a_{13} \\ a_{21} & a_{22} & a_{23} \\ a_{31} & a_{32} & a_{33} \end{bmatrix}.
$$

(1)求 σ 关于基 $\boldsymbol{\alpha}_3, \boldsymbol{\alpha}_2, \boldsymbol{\alpha}_1$ 的矩阵；

(2)求 σ 关于基 $\boldsymbol{\alpha}_1, k\boldsymbol{\alpha}_2, \boldsymbol{\alpha}_3$ 的矩阵，其中 $k\neq 0$，$k\in F$；

(3)求 σ 关于基 $\boldsymbol{\alpha}_1+\boldsymbol{\alpha}_2, \boldsymbol{\alpha}_2, \boldsymbol{\alpha}_3$ 的矩阵.

解　(1)σ 关于基 $\boldsymbol{\alpha}_1, \boldsymbol{\alpha}_2, \boldsymbol{\alpha}_3$ 的矩阵为 $\boldsymbol{A}$，即 $\sigma(\boldsymbol{\alpha}_1, \boldsymbol{\alpha}_2, \boldsymbol{\alpha}_3)=(\boldsymbol{\alpha}_1, \boldsymbol{\alpha}_2, \boldsymbol{\alpha}_3)\boldsymbol{A}$，而

$$
\begin{aligned}
\sigma(\boldsymbol{\alpha}_1) &= a_{11}\boldsymbol{\alpha}_1+a_{21}\boldsymbol{\alpha}_2+a_{31}\boldsymbol{\alpha}_3, \\
\sigma(\boldsymbol{\alpha}_2) &= a_{12}\boldsymbol{\alpha}_1+a_{22}\boldsymbol{\alpha}_2+a_{32}\boldsymbol{\alpha}_3, \\
\sigma(\boldsymbol{\alpha}_3) &= a_{13}\boldsymbol{\alpha}_1+a_{23}\boldsymbol{\alpha}_2+a_{33}\boldsymbol{\alpha}_3.
\end{aligned}
$$

由此可得

$$
\begin{aligned}
\sigma(\boldsymbol{\alpha}_3) &= a_{33}\boldsymbol{\alpha}_3+a_{23}\boldsymbol{\alpha}_2+a_{13}\boldsymbol{\alpha}_1, \\
\sigma(\boldsymbol{\alpha}_2) &= a_{32}\boldsymbol{\alpha}_3+a_{22}\boldsymbol{\alpha}_2+a_{12}\boldsymbol{\alpha}_1, \\
\sigma(\boldsymbol{\alpha}_1) &= a_{31}\boldsymbol{\alpha}_3+a_{21}\boldsymbol{\alpha}_2+a_{11}\boldsymbol{\alpha}_1.
\end{aligned}
$$

故 σ 关于基 $\boldsymbol{\alpha}_3, \boldsymbol{\alpha}_2, \boldsymbol{\alpha}_1$ 的矩阵为

$$
\begin{bmatrix} a_{33} & a_{32} & a_{31} \\ a_{23} & a_{22} & a_{21} \\ a_{13} & a_{12} & a_{11} \end{bmatrix}.
$$

(2)由(1)又可得

$$
\begin{aligned}
\sigma(\boldsymbol{\alpha}_1) &= a_{11}\boldsymbol{\alpha}_1+k^{-1}a_{21}(k\boldsymbol{\alpha}_2)+a_{31}\boldsymbol{\alpha}_3, \\
\sigma(k\boldsymbol{\alpha}_2) &= ka_{12}\boldsymbol{\alpha}_1+a_{22}(k\boldsymbol{\alpha}_2)+ka_{32}\boldsymbol{\alpha}_3, \\
\sigma(\boldsymbol{\alpha}_3) &= a_{13}\boldsymbol{\alpha}_1+k^{-1}a_{23}(k\boldsymbol{\alpha}_2)+a_{33}\boldsymbol{\alpha}_3.
\end{aligned}
$$

故 σ 关于基 $\boldsymbol{\alpha}_1, k\boldsymbol{\alpha}_2, \boldsymbol{\alpha}_3$ 的矩阵为

$$
\begin{bmatrix} a_{11} & ka_{12} & a_{13} \\ k^{-1}a_{21} & a_{22} & k^{-1}a_{23} \\ a_{31} & ka_{32} & a_{33} \end{bmatrix}.
$$

(3)同样由(1)可得

$\sigma(\boldsymbol{\alpha}_1+\boldsymbol{\alpha}_2)=\sigma(\boldsymbol{\alpha}_1)+\sigma(\boldsymbol{\alpha}_2)=(a_{11}+a_{12})\boldsymbol{\alpha}_1+(a_{21}+a_{22})\boldsymbol{\alpha}_2+(a_{31}+a_{32})\boldsymbol{\alpha}_3$

$=(a_{11}+a_{12})(\boldsymbol{\alpha}_1+\boldsymbol{\alpha}_2)+(a_{21}+a_{22}-a_{11}-a_{12})\boldsymbol{\alpha}_2+(a_{31}+a_{32})\boldsymbol{\alpha}_3,$

$$\sigma(\boldsymbol{\alpha}_2)=a_{12}(\boldsymbol{\alpha}_1+\boldsymbol{\alpha}_2)+(a_{22}-a_{12})\boldsymbol{\alpha}_2+a_{32}\boldsymbol{\alpha}_3,$$

$$\sigma(\boldsymbol{\alpha}_3)=a_{13}(\boldsymbol{\alpha}_1+\boldsymbol{\alpha}_2)+(a_{23}-a_{13})\boldsymbol{\alpha}_2+a_{33}\boldsymbol{\alpha}_3.$$

故 σ 关于基 $\boldsymbol{\alpha}_1+\boldsymbol{\alpha}_2$，$\boldsymbol{\alpha}_2$，$\boldsymbol{\alpha}_3$ 的矩阵为

$$\begin{pmatrix} a_{11}+a_{12} & a_{12} & a_{13} \\ a_{21}+a_{22}-a_{11}-a_{12} & a_{22}-a_{12} & a_{23}-a_{13} \\ a_{31}+a_{32} & a_{32} & a_{33} \end{pmatrix}.$$

例 5 设 $\boldsymbol{A}$，$\boldsymbol{B}$ 是 n 阶矩阵，且 $\boldsymbol{A}$ 可逆. 证明：$\boldsymbol{AB}$ 与 $\boldsymbol{BA}$ 相似.

证明 因为 $\boldsymbol{AB}=\boldsymbol{ABAA}^{-1}=\boldsymbol{A}(\boldsymbol{BA})\boldsymbol{A}^{-1}$，所以 $\boldsymbol{AB}$ 与 $\boldsymbol{BA}$ 相似.

例 6 证明，数域 F 上 n 维向量空间 V 的一个线性变换 σ 是一个位似(即单位变换的一个标量倍)，必要且只要 σ 关于 V 的任意基的矩阵都相等.

证明 必要性 若 σ 是 V 的一个位似，即对任意的 $\boldsymbol{\xi}\in V$，$\sigma(\boldsymbol{\xi})=k\boldsymbol{\xi}(k\in F)$，则 σ 关于 V 的任意基的矩阵都是

$$\begin{pmatrix} k & \cdots & 0 \\ \vdots & \ddots & \vdots \\ 0 & \cdots & k \end{pmatrix}.$$

充分性 若 σ 关于 V 的任意基的矩阵都相等，而 $\{\boldsymbol{\alpha}_1, \boldsymbol{\alpha}_2, \cdots, \boldsymbol{\alpha}_n\}$ 与 $\{\boldsymbol{\beta}_1, \boldsymbol{\beta}_2, \cdots, \boldsymbol{\beta}_n\}$ 是 V 的任意两个基，令 σ 关于 $\{\boldsymbol{\alpha}_1, \boldsymbol{\alpha}_2, \cdots, \boldsymbol{\alpha}_n\}$ 的矩阵为 $\boldsymbol{A}$，关于 $\{\boldsymbol{\beta}_1, \boldsymbol{\beta}_2, \cdots, \boldsymbol{\beta}_n\}$ 的矩阵也为 $\boldsymbol{A}$，由基 $\{\boldsymbol{\alpha}_1, \boldsymbol{\alpha}_2, \cdots, \boldsymbol{\alpha}_n\}$ 到基 $\{\boldsymbol{\beta}_1, \boldsymbol{\beta}_2, \cdots, \boldsymbol{\beta}_n\}$ 的过渡矩阵为 $\boldsymbol{T}$，则

$$\boldsymbol{A}=\boldsymbol{T}^{-1}\boldsymbol{AT}.$$

从而 $\boldsymbol{TA}=\boldsymbol{AT}$，$\boldsymbol{T}$ 是可逆阵，所以 $\boldsymbol{A}$ 是数量矩阵. 即

$$\sigma(\boldsymbol{\alpha}_i)=k\boldsymbol{\alpha}_i(i=1, 2, \cdots, n).$$

故 σ 是一个位似.

11.4 不变子空间

数域 F 上 n 维向量空间 V 的线性变换 σ 关于 V 的不同基的矩阵是相似的. 矩阵的相似关系是 $M_n(F)$ 的一个等价关系，利用这个等价关系可以给出 $M_n(F)$ 的一个分类；属于同一类的矩阵是相似的，它们是 V 的同一个线性变换

σ 关于 V 的不同基的矩阵，也就是说同一类的矩阵是 V 的同一个线性变换 σ 的矩阵表示. 我们希望在相似类中选择一个形状较简单的矩阵作为代表，这就是求矩阵标准型的问题. 不变子空间这一概念在解决矩阵标准型的问题中占有重要地位.

不变子空间的定义　数域 F 上的向量空间 V 的子空间 W 满足：$\forall \boldsymbol{\xi} \in W$，$\sigma(\boldsymbol{\xi}) \in W$，$\sigma \in L(V)$. 称 W 是 σ 的不变子空间或说 W 在 σ 之下不变. 从而 σ 的像 $\mathrm{Im}(\sigma)$，σ 的核 $\mathrm{Ker}(\sigma)$ 都是 σ 的不变子空间.

线性变换在不变子空间上的限制　设 σ 是 F 上的向量空间 V 的一个线性变换，W 是 σ 的不变子空间，即 $\forall \boldsymbol{\xi} \in W$，$\sigma(\boldsymbol{\xi}) \in W$. 这时可以把 σ 看作是 W 的一个线性变换，称 σ 在 W 上的限制，记为 $\sigma|W$.

例 1　证明：若 W_1 与 W_2 都是 σ 的不变子空间，则 W_1+W_2 也是 σ 的不变子空间.

证明　对任意的 $\boldsymbol{\xi} \in W_1+W_2$，则 $\boldsymbol{\xi}=\boldsymbol{\alpha}+\boldsymbol{\beta}$，其中 $\boldsymbol{\alpha} \in W_1$，$\boldsymbol{\beta} \in W_2$. 因为 W_1 与 W_2 都是 σ 的不变子空间，从而

$$\sigma(\boldsymbol{\alpha}) \in W_1, \sigma(\boldsymbol{\beta}) \in W_2.$$

故 $\sigma(\boldsymbol{\xi})=\sigma(\boldsymbol{\alpha}+\boldsymbol{\beta})=\sigma(\boldsymbol{\alpha})+\sigma(\boldsymbol{\beta}) \in W_1+W_2$. 所以 W_1+W_2 也是 σ 的不变子空间.

例 2　证明：若 W 是 σ 与 τ 的不变子空间，则 W 是 $\sigma+\tau$ 与 $\sigma\tau$ 的不变子空间.

证明　对任意的 $\boldsymbol{\xi} \in W$，因为 W 是 σ 与 τ 的不变子空间，从而 $\sigma(\boldsymbol{\xi}) \in W$，$\tau(\boldsymbol{\xi}) \in W$，从而 $(\sigma+\tau)(\boldsymbol{\xi})=\sigma(\boldsymbol{\xi})+\tau(\boldsymbol{\xi}) \in W$，所以 W 是 $\sigma+\tau$ 的不变子空间.

设存在 $\boldsymbol{\eta} \in W$，使得 $\boldsymbol{\eta}=\tau(\boldsymbol{\xi})$，此时 $(\sigma\tau)(\boldsymbol{\xi})=\sigma[\tau(\boldsymbol{\xi})]=\sigma(\boldsymbol{\eta}) \in W$，所以 W 是 $\sigma\tau$ 的不变子空间.

例 3　设 σ 是有限维向量空间 V 的一个线性变换. 而 W 是 σ 的一个不变子空间，证明，如果 σ 有逆变换，那么 W 是 σ^{-1} 的不变子空间.

证明　设 $\boldsymbol{\alpha}_1, \boldsymbol{\alpha}_2, \cdots, \boldsymbol{\alpha}_r$ 是 W 的一个基，则 $\sigma(\boldsymbol{\alpha}_1), \sigma(\boldsymbol{\alpha}_2), \cdots, \sigma(\boldsymbol{\alpha}_r)$ 也是 W 的一个基. 对任意的 $\boldsymbol{\xi} \in W$，存在 $\boldsymbol{\beta} \in W$，使得 $\boldsymbol{\xi}=\sigma(\boldsymbol{\beta})$，$\sigma$ 有逆变换，从而 $\sigma^{-1}(\boldsymbol{\xi})=\sigma\sigma^{-1}(\boldsymbol{\beta})=\boldsymbol{\beta} \in W$，所以 W 在 σ^{-1} 之下不变.

例 4　设 σ，τ 是向量空间 V 的一个线性变换，且 $\sigma\tau=\tau\sigma$. 证明 $\mathrm{Ker}(\sigma)$ 和 $\mathrm{Im}(\sigma)$ 都是 τ 的不变子空间.

证明　对任意的 $\boldsymbol{\xi} \in \mathrm{Im}(\sigma)$，存在 $\boldsymbol{\beta} \in V$，使得 $\boldsymbol{\xi}=\sigma(\boldsymbol{\beta})$，从而 $\tau(\boldsymbol{\xi})=\tau\sigma(\boldsymbol{\beta})=\sigma\tau(\boldsymbol{\beta}) \in \mathrm{Im}(\sigma)$.

同理，对任意的 $\boldsymbol{\xi} \in \mathrm{Ker}(\sigma)$，$\sigma(\boldsymbol{\xi})=\mathbf{0}$，$\tau\sigma(\boldsymbol{\xi})=\mathbf{0}=\sigma\tau(\boldsymbol{\xi})$，所以 $\tau(\boldsymbol{\xi}) \in \mathrm{Ker}(\sigma)$，

故 $\mathrm{Ker}(\sigma)$和 $\mathrm{Im}(\sigma)$都在 τ 之下不变.

例 5 令 σ 是数域 F 上向量空间 V 的一个线性变换，并且满足条件 $\sigma^2=\sigma$. 证明：

(1)$\mathrm{Ker}(\sigma)=\{\boldsymbol{\xi}-\sigma(\boldsymbol{\xi})\mid\boldsymbol{\xi}\in V\}$；

(2)$V=\mathrm{Ker}(\sigma)\oplus\mathrm{Im}(\sigma)$；

(3)如果 τ 是 V 的一个线性变换，那么 $\mathrm{Ker}(\sigma)$和 $\mathrm{Im}(\sigma)$都是 τ 的不变子空间的充要条件是 $\sigma\tau=\tau\sigma$.

证明 (1)对任意的 $\boldsymbol{\alpha}\in\{\boldsymbol{\xi}-\sigma(\boldsymbol{\xi})\mid\boldsymbol{\xi}\in V\}$，令 $\boldsymbol{\alpha}=\boldsymbol{\xi}-\sigma(\boldsymbol{\xi})$，则 $\sigma(\boldsymbol{\alpha})=\sigma(\boldsymbol{\xi}-\sigma(\boldsymbol{\xi}))=\sigma(\boldsymbol{\xi})-\sigma^2(\boldsymbol{\xi})=\mathbf{0}$，所以 $\boldsymbol{\alpha}\in\mathrm{Ker}(\sigma)$.

反之，任取 $\boldsymbol{\beta}\in\mathrm{Ker}(\sigma)$，则 $\sigma(\boldsymbol{\beta})=\mathbf{0}$，所以 $\boldsymbol{\beta}=\boldsymbol{\beta}-\sigma(\boldsymbol{\beta})\in\{\boldsymbol{\xi}-\sigma(\boldsymbol{\xi})\mid\boldsymbol{\xi}\in V\}$，从而 $\mathrm{Ker}(\sigma)=\{\boldsymbol{\xi}-\sigma(\boldsymbol{\xi})\mid\boldsymbol{\xi}\in V\}$.

(2)对任意的 $\boldsymbol{\xi}\in V$，则 $\boldsymbol{\xi}=\boldsymbol{\xi}-\sigma(\boldsymbol{\xi})+\sigma(\boldsymbol{\xi})$，由(1)知，$\boldsymbol{\xi}\in\mathrm{Ker}(\sigma)+\mathrm{Im}(\sigma)$，所以 $V\subseteq\mathrm{Ker}(\sigma)+\mathrm{Im}(\sigma)$. 对任意的 $\boldsymbol{\xi}\in\mathrm{Ker}(\sigma)+\mathrm{Im}(\sigma)$，$\boldsymbol{\xi}\in V$. 从而 $\mathrm{Ker}(\sigma)+\mathrm{Im}(\sigma)\subseteq V$，因此 $V=\mathrm{Ker}(\sigma)+\mathrm{Im}(\sigma)$.

又对任意的 $\boldsymbol{\beta}\in\mathrm{Ker}(\sigma)\cap\mathrm{Im}(\sigma)$，由于 $\boldsymbol{\beta}\in\mathrm{Im}(\sigma)$，有 $\boldsymbol{\gamma}\in V$，使得 $\sigma(\boldsymbol{\gamma})=\boldsymbol{\beta}$，由已知 $\sigma^2(\boldsymbol{\gamma})=\sigma(\boldsymbol{\gamma})=\sigma(\boldsymbol{\beta})$，又由于 $\boldsymbol{\beta}\in\mathrm{Ker}(\sigma)$，所以 $\sigma(\boldsymbol{\beta})=\mathbf{0}$，于是 $\sigma(\boldsymbol{\gamma})=\mathbf{0}$. 故 $\boldsymbol{\gamma}\in\mathrm{Ker}(\sigma)$，因此 $\boldsymbol{\beta}=\mathbf{0}$. 从而 $\mathrm{Ker}(\sigma)\cap\mathrm{Im}(\sigma)=\{\mathbf{0}\}$. 所以 $V=\mathrm{Ker}(\sigma)\oplus\mathrm{Im}(\sigma)$.

(3)充分性已由例 4 给出，下面证明必要性：对任意的

$\boldsymbol{\xi}\in V$，$\boldsymbol{\xi}=\boldsymbol{\xi}-\sigma(\boldsymbol{\xi})+\sigma(\boldsymbol{\xi})$，$\sigma\tau(\boldsymbol{\xi})=\sigma\tau[\boldsymbol{\xi}-\sigma(\boldsymbol{\xi})+\sigma(\boldsymbol{\xi})]$

$=\sigma[\tau(\boldsymbol{\xi}-\sigma(\boldsymbol{\xi}))+\tau\sigma(\boldsymbol{\xi})]=\sigma(\tau(\boldsymbol{\xi}-\sigma(\boldsymbol{\xi})))+\sigma\tau\sigma(\boldsymbol{\xi})$.

又因为 $\boldsymbol{\xi}-\sigma(\boldsymbol{\xi})\in\mathrm{Ker}(\sigma)$，且 $\mathrm{Ker}(\sigma)$在 τ 之下不变. 所以 $\tau(\boldsymbol{\xi}-\sigma(\boldsymbol{\xi}))\in\mathrm{Ker}(\sigma)$，因此 $\sigma\tau(\boldsymbol{\xi}-\sigma(\boldsymbol{\xi}))=\mathbf{0}$. 而 $\mathrm{Im}(\sigma)$在 τ 之下不变，故 $\tau\sigma(\boldsymbol{\xi})\in\mathrm{Im}(\sigma)$. 令 $\tau\sigma(\boldsymbol{\xi})=\sigma(\boldsymbol{\eta})$则 $\sigma(\tau\sigma(\boldsymbol{\xi}))=\sigma^2(\boldsymbol{\eta})=\sigma(\boldsymbol{\eta})$. 于是 $(\sigma\tau)(\boldsymbol{\xi})=\mathbf{0}+\sigma(\boldsymbol{\eta})=\sigma(\boldsymbol{\eta})=\tau(\sigma(\boldsymbol{\xi}))=(\tau\sigma)(\boldsymbol{\xi})$，故 $\sigma\tau=\tau\sigma$.

例 6 设 σ 是向量空间 V 的一个位似(即 σ 是 V 的单位变换的一个标量倍). 证明，V 的每一个子空间都是 σ 的不变子空间.

证明 对任意的 $\boldsymbol{\xi}\in V$，有 $\sigma(\boldsymbol{\xi})=k\boldsymbol{\xi}$. 若 W 是 V 的一个子空间，$\boldsymbol{\alpha}\in W$，$\sigma(\boldsymbol{\alpha})=k\boldsymbol{\alpha}\in W$，即 W 在 σ 之下不变.

11.5 特征值与特征向量

V 的最简单的在 σ 之下不变的子空间是一维不变子空间，它与 σ 的特征值和特征向量有着密切的联系. 设 W 是 V 的在 σ 之下不变的一维子空间，取它的

一个基 $\boldsymbol{\alpha}$，那么，由 $\sigma(\boldsymbol{\alpha})\in W$ 知，存在 $\lambda\in F$ 使得 $\sigma(\boldsymbol{\alpha})=\lambda\boldsymbol{\alpha}$. $\forall\boldsymbol{\xi}\in W$，$\boldsymbol{\xi}=a\boldsymbol{\alpha}$，有 $\sigma(\boldsymbol{\xi})=\sigma(a\boldsymbol{\alpha})=a\sigma(\boldsymbol{\alpha})=\lambda(a\boldsymbol{\alpha})=\lambda\boldsymbol{\xi}$，所以 W 中一切非零向量都是属于同一特征值 λ 的特征向量. 反之，设 W 是由 σ 的属于 λ 的特征向量生成的子空间，即 $W=L(\boldsymbol{\xi})$. 显然 W 是 σ 的不变子空间.

特征值和特征向量定义中的几个问题

(1)关系式 $\sigma(\boldsymbol{\xi})=\lambda\boldsymbol{\xi}$，$\lambda\in F$，$\boldsymbol{\xi}$ 是 V 中的非零向量. 它的几何意义是 $\boldsymbol{\xi}$ 经过线性变换 σ 的作用以后的 $\sigma(\boldsymbol{\xi})$，$\sigma(\boldsymbol{\xi})$ 与 $\boldsymbol{\xi}$ 在同一直线 $L(\boldsymbol{\xi})$ 上，只是放大或缩小 $|\lambda|$ 倍. 方向或者不变或者相反.

(2)属于线性变换 σ 的同一特征值 λ 的特征向量 $\boldsymbol{\xi}$ 不是唯一的.

(3)对 σ 的两个不同的特征值 λ_1 和 λ_2 来说，不存在非零向量 $\boldsymbol{\xi}$，使得 $\boldsymbol{\xi}$ 是属于它们的特征向量.

事实上，如果 $\sigma(\boldsymbol{\xi})=\lambda_1\boldsymbol{\xi}$，$\sigma(\boldsymbol{\xi})=\lambda_2\boldsymbol{\xi}$，那么 $\lambda_1\boldsymbol{\xi}=\lambda_2\boldsymbol{\xi}$，则有 $(\lambda_1-\lambda_2)\boldsymbol{\xi}=\mathbf{0}$，由于 $\boldsymbol{\xi}\neq\mathbf{0}$，知 $\lambda_1=\lambda_2$，这与 $\lambda_1\neq\lambda_2$ 矛盾.

关于矩阵的特征根和特征向量

(1)设 $\mathbf{A}=(a_{ij})$ 是数域 F 上的 n 阶矩阵，行列式

$$f_{\mathbf{A}}(x)=|x\boldsymbol{I}-\mathbf{A}|=\begin{vmatrix} x-a_{11} & -a_{12} & \cdots & -a_{1n} \\ -a_{21} & x-a_{21} & \cdots & -a_{2n} \\ \vdots & \vdots & & \vdots \\ -a_{n1} & -a_{n2} & \cdots & x-a_{nn} \end{vmatrix}$$

叫做 $\mathbf{A}$ 的特征多项式. $f_{\mathbf{A}}(x)$ 在复数域 $\mathbf{C}$ 中的根叫做 $\mathbf{A}$ 的特征根. 设 $\mathbf{A}$ 的特征根为 λ_1，λ_2，…，λ_n，齐次线性方程组

$$(\lambda_i\boldsymbol{I}-\mathbf{A})\begin{pmatrix} x_1 \\ x_2 \\ \vdots \\ x_n \end{pmatrix}=\begin{pmatrix} 0 \\ 0 \\ \vdots \\ 0 \end{pmatrix},\ i=1,\ 2,\ \cdots,\ n$$

的非零解 $(k_{i1},\ k_{i2},\ \cdots,\ k_{in})$ 叫做矩阵 $\mathbf{A}$ 的属于 λ_i 的特征向量.

(2)设 $\mathbf{A}$ 是线性变换 σ 关于 V 的基 $\{\boldsymbol{\alpha}_1,\ \boldsymbol{\alpha}_2,\ \cdots,\ \boldsymbol{\alpha}_n\}$ 的矩阵，则 λ 是 σ 的特征值的充要条件是 $\lambda\in F$，并且 λ 是矩阵 $\mathbf{A}$ 的特征多项式的根. 因此，求 σ 的特征值，只需求 σ 关于某个基的矩阵 $\mathbf{A}$ 的特征多项式 $f_{\mathbf{A}}(x)$ 在 F 内的根. 这就将求 σ 的特征值的问题转化为求矩阵 $\mathbf{A}$ 的特征根的问题.

例 1　在复数域上，求向量空间 V 的线性变换 σ 的特征根和相应的特征向量. 已知 σ 关于 V 的某个基的矩阵为 $\begin{pmatrix} 3 & 6 & 6 \\ 0 & 2 & 0 \\ -3 & -12 & -6 \end{pmatrix}$.

解 由矩阵 $A=\begin{pmatrix}3&6&6\\0&2&0\\-3&-12&-6\end{pmatrix}$ 的特征多项式：

$$f_A(x)=\begin{vmatrix}x-3&-6&-6\\0&x-2&0\\3&12&x+6\end{vmatrix}=x(x-2)(x+3)=0,$$

得矩阵 A 的特征根为 0，2，−3.

矩阵 A 的属于特征根 0 的特征向量是齐次线性方程组

$$(0\cdot I-A)\begin{pmatrix}x_1\\x_2\\x_3\end{pmatrix}=\begin{pmatrix}0\\0\\0\end{pmatrix}.$$

即

$$\begin{aligned}-3x_1-6x_2-6x_3&=0,\\3x_1+12x_2+6x_3&=0,\\x_2&=0\end{aligned}$$

的非零解，即 $(-2a,0,a)$，$a\neq0$.

矩阵 A 的属于特征根 2 的特征向量是齐次线性方程组

$$(2I-A)\begin{pmatrix}x_1\\x_2\\x_3\end{pmatrix}=\begin{pmatrix}0\\0\\0\end{pmatrix}.$$

即

$$\begin{pmatrix}-1&-6&-6\\0&0&0\\3&12&8\end{pmatrix}\begin{pmatrix}x_1\\x_2\\x_3\end{pmatrix}=\begin{pmatrix}0\\0\\0\end{pmatrix}$$

的非零解，即 $(4a,-\frac{5}{3}a,a)$，$a\neq0$.

矩阵 A 的属于特征根 −3 的特征向量是齐次线性方程组

$$(-3I-A)\begin{pmatrix}x_1\\x_2\\x_3\end{pmatrix}=\begin{pmatrix}0\\0\\0\end{pmatrix}.$$

即

$$\begin{aligned}-6x_1-6x_2-6x_3&=0,\\3x_1+12x_2+3x_3&=0,\\x_2&=0\end{aligned}$$

的非零解，即$(-a, 0, a)$，$a\neq 0$.

例 2　证明：对角形矩阵

$$\begin{pmatrix} a_1 & \cdots & 0 \\ \vdots & \ddots & \vdots \\ 0 & \cdots & a_n \end{pmatrix} 与 \begin{pmatrix} b_1 & \cdots & 0 \\ \vdots & \ddots & \vdots \\ 0 & \cdots & b_n \end{pmatrix}$$

相似，必要且只要$b_1, b_2, \cdots, b_n$是$a_1, a_2, \cdots, a_n$的一个排列.

证明　充分性　　若$b_1, b_2, \cdots, b_n$是$a_1, a_2, \cdots, a_n$的一个排列，则$b_i = a_{i_k}$，于是，$\begin{pmatrix} b_1 & \cdots & 0 \\ \vdots & \ddots & \vdots \\ 0 & \cdots & b_n \end{pmatrix}$就可以写成$\boldsymbol{B}=\begin{pmatrix} a_{i_1} & \cdots & 0 \\ \vdots & \ddots & \vdots \\ 0 & \cdots & a_{i_n} \end{pmatrix}$，$i_1, i_2, \cdots, i_n$是 1，2，…，$n$ 的一个排列.

不妨假设$a_{i_k}=a_1$，对 $\boldsymbol{B}$ 交换 1 行与 k 行，再交换 1 列与 k 列，即有

$$\boldsymbol{B}\rightarrow\begin{pmatrix} a_1 & & & \\ & a_{i_2} & & \\ & & \ddots & \\ & & & a_{i_n} \end{pmatrix}.$$

其中$a_{i_2}, \cdots, a_{i_n}$是$a_2, \cdots, a_n$的一个排列，也即存在初等矩阵$\boldsymbol{E}_{1k}=\boldsymbol{E}_{1k}^{-1}$，使得

$$\boldsymbol{E}_{1k}^{-1}\boldsymbol{B}\boldsymbol{E}_{1k}=\begin{pmatrix} a_1 & & & \\ & a_{i_2} & & \\ & & \ddots & \\ & & & a_{i_n} \end{pmatrix}.$$

设$a_{i_l}=a_2$，则有

$$\boldsymbol{E}_{2l}^{-1}\boldsymbol{E}_{1k}^{-1}\boldsymbol{B}\boldsymbol{E}_{1k}\boldsymbol{E}_{2l}=\begin{pmatrix} a_1 & & & & \\ & a_2 & & & \\ & & a_{i_3} & & \\ & & & \ddots & \\ & & & & a_{i_n} \end{pmatrix}.$$

其中$a_{i_3}, \cdots, a_{i_n}$是$a_3, \cdots, a_n$的一个排列，如此继续下去，必有初等矩阵$\boldsymbol{E}_1$，$\boldsymbol{E}_2, \cdots, \boldsymbol{E}_s$，使得

$$\boldsymbol{E}_s^{-1}\cdots\boldsymbol{E}_1^{-1}\boldsymbol{B}\boldsymbol{E}_1\cdots\boldsymbol{E}_s=\begin{pmatrix} a_1 & & & \\ & a_2 & & \\ & & \ddots & \\ & & & a_n \end{pmatrix}=\boldsymbol{A}.$$

令 $E=E_1E_2\cdots E_s$，则$E^{-1}BE=A$，故 A 与 B 相似.

必要性　若两矩阵相似，则特征多项式相同，即$(x-a_1)(x-a_2)\cdots(x-a_n)=(x-b_1)(x-b_2)\cdots(x-b_n)$，得证.

例 3　设σ 是数域F 上向量空间V 的线性变换，且有 $\sigma^2=\iota$(单位变换). 证明：σ 的特征值只有 1 或 −1.

证明　设λ 是σ 的任意一个特征值，而 $\boldsymbol{\alpha}$ 是相应的一个特征向量，则 $\sigma(\boldsymbol{\alpha})=\lambda\boldsymbol{\alpha}$. 由于 $\sigma^2=\iota$，故有 $\boldsymbol{\alpha}=\sigma^2(\boldsymbol{\alpha})=\sigma(\lambda\boldsymbol{\alpha})=\lambda^2\boldsymbol{\alpha}$，从而$\lambda^2=1$，故 $\lambda=\pm 1$.

例 4　设σ 是数域F 上向量空间V 的线性变换，且 $\sigma^2=\sigma$，求 σ 的特征值.

解　设λ_0是 σ 的任意一个特征值，而 $\boldsymbol{\alpha}\neq\mathbf{0}$ 为其特征向量，即 $\sigma(\boldsymbol{\alpha})=\lambda_0\boldsymbol{\alpha}$，$\boldsymbol{\alpha}\neq\mathbf{0}$. 由于 $\sigma^2=\iota$，故有

$$\lambda_0\boldsymbol{\alpha}=\sigma(\boldsymbol{\alpha})=\sigma(\sigma(\boldsymbol{\alpha}))=\sigma(\lambda_0\boldsymbol{\alpha})=\lambda_0{}^2\boldsymbol{\alpha}.$$

但 $\boldsymbol{\alpha}\neq\mathbf{0}$，故 $\lambda_0=\lambda_0^2$，从而 $\lambda_0=1$ 或 $\lambda_0=0$.

例 5　设 $a,b,c\in\mathbf{C}$. 令

$$\boldsymbol{A}=\begin{pmatrix}b&c&a\\c&a&b\\a&b&c\end{pmatrix},\boldsymbol{B}=\begin{pmatrix}c&a&b\\a&b&c\\b&c&a\end{pmatrix},\boldsymbol{C}=\begin{pmatrix}a&b&c\\b&c&a\\c&a&b\end{pmatrix}.$$

(1)证明，$\boldsymbol{A}$，$\boldsymbol{B}$，$\boldsymbol{C}$ 彼此相似；

(2)如果 $\boldsymbol{BC}=\boldsymbol{CB}$，那么 $\boldsymbol{A}$，$\boldsymbol{B}$，$\boldsymbol{C}$ 的特征根至少有两个等于零.

证明　(1)因为 $\boldsymbol{A}=\boldsymbol{P}_{12}\boldsymbol{P}_{13}\boldsymbol{B}\boldsymbol{P}_{13}\boldsymbol{P}_{12}=(\boldsymbol{P}_{13}\boldsymbol{P}_{12})^{-1}\boldsymbol{B}\boldsymbol{P}_{13}\boldsymbol{P}_{12}$，所以 $\boldsymbol{A}$ 与 $\boldsymbol{B}$ 相似.

同理，$\boldsymbol{B}$ 与$\boldsymbol{C}$ 相似，故$\boldsymbol{A}$，$\boldsymbol{B}$，$\boldsymbol{C}$ 彼此相似.

(2)若 $\boldsymbol{BC}=\boldsymbol{CB}$，即

$$\begin{pmatrix}c&a&b\\a&b&c\\b&c&a\end{pmatrix}\begin{pmatrix}a&b&c\\b&c&a\\c&a&b\end{pmatrix}=\begin{pmatrix}a&b&c\\b&c&a\\c&a&b\end{pmatrix}\begin{pmatrix}c&a&b\\a&b&c\\b&c&a\end{pmatrix}.$$

两边矩阵相乘，由矩阵相等，有$a^2+b^2+c^2=ab+bc+ca$，即 $a=b=c$. 由(1) $\boldsymbol{A}$，$\boldsymbol{B}$，$\boldsymbol{C}$ 的特征多项式

$$f_{\boldsymbol{A}}(x)=\begin{vmatrix}x-b&-c&-a\\-c&x-a&-b\\-a&-b&x-c\end{vmatrix}=x^3-(a+b+c)x^2,$$

从而 $\boldsymbol{A}$，$\boldsymbol{B}$，$\boldsymbol{C}$ 的特征根为$x_1=a+b+c$，$x_2=x_3=0$，得证.

例 6　设 $\boldsymbol{A}$ 是复数域 $\mathbf{C}$ 上的一个 n 阶矩阵.

(1)证明：存在 $\mathbf{C}$ 上的一个 n 阶可逆矩阵$\boldsymbol{P}$ 使得

$$P^{-1}AP=\begin{pmatrix}\lambda_1 & b_{12} & \cdots & b_{1n}\\ 0 & b_{22} & \cdots & b_{2n}\\ \vdots & \vdots & & \vdots\\ 0 & b_{n2} & \cdots & b_{nn}\end{pmatrix}.$$

(2)对 n 作数学归纳法证明. 复数域 $\mathbf{C}$ 上的任意一个 n 阶矩阵都与一个“上三角形”矩阵

$$\begin{pmatrix}\lambda_1 & * & \cdots & *\\ 0 & \lambda_2 & \cdots & *\\ \vdots & \vdots & & \vdots\\ 0 & 0 & \cdots & \lambda_n\end{pmatrix}$$

相似，这里主对角线以下的元素都是零.

证明　(1)设 σ 是复数域 $\mathbf{C}$ 上的 n 维向量空间 V 的一个线性变换. σ 关于给定基的矩阵是 $\boldsymbol{A}$. $\boldsymbol{A}$ 在 $\mathbf{C}$ 内一定有特征根，设为 λ_1，若其对应的特征向量为 $\boldsymbol{\xi}_1$，扩充为 V 的一个基 $\boldsymbol{\xi}_1,\boldsymbol{\alpha}_2,\cdots,\boldsymbol{\alpha}_n$，则 σ 在此基下的矩阵是

$$\boldsymbol{B}=\begin{pmatrix}\lambda_1 & b_{12} & \cdots & b_{1n}\\ 0 & b_{22} & \cdots & b_{2n}\\ \vdots & \vdots & & \vdots\\ 0 & b_{n2} & \cdots & b_{nn}\end{pmatrix}.$$

所以 $\boldsymbol{B}$ 与 $\boldsymbol{A}$ 相似，即存在可逆矩阵 $\boldsymbol{P}$，使得

$$P^{-1}AP=\begin{pmatrix}\lambda_1 & b_{12} & \cdots & b_{1n}\\ 0 & b_{22} & \cdots & b_{2n}\\ \vdots & \vdots & & \vdots\\ 0 & b_{n2} & \cdots & b_{nn}\end{pmatrix}.$$

(2)$n=1$ 时，显然成立. 设 $\mathbf{C}$ 上任一 $n-1$ 阶方阵总与一个“上三角形”矩阵相似. $\boldsymbol{A}$ 是 $\mathbf{C}$ 上任一 n 阶方阵，由(1)的证明知，存在 $\mathbf{C}$ 上可逆矩阵 $\boldsymbol{T}$，使得

$$T^{-1}AT=\begin{pmatrix}\lambda_1 & b_{12} & \cdots & b_{1n}\\ 0 & b_{22} & \cdots & b_{2n}\\ \vdots & \vdots & & \vdots\\ 0 & b_{n2} & \cdots & b_{nn}\end{pmatrix}.$$

由归纳假设，存在一个 $n-1$ 阶可逆矩阵 $\boldsymbol{S}$，使得

$$S^{-1}\begin{pmatrix}b_{22} & \cdots & b_{2n}\\ \vdots & & \vdots\\ b_{n2} & \cdots & b_{nn}\end{pmatrix}S=\begin{pmatrix}\lambda_1 & * & \cdots & *\\ 0 & \lambda_2 & \cdots & *\\ \vdots & \vdots & & \vdots\\ 0 & 0 & \cdots & \lambda_n\end{pmatrix}.$$

因此

$$\begin{pmatrix}1 & 0\\ 0 & \boldsymbol{S}^{-1}\end{pmatrix}\boldsymbol{T}^{-1}\boldsymbol{A}\boldsymbol{T}\begin{pmatrix}1 & 0\\ 0 & \boldsymbol{S}\end{pmatrix}=\begin{pmatrix}\lambda_1 & * & \cdots & *\\ 0 & \lambda_2 & \cdots & *\\ \vdots & \vdots & & \vdots\\ 0 & 0 & \cdots & \lambda_n\end{pmatrix}.$$

复数域 **C** 上的任意一个 n 阶矩阵都与一个"上三角形"矩阵

$$\begin{pmatrix}\lambda_1 & * & \cdots & *\\ 0 & \lambda_2 & \cdots & *\\ \vdots & \vdots & & \vdots\\ 0 & 0 & \cdots & \lambda_n\end{pmatrix}$$

相似.

例 7 设 $\mathbf{A}$ 是复数域 **C** 上的一个 n 阶矩阵，$\lambda_1, \lambda_2, \cdots, \lambda_n$ 是 $\mathbf{A}$ 的全部特征根(重根按重数计算).

(1)如果 $f(x)$ 是 **C** 上任意一个次数大于零的多项式，那么 $f(\lambda_1), f(\lambda_2), \cdots, f(\lambda_n)$ 是 $f(\mathbf{A})$ 的全部特征根.

(2)如果 $\mathbf{A}$ 可逆，那么 $\lambda_i \neq 0$, $i=1, 2, \cdots, n$，并且 $\lambda_1^{-1}, \lambda_2^{-1}, \cdots, \lambda_n^{-1}$ 是 $\mathbf{A}^{-1}$ 的全部特征根.

证明 由例 6，复数域 **C** 上的任意一个 n 阶矩阵都与一个"上三角形"矩阵相似. 即

$$\boldsymbol{T}^{-1}\boldsymbol{A}\boldsymbol{T}=\begin{pmatrix}\lambda_1 & * & \cdots & *\\ 0 & \lambda_2 & \cdots & *\\ \vdots & \vdots & & \vdots\\ 0 & 0 & \cdots & \lambda_n\end{pmatrix}=\boldsymbol{B}.$$

$$(1)\boldsymbol{T}^{-1}f(\mathbf{A})\boldsymbol{T}=\begin{pmatrix}f(\lambda_1) & * & \cdots & *\\ 0 & f(\lambda_2) & \cdots & *\\ \vdots & \vdots & & \vdots\\ 0 & 0 & \cdots & f(\lambda_n)\end{pmatrix}=f(\boldsymbol{B}).$$

所以，$f(\lambda_1), f(\lambda_2), \cdots, f(\lambda_n)$ 是 $f(\mathbf{A})$ 的全部特征根.

(2)$|\mathbf{A}|=\lambda_1\lambda_2\cdots\lambda_n$，设 $\lambda_i \neq 0$, $i=1, 2, \cdots, n$，则

$$\boldsymbol{T}^{-1}\mathbf{A}^{-1}\boldsymbol{T}=\begin{pmatrix}\lambda_1^{-1} & * & \cdots & *\\ 0 & \lambda_2^{-1} & \cdots & *\\ \vdots & \vdots & & \vdots\\ 0 & 0 & \cdots & \lambda_n^{-1}\end{pmatrix}.$$

故λ_1^{-1}，λ_2^{-1}，…，λ_n^{-1}是$\boldsymbol{A}^{-1}$的全部特征根.

11.6　矩阵可对角化的条件

对角矩阵是最简单的矩阵，n 维向量空间 V 的线性变换 σ 可对角化的充要条件是存在 V 的一个基，使得 σ 关于这个基的矩阵是对角矩阵

$$\begin{pmatrix} \lambda_1 & & & \\ & \lambda_2 & & \\ & & \ddots & \\ & & & \lambda_n \end{pmatrix}.$$

设 $\boldsymbol{A}$ 是数域 F 上 n 阶矩阵，矩阵 $\boldsymbol{A}$ 可以对角化的充要条件是存在 F 上 n 阶可逆矩阵 $\boldsymbol{T}$，使得$\boldsymbol{T}^{-1}\boldsymbol{AT}$ 是对角矩阵.

$\boldsymbol{A}$ 可以对角化的条件

(1)设 $\boldsymbol{A}$ 是数域 F 上 n 阶矩阵，$f_{\boldsymbol{A}}(x)$在 F 内有 n 个单根，那么 $\boldsymbol{A}$ 可以对角化.

$f_{\boldsymbol{A}}(x)$在 F 内有 n 个单根是 $\boldsymbol{A}$ 可以对角化的充分条件，并非必要条件，如矩阵 $\boldsymbol{A}=\begin{pmatrix} 1 & 0 \\ 0 & 1 \end{pmatrix}$是一个对角矩阵，但 $\boldsymbol{A}$ 的特征根是二重根 1.

(2)设 $\boldsymbol{A}$ 是数域 F 上 n 阶矩阵，矩阵可以对角化的充要条件是：

①$\boldsymbol{A}$ 的特征根都在 F 内；

②对于 $\boldsymbol{A}$ 的每一特征根 λ，秩$(\lambda\boldsymbol{I}-\boldsymbol{A})=n-s$，$s$ 为 λ 的重数.

条件②可改述为特征根 λ 的重数等于齐次线性方程组

$$(\lambda\boldsymbol{I}-\boldsymbol{A})\begin{pmatrix} x_1 \\ x_2 \\ \vdots \\ x_n \end{pmatrix}=\begin{pmatrix} 0 \\ 0 \\ \vdots \\ 0 \end{pmatrix}$$

的解空间的维数.

例 1　检验下列矩阵哪些可以对角化. 如果可以对角化，求出可逆矩阵 $\boldsymbol{P}$.

(1)$\begin{pmatrix} 3 & 6 & 6 \\ 0 & 2 & 0 \\ -3 & -12 & -6 \end{pmatrix}$；(2)$\begin{pmatrix} 0 & 0 & 1 \\ 0 & 1 & 0 \\ 1 & 0 & 0 \end{pmatrix}$；(3)$\begin{pmatrix} 0 & 2 & 1 \\ -2 & 0 & 3 \\ -1 & -3 & 0 \end{pmatrix}$

解　(1)令 $\boldsymbol{A}=\begin{pmatrix} 3 & 6 & 6 \\ 0 & 2 & 0 \\ -3 & -12 & -6 \end{pmatrix}$，矩阵 $\boldsymbol{A}$ 的特征根为 0，2，-3，三个特

征根都是单根，所以 A 能对角化. 可逆矩阵 $P=\begin{pmatrix}-2 & -1 & 4\\ 0 & 0 & -\frac{5}{3}\\ 1 & 1 & 1\end{pmatrix}$.

(2) $\boldsymbol{A}=\begin{pmatrix}0 & 0 & 1\\ 0 & 1 & 0\\ 1 & 0 & 0\end{pmatrix}$，矩阵 $\boldsymbol{A}$ 的特征根为 1 和 -1. 其中 1 为 2 重根，-1 为单根. 对于特征根 1，$\boldsymbol{I}-\boldsymbol{A}=\begin{pmatrix}1 & 0 & -1\\ 0 & 0 & 0\\ -1 & 0 & 1\end{pmatrix}\to\begin{pmatrix}1 & 0 & -1\\ 0 & 0 & 0\\ 0 & 0 & 0\end{pmatrix}$，秩$(\boldsymbol{I}-\boldsymbol{A})=1=3-2$；对于特征根 -1，$-\boldsymbol{I}-\boldsymbol{A}=\begin{pmatrix}-1 & 0 & -1\\ 0 & -2 & 0\\ -1 & 0 & -1\end{pmatrix}\to\begin{pmatrix}-1 & 0 & -1\\ 0 & -2 & 0\\ 0 & 0 & 0\end{pmatrix}$，秩$(2\boldsymbol{I}-\boldsymbol{A})=2=3-1$，所以 $\boldsymbol{A}$ 能对角化. 可逆矩阵 $\boldsymbol{P}=\begin{pmatrix}1 & 0 & 1\\ 0 & 1 & 0\\ 1 & 0 & -1\end{pmatrix}$.

(3) $\boldsymbol{A}=\begin{pmatrix}0 & 2 & 1\\ -2 & 0 & 3\\ -1 & -3 & 0\end{pmatrix}$，矩阵 $\boldsymbol{A}$ 的特征根为 0，$\sqrt{14}\mathrm{i}$，$-\sqrt{14}\mathrm{i}$. 三个特征根都是单根，所以 $\boldsymbol{A}$ 能对角化. 可逆矩阵 $\boldsymbol{P}=\begin{pmatrix}3 & 3-2\sqrt{14}\mathrm{i} & 3+2\sqrt{14}\mathrm{i}\\ -1 & 13 & 13\\ 2 & 2+3\sqrt{14}\mathrm{i} & 2-3\sqrt{14}\mathrm{i}\end{pmatrix}$.

例 2 设 $\boldsymbol{A}=\begin{pmatrix}1 & 4 & 2\\ 0 & -3 & 4\\ 0 & 4 & 3\end{pmatrix}$，求 $\boldsymbol{A}^k$.

解 $f_{\boldsymbol{A}}(x)=\begin{vmatrix}x-1 & -4 & -2\\ 0 & x+3 & -4\\ 0 & -4 & x-3\end{vmatrix}=(x-1)(x+5)(x-5)=0$，得矩阵 $\boldsymbol{A}$ 的特征根为 1，-5，5.

矩阵 $\boldsymbol{A}$ 的属于特征根 1 的特征向量是齐次线性方程组

$$(1\cdot\boldsymbol{I}-\boldsymbol{A})\begin{pmatrix}x_1\\ x_2\\ x_3\end{pmatrix}=\begin{pmatrix}0\\ 0\\ 0\end{pmatrix}$$

的非零解，求得一非零解为(1，0，0).

矩阵 $\boldsymbol{A}$ 的属于特征根 -5 的特征向量是齐次线性方程组

$$(-5\boldsymbol{I}-\boldsymbol{A})\begin{pmatrix}x_1\\x_2\\x_3\end{pmatrix}=\begin{pmatrix}0\\0\\0\end{pmatrix}$$

的非零解，求得一非零解为(1，−2，1).

矩阵 $\boldsymbol{A}$ 的属于特征根 5 的特征向量是齐次线性方程组

$$(5\boldsymbol{I}-\boldsymbol{A})\begin{pmatrix}x_1\\x_2\\x_3\end{pmatrix}=\begin{pmatrix}0\\0\\0\end{pmatrix}$$

的非零解，求得一非零解为(2，1，2).

令

$$\boldsymbol{P}=\begin{pmatrix}1&1&2\\0&-2&1\\0&1&2\end{pmatrix},$$

则

$$\boldsymbol{P}^{-1}\boldsymbol{A}\boldsymbol{P}=\begin{pmatrix}1&0&0\\0&-5&0\\0&0&5\end{pmatrix},$$

$$\boldsymbol{A}=\boldsymbol{P}\begin{pmatrix}1&0&0\\0&-5&0\\0&0&5\end{pmatrix}\boldsymbol{P}^{-1},$$

$$\begin{aligned}\boldsymbol{A}^k&=\boldsymbol{P}\begin{pmatrix}1&0&0\\0&(-5)^k&0\\0&0&5^k\end{pmatrix}\boldsymbol{P}^{-1}\\&=\begin{pmatrix}1&1&2\\0&-2&1\\0&1&2\end{pmatrix}\begin{pmatrix}1&0&0\\0&(-5)^k&0\\0&0&5^k\end{pmatrix}\begin{pmatrix}1&1&2\\0&-2&1\\0&1&2\end{pmatrix}^{-1}\\&=\begin{pmatrix}1&1&2\\0&-2&1\\0&1&2\end{pmatrix}\begin{pmatrix}1&0&0\\0&(-5)^k&0\\0&0&5^k\end{pmatrix}\cdot\frac{1}{5}\begin{pmatrix}5&0&-5\\0&-2&1\\0&1&2\end{pmatrix}\\&=\begin{pmatrix}1&2[1+(-1)^{k+1}]5^{k-1}&[4+(-1)^k]5^{k-1}-1\\0&[1+4(-1)^k]5^{k-1}&2[1+(-1)^{k+1}]5^{k-1}\\0&2[1+(-1)^{k+1}]5^{k-1}&[4+(-1)^k]5^{k-1}\end{pmatrix}.\end{aligned}$$

当 k 为奇数时

$$A^k=\begin{pmatrix}1 & 4\times5^{k-1} & 3\times5^{k-1}-1\\0 & -3\times5^{k-1} & 4\times5^{k-1}\\0 & 4\times5^{k-1} & 3\times5^{k-1}\end{pmatrix},$$

当 k 为偶数时

$$A^k=\begin{pmatrix}1 & 0 & 3\times5^k-1\\0 & 5^k & 0\\0 & 0 & 5^k\end{pmatrix}.$$

例 3 设 σ 是数域 F 上 n 维向量空间 V 的一个线性变换，令 $\lambda_1,\lambda_2,\cdots,\lambda_t\in F$ 是 σ 的两两不同的特征值，V_{λ_i} 是属于特征值 λ_i 的特征子空间. 证明：子空间的和

$$W=V_{\lambda_1}+\cdots+V_{\lambda_t}$$

是直和，并且是 σ 的不变子空间.

证明 设 $\boldsymbol{\xi}\in V_{\lambda_1}\cap V_{\lambda_2}\cap\cdots\cap V_{\lambda_t}$，$\boldsymbol{\xi}\neq\mathbf{0}$. 由题意，$\sigma(\boldsymbol{\xi})=\lambda_i\boldsymbol{\xi}=\lambda_j\boldsymbol{\xi}$，$(\lambda_i-\lambda_j)\boldsymbol{\xi}=\mathbf{0}$，从而 $\lambda_i=\lambda_j\ (i\neq j)$，与题设矛盾，所以 $\boldsymbol{\xi}=\mathbf{0}$，即 $V_{\lambda_1}+\cdots+V_{\lambda_t}$ 是直和. $\forall\xi\in W$，$\boldsymbol{\xi}=\boldsymbol{\alpha}_1+\boldsymbol{\alpha}_2+\cdots+\boldsymbol{\alpha}_t$，$\boldsymbol{\alpha}_i\in V_{\lambda_i}$，$i=1,2,\cdots,t$.

$$\begin{aligned}\sigma(\boldsymbol{\xi})&=\sigma(\boldsymbol{\alpha}_1+\boldsymbol{\alpha}_2+\cdots+\boldsymbol{\alpha}_t)=\sigma(\boldsymbol{\alpha}_1)+\sigma(\boldsymbol{\alpha}_2)+\cdots+\sigma(\boldsymbol{\alpha}_t)\\&=\lambda_1\boldsymbol{\alpha}_1+\lambda_2\boldsymbol{\alpha}_2+\cdots+\lambda_t\boldsymbol{\alpha}_t\in W.\end{aligned}$$

所以 W 在 σ 之下不变.

例 4 数域 F 上 n 维向量空间 V 的一个线性变换 σ 叫做一个对合变换，如果 $\sigma^2=\iota$，ι 是单位变换. 设 σ 是 V 的一个对合变换. 证明：

(1)σ 的特征值只能是 ±1；

(2)$V=V_1\oplus V_{-1}$，这里 V_1 是 σ 的属于特征值 1 的特征子空间，V_{-1} 是 σ 的属于特征值 -1 的特征子空间.

证明 (1)设 λ 是 σ 的特征值，$\boldsymbol{\xi}$ 是 σ 的属于特征值 λ 的特征向量，则 $\sigma(\boldsymbol{\xi})=\lambda\boldsymbol{\xi}$，$\sigma^2(\boldsymbol{\xi})=\lambda^2\boldsymbol{\xi}$；另一方面 $\sigma^2(\boldsymbol{\xi})=\iota(\boldsymbol{\xi})=\xi$，所以 $\lambda^2\boldsymbol{\xi}=\boldsymbol{\xi}$，即 $(\lambda^2-1)\boldsymbol{\xi}=\mathbf{0}$，由于 $\boldsymbol{\xi}\neq\mathbf{0}$，从而 $\lambda=\pm1$. 故 σ 的特征值只能是 ±1.

(2) $\forall\boldsymbol{\xi}\in V$，$\boldsymbol{\xi}=\dfrac{\boldsymbol{\xi}+\sigma(\boldsymbol{\xi})}{2}+\dfrac{\boldsymbol{\xi}-\sigma(\boldsymbol{\xi})}{2}$. 而 $\sigma\left(\dfrac{\boldsymbol{\xi}+\sigma(\boldsymbol{\xi})}{2}\right)=\dfrac{\boldsymbol{\xi}+\sigma(\boldsymbol{\xi})}{2}$，$\dfrac{\boldsymbol{\xi}+\sigma(\boldsymbol{\xi})}{2}\in V_1$. 同理 $\dfrac{\boldsymbol{\xi}-\sigma(\boldsymbol{\xi})}{2}\in V_{-1}$，因此 $V=V_1+V_{-1}$. $\forall\boldsymbol{\eta}\in V_1\cap V_{-1}$，$\boldsymbol{\eta}\in V_1$ 且 $\boldsymbol{\eta}\in V_{-1}$，$\sigma(\boldsymbol{\eta})=\boldsymbol{\eta}$，$\sigma(\boldsymbol{\eta})=-\boldsymbol{\eta}$，所以 $\boldsymbol{\eta}=\mathbf{0}$. 因此 $V_1\cap V_{-1}=\{\mathbf{0}\}$，故 $V=V_1\oplus V_{-1}$.

例 5 数域 F 上一个 n 阶矩阵 $\boldsymbol{A}$ 叫做一个幂等矩阵，如果 $\boldsymbol{A}^2=\boldsymbol{A}$. 设 $\boldsymbol{A}$ 是一个幂等矩阵. 证明：

(1)$\boldsymbol{I}+\boldsymbol{A}$ 可逆，并且求$(\boldsymbol{I}+\boldsymbol{A})^{-1}$；

(2)秩 $\boldsymbol{A}$ + 秩$(\boldsymbol{I}-\boldsymbol{A})=n$.

证明　(1)因为$(\boldsymbol{I}+\boldsymbol{A})(\boldsymbol{I}-\frac{\boldsymbol{A}}{2})=\boldsymbol{I}+\boldsymbol{A}-\frac{\boldsymbol{A}}{2}-\frac{\boldsymbol{A}^2}{2}=\boldsymbol{I}$. 所以 $\boldsymbol{I}+\boldsymbol{A}$ 可逆，且

$$(\boldsymbol{I}+\boldsymbol{A})^{-1}=(\boldsymbol{I}-\frac{\boldsymbol{A}}{2}).$$

(2)设 $\boldsymbol{A}$ 与线性变换 σ 对应，则 $\sigma^2=\sigma$. 因为 $\mathrm{Ker}(\sigma)=\{\boldsymbol{\xi}-\sigma(\boldsymbol{\xi})\mid\boldsymbol{\xi}\in V\}=\mathrm{Im}(\iota-\sigma)$，其中 ι 是单位变换. $\dim\mathrm{Ker}(\sigma)=\dim\mathrm{Im}(\iota-\sigma)=r(\boldsymbol{I}-\boldsymbol{A})$，$\dim\mathrm{Im}(\sigma)=r(\boldsymbol{A})$.

所以　$$r(\boldsymbol{A})+r(\boldsymbol{I}-\boldsymbol{A})=\dim\mathrm{Im}(\sigma)+\dim\mathrm{Ker}(\sigma)=n.$$

例 6　数域 F 上 n 维向量空间 V 的一个线性变换 σ 叫做幂零的，如果存在一个自然数 m，使 $\sigma^m=\theta$. 证明：

(1)σ 是幂零变换当且仅当它的特征多项式的根都是零；

(2)如果一个幂零变换 σ 可以对角化，那么 σ 一定是零变换.

证明　(1)设 $\sigma^m=\theta$，λ 是 σ 的任一特征值，$\boldsymbol{\xi}$ 是 σ 的属于特征值 λ 的特征向量，则 $\sigma(\boldsymbol{\xi})=\lambda\boldsymbol{\xi}$，$\sigma^m(\boldsymbol{\xi})=\lambda^m\boldsymbol{\xi}$，因为 $\sigma^m=\theta$，而 $\boldsymbol{\xi}\neq\boldsymbol{0}$，所以 $\lambda^m=0$，$\lambda=0$. 即 σ 的特征值都是零.

(2)若 σ 在某个基下的矩阵为 $\boldsymbol{A}$，且可以对角化，即存在 F 上的可逆矩阵 $\boldsymbol{T}$，使得

$$\boldsymbol{T}^{-1}\boldsymbol{A}\boldsymbol{T}=\begin{pmatrix}\lambda_1 & & \\ & \ddots & \\ & & \lambda_n\end{pmatrix}.$$

$\boldsymbol{T}^{-1}\boldsymbol{A}\boldsymbol{T}$ 是 σ 关于 V 的另一基的矩阵，由 $\lambda_1=\lambda_2=\cdots=\lambda_n=0$，知 $\sigma=\theta$.

例 7　设 σ 是数域 F 上 n 维向量空间 V 的一个可以对角化的线性变换. 令 λ_1，λ_2，…，λ_t 是 σ 的全部特征值. 证明，存在 V 的线性变换 σ_1，σ_2，…，σ_t，使得：

(1)$\sigma=\lambda_1\sigma_1+\lambda_2\sigma_2+\cdots+\lambda_t\sigma_t$；

(2)$\sigma_1+\sigma_2+\cdots+\sigma_t=\iota$，$\iota$ 是单位变换；

(3)$\sigma_i\sigma_j=\theta$，若 $i\neq j$，θ 是零变换；

(4)$\sigma_i^2=\sigma_i$，$i=1, 2, \cdots, t$；

(5)$\sigma_i(V)=V_{\lambda_i}$，$V_{\lambda_i}$ 是 σ 的属于特征值 λ_i 的特征子空间，$i=1, 2, \cdots, t$.

证明　(1)因 σ 是可以对角化的线性变换，所以

$$V=V_{\lambda_1}+\cdots+V_{\lambda_t}.$$

$\forall\boldsymbol{\xi}\in V$，$\boldsymbol{\xi}$ 可以唯一地表示为 $\boldsymbol{\xi}=\boldsymbol{\alpha}_1+\boldsymbol{\alpha}_2+\cdots+\boldsymbol{\alpha}_t$，$\boldsymbol{\alpha}_i\in V_{\lambda_i}$，$i=1, 2, \cdots,$

t. 令

$$\sigma_i(\boldsymbol{\alpha}_1+\boldsymbol{\alpha}_2+\cdots+\boldsymbol{\alpha}_t)=\boldsymbol{\alpha}_i,\ i=1,\ 2,\ \cdots,\ t.$$

则σ_i是V中的线性变换，定义是确定的，且适合$\sigma_i(\boldsymbol{\alpha}_j)=\mathbf{0}$，$i\neq j$.

$$\begin{aligned}\sigma(\boldsymbol{\xi})&=\sigma(\boldsymbol{\alpha}_1+\boldsymbol{\alpha}_2+\cdots+\boldsymbol{\alpha}_t)=\sigma(\boldsymbol{\alpha}_1)+\sigma(\boldsymbol{\alpha}_2)+\cdots+\sigma(\boldsymbol{\alpha}_t)\\&=\lambda_1\boldsymbol{\alpha}_1+\lambda_2\boldsymbol{\alpha}_2+\cdots+\lambda_t\boldsymbol{\alpha}_t,\end{aligned}$$

$$\begin{aligned}(\lambda_1\sigma_1+\cdots+\lambda_t\sigma_t)(\boldsymbol{\alpha}_1+\boldsymbol{\alpha}_2+\cdots+\boldsymbol{\alpha}_t)&=\lambda_1\sigma_1(\boldsymbol{\alpha}_1)+\cdots+\lambda_t\sigma_t(\boldsymbol{\alpha}_t)\\&=\lambda_1\boldsymbol{\alpha}_1+\lambda_2\boldsymbol{\alpha}_2+\cdots+\lambda_t\boldsymbol{\alpha}_t,\end{aligned}$$

所以

$$\sigma=\lambda_1\sigma_1+\lambda_2\sigma_2+\cdots+\lambda_t\sigma_t.$$

(2)$(\sigma_1+\sigma_2+\cdots+\sigma_t)(\boldsymbol{\alpha}_1+\boldsymbol{\alpha}_2+\cdots+\boldsymbol{\alpha}_t)=\boldsymbol{\alpha}_1+\boldsymbol{\alpha}_2+\cdots+\boldsymbol{\alpha}_t$. 所以$\sigma_1+\sigma_2+\cdots+\sigma_t=\iota$，$\iota$是单位变换.

(3)$\sigma_i\sigma_j(\boldsymbol{\alpha}_1+\boldsymbol{\alpha}_2+\cdots+\boldsymbol{\alpha}_t)=\sigma_i(\boldsymbol{\alpha}_j)=\begin{cases}\boldsymbol{\alpha}_i,\ i=j\\ \mathbf{0},\ i\neq j\end{cases}$. 因此当$i\neq j$时，$\sigma_i\sigma_j=\theta$，$\theta$是零变换.

(4)当$i=j$时，由(3)知$\sigma_i^2(\boldsymbol{\xi})=\boldsymbol{\alpha}_i$，又因为$\sigma_i(\boldsymbol{\xi})=\boldsymbol{\alpha}_i$，所以$\sigma_i^2=\sigma_i$，$i=1,\ 2,\ \cdots,\ t$.

(5)因为$\sigma_i(V)\subseteq V_{\lambda_i}$，任给$\boldsymbol{\alpha}_i\in V_{\lambda_i}\subseteq V$，$\sigma_i(\boldsymbol{\alpha}_i)=\boldsymbol{\alpha}_i$，$V_{\lambda_i}\subseteq\sigma_i(V)$，所以$\sigma_i(V)=V_{\lambda_i}$，$i=1,\ 2,\ \cdots,\ t$.

例 8 令V是复数域$\mathbf{C}$上一个n维向量空间，σ，τ是V的线性变换，且$\sigma\tau=\tau\sigma$.

(1)证明，σ的每一特征子空间都在τ之下不变；

(2)σ与τ在V中有一公共特征向量.

证明 (1)**法一** 设V_λ为σ的任一特征子空间，$\forall\boldsymbol{\xi}\in V_\lambda$，因为$\sigma(\tau(\boldsymbol{\xi}))=\sigma\tau(\boldsymbol{\xi})=\tau(\sigma(\boldsymbol{\xi}))=\tau(\lambda\boldsymbol{\xi})=\lambda\tau(\boldsymbol{\xi})$. 即$\tau(\boldsymbol{\xi})\in V_\lambda$，故$V_\lambda$是$\tau$的不变子空间.

法二 设V_λ为σ的任一特征子空间，有$V_\lambda=\mathrm{Ker}(\lambda-\sigma)$，$\forall\boldsymbol{\xi}\in V_\lambda$，有$(\lambda-\sigma)(\boldsymbol{\xi})=\mathbf{0}$，而

$$\begin{aligned}(\lambda-\sigma)(\tau(\boldsymbol{\xi}))&=\lambda(\tau(\boldsymbol{\xi}))-\sigma(\tau(\boldsymbol{\xi}))\\&=\lambda(\tau(\boldsymbol{\xi}))-\tau(\sigma(\boldsymbol{\xi}))=\lambda\tau(\boldsymbol{\xi})-\tau(\lambda\boldsymbol{\xi})=\mathbf{0}.\end{aligned}$$

即$\tau(\boldsymbol{\xi})\in V_\lambda$，故$V_\lambda$是$\tau$的不变子空间.

(2)设$\{\boldsymbol{\alpha}_1,\ \boldsymbol{\alpha}_2,\ \cdots,\ \boldsymbol{\alpha}_n\}$是$V$的一个基，$\sigma$关于$\{\boldsymbol{\alpha}_1,\ \boldsymbol{\alpha}_2,\ \cdots,\ \boldsymbol{\alpha}_n\}$的矩阵为$\boldsymbol{A}$，$f_{\boldsymbol{A}}(\lambda)$在复数域$\mathbf{C}$内至少有一个根，设为$\lambda_0$. 设$V_{\lambda_0}$为属于$\lambda_0$的$\sigma$的特征子空间. 由(1)可知，$\tau(V_{\lambda_0})\subseteq V_{\lambda_0}$. 同理可知，$\tau$在$V_{\lambda_0}$上的限制$\tau|V_{\lambda_0}$在复数域$\mathbf{C}$内至少有一特征值$\mu$，设属于$\mu$的特征向量为$\boldsymbol{\alpha}\in V_{\lambda_0}$，则有$\tau|V_{\lambda_0}(\boldsymbol{\alpha})=\tau(\boldsymbol{\alpha})=\mu\boldsymbol{\alpha}$，而$\sigma(\boldsymbol{\alpha})=\lambda_0\boldsymbol{\alpha}$，所以$\boldsymbol{\alpha}$为$\sigma$，$\tau$的公共特征向量.

11.7　线性变换综合练习题

例 1　设 $\mathbf{A}$ 是数域 F 上 n 阶矩阵. 证明：存在 F 上一个非零多项式 $f(x)$ 使得 $f(\mathbf{A})=\boldsymbol{O}$.

证明　令 $\mathbf{A}\in M_n(F)$，$\dim M_n(F)=n^2$. $\mathbf{A}^m$，$\mathbf{A}^{m-1}$，…，$\mathbf{A}^0(m>n^2)$为$M_n(F)$中的 $m+1$ 个矩阵，且这 $m+1$ 个矩阵线性相关. 所以，存在 F 上一个非零多项式 $f(x)$，使得 $f(\mathbf{A})=\boldsymbol{O}$.

例 2　设 V 和 W 都是数域 F 上的向量空间，且 $\dim V=n$. 令 σ 是 V 到 W 的一个线性映射. 即满足：①对于任意的 $\boldsymbol{\xi}$，$\boldsymbol{\eta}\in V$，$\sigma(\boldsymbol{\xi}+\boldsymbol{\eta})=\sigma(\boldsymbol{\xi})+\sigma(\boldsymbol{\eta})$；②对于任意的 $a\in F$，$\boldsymbol{\xi}\in V$，$\sigma(a\boldsymbol{\xi})=a\sigma(\boldsymbol{\xi})$. 称 σ 是 V 到 W 的一个线性映射. 选取 V 的一个基：

$$\boldsymbol{\alpha}_1,\cdots,\boldsymbol{\alpha}_s,\boldsymbol{\alpha}_{s+1},\cdots,\boldsymbol{\alpha}_n,$$

使得 $\boldsymbol{\alpha}_1$，…，$\boldsymbol{\alpha}_s$ 是 $\mathrm{Ker}(\sigma)$的一个基. 证明：

(1)$\sigma(\boldsymbol{\alpha}_{s+1})$，…，$\sigma(\boldsymbol{\alpha}_n)$组成 $\mathrm{Im}(\sigma)$的一个基；

(2) $\dim\mathrm{Ker}(\sigma)+\dim\mathrm{Im}(\sigma)=n$.

证明　(1)因 $\boldsymbol{\alpha}_1$，…，$\boldsymbol{\alpha}_s$ 是 $\mathrm{Ker}(\sigma)$的一个基，任取$\bar{\boldsymbol{\eta}}\in\mathrm{Im}(\sigma)$，则有 $\boldsymbol{\eta}\in V$，令$\boldsymbol{\eta}=\sum\limits_{i=1}^{n}k_i\boldsymbol{\alpha}_i$，有

$$\bar{\boldsymbol{\eta}}=\sigma(\boldsymbol{\eta})=k_{s+1}\sigma(\boldsymbol{\alpha}_{s+1})+\cdots+k_n\sigma(\boldsymbol{\alpha}_n).$$

所以 $\mathrm{Im}(\sigma)$中的任意元素都可以由 $\sigma(\boldsymbol{\alpha}_{s+1})$，…，$\sigma(\boldsymbol{\alpha}_n)$线性表示.

令 $b_{s+1}\sigma(\boldsymbol{\alpha}_{s+1})+\cdots+b_n\sigma(\boldsymbol{\alpha}_n)=\mathbf{0}$，即 $\sigma(\sum\limits_{j=s+1}^{n}b_j\boldsymbol{\alpha}_j)=\mathbf{0}$. 所以 $\sum\limits_{j=s+1}^{n}b_j\boldsymbol{\alpha}_j\in\mathrm{Ker}(\sigma)$.

因而存在 a_1，…，a_s，使得

$$a_1\boldsymbol{\alpha}_1+\cdots+a_s\boldsymbol{\alpha}_s=b_{s+1}\boldsymbol{\alpha}_{s+1}+\cdots+b_n\boldsymbol{\alpha}_n.$$

由此得

$$a_1\boldsymbol{\alpha}_1+\cdots+a_s\boldsymbol{\alpha}_s-b_{s+1}\boldsymbol{\alpha}_{s+1}-\cdots-b_n\boldsymbol{\alpha}_n=\mathbf{0}.$$

从而$b_{s+1}=\cdots=b_n=0$，$\sigma(\boldsymbol{\alpha}_{s+1})$，…，$\sigma(\boldsymbol{\alpha}_n)$线性无关，因而是 $\mathrm{Im}(\sigma)$的一个基.

(2)由(1)知 $\dim\mathrm{Ker}(\sigma)=s$，$\dim\mathrm{Im}(\sigma)=n-s$. 即 $\dim\mathrm{Ker}(\sigma)+\dim\mathrm{Im}(\sigma)=n$.

例 3　设 σ 是数域 F 上 n 维向量空间 V 的线性变换. W_1，W_2是 V 的子空间，并且

$$V=W_1\oplus W_2.$$

证明：σ 有逆变换的充要条件是 $V=\sigma(W_1)\oplus\sigma(W_2)$.

证明 设$W_1=L(\boldsymbol{\alpha}_1,\cdots,\boldsymbol{\alpha}_r)$，$\boldsymbol{\alpha}_1,\cdots,\boldsymbol{\alpha}_r$是$W_1$的一个基，$W_2=L(\boldsymbol{\alpha}_{r+1},\cdots,\boldsymbol{\alpha}_n)$，$\boldsymbol{\alpha}_{r+1},\cdots,\boldsymbol{\alpha}_n$是$W_2$的一个基，则$\boldsymbol{\alpha}_1,\cdots,\boldsymbol{\alpha}_r,\boldsymbol{\alpha}_{r+1},\cdots,\boldsymbol{\alpha}_n$是$V$的一个基.

若σ 可逆，设 $\sum_{i=1}^{n}k_i\sigma(\boldsymbol{\alpha}_i)=\mathbf{0}$，则 $\sigma^{-1}(\sum_{i=1}^{n}k_i\sigma(\boldsymbol{\alpha}_i))=\mathbf{0}$，所以 $\sum_{i=1}^{n}k_i\boldsymbol{\alpha}_i=\mathbf{0}$. 由$\boldsymbol{\alpha}_1,\boldsymbol{\alpha}_2,\cdots,\boldsymbol{\alpha}_n$线性无关，得$k_1=k_2=\cdots=k_n=0$. 从而$\sigma(\boldsymbol{\alpha}_1),\sigma(\boldsymbol{\alpha}_2),\cdots,\sigma(\boldsymbol{\alpha}_n)$为$V$的一个基. 反之，若$\sigma(\boldsymbol{\alpha}_1),\sigma(\boldsymbol{\alpha}_2),\cdots,\sigma(\boldsymbol{\alpha}_n)$为$V$的一个基. $\forall\boldsymbol{\xi}\in V$，令

$$\boldsymbol{\xi}=\sum_{i=1}^{n}k_i\sigma(\boldsymbol{\alpha}_i).$$

定义V的一个变换τ：$\tau(\boldsymbol{\xi})=\sum_{i=1}^{n}k_i\boldsymbol{\alpha}_i$. 则$\tau$是$V$的一个线性变换. 又因为$\boldsymbol{\alpha}_1,\boldsymbol{\alpha}_2,\cdots,\boldsymbol{\alpha}_n$是$V$的一个基，显然$\tau$就是$\sigma$的逆线性变换. $\sigma(\boldsymbol{\alpha}_1),\sigma(\boldsymbol{\alpha}_2),\cdots,\sigma(\boldsymbol{\alpha}_n)$为$V$的一个基的充要条件是$\sigma(W_1)\oplus\sigma(W_2)$. 从而命题得证.

例 4 设$\sigma\in L(V)$. 证明：

(1)$\mathrm{Im}(\sigma)\subseteq\mathrm{Ker}(\sigma)$当且仅当$\sigma^2=\theta$；

(2)$\mathrm{Ker}(\sigma)\subseteq\mathrm{Ker}(\sigma^2)\subseteq\mathrm{Ker}(\sigma^3)\subseteq\cdots$；

(3)$\mathrm{Im}(\sigma)\supseteq\mathrm{Im}(\sigma^2)\supseteq\mathrm{Im}(\sigma^3)\supseteq\cdots$.

证明 (1)一方面，对任意的$\boldsymbol{\xi}\in V$，$\sigma(\boldsymbol{\xi})\in\mathrm{Im}(\sigma)$，由 $\mathrm{Im}(\sigma)\subseteq\mathrm{Ker}(\sigma)$，$\sigma(\boldsymbol{\xi})\in\mathrm{Ker}(\sigma)$，即$\sigma(\sigma(\boldsymbol{\xi}))=\sigma^2(\boldsymbol{\xi})=\mathbf{0}$，从而$\sigma^2=\theta$. 另一方面，若$\sigma^2=\theta$，对任意的$\boldsymbol{\xi}\in V$，$\sigma(\boldsymbol{\xi})\in\mathrm{Im}(\sigma)$，$\sigma(\sigma(\boldsymbol{\xi}))=\sigma^2(\boldsymbol{\xi})=\mathbf{0}=\theta(\boldsymbol{\xi})$，即$\sigma(\boldsymbol{\xi})\in\mathrm{Ker}(\sigma)$，所以 $\mathrm{Im}(\sigma)\subseteq\mathrm{Ker}(\sigma)$.

(2)对任意的$\boldsymbol{\xi}\in\mathrm{Ker}(\sigma)$，即$\sigma(\boldsymbol{\xi})=\mathbf{0}$，$\sigma\sigma(\boldsymbol{\xi})=\sigma^2(\boldsymbol{\xi})=\mathbf{0}$，从而$\boldsymbol{\xi}\in\mathrm{Ker}(\sigma^2)$，所以 $\mathrm{Ker}(\sigma)\subseteq\mathrm{Ker}(\sigma^2)$.

同理可证 $\mathrm{Ker}(\sigma^2)\subseteq\mathrm{Ker}(\sigma^3)\subseteq\cdots$.

(3)对任意的$\boldsymbol{\xi}\in V$，$\sigma^2(\boldsymbol{\xi})\in\mathrm{Im}(\sigma^2)$，$\sigma^2(\boldsymbol{\xi})=\sigma\sigma(\boldsymbol{\xi})$，$\sigma(\boldsymbol{\xi})\in V$. 从而$\sigma^2(\boldsymbol{\xi})\in\mathrm{Im}(\sigma)$. 其余依此类推.

例 5 令S是数域F上向量空间V的一些线性变换所成的集合. V的一个子空间W如果在S中每一线性变换之下不变，那么就说W是S的一个不变子空间. 说S是不可约的，如果S在V中没有非平凡的不变子空间. 设S不可约，而φ是V的一个线性变换，它与S中每一线性变换可交换. 证明φ或者是零变换，或者是可逆变换.

[提示：令$W=\mathrm{Ker}(\varphi)$. 证明W是S的一个不变子空间.]

证明　因为 φ 与 S 中每一个线性变换可交换，从而，$\mathrm{Ker}(\varphi)$是 S 的不变子空间. 又因为 S 不可约，所以 $\mathrm{Ker}(\varphi)=\{\mathbf{0}\}$或 $\mathrm{Ker}(\varphi)=V$. 若 $\mathrm{Ker}(\varphi)=V$，则 φ 为零变换. 若 $\mathrm{Ker}(\varphi)=\{\mathbf{0}\}$，则 $\dim\mathrm{Ker}(\varphi)=0$，所以 $\dim\mathrm{Im}(\varphi)=\dim V=n$，即 φ 是可逆变换.

例 6　令$M_n(F)$是数域 F 上全体 n 阶矩阵所成的向量空间. 取定一个矩阵 $\boldsymbol{A}\in M_n(F)$. 对于任意的 $\boldsymbol{X}\in M_n(F)$，定义

$$\sigma(\boldsymbol{X})=\boldsymbol{AX}-\boldsymbol{XA}.$$

其中，σ 是$M_n(F)$的一个线性变换. 设

$$\boldsymbol{A}=\begin{pmatrix} a_1 & \cdots & 0 \\ \vdots & \ddots & \vdots \\ 0 & \cdots & a_n \end{pmatrix}$$

是一个对角形矩阵. 证明：σ 关于$M_n(F)$的标准基$\{\boldsymbol{E}_{ij}\mid 1\leqslant i,\ j\leqslant n\}$的矩阵也是对角形矩阵，它的主对角线上的元素是一切$a_i-a_j(1\leqslant i,\ j\leqslant n)$. 其中$\boldsymbol{E}_{ij}$是第 i 行第 j 列的元素为 1，其余元素全为零的 n 阶矩阵.（可先算 $n=3$ 的情形）

证明　$$\boldsymbol{E}_{ij}=\begin{pmatrix} & & & 0 & & & \\ & & & \vdots & & & \\ & & & 0 & & & \\ 0 & \cdots & 0 & 1 & 0 & \cdots & 0 \\ & & & 0 & & & \\ & & & \vdots & & & \\ & & & 0 & & & \end{pmatrix}(\text{第 } i \text{ 行}),$$

（第 j 列）

这里 $\boldsymbol{E}_{ij}$是除了第 i 行第 j 列位置上是 1 外，其余位置上都是零的 n 阶矩阵. 先讨论$n=3$时的特殊情形：

$$\sigma(\boldsymbol{E}_{11})=\boldsymbol{A}\boldsymbol{E}_{11}-\boldsymbol{E}_{11}\boldsymbol{A}=(a_1-a_1)\boldsymbol{E}_{11},$$
$$\sigma(\boldsymbol{E}_{12})=\boldsymbol{A}\boldsymbol{E}_{12}-\boldsymbol{E}_{12}\boldsymbol{A}=(a_1-a_2)\boldsymbol{E}_{12},$$
$$\cdots\cdots$$
$$\sigma(\boldsymbol{E}_{33})=\boldsymbol{A}\boldsymbol{E}_{33}-\boldsymbol{E}_{33}\boldsymbol{A}=(a_3-a_3)\boldsymbol{E}_{33}.$$

σ 关于$M_3(F)$的标准基$\{\boldsymbol{E}_{ij}\mid 1\leqslant i,\ j\leqslant 3\}$的矩阵为 3^2 阶对角形矩阵：

$$\begin{pmatrix} a_1-a_1 & & & 0 \\ & a_1-a_2 & & \\ & & \ddots & \\ 0 & & & a_3-a_3 \end{pmatrix}$$

由于$\sigma(\boldsymbol{E}_{ij})=\boldsymbol{A}\boldsymbol{E}_{ij}-\boldsymbol{E}_{ij}\boldsymbol{A}=(a_i-a_j)\boldsymbol{E}_{ij}$（$i,\ j=1,\ 2,\ \cdots,\ n$），故 σ 关于

$M_n(F)$的标准基$\{\boldsymbol{E}_{ij} \mid 1\leqslant i, j\leqslant n\}$的矩阵是$n^2$阶对角形矩阵：

$$\begin{pmatrix} a_1-a_1 & & & & & 0 \\ & a_1-a_2 & & & & \\ & & \ddots & & & \\ & & & a_i-a_j & & \\ & & & & \ddots & \\ 0 & & & & & a_n-a_n \end{pmatrix}.$$

例 7 设σ是数域F上n维向量空间V的一个线性变换. 证明：总可以如此选取V的两个基$\{\boldsymbol{\alpha}_1, \boldsymbol{\alpha}_2, \cdots, \boldsymbol{\alpha}_n\}$和$\{\boldsymbol{\beta}_1, \boldsymbol{\beta}_2, \cdots, \boldsymbol{\beta}_n\}$，使得对任意$\boldsymbol{\xi}\in V$，若

$$\boldsymbol{\xi}=\sum_{i=1}^{n} x_i\boldsymbol{\alpha}_i,$$

则$\sigma(\boldsymbol{\xi})=\sum\limits_{i=1}^{r} x_i\boldsymbol{\beta}_i$，这里$0\leqslant r\leqslant n$是一个定数.

证明 取$\{\boldsymbol{\alpha}_{r+1}, \cdots, \boldsymbol{\alpha}_n\}$为$\mathrm{Ker}(\sigma)$的一个基，并扩充为$V$的一个基：$\{\boldsymbol{\alpha}_1, \cdots, \boldsymbol{\alpha}_r, \boldsymbol{\alpha}_{r+1}\cdots, \boldsymbol{\alpha}_n\}$，则$\sigma(\boldsymbol{\alpha}_1), \cdots, \sigma(\boldsymbol{\alpha}_r)$是$\mathrm{Im}(\sigma)$的一个基. 由于$\mathrm{Im}(\sigma)\subseteq V$，把$\sigma(\boldsymbol{\alpha}_1), \cdots, \sigma(\boldsymbol{\alpha}_r)$扩充为$V$的一个基，$\sigma(\boldsymbol{\alpha}_1), \cdots, \sigma(\boldsymbol{\alpha}_r), \boldsymbol{\beta}_{r+1}, \cdots, \boldsymbol{\beta}_n$，令$\boldsymbol{\beta}_i=\sigma(\boldsymbol{\alpha}_i)$，$i=1, 2, \cdots, r$. $\boldsymbol{\beta}_1, \cdots, \boldsymbol{\beta}_{r+1}, \cdots, \boldsymbol{\beta}_n$为$V$的一个基，对任意$\boldsymbol{\xi}\in V$，若$\boldsymbol{\xi}=\sum\limits_{i=1}^{n} x_i\boldsymbol{\alpha}_i$，则

$$\begin{aligned}\sigma(\boldsymbol{\xi}) &= x_1\sigma(\boldsymbol{\alpha}_1)+\cdots+x_r\sigma(\boldsymbol{\alpha}_r)+x_{r+1}\sigma(\boldsymbol{\alpha}_{r+1})+\cdots+x_n\sigma(\boldsymbol{\alpha}_n) \\ &= x_1\sigma(\boldsymbol{\alpha}_1)+\cdots+x_r\sigma(\boldsymbol{\alpha}_r)=\sum_{i=1}^{r} x_i\boldsymbol{\beta}_i.\end{aligned}$$

例 8 令

$$\boldsymbol{A}=\begin{pmatrix} 0 & 1 & 0 & \cdots & 0 \\ 0 & 0 & 1 & \cdots & 0 \\ \vdots & \vdots & \vdots & & \vdots \\ 0 & 0 & 0 & \cdots & 1 \\ 1 & 0 & 0 & \cdots & 0 \end{pmatrix}$$

是一个n阶矩阵.

(1)计算$\boldsymbol{A}^2, \boldsymbol{A}^3, \cdots, \boldsymbol{A}^{n-1}$；

(2)求$\boldsymbol{A}$的全部特征根.

解 (1)

$$A^2=\begin{pmatrix}0&1&0&\cdots&0\\0&0&1&\cdots&0\\\vdots&\vdots&\vdots&&\vdots\\0&0&0&\cdots&1\\1&0&0&\cdots&0\end{pmatrix}\begin{pmatrix}0&1&0&\cdots&0\\0&0&1&\cdots&0\\\vdots&\vdots&\vdots&&\vdots\\0&0&0&\cdots&1\\1&0&0&\cdots&0\end{pmatrix}$$

$$=\begin{pmatrix}0&0&1&0&\cdots&0\\0&0&0&1&\cdots&0\\\vdots&\vdots&\vdots&\vdots&&\vdots\\0&0&0&0&\cdots&1\\1&0&0&0&\cdots&0\\0&1&0&0&\cdots&0\end{pmatrix}=\begin{pmatrix}O&I_{n-2}\\I_2&O\end{pmatrix}.$$

同理 $$A^3=\begin{pmatrix}O&I_{n-3}\\I_3&O\end{pmatrix},\cdots,A^{n-1}=\begin{pmatrix}O&I_1\\I_{n-1}&O\end{pmatrix}.$$

(2)因为

$$|\lambda I-A|=\begin{vmatrix}\lambda&-1&0&\cdots&0\\0&\lambda&-1&\cdots&0\\\vdots&\vdots&\vdots&&\vdots\\0&0&0&\cdots&-1\\-1&0&0&\cdots&\lambda\end{vmatrix}=\lambda^n-1.$$

所以 A 的全部特征根为 n 次单位根 $\omega_1,\omega_2,\cdots,\omega_n$.

例 9　设

$$A=\begin{pmatrix}a&b\\c&d\end{pmatrix}$$

是一个实矩阵，且 $ad-bc=1$. 证明：

(1)如果 $|\mathrm{tr}A|>2$，那么存在可逆实矩阵 T，使得

$$T^{-1}AT=\begin{pmatrix}\lambda&0\\0&\lambda^{-1}\end{pmatrix},$$

这里 $\lambda\in\mathbf{R}$ 且 $\lambda\neq0,1,-1$.

(2)如果 $|\mathrm{tr}A|=2$ 且 $A\neq\pm I$，那么存在可逆实矩阵 T，使得

$$T^{-1}AT=\begin{pmatrix}1&1\\0&1\end{pmatrix}\text{或}\begin{pmatrix}-1&1\\0&-1\end{pmatrix}.$$

(3)如果 $|\mathrm{tr}A|<2$，则存在可逆实矩阵 T 及 $\theta\in\mathbf{R}$，使得

$$T^{-1}AT=\begin{pmatrix}\cos\theta&\sin\theta\\-\sin\theta&\cos\theta\end{pmatrix}.$$

证明 设 σ 是 $\mathbf{R}^2$ 的一个线性变换，且关于某一给定基的矩阵为 $\boldsymbol{A}$.

(1)由 $|\lambda\boldsymbol{I}-\boldsymbol{A}|=\lambda^2-(a+d)\lambda+1$，$\lambda=\dfrac{(a+d)\pm\sqrt{(a+d)^2-4}}{2}$，可知当 $a+d>2$，即 $(a+d)^2>4$ 时有两个不相等的特征根 λ_1，λ_2. 设相应的特征向量为 $\boldsymbol{\xi}_1$，$\boldsymbol{\xi}_2$，则 $\boldsymbol{\xi}_1$，$\boldsymbol{\xi}_2$ 线性无关，所以是 $\mathbf{R}^2$ 的一个基.

$$(\sigma(\boldsymbol{\xi}_1),\ \sigma(\boldsymbol{\xi}_2))=(\boldsymbol{\xi}_1,\ \boldsymbol{\xi}_2)\begin{bmatrix}\lambda_1 & 0\\ 0 & \lambda_2\end{bmatrix}.$$

又因为 $\lambda_1\lambda_2=|\boldsymbol{A}|=ad-bc=1$，所以 λ_1，λ_2 皆不等于 0，1，-1，且 $\lambda_1=\lambda_2^{-1}$. 又 $\boldsymbol{A}$ 与 $\begin{bmatrix}\lambda_1 & 0\\ 0 & \lambda_2\end{bmatrix}$ 是 σ 关于不同基的矩阵，若令 $\lambda_1=\lambda_2^{-1}=\lambda$，则存在可逆实矩阵 $\boldsymbol{T}$，使得

$$\boldsymbol{T}^{-1}\boldsymbol{A}\boldsymbol{T}=\begin{bmatrix}\lambda & 0\\ 0 & \lambda^{-1}\end{bmatrix}.$$

(2)若 $|\mathrm{tr}\boldsymbol{A}|=a+d=2$，即 $(a+d)^2=4$，故 $\boldsymbol{A}$ 有一个二重特征根 λ. 又因为 $|\boldsymbol{A}|=ad-bc=1$，所以 $\lambda=1$ 或 -1. 设相应的特征向量是 $\boldsymbol{\xi}$，扩充为 $\mathbf{R}^2$ 的一个基 $\boldsymbol{\xi}$，$\boldsymbol{\alpha}$，于是

$$(\sigma(\boldsymbol{\xi}),\ \sigma(\boldsymbol{\alpha}))=(\boldsymbol{\xi},\ \boldsymbol{\alpha})\begin{pmatrix}\lambda & y\\ 0 & \lambda\end{pmatrix}.$$

所以 $\boldsymbol{A}$ 与 $\begin{pmatrix}\lambda & y\\ 0 & \lambda\end{pmatrix}$ 相似，故存在可逆矩阵 $\boldsymbol{Q}$，使得

$$\boldsymbol{Q}^{-1}\boldsymbol{A}\boldsymbol{Q}=\begin{pmatrix}\lambda & y\\ 0 & \lambda\end{pmatrix}.$$

若 $y=0$，则 $\boldsymbol{Q}^{-1}\boldsymbol{A}\boldsymbol{Q}=\lambda\boldsymbol{I}$. 又因为 $\lambda=1$ 或 -1，所以 $\boldsymbol{A}=\pm\boldsymbol{I}$，与假设矛盾. 设 $y\neq0$，令 $\boldsymbol{S}=\begin{bmatrix}1 & 0\\ 0 & y^{-1}\end{bmatrix}$，则 $\begin{pmatrix}\lambda & 1\\ 0 & \lambda\end{pmatrix}=\boldsymbol{S}^{-1}\boldsymbol{Q}^{-1}\boldsymbol{A}\boldsymbol{Q}\boldsymbol{S}$；令 $\boldsymbol{T}=\boldsymbol{Q}\boldsymbol{S}$，得 $\boldsymbol{T}^{-1}\boldsymbol{A}\boldsymbol{T}=\begin{pmatrix}1 & 1\\ 0 & 1\end{pmatrix}$ 或 $\begin{pmatrix}-1 & 1\\ 0 & -1\end{pmatrix}$.

(3)若 $|\mathrm{tr}\boldsymbol{A}|<2$，$\boldsymbol{A}$ 有非实共轭特征根 λ，$\bar{\lambda}$. $\lambda\bar{\lambda}=1$，令 $\lambda=\cos\theta+i\sin\theta$，$\bar{\lambda}=\cos\theta-i\sin\theta$，$\sin\theta\neq0(\theta\neq k\pi)$. $\boldsymbol{\xi}$，$\bar{\boldsymbol{\xi}}\in\mathbf{C}^2$ 是 $\boldsymbol{A}$ 的属于 λ，$\bar{\lambda}$ 的特征向量，令

$$\boldsymbol{\alpha}_1=\frac{1}{2}(\boldsymbol{\xi}+\bar{\boldsymbol{\xi}}),\ \boldsymbol{\alpha}_2=\frac{1}{2i}(\boldsymbol{\xi}-\bar{\boldsymbol{\xi}}).$$

则 $\boldsymbol{\alpha}_1$，$\boldsymbol{\alpha}_2$ 是 $\mathbf{C}^2$ 的一个基，而 $\boldsymbol{\xi}=\boldsymbol{\alpha}_1+i\boldsymbol{\alpha}_2$，$\bar{\boldsymbol{\xi}}=\boldsymbol{\alpha}_1-i\boldsymbol{\alpha}_2$.

$$\sigma(\boldsymbol{\alpha}_1)=\sigma\left(\frac{1}{2}(\boldsymbol{\xi}+\bar{\boldsymbol{\xi}})\right)=\frac{1}{2}[(\cos\theta+i\sin\theta)\boldsymbol{\xi}+(\cos\theta-i\sin\theta)\bar{\boldsymbol{\xi}}]$$

$$=\frac{1}{2}[(\cos\theta+i\sin\theta)(\boldsymbol{\alpha}_1+i\boldsymbol{\alpha}_2)+(\cos\theta-i\sin\theta)(\boldsymbol{\alpha}_1-i\boldsymbol{\alpha}_2)]$$
$$=\cos\theta\boldsymbol{\alpha}_1-\sin\theta\boldsymbol{\alpha}_2,$$
$$\sigma(\boldsymbol{\alpha}_2)=\sigma\left(\frac{1}{2i}(\boldsymbol{\xi}-\bar{\boldsymbol{\xi}})\right)=\frac{1}{2i}[(\cos\theta+i\sin\theta)\boldsymbol{\xi}-(\cos\theta-i\sin\theta)\bar{\boldsymbol{\xi}}]$$
$$=\frac{1}{2i}[(\cos\theta+i\sin\theta)(\boldsymbol{\alpha}_1+i\boldsymbol{\alpha}_2)-(\cos\theta-i\sin\theta)(\boldsymbol{\alpha}_1-i\boldsymbol{\alpha}_2)]$$
$$=\sin\theta\boldsymbol{\alpha}_1+\cos\theta\boldsymbol{\alpha}_2.$$

σ 关于这个基的矩阵为

$$\begin{pmatrix}\cos\theta & \sin\theta\\ -\sin\theta & \cos\theta\end{pmatrix}.$$

因此，存在可逆实矩阵 $\boldsymbol{T}$ 及实数 $\theta\in\mathbf{R}$，使得

$$\boldsymbol{T}^{-1}\boldsymbol{A}\boldsymbol{T}=\begin{pmatrix}\cos\theta & \sin\theta\\ -\sin\theta & \cos\theta\end{pmatrix}.$$

例 10　令 $a_1, a_2, \cdots, a_n$ 是任意复数，行列式

$$D=\begin{vmatrix} a_1 & a_2 & a_3 & \cdots & a_n\\ a_n & a_1 & a_2 & \cdots & a_{n-1}\\ a_{n-1} & a_n & a_1 & \cdots & a_{n-2}\\ \vdots & \vdots & \vdots & & \vdots\\ a_2 & a_3 & a_4 & \cdots & a_1\end{vmatrix}$$

叫做一个循环行列式. 证明：

$$D=f(\omega_1)f(\omega_2)\cdots f(\omega_n).$$

这里 $f(x)=a_1+a_2x+\cdots+a_nx^{n-1}$，而 $\omega_1, \omega_2, \cdots, \omega_n$ 是全部 n 次单位根.

证明　设

$$\boldsymbol{A}=\begin{pmatrix} 0 & 1 & 0 & \cdots & 0\\ 0 & 0 & 1 & \cdots & 0\\ \vdots & \vdots & \vdots & & \vdots\\ 0 & 0 & 0 & \cdots & 1\\ 1 & 0 & 0 & \cdots & 0\end{pmatrix},$$

则 D 对应的矩阵为

$$f(\boldsymbol{A})=a_1\boldsymbol{I}+a_2\boldsymbol{A}+\cdots+a_n\boldsymbol{A}^{n-1}.$$

易知，$\boldsymbol{A}$ 的全部特征根为 n 次单位根 $\omega_1, \omega_2, \cdots, \omega_n$.

$f(\boldsymbol{A})$ 的全部特征根为 $f(\omega_1), f(\omega_2), \cdots, f(\omega_n)$，即存在 n 阶可逆矩阵 $\boldsymbol{T}$，使得

$$T^{-1}f(A)T=\begin{bmatrix} f(\omega_1) & * & \cdots & * \\ 0 & f(\omega_2) & \cdots & * \\ \vdots & \vdots & & \vdots \\ 0 & 0 & \cdots & f(\omega_n) \end{bmatrix}.$$

所以$|f(A)|=|T^{-1}f(A)T|=f(\omega_1)f(\omega_2)\cdots f(\omega_n)$，即

$$D=f(\omega_1)f(\omega_2)\cdots f(\omega_n).$$

例 11 设A，B是复数域$\mathbf{C}$上的n阶矩阵. 证明：AB与BA有相同的特征根，并且对应的特征根的重数也相同.

证明 当AB可逆时，可得A，B皆可逆，于是$AB=ABAA^{-1}$，即AB与BA相似，所以AB与BA有相同的特征根.

当AB不是可逆矩阵，且当$\lambda=0$是AB的特征根时，则0也是BA的特征根. 事实上，若0是AB的特征根，由AB不可逆，可推出A不可逆或B不可逆. 从而BA不可逆，因此0也是BA的特征根.

当AB不是可逆矩阵，且$\lambda\neq0$是AB的特征根时，则有$(AB)\xi=\lambda\xi\neq0$，令$B\xi=\mu$，显然$\mu\neq0$，于是有$(BA)\mu=(BA)(B\xi)=B\lambda\xi=\lambda(B\xi)=\lambda\mu$. 故$\lambda$也是$BA$的特征根.

综上可知，AB的特征根是BA的特征根，BA的特征根也是AB的特征根，并且对应的特征根的重数也相同.

例 12 如果A与B相似，C与D相似. 证明：$\begin{pmatrix} A & O \\ O & C \end{pmatrix}$与$\begin{pmatrix} B & O \\ O & D \end{pmatrix}$相似.

证明 因为A与B相似，C与D相似，故存在可逆矩阵P，T，使

$$B=P^{-1}AP,\ D=T^{-1}CT.$$

于是方阵$\begin{pmatrix} P & O \\ O & T \end{pmatrix}$可逆，且$\begin{pmatrix} P & O \\ O & T \end{pmatrix}^{-1}=\begin{bmatrix} P^{-1} & O \\ O & T^{-1} \end{bmatrix}$. 由此可得

$$\begin{pmatrix} B & O \\ O & D \end{pmatrix}=\begin{pmatrix} P & O \\ O & T \end{pmatrix}^{-1}\begin{pmatrix} A & O \\ O & C \end{pmatrix}\begin{pmatrix} P & O \\ O & T \end{pmatrix},$$

即$\begin{pmatrix} A & O \\ O & C \end{pmatrix}$与$\begin{pmatrix} B & O \\ O & D \end{pmatrix}$相似.

第 12 章　欧氏空间和酉空间

向量空间只涉及向量的两种运算，加法和数与向量的乘法，它是通常的二维和三维向量空间的推广，但在一般的向量空间里，并不具有通常的二维与三维向量空间的度量性质，如向量的长度与两个向量的夹角等. 欧氏空间是通常解析几何里空间的进一步推广，它是在实数域上的向量空间中通过公理化方法引入内积，从而合理地定义向量的长度和两个向量的夹角，使空间具有的性质更接近解析几何空间的性质.

12.1　欧氏空间的定义和性质

(1)内积：欧氏空间 V 是实数域 $\mathbf{R}$ 上的向量空间且带有(满足一定条件)内积. 而内积实质上是 $V\times V$ 到 $\mathbf{R}$ 的一个映射，即 $V\times V\to\mathbf{R}$；$(\boldsymbol{\xi},\boldsymbol{\eta})\mapsto\langle\boldsymbol{\xi},\boldsymbol{\eta}\rangle$，$\forall\boldsymbol{\xi},\boldsymbol{\eta}\in V$，且满足条件：

①$\langle\boldsymbol{\xi},\boldsymbol{\eta}\rangle=\langle\boldsymbol{\eta},\boldsymbol{\xi}\rangle$（对称性）；

②$\langle\boldsymbol{\xi}+\boldsymbol{\eta},\boldsymbol{\zeta}\rangle=\langle\boldsymbol{\xi},\boldsymbol{\zeta}\rangle+\langle\boldsymbol{\eta},\boldsymbol{\zeta}\rangle$（线性性）；

③$\langle a\boldsymbol{\xi},\boldsymbol{\eta}\rangle=a\langle\boldsymbol{\xi},\boldsymbol{\eta}\rangle$（线性性）；

④当 $\boldsymbol{\xi}\neq\mathbf{0}$ 时. $\langle\boldsymbol{\xi},\boldsymbol{\xi}\rangle>0$（恒正性）($\forall\boldsymbol{\xi},\boldsymbol{\eta}\in V$，$\forall a\in\mathbf{R}$)；

在实空间 V 中，不论内积如何规定，都不影响其中向量的和与数乘，向量的内积是与向量的加法和数乘无关的运算. 因此，在实空间中定义了内积以后，V 的基显然还是基，从而维数也不会改变. 内积定义中的 4 个条件作为公理给出，如果所定义的实数$\langle\boldsymbol{\xi},\boldsymbol{\eta}\rangle$不满足 4 条公理之一，$V$ 就不构成欧氏空间.

(2)欧氏空间是对指定内积而言的，$\mathbf{R}$ 上的同一向量空间 V 对不同的内积作成不同的欧氏空间，由此说明度量 V 中的向量可以有不同的标准.

(3)欧氏空间内积的两个重要性质：

①$\forall\boldsymbol{\xi}\in V$，$\langle\boldsymbol{\xi},\boldsymbol{\eta}\rangle=0$ 的充要条件是 $\boldsymbol{\eta}=\mathbf{0}$.

证明　充分性　　因 $\boldsymbol{\eta}=\mathbf{0}$，所以$\langle\boldsymbol{\xi},\mathbf{0}\rangle=\langle\boldsymbol{\xi},0\boldsymbol{\xi}\rangle=0\langle\boldsymbol{\xi},\boldsymbol{\xi}\rangle=0$.

必要性　由$\langle \boldsymbol{\xi}, \boldsymbol{\eta} \rangle = 0$及$\boldsymbol{\xi}$的任意性，取$\boldsymbol{\xi} = \boldsymbol{\eta}$，即$\langle \boldsymbol{\eta}, \boldsymbol{\eta} \rangle = 0$，故$\boldsymbol{\eta} = \mathbf{0}$.

②对于V的任意向量$\boldsymbol{\xi}_1, \boldsymbol{\xi}_2, \cdots, \boldsymbol{\xi}_r, \boldsymbol{\eta}_1, \boldsymbol{\eta}_2, \cdots, \boldsymbol{\eta}_s$及$\mathbf{R}$中的任意数$a_1, a_2, \cdots, a_r; b_1, b_2, \cdots, b_s$有

$$\left\langle \sum_{i=1}^{r} a_i \boldsymbol{\xi}_i, \sum_{j=1}^{s} b_j \boldsymbol{\eta}_j \right\rangle = \sum_{i=1}^{r} \sum_{j=1}^{s} a_i b_j \langle \boldsymbol{\xi}_i, \boldsymbol{\eta}_j \rangle.$$

(4)向量的长度、夹角与距离：

①$\boldsymbol{\xi}$是欧氏空间的一个向量，非负实数$\sqrt{\langle \boldsymbol{\xi}, \boldsymbol{\xi} \rangle}$称为向量$\boldsymbol{\xi}$的长度，表示为$|\boldsymbol{\xi}|$. 长度为1的向量称为单位向量. 对任意非零向量$\boldsymbol{\xi}$，$\dfrac{\boldsymbol{\xi}}{|\boldsymbol{\xi}|}$是一个单位向量.

②$\arccos \dfrac{\langle \boldsymbol{\xi}, \boldsymbol{\eta} \rangle}{|\boldsymbol{\xi}| \cdot |\boldsymbol{\eta}|}$在$[0, \pi]$内的值为非零向量$\boldsymbol{\xi}$与$\boldsymbol{\eta}$的夹角. 若$\langle \boldsymbol{\xi}, \boldsymbol{\eta} \rangle = 0$，则称$\boldsymbol{\xi}$与$\boldsymbol{\eta}$正交或垂直，记为$\boldsymbol{\xi} \perp \boldsymbol{\eta}$.

欧氏空间里由内积定义向量的长度和夹角正是解析几何里向量长度和夹角的自然推广.

③长度$|\boldsymbol{\xi} - \boldsymbol{\eta}|$称为向量$\boldsymbol{\xi}$与$\boldsymbol{\eta}$的距离，表为$d(\boldsymbol{\xi}, \boldsymbol{\eta})$. 且$d(\boldsymbol{\xi}, \boldsymbol{\eta}) = d(\boldsymbol{\eta}, \boldsymbol{\xi})$；$d(\boldsymbol{\xi}, \boldsymbol{\eta}) \leqslant d(\boldsymbol{\xi}, \boldsymbol{\zeta}) + d(\boldsymbol{\zeta}, \boldsymbol{\eta})$；$d(\boldsymbol{\xi}, \boldsymbol{\eta}) \geqslant 0$，当且仅当$\boldsymbol{\xi} = \boldsymbol{\eta}$时等号成立.

在欧氏空间V中柯西(Cauchy)不等式成立，即$\forall \boldsymbol{\xi}, \boldsymbol{\eta} \in V$，有不等式$|\langle \boldsymbol{\xi}, \boldsymbol{\eta} \rangle| \leqslant |\boldsymbol{\xi}| \cdot |\boldsymbol{\eta}|$，当且仅当$\boldsymbol{\xi}$与$\boldsymbol{\eta}$线性相关时，等号成立.

柯西不等式是一个重要不等式，应用到具体欧氏空间后可推出一系列不等式. 如在$\mathbf{R}^n$中，$\forall \boldsymbol{\xi}, \boldsymbol{\eta} \in \mathbf{R}^n$，关于内积

$$\langle \boldsymbol{\xi}, \boldsymbol{\eta} \rangle = \sum_{i=1}^{n} x_i y_i,$$

柯西不等式为

$$|x_1 y_1 + x_2 y_2 + \cdots + x_n y_n| \leqslant \sqrt{x_1^2 + x_2^2 + \cdots + x_n^2} \cdot \sqrt{y_1^2 + y_2^2 + \cdots + y_n^2}.$$

在$\boldsymbol{C}[a, b]$关于内积$\langle f(x), g(x) \rangle = \int_a^b f(x) g(x) \mathrm{d}x$构成的欧氏空间中，柯西不等式为

$$\left| \int_a^b f(x) g(x) \mathrm{d}x \right| \leqslant \sqrt{f^2(x) \mathrm{d}x} \sqrt{g^2(x) \mathrm{d}x}.$$

非零向量$\boldsymbol{\xi}, \boldsymbol{\eta}$正交的充要条件是它们的夹角为$\dfrac{\pi}{2}$，规定零向量与任意向量都正交.

例 1　在$\mathbf{R}^3$中，对任意$\boldsymbol{\alpha}=(a_1, a_2, a_3)$，$\boldsymbol{\beta}=(b_1, b_2, b_3)$，定义三元实函数$\boldsymbol{\alpha}$，$\boldsymbol{\beta}$如下. 问：哪些可使$\mathbf{R}^3$成为欧氏空间？

(1)$\langle\boldsymbol{\alpha}, \boldsymbol{\beta}\rangle=a_1b_1+3a_2b_2+5a_3b_3$；　(2)$\langle\boldsymbol{\alpha}, \boldsymbol{\beta}\rangle=a_1b_1$；

(3)$\langle\boldsymbol{\alpha}, \boldsymbol{\beta}\rangle=a_1^2b_1^2$；　(4)$\langle\boldsymbol{\alpha}, \boldsymbol{\beta}\rangle=1$.

解　(1)$\forall\boldsymbol{\gamma}=(c_1, c_2, c_3)\in\mathbf{R}^3$，$\forall a\in\mathbf{R}$，因为

$$\langle\boldsymbol{\alpha}, \boldsymbol{\beta}\rangle=a_1b_1+3a_2b_2+5a_3b_3=b_1a_1+3b_2a_2+5b_3a_3=\langle\boldsymbol{\beta}, \boldsymbol{\alpha}\rangle,$$

$$\begin{aligned}\langle\boldsymbol{\alpha}+\boldsymbol{\beta}, \boldsymbol{\gamma}\rangle&=(a_1+b_1)c_1+3(a_2+b_2)c_2+5(a_3+b_3)c_3\\&=(a_1c_1+3a_2c_2+5a_3c_3)+(b_1c_1+3b_2c_2+5b_3c_3)\\&=\langle\boldsymbol{\alpha}, \boldsymbol{\gamma}\rangle+\langle\boldsymbol{\beta}, \boldsymbol{\gamma}\rangle,\end{aligned}$$

$$\begin{aligned}\langle a\boldsymbol{\alpha}, \boldsymbol{\beta}\rangle&=(aa_1)b_1+3(aa_2)b_2+5(aa_3)b_3\\&=a(a_1b_1)+a(3a_2b_2)+a(5a_3b_3)=a\langle\boldsymbol{\alpha}, \boldsymbol{\beta}\rangle.\end{aligned}$$

当$\boldsymbol{\alpha}\neq\mathbf{0}$时，$\langle\boldsymbol{\alpha}, \boldsymbol{\alpha}\rangle=a_1a_1+3a_2a_2+5a_3a_3=a_1{}^2+3a_2{}^2+5a_3{}^2>0$. 所以这样规定的$\langle\boldsymbol{\alpha}, \boldsymbol{\beta}\rangle=a_1b_1+3a_2b_2+5a_3b_3$是内积，因而$\mathbf{R}^3$关于这样定义的实数构成欧氏空间.

(2) 取$\boldsymbol{\alpha}=(0, 1, 1)\neq\mathbf{0}$，但$\langle\boldsymbol{\alpha}, \boldsymbol{\alpha}\rangle=0\cdot0=0$，所以这样规定的$\langle\boldsymbol{\alpha}, \boldsymbol{\beta}\rangle=a_1b_1$不是内积，因而$\mathbf{R}^3$关于这样定义的实数不构成欧氏空间.

(3) 取$\boldsymbol{\alpha}=(0, 1, 1)\neq\mathbf{0}$，但$\langle\boldsymbol{\alpha}, \boldsymbol{\alpha}\rangle=0^2\cdot0^2=0$，所以这样规定的$\langle\boldsymbol{\alpha}, \boldsymbol{\beta}\rangle=a_1^2b_1^2$不是内积，因而$\mathbf{R}^3$关于这样定义的实数不构成欧氏空间.

(4)当$a\neq1$时，$\langle a\boldsymbol{\alpha}, \boldsymbol{\beta}\rangle=1$，但$a\langle\boldsymbol{\alpha}, \boldsymbol{\beta}\rangle=a$，$\langle a\boldsymbol{\alpha}, \boldsymbol{\beta}\rangle\neq a\langle\boldsymbol{\alpha}, \boldsymbol{\beta}\rangle$，所以这样规定的$\langle\boldsymbol{\alpha}, \boldsymbol{\beta}\rangle=1$不是内积，因而$\mathbf{R}^3$关于这样定义的实数不构成欧氏空间.

例 2　设$\mathbf{A}$是一个n阶正定矩阵，而$\boldsymbol{\alpha}=(x_1, x_2, \cdots, x_n)$，$\boldsymbol{\beta}=(y_1, y_2, \cdots, y_n)$，在$\mathbf{R}^n$中定义内积为是

$$\langle\boldsymbol{\alpha}, \boldsymbol{\beta}\rangle=\boldsymbol{\alpha}\mathbf{A}\boldsymbol{\beta}^{\mathrm{T}}.$$

(1)证明：$\mathbf{R}^n$对这个内积构成欧氏空间；

(2)写出这个空间中的柯西－布涅柯夫斯基不等式.

解　(1)证明：因为$\mathbf{A}$为正定矩阵，则$\mathbf{A}$是实对称矩阵的，故

$$\langle\boldsymbol{\alpha}, \boldsymbol{\beta}\rangle=\boldsymbol{\alpha}\mathbf{A}\boldsymbol{\beta}^{\mathrm{T}}=(\boldsymbol{\alpha}\mathbf{A}\boldsymbol{\beta}^{\mathrm{T}})^{\mathrm{T}}=\boldsymbol{\beta}\mathbf{A}^{\mathrm{T}}\boldsymbol{\alpha}^{\mathrm{T}}=\boldsymbol{\beta}\mathbf{A}\boldsymbol{\alpha}^{\mathrm{T}}=\langle\boldsymbol{\beta}, \boldsymbol{\alpha}\rangle;$$

$$\langle a\boldsymbol{\alpha}, \boldsymbol{\beta}\rangle=(a\boldsymbol{\alpha})\mathbf{A}\boldsymbol{\beta}^{\mathrm{T}}=a(\boldsymbol{\alpha}\mathbf{A}\boldsymbol{\beta}^{\mathrm{T}})=a\langle\boldsymbol{\alpha}, \boldsymbol{\beta}\rangle;$$

$$\langle\boldsymbol{\alpha}+\boldsymbol{\beta}, \boldsymbol{\gamma}\rangle=(\boldsymbol{\alpha}+\boldsymbol{\beta})\mathbf{A}\boldsymbol{\gamma}^{\mathrm{T}}=\boldsymbol{\alpha}\mathbf{A}\boldsymbol{\gamma}^{\mathrm{T}}+\boldsymbol{\beta}\mathbf{A}\boldsymbol{\gamma}^{\mathrm{T}}=\langle\boldsymbol{\alpha}, \boldsymbol{\gamma}\rangle+\langle\boldsymbol{\beta}, \boldsymbol{\gamma}\rangle.$$

当$\boldsymbol{\alpha}=(x_1, x_2, \cdots, x_n)\neq\mathbf{0}$时，有

$$\langle\boldsymbol{\alpha}, \boldsymbol{\alpha}\rangle=\boldsymbol{\alpha}\mathbf{A}\boldsymbol{\alpha}^{\mathrm{T}}=(x_1, x_2, \cdots, x_n)\mathbf{A}\begin{pmatrix}x_1\\x_2\\\vdots\\x_n\end{pmatrix}=q(x_1, x_2, \cdots, x_n).$$

由于 $\mathbf{A}$ 为正定矩阵，故二次型 q 为正定的. 由于 $\boldsymbol{\alpha}\neq\mathbf{0}$，即$(x_1, x_2, \cdots, x_n)$是不全为零的实数，故

$$\langle\boldsymbol{\alpha}, \boldsymbol{\alpha}\rangle=q(x_1, x_2, \cdots, x_n)>0.$$

从而$\mathbf{R}^n$对这个内积构成欧氏空间.

(2)根据定义，有

$$\langle\boldsymbol{\alpha}, \boldsymbol{\beta}\rangle=\boldsymbol{\alpha}\mathbf{A}\boldsymbol{\beta}^{\mathrm{T}}=\sum_{i=1}^{n}\sum_{j=1}^{n}a_{ij}x_i y_j,$$

$$\langle\boldsymbol{\alpha}, \boldsymbol{\alpha}\rangle=\boldsymbol{\alpha}\mathbf{A}\boldsymbol{\alpha}^{\mathrm{T}}=\sum_{i=1}^{n}\sum_{j=1}^{n}a_{ij}x_i x_j,$$

$$\langle\boldsymbol{\beta}, \boldsymbol{\beta}\rangle=\boldsymbol{\beta}\mathbf{A}\boldsymbol{\beta}^{\mathrm{T}}=\sum_{i=1}^{n}\sum_{j=1}^{n}a_{ij}y_i y_j,$$

故这个空间中的柯西－布涅柯夫斯基不等式为

$$\left|\sum_{i=1}^{n}\sum_{j=1}^{n}a_{ij}x_i y_j\right|\leqslant\sqrt{\sum_{j=1}^{n}a_{ij}x_i x_j}\sqrt{\sum_{j=1}^{n}a_{ij}y_i y_j}.$$

例 3　证明：在一个欧氏空间里，对于任意向量 $\boldsymbol{\xi}, \boldsymbol{\eta}$，以下等式成立：

(1)$|\boldsymbol{\xi}+\boldsymbol{\eta}|^2+|\boldsymbol{\xi}-\boldsymbol{\eta}|^2=2|\boldsymbol{\xi}|^2+2|\boldsymbol{\eta}|^2$；

(2)$\langle\boldsymbol{\xi}, \boldsymbol{\eta}\rangle=\frac{1}{4}|\boldsymbol{\xi}+\boldsymbol{\eta}|^2-\frac{1}{4}|\boldsymbol{\xi}-\boldsymbol{\eta}|^2$.

请问：在解析几何里，等式(1)的几何意义是什么?

证明　(1) $|\boldsymbol{\xi}+\boldsymbol{\eta}|^2+|\boldsymbol{\xi}-\boldsymbol{\eta}|^2=\langle\boldsymbol{\xi}+\boldsymbol{\eta}, \boldsymbol{\xi}+\boldsymbol{\eta}\rangle+\langle\boldsymbol{\xi}-\boldsymbol{\eta}, \boldsymbol{\xi}-\boldsymbol{\eta}\rangle=2\langle\boldsymbol{\xi}, \boldsymbol{\xi}\rangle+2\langle\boldsymbol{\eta}, \boldsymbol{\eta}\rangle=2|\boldsymbol{\xi}|^2+2|\boldsymbol{\eta}|^2$.

(2)$\frac{1}{4}|\boldsymbol{\xi}+\boldsymbol{\eta}|^2-\frac{1}{4}|\boldsymbol{\xi}-\boldsymbol{\eta}|^2=\frac{1}{4}\langle\boldsymbol{\xi}+\boldsymbol{\eta}, \boldsymbol{\xi}+\boldsymbol{\eta}\rangle-\frac{1}{4}\langle\boldsymbol{\xi}-\boldsymbol{\eta}, \boldsymbol{\xi}-\boldsymbol{\eta}\rangle=\langle\boldsymbol{\xi}, \boldsymbol{\eta}\rangle$.

等式(1)的几何意义是：平行四边形两条对角线平方的和等于各边平方之和.

例 4　在欧氏空间$\mathbf{R}^4$中求一单位向量，使它与向量(1,1,－1,1)，(1,－1,－1,1)，(2,1,1,3)中每一个正交.

解　一个向量 $\boldsymbol{\alpha}=(x_1, x_2, x_3, x_4)\neq\mathbf{0}$ 同三个向量正交的充要条件是：x_1, x_2, x_3, x_4是方程组

$$\begin{cases}x_1+x_2-x_3+x_4=0,\\ x_1-x_2-x_3+x_4=0,\\ 2x_1+x_2+x_3+3x_4=0\end{cases}$$

的非零解.

易知此方程组系数矩阵的秩是 3. 令$x_3=1$，得一解向量 $\boldsymbol{\alpha}=(4, 0, 1, -3)$. 由于$|\boldsymbol{\alpha}|=\sqrt{26}$，故

$$\boldsymbol{\varepsilon}=\frac{1}{|\boldsymbol{\alpha}|}\boldsymbol{\alpha}=\frac{1}{\sqrt{26}}(4,\ 0,\ 1,\ -3)$$

就是所求的单位向量.

例 5　设$\boldsymbol{\alpha}_1$，$\boldsymbol{\alpha}_2$，…，$\boldsymbol{\alpha}_n$，$\boldsymbol{\beta}$都是一个欧氏空间里的向量，且$\boldsymbol{\beta}$是$\boldsymbol{\alpha}_1$，$\boldsymbol{\alpha}_2$，…，$\boldsymbol{\alpha}_n$的线性组合. 证明：如果$\boldsymbol{\beta}$与每一个$\boldsymbol{\alpha}_i$（$i=1,\ 2,\ \cdots,\ n$）正交，那么$\boldsymbol{\beta}=\mathbf{0}$.

证明　令$\boldsymbol{\beta}=k_1\boldsymbol{\alpha}_1+k_2\boldsymbol{\alpha}_2+\cdots+k_n\boldsymbol{\alpha}_n=\sum\limits_{i=1}^{n}k_i\boldsymbol{\alpha}_i$，由已知，得

$$\langle\boldsymbol{\beta},\boldsymbol{\beta}\rangle=\langle\boldsymbol{\beta},\ \sum_{i=1}^{n}k_i\boldsymbol{\alpha}_i\rangle=k_1\langle\boldsymbol{\beta},\ \boldsymbol{\alpha}_1\rangle+\cdots+k_n\langle\boldsymbol{\beta},\ \boldsymbol{\alpha}_n\rangle=0,$$

所以$\boldsymbol{\beta}=\mathbf{0}$.

例 6　在一个欧氏空间里，两个向量$\boldsymbol{\xi}$与$\boldsymbol{\eta}$的距离指的是$\boldsymbol{\xi}-\boldsymbol{\eta}$的长度$|\boldsymbol{\xi}-\boldsymbol{\eta}|$. 我们用符号$d(\boldsymbol{\xi},\ \boldsymbol{\eta})$表示$\boldsymbol{\xi}$与$\boldsymbol{\eta}$的距离. 证明：

(1)当$\boldsymbol{\xi}\neq\boldsymbol{\eta}$时，$d(\boldsymbol{\xi},\ \boldsymbol{\eta})>0$；

(2)$d(\boldsymbol{\xi},\ \boldsymbol{\eta})=d(\boldsymbol{\eta},\ \boldsymbol{\xi})$；

(3)$d(\boldsymbol{\xi},\ \boldsymbol{\eta})\leqslant d(\boldsymbol{\xi},\ \boldsymbol{\zeta})+d(\boldsymbol{\zeta},\ \boldsymbol{\eta})$.

这里$\boldsymbol{\xi}$，$\boldsymbol{\eta}$，$\boldsymbol{\zeta}$是欧氏空间的任意向量.

证明　(1)$d(\boldsymbol{\xi},\ \boldsymbol{\eta})=|\boldsymbol{\xi}-\boldsymbol{\eta}|=\sqrt{\langle\boldsymbol{\xi}-\boldsymbol{\eta},\boldsymbol{\xi}-\boldsymbol{\eta}\rangle}\geqslant 0$. 当$\boldsymbol{\xi}\neq\boldsymbol{\eta}$时，$\boldsymbol{\xi}-\boldsymbol{\eta}\neq 0$，$\langle\boldsymbol{\xi}-\boldsymbol{\eta},\ \boldsymbol{\xi}-\boldsymbol{\eta}\rangle>0$，从而$d(\boldsymbol{\xi},\ \boldsymbol{\eta})>0$.

(2)$d(\boldsymbol{\xi},\ \boldsymbol{\eta})=|\boldsymbol{\xi}-\boldsymbol{\eta}|=\sqrt{\langle\boldsymbol{\xi}-\boldsymbol{\eta},\boldsymbol{\xi}-\boldsymbol{\eta}\rangle}=\sqrt{\langle\boldsymbol{\eta}-\boldsymbol{\xi},\boldsymbol{\eta}-\boldsymbol{\xi}\rangle}=|\boldsymbol{\eta}-\boldsymbol{\xi}|=d(\boldsymbol{\eta},\ \boldsymbol{\xi})$.

(3)$d(\boldsymbol{\xi},\ \boldsymbol{\eta})=|\boldsymbol{\xi}-\boldsymbol{\eta}|=|\boldsymbol{\xi}-\boldsymbol{\zeta}+\boldsymbol{\zeta}-\boldsymbol{\eta}|\leqslant|\boldsymbol{\xi}-\boldsymbol{\zeta}|+|\boldsymbol{\zeta}-\boldsymbol{\eta}|=d(\boldsymbol{\xi},\ \boldsymbol{\zeta})+d(\boldsymbol{\zeta},\ \boldsymbol{\eta})$.

12.2　标准正交基

在n维欧氏空间V中，由n个向量组成的正交向量组称为V的正交基，由单位向量组成的正交基称为V的标准正交基.

欧氏空间的标准正交基是通常解析几何里空间的直角坐标系的推广. 通过标准正交基讨论欧氏空间的问题就比较容易. 如，设$\{\boldsymbol{\varepsilon}_1,\ \boldsymbol{\varepsilon}_2,\ \cdots,\ \boldsymbol{\varepsilon}_n\}$是$n$维欧氏空间$V$的一个标准正交基，则$V$的内积关于基$\{\boldsymbol{\varepsilon}_1,\ \boldsymbol{\varepsilon}_2,\ \cdots,\ \boldsymbol{\varepsilon}_n\}$的矩阵就是单位矩阵$\boldsymbol{I}$. 而$V$的内积关于其他任意基的矩阵若是$\boldsymbol{A}$，则有$\boldsymbol{P}^{\mathrm{T}}\boldsymbol{A}\boldsymbol{P}=\boldsymbol{I}$，其中$\boldsymbol{P}$是可逆矩阵. 而$V$中任意两个向量$\boldsymbol{\xi}=\sum\limits_{i=1}^{n}x_i\boldsymbol{\varepsilon}_i$和$\boldsymbol{\eta}=\sum\limits_{i=1}^{n}y_i\boldsymbol{\varepsilon}_i$的内积可

记作

$$\langle \boldsymbol{\xi}, \boldsymbol{\eta} \rangle = x_1 y_1 + \cdots + x_n y_n,$$

$$|\boldsymbol{\xi}| = \sqrt{x_1^2 + x_2^2 + \cdots + x_n^2},$$

$$|\boldsymbol{\xi} - \boldsymbol{\eta}| = \sqrt{(x_1 - y_1)^2 + (x_2 - y_2)^2 + \cdots + (x_n - y_n)^2}.$$

施密特正交化方法　若将 n 维欧氏空间 V 的任意一组线性无关的向量 $\{\boldsymbol{\alpha}_1, \boldsymbol{\alpha}_2, \cdots, \boldsymbol{\alpha}_n\}$ 正交化，即求正交组

$$\boldsymbol{\beta}_1 = \boldsymbol{\alpha}_1,\ \boldsymbol{\beta}_i = \boldsymbol{\alpha}_i - \sum_{j=1}^{i-1} \frac{\langle \boldsymbol{\alpha}_i, \boldsymbol{\beta}_j \rangle}{\langle \boldsymbol{\beta}_j, \boldsymbol{\beta}_j \rangle} \boldsymbol{\beta}_j,\ i = 2, \cdots, n.$$

然后再单位化或同时单位化，即可求出 n 维欧氏空间 V 的一个标准正交基.

例 1　已知 $\boldsymbol{\alpha}_1 = (0, 1, 2, 0)$，$\boldsymbol{\alpha}_2 = (1, -1, 0, 0)$，$\boldsymbol{\alpha}_3 = (1, 2, 0, -1)$，$\boldsymbol{\alpha}_4 = (1, 0, 0, 1)$ 是 $\mathbf{R}^4$ 的一个基. 对这个基施行正交化方法，求出 $\mathbf{R}^4$ 的一个标准正交基.

解　令 $\boldsymbol{\beta}_1 = \boldsymbol{\alpha}_1 = (0, 1, 2, 0)$，则

$$\boldsymbol{\beta}_2 = \boldsymbol{\alpha}_2 - \frac{\langle \boldsymbol{\alpha}_2, \boldsymbol{\beta}_1 \rangle}{\langle \boldsymbol{\beta}_1, \boldsymbol{\beta}_1 \rangle} \boldsymbol{\beta}_1 = (1, -1, 0, 0) + \frac{2}{5}(0, 1, 2, 0) = \left(1, -\frac{1}{5}, \frac{2}{5}, 0\right),$$

$$\begin{aligned}\boldsymbol{\beta}_3 &= \boldsymbol{\alpha}_3 - \frac{\langle \boldsymbol{\alpha}_3, \boldsymbol{\beta}_1 \rangle}{\langle \boldsymbol{\beta}_1, \boldsymbol{\beta}_1 \rangle} \boldsymbol{\beta}_1 - \frac{\langle \boldsymbol{\alpha}_3, \boldsymbol{\beta}_2 \rangle}{\langle \boldsymbol{\beta}_2, \boldsymbol{\beta}_2 \rangle} \boldsymbol{\beta}_2 \\ &= (1,2,0,-1) - \frac{4}{5}(0,1,2,0) - \frac{1}{2}\left(1,-\frac{1}{5},\frac{2}{5},0\right) = \left(\frac{1}{2}, \frac{1}{2}, -1, -1\right),\end{aligned}$$

$$\begin{aligned}\boldsymbol{\beta}_4 &= \boldsymbol{\alpha}_4 - \frac{\langle \boldsymbol{\alpha}_4, \boldsymbol{\beta}_1 \rangle}{\langle \boldsymbol{\beta}_1, \boldsymbol{\beta}_1 \rangle} \boldsymbol{\beta}_1 - \frac{\langle \boldsymbol{\alpha}_4, \boldsymbol{\beta}_2 \rangle}{\langle \boldsymbol{\beta}_2, \boldsymbol{\beta}_2 \rangle} \boldsymbol{\beta}_2 - \frac{\langle \boldsymbol{\alpha}_4, \boldsymbol{\beta}_3 \rangle}{\langle \boldsymbol{\beta}_3, \boldsymbol{\beta}_3 \rangle} \boldsymbol{\beta}_3 \\ &= (1, 0, 0, 1) - \frac{5}{6}\left(1, -\frac{1}{5}, \frac{2}{5}, 0\right) + \frac{1}{5}\left(\frac{1}{2}, \frac{1}{2}, -1, -1\right) \\ &= \left(\frac{4}{15}, \frac{4}{15}, -\frac{8}{15}, \frac{4}{5}\right).\end{aligned}$$

单位化，得

$$\boldsymbol{\gamma}_1 = \left(0, \frac{2}{\sqrt{5}}, \frac{1}{\sqrt{5}}, 0\right),$$

$$\boldsymbol{\gamma}_2 = \left(\frac{5}{\sqrt{30}}, -\frac{1}{\sqrt{30}}, \frac{2}{\sqrt{30}}, 0\right),$$

$$\boldsymbol{\gamma}_3 = \left(\frac{1}{\sqrt{10}}, \frac{1}{\sqrt{10}}, -\frac{2}{\sqrt{10}}, -\frac{2}{\sqrt{10}}\right),$$

$$\boldsymbol{\gamma}_4 = \left(\frac{1}{\sqrt{15}}, \frac{1}{\sqrt{15}}, -\frac{2}{\sqrt{15}}, \frac{3}{\sqrt{15}}\right).$$

即为 $\mathbf{R}^4$ 的一个标准正交基.

例 2　设 $\boldsymbol{\alpha}_1, \boldsymbol{\alpha}_2, \cdots, \boldsymbol{\alpha}_n$ 为 n 维欧氏空间 V 的一个基，$\boldsymbol{\alpha}$，$\boldsymbol{\beta}$ 为 V 中任意向量，且

$$\boldsymbol{\alpha}=x_1\boldsymbol{\alpha}_1+x_2\boldsymbol{\alpha}_2+\cdots+x_n\boldsymbol{\alpha}_n,\ \boldsymbol{\beta}=y_1\boldsymbol{\alpha}_1+y_2\boldsymbol{\alpha}_2+\cdots+y_n\boldsymbol{\alpha}_n.$$

证明这个基为标准正交基的充要条件是

$$\langle\boldsymbol{\alpha}, \boldsymbol{\beta}\rangle=x_1y_1+x_2y_2+\cdots+x_ny_n.$$

证明　充分性　　设对任意 $\boldsymbol{\alpha}$，$\boldsymbol{\beta}$，有 $\langle\boldsymbol{\alpha}, \boldsymbol{\beta}\rangle=x_1y_1+x_2y_2+\cdots+x_ny_n$，则由于 $\boldsymbol{\alpha}_i=0\boldsymbol{\alpha}_1+\cdots+1\boldsymbol{\alpha}_i+\cdots+0\boldsymbol{\alpha}_n$，故

$$\langle\boldsymbol{\alpha}_i, \boldsymbol{\alpha}_j\rangle=\begin{cases}1, & \text{当 } i=j;\\ 0, & \text{当 } i\neq j.\end{cases}$$

即 $\boldsymbol{\alpha}_1, \boldsymbol{\alpha}_2, \cdots, \boldsymbol{\alpha}_n$ 为标准正交基.

必要性是显然的.

例 3　设 $\boldsymbol{\alpha}_1, \cdots, \boldsymbol{\alpha}_5$ 是 5 维欧氏空间 V 的一个标准正交基，$\boldsymbol{\alpha}=\boldsymbol{\alpha}_1+\boldsymbol{\alpha}_5$，$\boldsymbol{\beta}=\boldsymbol{\alpha}_1-\boldsymbol{\alpha}_2+\boldsymbol{\alpha}_4$，$\boldsymbol{\gamma}=2\boldsymbol{\alpha}_1+\boldsymbol{\alpha}_2+\boldsymbol{\alpha}_3$. $W=L(\boldsymbol{\alpha}, \boldsymbol{\beta}, \boldsymbol{\gamma})$，求 W 的一个标准正交基.

解　易知 $\boldsymbol{\alpha}$，$\boldsymbol{\beta}$，$\boldsymbol{\gamma}$ 线性无关，因而是 W 的一个基. 先对其正交化，令

$$\boldsymbol{\beta}_1=\boldsymbol{\alpha}=\boldsymbol{\alpha}_1+\boldsymbol{\alpha}_5,$$

$$\boldsymbol{\beta}_2=\boldsymbol{\beta}-\frac{\langle\boldsymbol{\beta}, \boldsymbol{\beta}_1\rangle}{\langle\boldsymbol{\beta}_1, \boldsymbol{\beta}_1\rangle}\boldsymbol{\beta}_1=\frac{1}{2}\boldsymbol{\alpha}_1-\boldsymbol{\alpha}_2+\boldsymbol{\alpha}_4-\frac{1}{2}\boldsymbol{\alpha}_5,$$

$$\boldsymbol{\beta}_3=\boldsymbol{\gamma}-\frac{\langle\boldsymbol{\gamma}, \boldsymbol{\beta}_1\rangle}{\langle\boldsymbol{\beta}_1, \boldsymbol{\beta}_1\rangle}\boldsymbol{\beta}_1-\frac{\langle\boldsymbol{\gamma}, \boldsymbol{\beta}_2\rangle}{\langle\boldsymbol{\beta}_2, \boldsymbol{\beta}_2\rangle}\boldsymbol{\beta}_2=\boldsymbol{\alpha}_1+\boldsymbol{\alpha}_2+\boldsymbol{\alpha}_3-\boldsymbol{\alpha}_5.$$

再单位化，即得

$$\boldsymbol{\eta}_1=\frac{1}{\sqrt{2}}(\boldsymbol{\alpha}_1+\boldsymbol{\alpha}_5),$$

$$\boldsymbol{\eta}_2=\frac{1}{\sqrt{10}}(\boldsymbol{\alpha}_1-2\boldsymbol{\alpha}_2+2\boldsymbol{\alpha}_4-\boldsymbol{\alpha}_5),$$

$$\boldsymbol{\eta}_3=\frac{1}{2}(\boldsymbol{\alpha}_1+\boldsymbol{\alpha}_2+\boldsymbol{\alpha}_3-\boldsymbol{\alpha}_5),$$

为 W 的一个标准正交基.

例 4　令 $\boldsymbol{\gamma}_1, \boldsymbol{\gamma}_2, \cdots, \boldsymbol{\gamma}_n$ 是 n 维欧氏空间 V 的一个标准正交基，又令

$$K=\left\{\boldsymbol{\xi}\in V \,\middle|\, \boldsymbol{\xi}=\sum_{i=1}^{n}x_i\boldsymbol{\gamma}_i,\ 0\leqslant x_i\leqslant 1,\ i=1, 2, \cdots, n\right\}.$$

K 叫做一个 n －方体. 如果每一 x_i 都等于 0 或 1，$\boldsymbol{\xi}$ 就叫做 K 的一个顶点，那么 K 的顶点间一切可能的距离是多少?

解　任取 K 的两个顶点 $\boldsymbol{\xi}$，$\boldsymbol{\eta}$，$\boldsymbol{\xi}=x_1\boldsymbol{\gamma}_1+x_2\boldsymbol{\gamma}_2+\cdots+x_n\boldsymbol{\gamma}_n$，$\boldsymbol{\eta}=y_1\boldsymbol{\gamma}_1+y_2\boldsymbol{\gamma}_2+\cdots+y_n\boldsymbol{\gamma}_n$，$x_i$，$y_i(i=1, 2, \cdots, n)$ 等于 0 或 1. 于是 $\boldsymbol{\xi}$，$\boldsymbol{\eta}$ 间的距离

$$d(\boldsymbol{\xi}, \boldsymbol{\eta})=\sqrt{(x_1-y_1)^2+\cdots+(x_n-y_n)^2}.$$

由于x_i，y_i只能是0或1，因此$d(\boldsymbol{\xi},\boldsymbol{\eta})$只可能取$1,\sqrt{2},\cdots,\sqrt{n}$，即$K$的顶点间一切可能的距离是$1,\sqrt{2},\cdots,\sqrt{n}$.

例5 设$\{\boldsymbol{\alpha}_1,\boldsymbol{\alpha}_2,\cdots,\boldsymbol{\alpha}_m\}$是欧氏空间$V$的一个标准正交组. 证明对于任意的$\boldsymbol{\xi}\in V$，以下不等式成立：

$$\sum_{i=1}^{m}\langle\boldsymbol{\xi},\boldsymbol{\alpha}_i\rangle^2\leqslant|\boldsymbol{\xi}|^2.$$

证明 令$L(\boldsymbol{\alpha}_1,\boldsymbol{\alpha}_2,\cdots,\boldsymbol{\alpha}_m)=W$，$V=W\oplus W^{\perp}$对于任意的$\boldsymbol{\xi}\in V$，令$\boldsymbol{\xi}=x_1\boldsymbol{\alpha}_1+\cdots+x_m\boldsymbol{\alpha}_m+\boldsymbol{\beta}$，其中$\boldsymbol{\beta}\in W^{\perp}$，则

$$\sum_{i=1}^{m}\langle\boldsymbol{\xi},\boldsymbol{\alpha}_i\rangle^2=x_1{}^2+\cdots+x_m{}^2,$$

$$|\boldsymbol{\xi}|^2=\langle\boldsymbol{\xi},\boldsymbol{\xi}\rangle=\langle\sum_{i=1}^{m}x_i\boldsymbol{\alpha}_i+\boldsymbol{\beta},\sum_{i=1}^{m}x_i\boldsymbol{\alpha}_i+\boldsymbol{\beta}\rangle=x_1{}^2+\cdots+x_m{}^2+|\boldsymbol{\beta}|^2.$$

所以$\sum_{i=1}^{m}\langle\boldsymbol{\xi},\boldsymbol{\alpha}\rangle_i{}^2\leqslant|\boldsymbol{\xi}|^2$.

例6 设$\boldsymbol{\alpha}$，$\boldsymbol{\beta}$为n维欧氏空间V中两个不同的向量，且$|\boldsymbol{\alpha}|=|\boldsymbol{\beta}|=1$. 证明$\langle\boldsymbol{\alpha},\boldsymbol{\beta}\rangle\neq1$.

证明 因$|\boldsymbol{\alpha}|=1$，故可把$\boldsymbol{\alpha}$扩充为标准正交基，设为

$$\boldsymbol{\alpha},\boldsymbol{\varepsilon}_2,\cdots,\boldsymbol{\varepsilon}_n.$$

令$\boldsymbol{\beta}=k_1\boldsymbol{\alpha}+k_2\boldsymbol{\varepsilon}_2+\cdots+k_n\boldsymbol{\varepsilon}_n$，则

$$\langle\boldsymbol{\alpha},\boldsymbol{\beta}\rangle=k_1.$$

但$k_1\neq1$. 因为，若$k_1=1$，则由于$|\boldsymbol{\beta}|=1$，故

$$\boldsymbol{\beta}=1\cdot\boldsymbol{\alpha}+k_2\boldsymbol{\varepsilon}_2+\cdots+k_n\boldsymbol{\varepsilon}_n,$$

$$\langle\boldsymbol{\beta},\boldsymbol{\beta}\rangle=1+k_2{}^2+\cdots+k_n{}^2=1,$$

得$k_2=\cdots=k_n=0$，从而有$\boldsymbol{\beta}=\boldsymbol{\alpha}$，这与假设矛盾. 故$\langle\boldsymbol{\alpha},\boldsymbol{\beta}\rangle\neq1$.

例7 求齐次线性方程组

$$2x_1+x_2-x_3+x_4-3x_5=0,$$

$$x_1+x_2-x_3+x_5=0.$$

的解空间(作为$\mathbf{R}^5$的子空间)的一个标准正交基.

解 易知，所给方程组的系数矩阵的秩是2，则有三个自由未知量，解空间是三维的. 若取x_3，x_4，x_5作为自由未知量，可得基础解系

$$\boldsymbol{\alpha}_1=(0,1,1,0,0),$$

$$\boldsymbol{\alpha}_2=(-1,1,0,1,0),$$

$$\boldsymbol{\alpha}_3=(4,-5,0,0,1).$$

即是解空间的一个基.

先对其正交化：

$$\boldsymbol{\beta}_1=\boldsymbol{\alpha}_1,$$

$$\boldsymbol{\beta}_2=\boldsymbol{\alpha}_2-\frac{\langle\boldsymbol{\alpha}_2,\boldsymbol{\beta}_1\rangle}{\langle\boldsymbol{\beta}_1,\boldsymbol{\beta}_1\rangle}\boldsymbol{\beta}_1=\frac{1}{2}(-2,1,-1,2,0),$$

$$\boldsymbol{\beta}_3=\boldsymbol{\alpha}_3-\frac{\langle\boldsymbol{\alpha}_3,\boldsymbol{\beta}_1\rangle}{\langle\boldsymbol{\beta}_1,\boldsymbol{\beta}_1\rangle}\boldsymbol{\beta}_1-\frac{\langle\boldsymbol{\alpha}_3,\boldsymbol{\beta}_2\rangle}{\langle\boldsymbol{\beta}_2,\boldsymbol{\beta}_2\rangle}\boldsymbol{\beta}_2=\frac{1}{5}(7,-6,6,13,5).$$

再单位化，即得

$$\boldsymbol{\eta}_1=\frac{1}{\sqrt{2}}(0,1,1,0,0),$$

$$\boldsymbol{\eta}_2=\frac{1}{\sqrt{10}}(-2,1,-1,2,0),$$

$$\boldsymbol{\eta}_3=\frac{1}{\sqrt{315}}(7,-6,6,13,5).$$

这就是所给齐次线性方程组解空间的一个标准正交基.

例 8　证明：如果一个上三角形矩阵

$$\boldsymbol{A}=\begin{pmatrix}a_{11}&a_{12}&\cdots&a_{1n}\\0&a_{22}&\cdots&a_{2n}\\\vdots&\vdots&&\vdots\\0&0&\cdots&a_{nn}\end{pmatrix}$$

是正交矩阵，那么 $\boldsymbol{A}$ 一定是对角形矩阵，且主对角线上的元素 a_{ii} 是 1 或 −1.

证明　由已知

$$\boldsymbol{A}^{\mathrm{T}}\boldsymbol{A}=\begin{pmatrix}a_{11}^2&a_{11}a_{12}&\cdots&a_{11}a_{1n}\\a_{11}a_{12}&a_{12}^2+a_{22}^2&\cdots&a_{12}a_{1n}+a_{22}a_{2n}\\\vdots&\vdots&&\vdots\\a_{11}a_{1n}&a_{12}a_{1n}+a_{22}a_{2n}&\cdots&a_{1n}^2+a_{2n}^2+\cdots+a_{nn}^2\end{pmatrix}=\begin{pmatrix}1&\cdots&0\\\vdots&\ddots&\vdots\\0&\cdots&1\end{pmatrix}.$$

所以 $a_{ii}=\pm1(i=1,2,\cdots,n)$，$a_{ij}=0(i=1,2,\cdots,n;j=1,2,\cdots,n)$，$\boldsymbol{A}$ 一定是对角形矩阵，且主对角线上的元素 a_{ii} 是 1 或 −1.

12.3　正交子空间

欧氏空间 V 的子空间 W 的正交补是指 V 中一切与 W 正交的向量作成的 V 的子空间，记作 $W^{\perp}$. 即 $W^{\perp}=\{\boldsymbol{\xi}\in V\mid\langle\boldsymbol{\xi},W\rangle=0\}$.

12.3.1　有限维子空间的正交补

当 W 是欧氏空间 V 的有限维子空间时，有 $V=W\oplus W^{\perp}$. 欧氏空间的这种分解是很重要的.

命题 1 设 W 是欧氏空间 V 的一个有限维子空间，则 W 的正交补 $W^{\perp}$ 是由 W 唯一确定的.

事实上，设 W_1，W_2 均为 W 的正交补，则有 $V=W\oplus W_1=W\oplus W_2$. 任取 $\boldsymbol{\xi}_1\in W_1$，显然 $\boldsymbol{\xi}_1\in V$，因此可设 $\boldsymbol{\xi}_1=\boldsymbol{\eta}+\boldsymbol{\xi}_2$，其中 $\boldsymbol{\eta}\in W$，$\boldsymbol{\xi}_2\in W_2$. 又因为 $0=\langle\boldsymbol{\xi}_1,\boldsymbol{\eta}\rangle=\langle\boldsymbol{\eta}+\boldsymbol{\xi}_2,\boldsymbol{\eta}\rangle=\langle\boldsymbol{\eta},\boldsymbol{\eta}\rangle+\langle\boldsymbol{\xi}_2,\boldsymbol{\eta}\rangle=\langle\boldsymbol{\eta},\boldsymbol{\eta}\rangle$，所以 $\boldsymbol{\eta}=\mathbf{0}$，因而 $\boldsymbol{\xi}_1=\boldsymbol{\xi}_2\in W_2$，即有 $W_1\subseteq W_2$. 同理可得 $W_2\subseteq W_1$，所以 $W_1=W_2$.

命题 2 设 W 是 n 维欧氏空间 V 的子空间，则 $\dim W+\dim W^{\perp}=n$.

12.3.2 n 维欧氏空间 V 的子空间 W 的正交补 $W^{\perp}$ 的求法

设 $W\neq\{\mathbf{0}\}$，$W\neq V$. 因为，当 $W=\{\mathbf{0}\}$ 时，$W^{\perp}=V$；当 $W=V$ 时，$W^{\perp}=\{\mathbf{0}\}$. 取 W 的（规范）正交基为 $\{\boldsymbol{\alpha}_1,\boldsymbol{\alpha}_2,\cdots,\boldsymbol{\alpha}_m\}(0<m<n)$，然后将 $\{\boldsymbol{\alpha}_1,\boldsymbol{\alpha}_2,\cdots,\boldsymbol{\alpha}_m\}$ 扩充为 V 的一个(规范)正交基 $\{\boldsymbol{\alpha}_1,\boldsymbol{\alpha}_2,\cdots,\boldsymbol{\alpha}_m,\boldsymbol{\alpha}_{m+1},\cdots,\boldsymbol{\alpha}_n\}$，那么子空间 $L(\boldsymbol{\alpha}_{m+1},\cdots,\boldsymbol{\alpha}_n)$ 就是 $W^{\perp}$.

例 1 设 V 是一个 n 维欧氏空间. 证明：

(1)如果 W 是 V 的一个子空间，那么 $(W^{\perp})^{\perp}=W$.

(2)如果 W_1，W_2 都是 V 的子空间，且 $W_1\subseteq W_2$，那么 $W_2^{\perp}\subseteq W_1^{\perp}$.

(3)如果 W_1，W_2 都是 V 的子空间，那么 $(W_1+W_2)^{\perp}=W_2^{\perp}\cap W_1^{\perp}$.

证明 (1)对任意的 $\boldsymbol{\xi}\in W$，有 $\langle\boldsymbol{\xi},W^{\perp}\rangle=0$，所以 $\boldsymbol{\xi}\in(W^{\perp})^{\perp}$，即 $W\subseteq(W^{\perp})^{\perp}$；又对任意的 $\boldsymbol{\eta}\in(W^{\perp})^{\perp}$，有 $\langle\boldsymbol{\eta},W^{\perp}\rangle=0$，即 $\boldsymbol{\eta}\in W$，所以 $(W^{\perp})^{\perp}\subseteq W$，得证.

(2)对任意的 $\boldsymbol{\xi}\in W_2^{\perp}$，有 $\langle\boldsymbol{\xi},W_2\rangle=0$，从而 $\langle\boldsymbol{\xi},W_1\rangle=0$，即 $\boldsymbol{\xi}\in W_1^{\perp}$，所以 $W_2^{\perp}\subseteq W_1^{\perp}$.

(3)设 $\boldsymbol{\xi}\in W_1^{\perp}\cap W_2^{\perp}$，则 $\langle\boldsymbol{\xi},W_1\rangle=\langle\boldsymbol{\xi},W_2\rangle=0$，于是 $\langle\boldsymbol{\xi},W_1+W_2\rangle=0$，即 $\boldsymbol{\xi}\in(W_1+W_2)^{\perp}$，所以 $W_1^{\perp}\cap W_2^{\perp}\subseteq(W_1+W_2)^{\perp}$. 反之，设 $\boldsymbol{\xi}\in(W_1+W_2)^{\perp}$，因为 $W_1\subseteq W_1+W_2$，$W_2\subseteq W_1+W_2$，由(2)知 $(W_1+W_2)^{\perp}\subseteq W_1^{\perp}$，$(W_1+W_2)^{\perp}\subseteq W_2^{\perp}$，所以 $\boldsymbol{\xi}\in W_1^{\perp}$ 且 $\boldsymbol{\xi}\in W_2^{\perp}$，因而 $\boldsymbol{\xi}\in W_1^{\perp}\cap W_2^{\perp}$. 所以 $(W_1+W_2)^{\perp}=W_1^{\perp}\cap W_2^{\perp}$.

例 2 证明，$\mathbf{R}^3$ 中向量 (x_0,y_0,z_0) 到平面

$$W=\{(x,y,z)\in\mathbf{R}^3\mid ax+by+cz=0\}$$

的最短距离等于

$$\frac{|ax_0+by_0+cz_0|}{\sqrt{a^2+b^2+c^2}}.$$

证明 令 $\boldsymbol{\beta}_1=(x_1,y_1,z_1)$ 是 $\boldsymbol{\beta}_0=(x_0,y_0,z_0)$ 在 W 上的正射影，则 $\boldsymbol{\beta}_0-$

$\boldsymbol{\beta}_1 \in W^{\perp}$. 设$\boldsymbol{\beta}_2 \in W$，则$|\boldsymbol{\beta}_0 - \boldsymbol{\beta}_2| \geqslant |\boldsymbol{\beta}_0 - \boldsymbol{\beta}_1|$，所以$|\boldsymbol{\beta}_0 - \boldsymbol{\beta}_1|$是$\boldsymbol{\beta}_0$到$W$的最短距离.

令$\boldsymbol{\eta} = (a, b, c)$，则$\boldsymbol{\eta} \in W^{\perp}$. 再由$\dim W + \dim W^{\perp} = 3$，$\dim W = 2$，得$\dim W^{\perp} = 1$，所以$\boldsymbol{\beta}_0 - \boldsymbol{\beta}_1 = k\boldsymbol{\eta}$. 再由$\langle \boldsymbol{\eta}, \boldsymbol{\beta}_0 - \boldsymbol{\beta}_1 \rangle = \langle \boldsymbol{\eta}, k\boldsymbol{\eta} \rangle = k|\boldsymbol{\eta}|^2$，$\langle \boldsymbol{\eta}, \boldsymbol{\beta}_0 - \boldsymbol{\beta}_1 \rangle = \langle \boldsymbol{\eta}, \boldsymbol{\beta}_0 \rangle - \langle \boldsymbol{\eta}, \boldsymbol{\beta}_1 \rangle = \langle \boldsymbol{\eta}, \boldsymbol{\beta}_0 \rangle = ax_0 + by_0 + cz_0$，得

$$k = \frac{ax_0 + by_0 + cz_0}{|\boldsymbol{\eta}|^2}.$$

于是，$|\boldsymbol{\beta}_0 - \boldsymbol{\beta}_1| = |k||\boldsymbol{\eta}| = \dfrac{|ax_0 + by_0 + cz_0|}{|\boldsymbol{\eta}|}$. 即

$$|\boldsymbol{\beta}_0 - \boldsymbol{\beta}_1| = \frac{|ax_0 + by_0 + cz_0|}{\sqrt{a^2 + b^2 + c^2}}.$$

例 3 证明，实系数线性方程组

$$\sum_{j=1}^{n} a_{ij}x_j = b_i,\ i = 1, 2, \cdots, n$$

有解的充分必要条件是向量$\boldsymbol{\beta} = (b_1, b_2, \cdots, b_n) \in \mathbf{R}^n$与齐次线性方程组

$$\sum_{j=1}^{n} a_{ij}x_j = 0,\ i = 1, 2, \cdots, n$$

的解空间正交.

证明 设$\boldsymbol{A} = (a_{ij})$，令$\boldsymbol{\alpha}_i$是$\boldsymbol{A}$的第$i$行，$i = 1, 2, \cdots, n$. $W = L(\boldsymbol{\alpha}_1, \boldsymbol{\alpha}_2, \cdots, \boldsymbol{\alpha}_n)$是$\mathbf{R}^n$的一个子空间. 设$\boldsymbol{AX} = \mathbf{0}$的解空间的基是$\boldsymbol{\eta}_1, \boldsymbol{\eta}_2, \cdots, \boldsymbol{\eta}_r$，则$\langle \boldsymbol{\alpha}_i, \boldsymbol{\eta}_j \rangle = 0$，$i = 1, 2, \cdots, n$；$j = 1, 2, \cdots, r$. 因而$L(\boldsymbol{\eta}_1, \boldsymbol{\eta}_2, \cdots, \boldsymbol{\eta}_r) = L(\boldsymbol{\alpha}_1, \boldsymbol{\alpha}_2, \cdots, \boldsymbol{\alpha}_n)^{\perp} = W^{\perp}$，于是$\mathbf{R}^n = W \oplus W^{\perp}$. 故$\boldsymbol{AX} = \boldsymbol{\beta}$有解的充要条件是$\boldsymbol{\beta} \in W$，而$\boldsymbol{\beta} \in W$的充要条件是$\langle \boldsymbol{\beta}, W^{\perp} \rangle = 0$.

例 4 令$\boldsymbol{\alpha}$是n维欧氏空间V的一个非零向量. 令

$$\boldsymbol{P}_{\boldsymbol{\alpha}} = \{\boldsymbol{\xi} \in V \mid \langle \boldsymbol{\xi}, \boldsymbol{\alpha} \rangle = 0\}.$$

$\boldsymbol{P}_{\boldsymbol{\alpha}}$称为垂直于$\boldsymbol{\alpha}$的超平面，它是$V$的一个$n-1$维子空间，$V$中两个向量，$\boldsymbol{\eta}$说是位于$\boldsymbol{P}_{\boldsymbol{\alpha}}$的同侧，如果$\langle \boldsymbol{\xi}, \boldsymbol{\alpha} \rangle$与$\langle \boldsymbol{\eta}, \boldsymbol{\alpha} \rangle$同时为正或同时为负. 证明：$V$中一组位于超平面$\boldsymbol{P}_{\boldsymbol{\alpha}}$同侧，且两两夹角都$\geqslant \dfrac{\pi}{2}$的非零向量一定线性无关.

证明 设$\{\boldsymbol{\beta}_1, \boldsymbol{\beta}_2, \cdots, \boldsymbol{\beta}_r\}$是满足题设的一组向量，则$\langle \boldsymbol{\beta}_i, \boldsymbol{\beta}_j \rangle \leqslant 0$，$(i \neq j)$，且不妨设$\langle \boldsymbol{\beta}_j, \boldsymbol{\alpha} \rangle > 0$，$(1 \leqslant j \leqslant r)$. 令$c_1\boldsymbol{\beta}_1 + c_2\boldsymbol{\beta}_2 + \cdots + c_r\boldsymbol{\beta}_r = \mathbf{0}$，那么适当编号，可设$c_1, c_2, \cdots, c_s \geqslant 0$，$c_{s+1}, \cdots, c_r \leqslant 0 (1 \leqslant s \leqslant r)$. 令

$$\boldsymbol{\gamma} = \sum_{i=1}^{s} c_i\boldsymbol{\beta}_i = -\sum_{j=s+1}^{r} c_j\boldsymbol{\beta}_j,$$

则

$$\langle \boldsymbol{\gamma}, \boldsymbol{\gamma} \rangle = \langle \sum_{i=1}^{s} c_i \boldsymbol{\beta}_i, -\sum_{j=s+1}^{r} c_j \boldsymbol{\beta}_j \rangle = -\sum_{i=1}^{s} \sum_{j=s+1}^{r} c_i c_j \langle \boldsymbol{\beta}_i, \boldsymbol{\beta}_j \rangle.$$

由此可推出$\langle \boldsymbol{\gamma}, \boldsymbol{\gamma} \rangle \leqslant 0$，又$\langle \boldsymbol{\gamma}, \boldsymbol{\gamma} \rangle \geqslant 0$，故$\langle \boldsymbol{\gamma}, \boldsymbol{\gamma} \rangle = \mathbf{0}$，即$\boldsymbol{\gamma} = \mathbf{0}$，所以

$$\langle \boldsymbol{\gamma}, \boldsymbol{\alpha} \rangle = \sum_{i=1}^{s} c_i \langle \boldsymbol{\beta}_i, \boldsymbol{\alpha} \rangle = -\sum_{j=s+1}^{r} c_j \langle \boldsymbol{\beta}_j, \boldsymbol{\alpha} \rangle = 0.$$

由$\langle \boldsymbol{\beta}_j, \boldsymbol{\alpha} \rangle > 0$知，若$c_i (1 \leqslant i \leqslant s)$，$c_j (s+1 \leqslant j \leqslant r)$不全为零，则必有

$$\sum_{i=1}^{s} c_i \langle \boldsymbol{\beta}_i, \boldsymbol{\alpha} \rangle > 0, \ -\sum_{j=s+1}^{r} c_j \langle \boldsymbol{\beta}_j, \boldsymbol{\alpha} \rangle > 0.$$

$c_i (1 \leqslant i \leqslant s)$，$c_j (s+1 \leqslant j \leqslant r)$全为零，所以$\{\boldsymbol{\beta}_1, \boldsymbol{\beta}_2, \cdots, \boldsymbol{\beta}_r\}$线性无关.

12.4 正交变换

(1)正交变换是解析几何中旋转变换在欧氏空间中的推广. 设σ是欧氏空间V的线性变换，下面是对正交变换概念的几种刻画：

①σ是正交变换的充要条件是$\forall \boldsymbol{\xi} \in V$，$|\sigma(\boldsymbol{\xi})| = |\boldsymbol{\xi}|$；

②$\forall \boldsymbol{\xi}, \boldsymbol{\eta} \in V$，$\langle \sigma(\boldsymbol{\xi}), \sigma(\boldsymbol{\eta}) \rangle = \langle \boldsymbol{\xi}, \boldsymbol{\eta} \rangle$；

③设V是n维欧氏空间，令$\{\boldsymbol{\alpha}_1, \boldsymbol{\alpha}_2, \cdots, \boldsymbol{\alpha}_n\}$是$V$的一个标准正交基，线性变换$\sigma$为正交变换的充要条件是$\sigma(\boldsymbol{\alpha}_1)$，$\sigma(\boldsymbol{\alpha}_2)$，…，$\sigma(\boldsymbol{\alpha}_n)$仍是$V$的一个标准正交基.

满足$\boldsymbol{U}\boldsymbol{U}^{\mathrm{T}} = \boldsymbol{U}^{\mathrm{T}}\boldsymbol{U} = \boldsymbol{I}$的$n$阶矩阵$\boldsymbol{U}$称为正交矩阵. 正交矩阵是可逆矩阵，且$\boldsymbol{U}^{-1} = \boldsymbol{U}^{\mathrm{T}}$.

(2)n维欧氏空间的正交变换在标准正交基下的矩阵是正交矩阵，n维欧氏空间的一个标准正交基到另一个标准正交基的过渡矩阵是正交矩阵. 正交矩阵具有下列性质：

①实矩阵$\boldsymbol{U} = (u_{ij})_{nn}$是正交矩阵的充要条件是$\boldsymbol{U}^{-1} = \boldsymbol{U}^{\mathrm{T}}$；

②正交矩阵是可逆的，且它的逆矩阵也是正交矩阵；

③两个正交矩阵的积仍是正交矩阵；

④正交矩阵的行列式等于1或-1；

⑤正交矩阵的特征根的模等于1.

例1 下列变换是否为欧氏空间V的正交变换?

(1)V的单位变换；

(2)V的位似变换；

(3)V的正交变换σ的逆变换σ^{-1}；

(4)对任意的$\boldsymbol{\xi}$，$\eta \in V$，有$\langle \sigma(\boldsymbol{\xi}), \sigma(\boldsymbol{\eta}) \rangle = \langle \boldsymbol{\xi}, \boldsymbol{\eta} \rangle$的变换$\sigma$.

解　(1)设 V 的单位变换为 σ，即 $\forall \boldsymbol{\xi} \in V$，$\sigma(\boldsymbol{\xi})=\boldsymbol{\xi}$. 易证 σ 为线性变换，且

$$\langle \sigma(\boldsymbol{\xi}),\ \sigma(\boldsymbol{\eta}) \rangle = \langle \boldsymbol{\xi},\ \boldsymbol{\eta} \rangle.$$

所以，σ 为正交变换.

(2)设 V 的位似变换为 σ，即 $\forall \boldsymbol{\xi} \in V$，$\sigma(\boldsymbol{\xi})=k\boldsymbol{\xi}$. 易证 σ 为线性变换，但当 $k \neq \pm 1$ 时，

$$\langle \sigma(\boldsymbol{\xi}),\ \sigma(\boldsymbol{\eta}) \rangle = \langle k\boldsymbol{\xi},\ k\boldsymbol{\eta} \rangle = k^2 \langle \boldsymbol{\xi},\ \boldsymbol{\eta} \rangle \neq \langle \boldsymbol{\xi},\ \boldsymbol{\eta} \rangle,$$

所以，σ 不一定是正交变换.

(3)若 σ 存在逆变换 σ^{-1}，那么

$$\langle \sigma^{-1}(\boldsymbol{\xi}),\ \sigma^{-1}(\boldsymbol{\eta}) \rangle = \langle \sigma\sigma^{-1}(\boldsymbol{\xi}),\ \sigma\sigma^{-1}(\boldsymbol{\eta}) \rangle = \langle \boldsymbol{\xi},\ \boldsymbol{\eta} \rangle,$$

所以 σ^{-1} 是一个正交变换.

(4) 因为 $\langle \sigma(\boldsymbol{\xi}+\boldsymbol{\eta})-\sigma(\boldsymbol{\xi})-\sigma(\boldsymbol{\eta}),\ \sigma(\boldsymbol{\xi}+\boldsymbol{\eta})-\sigma(\boldsymbol{\xi})-\sigma(\boldsymbol{\eta}) \rangle = \langle \sigma(\boldsymbol{\xi}+\boldsymbol{\eta}),\ \sigma(\boldsymbol{\xi}+\boldsymbol{\eta}) \rangle - 2\langle \sigma(\boldsymbol{\xi}+\boldsymbol{\eta}),\ \sigma(\boldsymbol{\xi}) \rangle - 2\langle \sigma(\boldsymbol{\xi}+\boldsymbol{\eta}),\ \sigma(\boldsymbol{\eta}) \rangle + \langle \sigma(\boldsymbol{\xi}),\ \langle \sigma(\boldsymbol{\xi}) + \sigma(\boldsymbol{\eta}),\ \sigma(\boldsymbol{\eta}) \rangle + 2\langle \sigma(\boldsymbol{\xi}),\ \sigma(\boldsymbol{\eta}) \rangle = \langle \boldsymbol{\xi}+\boldsymbol{\eta},\ \boldsymbol{\xi}+\boldsymbol{\eta} \rangle - 2\langle \boldsymbol{\xi}+\boldsymbol{\eta}, \boldsymbol{\xi} \rangle - 2\langle \boldsymbol{\xi}+\boldsymbol{\eta},\ \boldsymbol{\eta} \rangle + \langle \boldsymbol{\xi},\ \boldsymbol{\xi} \rangle + \langle \boldsymbol{\eta},\ \boldsymbol{\eta} \rangle + 2\langle \boldsymbol{\xi},\ \boldsymbol{\eta} \rangle = 0$；
故 $\sigma(\boldsymbol{\xi}+\boldsymbol{\eta})-\sigma(\boldsymbol{\xi})-\sigma(\boldsymbol{\eta})=\mathbf{0}$，从而 $\sigma(\boldsymbol{\xi}+\boldsymbol{\eta})=\sigma(\boldsymbol{\xi})+\sigma(\boldsymbol{\eta})$. 又 $\langle \sigma(k\boldsymbol{\xi})-k\sigma(\boldsymbol{\xi}),\ \sigma(k\boldsymbol{\xi})-k\sigma(\boldsymbol{\xi}) \rangle = \langle \sigma(k\boldsymbol{\xi}),\ \sigma(k\boldsymbol{\xi}) \rangle - k\langle \sigma(\boldsymbol{\xi}),\ \sigma(k\boldsymbol{\xi}) \rangle - k\langle \sigma(k\boldsymbol{\xi}),\ \sigma(\boldsymbol{\xi}) \rangle + k^2\langle \sigma(\boldsymbol{\xi}),\ \sigma(\boldsymbol{\xi}) \rangle = 0$，故 $\sigma(k\boldsymbol{\xi})-k\sigma(\boldsymbol{\xi})=\mathbf{0}$，从而 $\sigma(k\boldsymbol{\xi})=k\sigma(\boldsymbol{\xi})$. 即 σ 为线性变换，结合已知可得，σ 为正交变换.

例 2　证明：n 维欧氏空间的两个正交变换的乘积是一个正交变换，一个正交变换的逆变换还是一个正交变换.

证明　**法一**　设 σ，τ 是 n 维欧氏空间 V 的两个正交变换，对任意的 $\boldsymbol{\xi}$，$\boldsymbol{\eta} \in V$，

$$\langle \sigma\tau(\boldsymbol{\xi}),\ \sigma\tau(\boldsymbol{\eta}) \rangle = \langle \tau(\boldsymbol{\xi}),\ \tau(\boldsymbol{\eta}) \rangle = \langle \boldsymbol{\xi},\ \boldsymbol{\eta} \rangle,$$

所以 $\sigma\tau$ 是一个正交变换.

同理，若 σ 存在逆变换 σ^{-1}，那么

$$\langle \sigma^{-1}(\boldsymbol{\xi}),\ \sigma^{-1}(\boldsymbol{\eta}) \rangle = \langle \sigma\sigma^{-1}(\boldsymbol{\xi}),\ \sigma\sigma^{-1}(\boldsymbol{\eta}) \rangle = \langle \boldsymbol{\xi},\ \boldsymbol{\eta} \rangle,$$

所以 σ^{-1} 是一个正交变换.

法二　由正交变换的定义，对任意的 $\boldsymbol{\xi} \in V$，$|\sigma\tau(\boldsymbol{\xi})| = |\tau(\boldsymbol{\xi})| = |\boldsymbol{\xi}|$，$\sigma\tau$ 是一个正交变换；$|\sigma^{-1}(\boldsymbol{\xi})| = |\sigma\sigma^{-1}(\boldsymbol{\xi})| = |\boldsymbol{\xi}|$，所以 σ^{-1} 是一个正交变换.

例 3　σ 是欧氏空间 V 的线性变换，σ 为正交变换的充要条件是：对任意的 $\boldsymbol{\xi}$，$\boldsymbol{\eta} \in V$，$|\sigma(\boldsymbol{\xi})-\sigma(\boldsymbol{\eta})| = |\boldsymbol{\xi}-\boldsymbol{\eta}|$，即 σ 使任意两点间的距离保持不变.

证明　充分性　　$\forall \boldsymbol{\xi}$，$\boldsymbol{\eta} \in V$，$|\sigma(\boldsymbol{\xi})-\sigma(\boldsymbol{\eta})| = |\boldsymbol{\xi}-\boldsymbol{\eta}|$，令 $\boldsymbol{\eta}=\mathbf{0}$，即 $|\sigma(\boldsymbol{\xi})| = |\boldsymbol{\xi}|$，由 $\boldsymbol{\xi}$ 的任意性，σ 是正交变换.

必要性　设 σ 是正交变换，$\boldsymbol{\xi}$，$\boldsymbol{\eta}$ 是 V 中任意两点. 因为

$$\begin{aligned}|\sigma(\boldsymbol{\xi})-\sigma(\boldsymbol{\eta})| &= \sqrt{\langle\sigma(\boldsymbol{\xi})-\sigma(\boldsymbol{\eta}),\sigma(\boldsymbol{\xi})-\sigma(\boldsymbol{\eta})\rangle} \\ &= \sqrt{\langle\sigma(\boldsymbol{\xi}),\sigma(\boldsymbol{\xi})\rangle-\langle\sigma(\boldsymbol{\xi}),\sigma(\boldsymbol{\eta})\rangle-\langle\sigma(\boldsymbol{\eta}),\sigma(\boldsymbol{\xi})\rangle+\langle\sigma(\boldsymbol{\eta}),\sigma(\boldsymbol{\eta})\rangle} \\ &= \sqrt{\langle\boldsymbol{\xi},\boldsymbol{\xi}\rangle-\langle\boldsymbol{\xi},\boldsymbol{\eta}\rangle-\langle\boldsymbol{\eta},\boldsymbol{\xi}\rangle+\langle\boldsymbol{\eta},\boldsymbol{\eta}\rangle}=|\boldsymbol{\xi}-\boldsymbol{\eta}|.\end{aligned}$$

所以，σ 保持任意两点间的距离不变.

例 4　设 σ 是 n 维欧氏空间的一个正交变换. 证明：如果 V 的一个子空间 W 在 σ 之下不变，那么 W 的正交补 $W^{\perp}$ 也在 σ 之下不变.

证明　因为 $V=W\oplus W^{\perp}$，分别取 W 与 $W^{\perp}$ 的标准正交基 $\{\boldsymbol{\gamma}_1,\boldsymbol{\gamma}_2,\cdots,\boldsymbol{\gamma}_s\}$ 和 $\{\boldsymbol{\gamma}_{s+1},\cdots,\boldsymbol{\gamma}_n\}$，则 $\{\boldsymbol{\gamma}_1,\boldsymbol{\gamma}_2,\cdots,\boldsymbol{\gamma}_s,\boldsymbol{\gamma}_{s+1},\cdots,\boldsymbol{\gamma}_n\}$ 是 V 的标准正交基，且 $\{\sigma(\boldsymbol{\gamma}_1),\sigma(\boldsymbol{\gamma}_2),\cdots,\sigma(\boldsymbol{\gamma}_s),\sigma(\boldsymbol{\gamma}_{s+1}),\cdots,\sigma(\boldsymbol{\gamma}_n)\}$ 也是 V 的标准正交基. 又因为 W 在 σ 之下不变，所以 $\{\sigma(\boldsymbol{\gamma}_1),\sigma(\boldsymbol{\gamma}_2),\cdots,\sigma(\boldsymbol{\gamma}_s)\}$ 是 W 的标准正交基. 由于

$$\langle\sigma(\boldsymbol{\gamma}_i),\sigma(\boldsymbol{\gamma}_j)\rangle=0\ (i=1,2,\cdots,s;\ j=s+1,\cdots,n),$$

所以 $\sigma(\boldsymbol{\gamma}_{s+1}),\cdots,\sigma(\boldsymbol{\gamma}_n)\in W^{\perp}$，$\{\sigma(\boldsymbol{\gamma}_{s+1}),\cdots,\sigma(\boldsymbol{\gamma}_n)\}$ 是 $W^{\perp}$ 的标准正交基. 从而对任意的 $\boldsymbol{\xi}\in W^{\perp}$，$\boldsymbol{\xi}=x_{s+1}\boldsymbol{\gamma}_{s+1}+\cdots+x_n\boldsymbol{\gamma}_n$，$\sigma(\boldsymbol{\xi})=x_{s+1}\sigma(\boldsymbol{\gamma}_{s+1})+\cdots+x_n\sigma(\boldsymbol{\gamma}_n)\in W^{\perp}$. 因此 $W^{\perp}$ 也在 σ 之下不变.

例 5　设 V 是一个欧氏空间，$\boldsymbol{\alpha}\in V$ 是一个非零向量. 对于 $\boldsymbol{\xi}\in V$，规定

$$\tau(\boldsymbol{\xi})=\boldsymbol{\xi}-\frac{2\langle\boldsymbol{\xi},\boldsymbol{\alpha}\rangle}{\langle\boldsymbol{\alpha},\boldsymbol{\alpha}\rangle}\boldsymbol{\alpha}.$$

证明：τ 是 V 的一个正交变换，且 $\tau^2=\iota$，ι 是单位变换.

线性变换 τ 叫做由向量 $\boldsymbol{\alpha}$ 所决定的一个镜面反射. 若 V 是一个 n 维欧氏空间，那么存在 V 的一个标准正交基，使得 τ 关于这个基的矩阵有形状：

$$\begin{pmatrix}-1&0&0&\cdots&0\\0&1&0&\cdots&0\\0&0&1&\cdots&0\\\vdots&\vdots&\vdots&&\vdots\\0&0&0&\cdots&1\end{pmatrix}.$$

在三维欧氏空间里说明线性变换 τ 的几何意义.

证明　对任意的

$$\boldsymbol{\xi}\in V,\ \langle\tau(\boldsymbol{\xi}),\tau(\boldsymbol{\xi})\rangle=\langle\boldsymbol{\xi}-\frac{2\langle\boldsymbol{\xi},\boldsymbol{\alpha}\rangle}{\langle\boldsymbol{\alpha},\boldsymbol{\alpha}\rangle}\boldsymbol{\alpha},\boldsymbol{\xi}-\frac{2\langle\boldsymbol{\xi},\boldsymbol{\alpha}\rangle}{\langle\boldsymbol{\alpha},\boldsymbol{\alpha}\rangle}\boldsymbol{\alpha}\rangle=\langle\boldsymbol{\xi},\boldsymbol{\xi}\rangle,$$

所以，τ 是 V 的一个正交变换. 又因为

$$\tau^2(\boldsymbol{\xi})=\tau(\boldsymbol{\xi}-\frac{2\langle\boldsymbol{\xi},\boldsymbol{\alpha}\rangle}{\langle\boldsymbol{\alpha},\boldsymbol{\alpha}\rangle}\boldsymbol{\alpha})=\tau(\boldsymbol{\xi})-\frac{2\langle\boldsymbol{\xi},\boldsymbol{\alpha}\rangle}{\langle\boldsymbol{\alpha},\boldsymbol{\alpha}\rangle}\tau(\boldsymbol{\alpha})$$

$$=\xi-\frac{2\langle\xi,\alpha\rangle}{\langle\alpha,\alpha\rangle}\alpha-\frac{2\langle\xi,\alpha\rangle}{\langle\alpha,\alpha\rangle}\tau(\alpha)$$

$$=\xi-\frac{2\langle\xi,\alpha\rangle}{\langle\alpha,\alpha\rangle}\alpha-\frac{2\langle\xi,\alpha\rangle}{\langle\alpha,\alpha\rangle}\left(\alpha-\frac{2\langle\alpha,\alpha\rangle}{\langle\alpha,\alpha\rangle}\alpha\right)=\xi.$$

所以$\tau^2=\iota$，ι 是单位变换.

当 $\dim V=n$ 时，则 V 一定存在标准正交基. 又因为 α 是 V 的非零向量，由此可得 V 的一个标准正交基为 $\left\{\frac{\alpha}{|\alpha|},\alpha_2,\cdots,\alpha_n\right\}$. 由定义

$$\tau\left(\frac{\alpha}{|\alpha|}\right)=\frac{\alpha}{|\alpha|}-\frac{2\langle\frac{\alpha}{|\alpha|},\alpha\rangle}{\langle\alpha,\alpha\rangle}\alpha=-\frac{\alpha}{|\alpha|},\ \tau(\alpha_i)=\alpha_i,\ i=2,\cdots,n.$$

于是 τ 关于这个基的矩阵为：

$$\begin{bmatrix}-1&0&0&\cdots&0\\0&1&0&\cdots&0\\0&0&1&\cdots&0\\\vdots&\vdots&\vdots&&\vdots\\0&0&0&\cdots&1\end{bmatrix}.$$

在三维欧氏空间里线性变换 τ 的几何意义：τ 是关于 xOy 面的镜面反射.

例 6　设 U 是一个三阶正交矩阵，且$|U|=1$. 证明：

(1)U 有一个特征根等于 1；

(2)U 的特征多项式有形状：

$$f(x)=x^3-t\,x^2+t\pi-1,$$

这里 $-1\leqslant t\leqslant 3$.

证明　(1)U 的特征根的模都等于 1，且三个特征根的积为 1，因此 U 必有一个特征根等于 1.

(2)设 U 的三个特征根分别为α，$\bar{\alpha}$，1，则由根与系数的关系 $-(\alpha+\bar{\alpha}+1)=-t$ 是x^2的系数，$\alpha\bar{\alpha}+\alpha+\bar{\alpha}=t$ 为 x 的系数，常数项为 $\alpha\bar{\alpha}=-1$，而且 $-2\leqslant\alpha+\bar{\alpha}\leqslant 2$ 即 $-1\leqslant\alpha+\bar{\alpha}+1\leqslant 3$，所以 U 的特征多项式为

$$f(x)=x^3-t\,x^2+tx-1,\ -1\leqslant t\leqslant 3.$$

12.5　对称变换和对称矩阵

欧氏空间 V 的一个线性变换 σ 满足：$\forall\xi,\eta\in V$，有 $\langle\sigma(\xi),\eta\rangle=\langle\xi,\sigma(\eta)\rangle$，称 σ 是 V 的一个对称变换. 对称变换是与内积有关的一个线性变换，是欧氏空间的另一类重要的线性变换，其理论是泛函分析中的一个重要

内容.

n 维欧氏空间 V 的对称变换和对称矩阵具有如下性质：

(1)σ 关于 V 的标准正交基的矩阵是实对称矩阵，反之亦然；

(2)实对称矩阵的特征根都是实数；

(3)n 维欧氏空间 V 的一个对称变换的属于不同特征值的特征向量彼此正交；

(4)σ 是 n 维欧氏空间 V 的一个对称变换，那么存在 V 的一个标准正交基，使得 σ 关于这个基的矩阵是对角形式的.

例 1 设 σ，τ 为欧氏空间 V 的两个对称变换. 证明：$\sigma\tau+\tau\sigma$ 也是 V 的对称变换.

证明 **法一** 根据 σ，τ 是两个对称变换，从而对任意的 $\boldsymbol{\xi}$，$\boldsymbol{\eta}\in V$，有

$$\begin{aligned}\langle(\sigma\tau+\tau\sigma)(\boldsymbol{\xi}),\boldsymbol{\eta}\rangle&=\langle\sigma\tau(\boldsymbol{\xi})+\tau\sigma(\boldsymbol{\xi}),\boldsymbol{\eta}\rangle=\langle\sigma\tau(\boldsymbol{\xi}),\boldsymbol{\eta}\rangle+\langle\tau\sigma(\boldsymbol{\xi}),\boldsymbol{\eta}\rangle\\&=\langle\tau(\boldsymbol{\xi}),\sigma(\boldsymbol{\eta})\rangle+\langle\sigma(\boldsymbol{\xi}),\tau(\boldsymbol{\eta})\rangle\\&=\langle\boldsymbol{\xi},\tau\sigma(\boldsymbol{\eta})\rangle+\langle\boldsymbol{\xi},\sigma\tau(\boldsymbol{\eta})\rangle=\langle\boldsymbol{\xi},(\sigma\tau+\tau\sigma)(\boldsymbol{\eta})\rangle,\end{aligned}$$

从而 $\sigma\tau+\tau\sigma$ 是 V 的对称变换.

法二 设 V 为有限维欧氏空间，设 σ、τ 是两个对称变换，它们关于同一个标准正交基的矩阵分别为 $\boldsymbol{A}$，$\boldsymbol{B}$，则 $\boldsymbol{A}$，$\boldsymbol{B}$ 是对称矩阵. 因为

$$(\boldsymbol{AB}+\boldsymbol{BA})^{\mathrm{T}}=(\boldsymbol{AB})^{\mathrm{T}}+(\boldsymbol{BA})^{\mathrm{T}}=\boldsymbol{B}^{\mathrm{T}}\boldsymbol{A}^{\mathrm{T}}+\boldsymbol{A}^{\mathrm{T}}\boldsymbol{B}^{\mathrm{T}}=\boldsymbol{BA}+\boldsymbol{AB}=\boldsymbol{AB}+\boldsymbol{BA},$$

所以 $\boldsymbol{AB}+\boldsymbol{BA}$ 是对称矩阵，因此 $\sigma\tau+\tau\sigma$ 是对称变换.

例 2 设 σ 是 n 维欧氏空间 V 的一个线性变换. 证明：如果 σ 满足下列条件中的任意两个，那么它必然满足第三个：① σ 是正交变换；② σ 是对称变换；③ $\sigma^2=\iota$ 是单位变换.

证明 设 σ 关于某标准正交基的矩阵为 $\boldsymbol{A}$，那么 σ 是正交变换的充要条件是 $\boldsymbol{A}$ 为正交矩阵；σ 是对称变换的充要条件是 $\boldsymbol{A}$ 为对称矩阵；$\sigma^2=\iota$ 的充要条件是 $\boldsymbol{A}^2=\boldsymbol{I}$.

由①、②⇒③：因为 $\boldsymbol{A}$ 是正交矩阵又是对称矩阵，所以 $\boldsymbol{A}^2=\boldsymbol{A}^{\mathrm{T}}\boldsymbol{A}=\boldsymbol{I}$，因而 $\sigma^2=\iota$.

由①、③⇒②：因为 $\boldsymbol{A}$ 是正交矩阵，且 $\boldsymbol{A}^2=\boldsymbol{I}$，则 $\boldsymbol{A}$ 可逆，所以 $\boldsymbol{A}^{\mathrm{T}}=\boldsymbol{A}^{\mathrm{T}}\boldsymbol{A}\boldsymbol{A}^{-1}=\boldsymbol{I}\boldsymbol{A}^{-1}=\boldsymbol{A}^2\boldsymbol{A}^{-1}=\boldsymbol{A}$，因而 σ 是对称变换.

由②、③⇒①：因 $\boldsymbol{A}$ 是对称矩阵，且 $\boldsymbol{A}^2=\boldsymbol{I}$，所以 $\boldsymbol{A}^{\mathrm{T}}\boldsymbol{A}=\boldsymbol{A}^2=\boldsymbol{I}$，因而 σ 是正交变换.

例 3 设 σ 是 n 维欧氏空间 V 的一个对称变换，且 $\sigma^2=\sigma$. 证明：存在 V 的一个标准正交基，使得 σ 关于这个基的矩阵有形状

$$\begin{pmatrix} 1 & & & & & 0 \\ & \ddots & & & & \\ & & 1 & & & \\ & & & 0 & & \\ & & & & \ddots & \\ 0 & & & & & 0 \end{pmatrix}.$$

证明　设 $\boldsymbol{A}$ 是 σ 关于 V 的一个标准正交基 $\{\boldsymbol{\alpha}_1, \boldsymbol{\alpha}_2, \cdots, \boldsymbol{\alpha}_n\}$ 的矩阵，则 $\boldsymbol{A}$ 是 n 阶实对称矩阵，且 $\boldsymbol{A}^2=\boldsymbol{A}$. 设 $\boldsymbol{\xi}$ 是属于特征根 λ 的特征向量，则 $\boldsymbol{A}\boldsymbol{\xi}=\lambda\boldsymbol{\xi}$，$\boldsymbol{A}^2\boldsymbol{\xi}=\boldsymbol{A}(\lambda\boldsymbol{\xi})=\lambda^2\boldsymbol{\xi}$. 由于 $\boldsymbol{A}^2=\boldsymbol{A}$，所以 $(\lambda^2-\lambda)\boldsymbol{\xi}=\boldsymbol{0}$. 又因为 $\boldsymbol{\xi}\neq\boldsymbol{0}$，所以 $\lambda^2-\lambda=0$，即 $\lambda=0$ 或 1. 存在正交矩阵 $\boldsymbol{U}$，使得

$$\boldsymbol{U}^{\mathrm{T}}\boldsymbol{A}\boldsymbol{U}=\boldsymbol{U}^{-1}\boldsymbol{A}\boldsymbol{U}=\begin{pmatrix} 1 & & & & & 0 \\ & \ddots & & & & \\ & & 1 & & & \\ & & & 0 & & \\ & & & & \ddots & \\ 0 & & & & & 0 \end{pmatrix}.$$

例 4　对于下列对称矩阵 $\boldsymbol{A}$，各求出一个正交矩阵 $\boldsymbol{U}$，使得 $\boldsymbol{U}^{\mathrm{T}}\boldsymbol{A}\boldsymbol{U}$ 是对角形式：

$$(1)\begin{pmatrix} 17 & -8 & 4 \\ -8 & 17 & -4 \\ 4 & -4 & 11 \end{pmatrix};\ (2)\begin{pmatrix} 2 & 2 & -2 \\ 2 & 5 & -4 \\ -2 & -4 & 5 \end{pmatrix};\ (3)\begin{pmatrix} 0 & 0 & 4 & 1 \\ 0 & 0 & 1 & 4 \\ 4 & 1 & 0 & 0 \\ 1 & 4 & 0 & 0 \end{pmatrix}.$$

解　(1)第一步，先求 $\boldsymbol{A}$ 的全部特征根，由 $|x\boldsymbol{I}-\boldsymbol{A}|=0$，即

$$\begin{vmatrix} x-17 & 8 & -4 \\ 8 & x-17 & 4 \\ -4 & 4 & x-11 \end{vmatrix}=(x-9)^2(x-27)=0,$$

得 $x=9$，$x=27$(2 重根).

第二步，对特征根 $x=9$，求出方程组

$$\begin{pmatrix} -8 & 8 & -4 \\ 8 & -8 & 4 \\ -4 & 4 & -2 \end{pmatrix}\begin{pmatrix} x_1 \\ x_2 \\ x_3 \end{pmatrix}=\begin{pmatrix} 0 \\ 0 \\ 0 \end{pmatrix}$$

的非零解 $\boldsymbol{\xi}_1=(1, 1, 0)$，$\boldsymbol{\xi}_2=(-1, 0, 2)$.

同理可得属于特征根 $x=27$ 的特征向量 $\boldsymbol{\xi}_3=(2, -2, 1)$. 将 $\boldsymbol{\xi}_1$，$\boldsymbol{\xi}_2$，$\boldsymbol{\xi}_3$ 正交化，再单位化得

$$\boldsymbol{\gamma}_1=\frac{1}{\sqrt{2}}(1,\ 1,\ 0),\ \boldsymbol{\gamma}_2=\frac{1}{3\sqrt{2}}(-1,\ 1,\ 4),\ \boldsymbol{\gamma}_3=\frac{1}{3}(2,\ -2,\ 1).$$

第三步，以 $\boldsymbol{\gamma}_1$，$\boldsymbol{\gamma}_2$，$\boldsymbol{\gamma}_3$ 为列，作一个矩阵

$$\boldsymbol{U}=\frac{1}{3\sqrt{2}}\begin{pmatrix}3 & -1 & 2\sqrt{2}\\ 3 & 1 & -2\sqrt{2}\\ 0 & 4 & \sqrt{2}\end{pmatrix}$$

那么 $\boldsymbol{U}$ 是正交矩阵，且

$$\boldsymbol{U}^{\mathrm{T}}\boldsymbol{A}\boldsymbol{U}=\begin{pmatrix}9 & 0 & 0\\ 0 & 9 & 0\\ 0 & 0 & 27\end{pmatrix}.$$

(2)第一步，先求 $\boldsymbol{A}$ 的全部特征根，由 $|x\boldsymbol{I}-\boldsymbol{A}|=0$，即

$$\begin{vmatrix}x-2 & -2 & 2\\ -2 & x-5 & 4\\ 2 & 4 & x-5\end{vmatrix}=(x-10)(x-1)^2=0,$$

得 $x=10$，$x=1$(2 重根).

第二步，对特征根 $x=10$，求出方程组

$$\begin{pmatrix}8 & -2 & 2\\ -2 & 5 & 4\\ 2 & 4 & 5\end{pmatrix}\begin{pmatrix}x_1\\ x_2\\ x_3\end{pmatrix}=\begin{pmatrix}0\\ 0\\ 0\end{pmatrix}$$

的非零解 $\boldsymbol{\xi}_1=(-1,\ -2,\ 2)$.

同理可得属于特征根 $x=1$ 的特征向量 $\boldsymbol{\xi}_2=(-2,\ 1,\ 0)$，$\boldsymbol{\xi}_3=(2,\ 0,\ 1)$. 将 $\boldsymbol{\xi}_1$，$\boldsymbol{\xi}_2$，$\boldsymbol{\xi}_3$ 正交化，再单位化得

$$\boldsymbol{\gamma}_1=\frac{1}{3}(-1,\ -2,\ 2),\ \boldsymbol{\gamma}_2=\frac{1}{\sqrt{5}}(-2,\ 1,\ 0),\ \boldsymbol{\gamma}_3=\frac{1}{3\sqrt{5}}(2,\ 4,\ 5).$$

第三步，以 $\boldsymbol{\gamma}_1$，$\boldsymbol{\gamma}_2$，$\boldsymbol{\gamma}_3$ 为列，作一个矩阵

$$\boldsymbol{U}=\begin{pmatrix}-\frac{1}{3} & -\frac{2}{\sqrt{5}} & \frac{2}{3\sqrt{5}}\\ -\frac{2}{3} & \frac{1}{\sqrt{5}} & \frac{4}{3\sqrt{5}}\\ \frac{2}{3} & 0 & \frac{5}{3\sqrt{5}}\end{pmatrix}.$$

那么 $\boldsymbol{U}$ 是正交矩阵，且

$$\boldsymbol{U}^{\mathrm{T}}\boldsymbol{A}\boldsymbol{U}=\begin{pmatrix}10 & 0 & 0\\ 0 & 1 & 0\\ 0 & 0 & 1\end{pmatrix}.$$

(3)第一步，先求 $\boldsymbol{A}$ 的全部特征根，由 $|x\boldsymbol{I}-\boldsymbol{A}|=0$，即

$$\begin{vmatrix} x & 0 & -4 & -1 \\ 0 & x & -1 & -4 \\ -4 & -1 & x & 0 \\ -1 & -4 & 0 & x \end{vmatrix}=(x-5)(x+5)(x-3)(x+3)=0,$$

得 $x=5$，$x=-5$，$x=3$，$x=-3$.

第二步，对特征根 $x=5$，求出方程组

$$\begin{pmatrix} 5 & 0 & -4 & -1 \\ 0 & 5 & -1 & -4 \\ -4 & -1 & 5 & 0 \\ -1 & -4 & 0 & 5 \end{pmatrix}\begin{pmatrix} x_1 \\ x_2 \\ x_3 \\ x_4 \end{pmatrix}=\begin{pmatrix} 0 \\ 0 \\ 0 \\ 0 \end{pmatrix}$$

的解 $\boldsymbol{\xi}_1=(1, 1, 1, 1)$.

同理可得属于特征根 $x=-5$，3，-3 的特征向量分别是 $\boldsymbol{\xi}_2=(1, 1, -1, -1)$，$\boldsymbol{\xi}_3=(-1, 1, -1, 1)$，$\boldsymbol{\xi}_4=(1, -1, -1, 1)$. 这是 $\mathbf{R}^4$ 一个正交基(因为 $\boldsymbol{A}$ 是实对称矩阵，对应于不同特征值的特征向量不仅是线性无关的，而且是正交的).

再将 $\boldsymbol{\xi}_1$，$\boldsymbol{\xi}_2$，$\boldsymbol{\xi}_3$，$\boldsymbol{\xi}_4$ 单位化得：

$$\boldsymbol{\gamma}_1=\frac{1}{2}(1, 1, 1, 1), \qquad \boldsymbol{\gamma}_2=\frac{1}{2}(1, 1, -1, -1),$$

$$\boldsymbol{\gamma}_3=\frac{1}{2}(-1, 1, -1, 1), \quad \boldsymbol{\gamma}_4=\frac{1}{2}(1, -1, -1, 1).$$

第三步，以 $\boldsymbol{\gamma}_1$，$\boldsymbol{\gamma}_2$，$\boldsymbol{\gamma}_3$，$\boldsymbol{\gamma}_4$ 为列，作一个矩阵

$$\boldsymbol{U}=\frac{1}{2}\begin{pmatrix} 1 & 1 & -1 & 1 \\ 1 & 1 & 1 & -1 \\ 1 & -1 & -1 & -1 \\ 1 & -1 & 1 & 1 \end{pmatrix}$$

那么 $\boldsymbol{U}$ 是正交矩阵，且

$$\boldsymbol{U}^{\mathrm{T}}\boldsymbol{A}\boldsymbol{U}=\begin{pmatrix} 5 & & & \\ & -5 & & \\ & & 3 & \\ & & & -3 \end{pmatrix}.$$

例 5　证明：若两个对称变换的和仍是一个对称变换，则两个对称变换的乘积是否为对称变换？找出两个对称变换的乘积是一个对称变换的充要条件.

证明　**法一**　设 σ，τ 是两个对称变换，对任意的 $\boldsymbol{\xi}$，$\boldsymbol{\eta}\in V$，有

$$\langle\sigma(\boldsymbol{\xi}),\boldsymbol{\eta}\rangle=\langle\boldsymbol{\xi},\sigma(\boldsymbol{\eta})\rangle,\ \langle\tau(\boldsymbol{\xi}),\boldsymbol{\eta}\rangle=\langle\boldsymbol{\xi},\tau(\boldsymbol{\eta})\rangle,$$

从而

$$\begin{aligned}\langle(\sigma+\tau)(\boldsymbol{\xi}),\boldsymbol{\eta}\rangle&=\langle\sigma(\boldsymbol{\xi})+\tau(\boldsymbol{\xi}),\boldsymbol{\eta}\rangle\\&=\langle\sigma(\boldsymbol{\xi}),\boldsymbol{\eta}\rangle+\langle\tau(\boldsymbol{\xi}),\boldsymbol{\eta}\rangle=\langle\boldsymbol{\xi},\sigma(\boldsymbol{\eta})\rangle+\langle\boldsymbol{\xi},\tau(\boldsymbol{\eta})\rangle\\&=\langle\boldsymbol{\xi},\sigma(\boldsymbol{\eta})+\tau(\boldsymbol{\eta})\rangle=\langle\boldsymbol{\xi},(\sigma+\tau)(\boldsymbol{\eta})\rangle.\end{aligned}$$

所以，两个对称变换的和还是一个对称变换.

法二　设 σ，τ 是两个对称变换，它们关于同一个标准正交基的矩阵分别为 $\boldsymbol{A}$，$\boldsymbol{B}$，则 $\boldsymbol{A}$，$\boldsymbol{B}$ 是对称矩阵. 因为 $(\boldsymbol{A}+\boldsymbol{B})^{\mathrm{T}}=\boldsymbol{A}^{\mathrm{T}}+\boldsymbol{B}^{\mathrm{T}}$，所以 $\boldsymbol{A}+\boldsymbol{B}$ 是对称矩阵，因此 $\sigma+\tau$ 是对称变换.

两个对称变换的乘积不一定是对称变换. 事实上，$(\boldsymbol{AB})^{\mathrm{T}}=\boldsymbol{B}^{\mathrm{T}}\boldsymbol{A}^{\mathrm{T}}=\boldsymbol{BA}$，仅当 $\boldsymbol{AB}=\boldsymbol{BA}$ 时，才有 $(\boldsymbol{AB})^{\mathrm{T}}=\boldsymbol{AB}$，从而 $\sigma\tau$ 是对称变换. 所以两个对称变换的乘积是一个对称变换的充要条件为这两个对称变换相乘可以交换.

例 6　n 维欧氏空间 V 的一个线性变换 σ 说是斜对称的，如果对于任意向量 $\boldsymbol{\alpha}$，$\boldsymbol{\beta}\in V$，$\langle\sigma(\boldsymbol{\alpha}),\boldsymbol{\beta}\rangle=-\langle\boldsymbol{\alpha},\sigma(\boldsymbol{\beta})\rangle$. 证明：

(1)斜对称变换关于 V 的任意标准正交基的矩阵都是反对称的实矩阵(满足条件 $\boldsymbol{A}^{\mathrm{T}}=-\boldsymbol{A}$ 的矩阵叫反对称矩阵)；

(2)反之，如果线性变换 σ 关于 V 的某一标准正交基的矩阵是反对称的，那么 σ 一定是斜对称线性变换；

(3)反对称实矩阵的特征根或者是零，或者是纯虚数.

证明　(1)设 $\{\boldsymbol{\gamma}_1,\boldsymbol{\gamma}_2,\cdots,\boldsymbol{\gamma}_n\}$ 是 V 的标准正交基，σ 是 V 的斜对称变换，则

$$\begin{aligned}\sigma(\boldsymbol{\gamma}_1)&=a_{11}\boldsymbol{\gamma}_1+a_{21}\boldsymbol{\gamma}_2+\cdots+a_{n1}\boldsymbol{\gamma}_n;\\\sigma(\boldsymbol{\gamma}_2)&=a_{12}\boldsymbol{\gamma}_1+a_{22}\boldsymbol{\gamma}_2+\cdots+a_{n2}\boldsymbol{\gamma}_n;\\&\cdots\cdots\\\sigma(\boldsymbol{\gamma}_n)&=a_{1n}\boldsymbol{\gamma}_1+a_{2n}\boldsymbol{\gamma}_2+\cdots+a_{nn}\boldsymbol{\gamma}_n.\end{aligned}$$

$$a_{ji}=\langle\sigma(\boldsymbol{\gamma}_i),\boldsymbol{\gamma}_j\rangle=-\langle\boldsymbol{\gamma}_i,\sigma(\boldsymbol{\gamma}_j)\rangle=-a_{ij}\ (i,j=1,2,\cdots,n).$$

所以

$$\boldsymbol{A}=\begin{pmatrix}0&a_{12}&\cdots&a_{1n}\\-a_{12}&0&\cdots&a_{2n}\\\vdots&\vdots&&\vdots\\-a_{1n}&-a_{2n}&\cdots&0\end{pmatrix}.$$

从而 $\boldsymbol{A}^{\mathrm{T}}=-\boldsymbol{A}$，即 $\boldsymbol{A}$ 是反对称矩阵.

(2)对任意的 $\boldsymbol{\xi}$，$\boldsymbol{\eta}\in V$，$\sigma\in L(V)$，$\boldsymbol{\xi}=x_1\boldsymbol{\gamma}_1+x_2\boldsymbol{\gamma}_2+\cdots+x_n\boldsymbol{\gamma}_n$，$\boldsymbol{\eta}=y_1\boldsymbol{\gamma}_1+y_2\boldsymbol{\gamma}_2+\cdots+y_n\boldsymbol{\gamma}_n$，因为 $\langle\sigma(\boldsymbol{\gamma}_i),\boldsymbol{\gamma}_j\rangle=-\langle\boldsymbol{\gamma}_i,\sigma(\boldsymbol{\gamma}_j)\rangle$，所以 $\langle\sigma(\boldsymbol{\xi}),\boldsymbol{\eta}\rangle=$

$-\langle \boldsymbol{\xi}, \sigma(\boldsymbol{\eta})\rangle$，因而 σ 是斜对称的.

(3)设 λ 是反对称实矩阵 $\boldsymbol{A}$ 的一个非零特征根，$\boldsymbol{\xi}$ 是属于 λ 的特征向量，即 $\boldsymbol{A}\boldsymbol{\xi}=\lambda\boldsymbol{\xi}$，则 $\bar{\boldsymbol{\xi}}^{\mathrm{T}}\boldsymbol{A}=\bar{\boldsymbol{\xi}}^{\mathrm{T}}(-\boldsymbol{A})^{\mathrm{T}}\boldsymbol{\xi}=-(\boldsymbol{A}\bar{\boldsymbol{\xi}})^{\mathrm{T}}\boldsymbol{\xi}=-(\overline{\boldsymbol{A}\boldsymbol{\xi}})^{\mathrm{T}}\boldsymbol{\xi}$. 所以，$\lambda\bar{\boldsymbol{\xi}}^{\mathrm{T}}\boldsymbol{\xi}=-\bar{\lambda}\bar{\boldsymbol{\xi}}^{\mathrm{T}}\boldsymbol{\xi}$，故 $\lambda=-\bar{\lambda}$. 令 $\lambda=a+b\mathrm{i}$，得 $a=-a$，即 $a=0$，所以 $\lambda=b\mathrm{i}$.

例 7　令 $\boldsymbol{A}$ 是一个反对称的实矩阵. 证明：$\boldsymbol{I}+\boldsymbol{A}$ 可逆，并且 $\boldsymbol{U}=(\boldsymbol{I}-\boldsymbol{A})(\boldsymbol{I}+\boldsymbol{A})^{-1}$ 是一个正交矩阵.

证明　因 $\boldsymbol{A}$ 是一个反对称的实矩阵，由上例(3)知，$\boldsymbol{A}$ 的特征根或者是零，或者是纯虚数，± 1 不是 $\boldsymbol{A}$ 的特征根，因此 $|\boldsymbol{I}\pm\boldsymbol{A}|\neq 0$，$\boldsymbol{I}-\boldsymbol{A}$，$\boldsymbol{I}+\boldsymbol{A}$ 皆可逆.

$$\begin{aligned}\boldsymbol{U}\boldsymbol{U}^{\mathrm{T}}&=[(\boldsymbol{I}-\boldsymbol{A})(\boldsymbol{I}+\boldsymbol{A})^{-1}][(\boldsymbol{I}-\boldsymbol{A})(\boldsymbol{I}+\boldsymbol{A})^{-1}]^{\mathrm{T}}\\&=(\boldsymbol{I}-\boldsymbol{A})(\boldsymbol{I}+\boldsymbol{A})^{-1}(\boldsymbol{I}-\boldsymbol{A})^{-1}(\boldsymbol{I}+\boldsymbol{A})\\&=(\boldsymbol{I}-\boldsymbol{A})[(\boldsymbol{I}-\boldsymbol{A})(\boldsymbol{I}+\boldsymbol{A})]^{-1}(\boldsymbol{I}+\boldsymbol{A})\\&=(\boldsymbol{I}-\boldsymbol{A})[(\boldsymbol{I}+\boldsymbol{A})(\boldsymbol{I}-\boldsymbol{A})]^{-1}(\boldsymbol{I}+\boldsymbol{A})\\&=(\boldsymbol{I}-\boldsymbol{A})(\boldsymbol{I}-\boldsymbol{A})^{-1}(\boldsymbol{I}+\boldsymbol{A})^{-1}(\boldsymbol{I}+\boldsymbol{A})=\boldsymbol{I}.\end{aligned}$$

因 $\boldsymbol{U}$ 是实矩阵，所以 $\boldsymbol{U}$ 是正交矩阵.

例 8　设 σ 是 n 维欧氏空间 V 的一个线性变换，证明：σ 是对称变换的充要条件为 σ 有 n 个两两正交的特征向量.

证明　必要性　　已知 σ 是对称变换，设 σ 关于标准正交基 $\{\boldsymbol{\varepsilon}_1, \boldsymbol{\varepsilon}_2, \cdots, \boldsymbol{\varepsilon}_n\}$ 的矩阵为 $\boldsymbol{A}$，则 $\boldsymbol{A}$ 为实对称矩阵，从而存在正交矩阵 $\boldsymbol{P}$，使

$$\boldsymbol{P}^{-1}\boldsymbol{A}\boldsymbol{P}=\begin{pmatrix}\lambda_1&&&\\&\lambda_2&&\\&&\ddots&\\&&&\lambda_n\end{pmatrix},\tag{1}$$

其中 $\lambda_1, \lambda_2, \cdots, \lambda_n$ 为 σ 的全部特征值. 令

$$(\boldsymbol{\eta}_1, \boldsymbol{\eta}_2, \cdots, \boldsymbol{\eta}_n)=(\boldsymbol{\varepsilon}_1, \boldsymbol{\varepsilon}_2, \cdots, \boldsymbol{\varepsilon}_n)\boldsymbol{P},$$

则 $\{\boldsymbol{\eta}_1, \boldsymbol{\eta}_2, \cdots, \boldsymbol{\eta}_n\}$ 也是标准正交基，且 σ 关于此基的矩阵为 $\boldsymbol{P}^{-1}\boldsymbol{A}\boldsymbol{P}$，从而

$$\sigma(\boldsymbol{\eta}_i)=\lambda_i\boldsymbol{\eta}_i,\ i=1, 2, \cdots, n.$$

即 σ 有 n 个两两正交的特征向量 $\boldsymbol{\eta}_1, \boldsymbol{\eta}_2, \cdots, \boldsymbol{\eta}_n$.

充分性　　设 σ 有 n 个两两正交的特征向量 $\boldsymbol{\alpha}_1, \boldsymbol{\alpha}_2, \cdots, \boldsymbol{\alpha}_n$，且

$$\sigma(\boldsymbol{\alpha}_i)=\lambda_i\boldsymbol{\alpha}_i,\ i=1, 2, \cdots, n.$$

令

$$\boldsymbol{\eta}_i=\frac{\boldsymbol{\alpha}_i}{|\boldsymbol{\alpha}_i|},\ i=1, 2, \cdots, n,$$

则 $\{\boldsymbol{\eta}_1, \boldsymbol{\eta}_2, \cdots, \boldsymbol{\eta}_n\}$ 为 V 的一个标准正交基，且 σ 关于这个基的矩阵为

$$\begin{pmatrix}\lambda_1 & & & \\ & \lambda_2 & & \\ & & \ddots & \\ & & & \lambda_n\end{pmatrix},$$

其是实对称的，故 σ 是对称变换.

12.6 主轴问题

n 元实二次型通过变量的正交变换化为只含有变量平方项的二次型的问题，称为二次型的主轴问题. 其中变量的正交变换指的是变换的矩阵是一个正交矩阵. 它是解析几何中将有心二次曲线或二次曲面的方程化为标准形式的自然推广.

任何一个实二次型

$$q(x_1, x_2, \cdots, x_n) = \sum_{i=1}^{n}\sum_{j=1}^{n} a_{ij} x_i x_j,$$

总可以通过变量的正交变换

$$\begin{pmatrix}x_1\\ x_2\\ \vdots\\ x_n\end{pmatrix}=\boldsymbol{U}\begin{pmatrix}y_1\\ y_2\\ \vdots\\ y_n\end{pmatrix}$$

化为 $\lambda_1 y_1^2+\lambda_2 y_2^2+\cdots+\lambda_n y_n^2$. 其中 $\boldsymbol{U}$ 是一个正交矩阵，$\lambda_1, \lambda_2, \cdots, \lambda_n \in \mathbf{R}$ 是二次型的矩阵 $\boldsymbol{A}$ 的全部特征根. 由此可见，二次型 $q(x_1, x_2, \cdots, x_n)$ 正定的充要条件是 $\boldsymbol{A}$ 的所有的特征根都是正数.

例 1 设 $\boldsymbol{A}$ 是一个正定对称矩阵. 证明：存在一个正定对称矩阵 $\boldsymbol{S}$，使得 $\boldsymbol{A}=\boldsymbol{S}^2$.

证明 设 $\boldsymbol{A}$ 是一个正定对称矩阵，$\lambda_1, \lambda_2, \cdots, \lambda_n$ 为 $\boldsymbol{A}$ 的特征根，那么存在正交矩阵 $\boldsymbol{U}$，使

$$\boldsymbol{U}^{\mathrm{T}}\boldsymbol{A}\boldsymbol{U}=\begin{pmatrix}\lambda_1 & & & \\ & \lambda_2 & & \\ & & \ddots & \\ & & & \lambda_n\end{pmatrix},$$

其中 $\lambda_i>0$，$i=1, 2, \cdots, n$. 所以

$$A = U\begin{pmatrix}\lambda_1 & & & \\ & \lambda_2 & & \\ & & \ddots & \\ & & & \lambda_n\end{pmatrix}U^{\mathrm{T}}$$

$$= U\begin{pmatrix}\sqrt{\lambda_1} & & & \\ & \sqrt{\lambda_2} & & \\ & & \ddots & \\ & & & \sqrt{\lambda_n}\end{pmatrix}U^{\mathrm{T}}U\begin{pmatrix}\sqrt{\lambda_1} & & & \\ & \sqrt{\lambda_2} & & \\ & & \ddots & \\ & & & \sqrt{\lambda_n}\end{pmatrix}U^{\mathrm{T}}.$$

令 $S = U\begin{pmatrix}\sqrt{\lambda_1} & & & \\ & \sqrt{\lambda_2} & & \\ & & \ddots & \\ & & & \sqrt{\lambda_n}\end{pmatrix}U^{\mathrm{T}}$，则 S 是正定对称矩阵，且 $A = S^2$.

例 2　设 A 是一个 n 阶可逆实矩阵. 证明：存在一个正定对称矩阵 S 和一个正交矩阵 U，使得 $A = US$.

证明　因为 A 是可逆实矩阵，从而$A^{\mathrm{T}}A$ 是正定矩阵. 由本节例 1 知，存在正定对称矩阵 S，使

$$A^{\mathrm{T}}A = S^2.$$

令 $U = AS^{-1}$，于是 $A = US$. 下证 U 是正交矩阵：

$$U^{-1}U = (AS^{-1})^{\mathrm{T}}AS^{-1} = (S^{-1})^{\mathrm{T}}(A^{\mathrm{T}}A)S^{-1} = (S^{-1})^{\mathrm{T}}S^2S^{-1} = I.$$

例 3　$\{A_i\}$是一组两两可交换的 n 阶实对称矩阵. 证明，存在一个 n 阶正交矩阵 U，使得$U^{\mathrm{T}}A_iU$ 都是对角矩阵.

证明　对矩阵的阶 n 作数学归纳法. 设有两个实对称矩阵 A_1 和 A_2，已知 $A_1A_2 = A_2A_1$，对于 A_1，存在正交矩阵 U_1，使

$$U_1^{\mathrm{T}}A_1U_1 = \begin{pmatrix}\lambda_1 I_1 & & & \\ & \lambda_2 I_2 & & \\ & & \ddots & \\ & & & \lambda_t I_t\end{pmatrix}.$$

其中 $\lambda_1, \lambda_2, \cdots, \lambda_t$ 是 A_1 的不同特征根. 因为

$$(U_1^{\mathrm{T}}A_1U_1)(U_1^{\mathrm{T}}A_2U_1) = U_1^{\mathrm{T}}A_1A_2U_1 = U_1^{\mathrm{T}}A_2A_1U_1 = (U_1^{\mathrm{T}}A_2U_1)(U_1^{\mathrm{T}}A_1U_1),$$

由矩阵的分块乘法可知，$U_1^{\mathrm{T}}A_2U_1$ 只能是准对角矩阵

$$\begin{pmatrix}B_1 & & & \\ & B_2 & & \\ & & \ddots & \\ & & & B_t\end{pmatrix},$$

并且 $\boldsymbol{B}_i$ 与 $\lambda_i\boldsymbol{I}_i(i=1,2,\cdots,t)$同阶. 因为 $\boldsymbol{A}_2$ 是实对称矩阵,

$$\boldsymbol{U}_1^{\mathrm{T}}\boldsymbol{A}_2\boldsymbol{U}_1=\begin{pmatrix}\boldsymbol{B}_1 & & & \\ & \boldsymbol{B}_2 & & \\ & & \ddots & \\ & & & \boldsymbol{B}_t\end{pmatrix}$$

也是实对称矩阵,所以每个 $\boldsymbol{B}_i(i=1,2,\cdots,t)$是实对称矩阵,并且存在正交矩阵 $\boldsymbol{C}_i$,使 $\boldsymbol{C}_i^{\mathrm{T}}\boldsymbol{B}_i\boldsymbol{C}_i$ 为对角矩阵.

令

$$\boldsymbol{U}_2=\begin{pmatrix}\boldsymbol{C}_1 & & & \\ & \boldsymbol{C}_2 & & \\ & & \ddots & \\ & & & \boldsymbol{C}_t\end{pmatrix}.$$

那么

$$\boldsymbol{U}_2^{\mathrm{T}}\begin{pmatrix}\boldsymbol{B}_1 & & & \\ & \boldsymbol{B}_2 & & \\ & & \ddots & \\ & & & \boldsymbol{B}_t\end{pmatrix}\boldsymbol{U}_2=\boldsymbol{U}_2^{\mathrm{T}}\boldsymbol{U}_1^{\mathrm{T}}\boldsymbol{A}_2\boldsymbol{U}_1\boldsymbol{U}_2$$

为对角矩阵,同时,

$$\boldsymbol{U}_2^{\mathrm{T}}\begin{pmatrix}\lambda_1\boldsymbol{I}_1 & & & \\ & \lambda_2\boldsymbol{I}_2 & & \\ & & \ddots & \\ & & & \lambda_t\boldsymbol{I}_t\end{pmatrix}\boldsymbol{U}_2=\boldsymbol{U}_2^{\mathrm{T}}\boldsymbol{U}_1^{\mathrm{T}}\boldsymbol{A}_1\boldsymbol{U}_1\boldsymbol{U}_2$$

也是对角矩阵.

令 $\boldsymbol{U}=\boldsymbol{U}_1\boldsymbol{U}_2$,因 $\boldsymbol{U}_1$,$\boldsymbol{U}_2$ 都是正交矩阵,故 $\boldsymbol{U}$ 也是正交矩阵,并且 $\boldsymbol{U}^{\mathrm{T}}A_1\boldsymbol{U}$,$\boldsymbol{U}^{\mathrm{T}}\boldsymbol{A}_2\boldsymbol{U}$ 都是对角矩阵.

假定对满足条件的 $k-1$ 个矩阵结论成立,设有 k 个实对称矩阵 $\boldsymbol{A}_1$,$\boldsymbol{A}_2$,$\cdots$,$\boldsymbol{A}_k$,其中两两可交换,对于 $\boldsymbol{A}_1$,存在正交矩阵 $\boldsymbol{U}_1$,使

$$\boldsymbol{U}_1^{\mathrm{T}}\boldsymbol{A}_1\boldsymbol{U}_1=\begin{pmatrix}\lambda_1\boldsymbol{I}_1 & & & \\ & \lambda_2\boldsymbol{I}_2 & & \\ & & \ddots & \\ & & & \lambda_t\boldsymbol{I}_t\end{pmatrix}.$$

同理,$\boldsymbol{U}_1^{\mathrm{T}}\boldsymbol{A}_i\boldsymbol{U}_1(i=2,3,\cdots,k)$都只能是准对角矩阵:

$$U_1^{\mathrm{T}}A_iU_1=\begin{pmatrix}A_i^{(1)} & & & \\ & A_i^{(2)} & & \\ & & \ddots & \\ & & & A_i^{(3)}\end{pmatrix}$$

其中 $A_i^{(r)}$ 与 λ_rI_r 同阶，并且 $A_i^{(r)}$ 都是实对称矩阵. 因为

$$(U_1^{\mathrm{T}}A_iU_1)(U_1^{\mathrm{T}}A_jU_1)=(U_1^{\mathrm{T}}A_jU_1)(U_1^{\mathrm{T}}A_iU_1),$$

所以
$$A_i^{(r)}A_j^{(r)}=A_j^{(r)}A_i^{(r)}(i,j=2,3,\cdots,k;r=1,2,\cdots,t).$$

由归纳假设，对每个 $r(r=1,2,3,\cdots,t)$，存在正交矩阵 C_r，使 $C_r^{\mathrm{T}}A_i^{(r)}C_r(i=2,3,\cdots,k)$成为对角矩阵，令

$$U_2=\begin{pmatrix}C_1 & & & \\ & C_2 & & \\ & & \ddots & \\ & & & C_t\end{pmatrix},$$

则 U_2 是正交矩阵. $U_2^{\mathrm{T}}U_1^{\mathrm{T}}A_iU_1U_2$（$i=2,3,\cdots,k$）都是对角形的，而且 $U_2^{\mathrm{T}}U_1^{\mathrm{T}}A_1U_1U_2$ 也是对角形的.

令 $U=U_1U_2$，则 U 是正交矩阵，并且 $U^{\mathrm{T}}A_iU(i=1,2,\cdots,k)$都是对角形矩阵，因此结论对 k 成立，从而对任何正整数 n 成立.

12.7　酉空间

欧氏空间是针对实数域上的向量空间而言的，酉空间其实就是复数域上的向量空间，它是欧氏空间在复数域上的自然推广. 它的许多概念和命题与欧氏空间中相应内容平行.

例 1　证明酉空间中两个标准正交基的过渡矩阵是酉矩阵.

证明　设 $\boldsymbol{\varepsilon}_1,\boldsymbol{\varepsilon}_2,\cdots,\boldsymbol{\varepsilon}_n$与$\boldsymbol{\eta}_1,\boldsymbol{\eta}_2,\cdots,\boldsymbol{\eta}_n$是酉空间中两个标准正交基，它们的过渡矩阵为$A=(a_{ij})_{n\times n}$，即

$$(\boldsymbol{\eta}_1,\boldsymbol{\eta}_2,\cdots,\boldsymbol{\eta}_n)=(\boldsymbol{\varepsilon}_1,\boldsymbol{\varepsilon}_2,\cdots,\boldsymbol{\varepsilon}_n)\begin{pmatrix}a_{11} & \cdots & a_{1n}\\ \vdots & \ddots & \vdots\\ a_{n1} & \cdots & a_{nn}\end{pmatrix}.$$

由于$\boldsymbol{\eta}_1,\boldsymbol{\eta}_2,\cdots,\boldsymbol{\eta}_n$是标准正交基，所以

$$\langle\boldsymbol{\eta}_i,\boldsymbol{\eta}_j\rangle=\begin{cases}1, & i=j,\\ 0, & i\neq j.\end{cases}$$

而$\boldsymbol{\eta}_i=a_{1i}\boldsymbol{\varepsilon}_1+\cdots+a_{ni}\boldsymbol{\varepsilon}_n$，$\boldsymbol{\eta}_j=a_{1j}\boldsymbol{\varepsilon}_1+\cdots+a_{nj}\boldsymbol{\varepsilon}_n$，

$$\langle \boldsymbol{\eta}_i, \boldsymbol{\eta}_j \rangle = \langle a_{1i}\boldsymbol{\varepsilon}_1 + \cdots + a_{ni}\boldsymbol{\varepsilon}_n, a_{1j}\boldsymbol{\varepsilon}_1 + \cdots + a_{nj}\boldsymbol{\varepsilon}_n \rangle.$$

由酉空间内积的定义，可知

$$a_{1i}\bar{a}_{1j} + a_{2i}\bar{a}_{2j} + \cdots + \bar{a}_{ni}a_{nj} = \begin{cases} 1, & i = j, \\ 0, & i \neq j. \end{cases}$$

即$\bar{\boldsymbol{A}}^{\mathrm{T}}\boldsymbol{A} = \boldsymbol{I}$，所以 $\boldsymbol{A}$ 是酉矩阵.

例 2 证明酉矩阵的特征根的模为 1.

证明 设 λ 为酉矩阵 $\boldsymbol{A}$ 的一个特征根，对应的特征向量为 $\boldsymbol{\alpha}(\boldsymbol{\alpha} \neq \boldsymbol{0})$，则 $\bar{\boldsymbol{A}}^{\mathrm{T}} = \boldsymbol{A}^{-1}$，且 $\boldsymbol{A\alpha} = \lambda\boldsymbol{\alpha}$，$\bar{\boldsymbol{\alpha}}^{\mathrm{T}}\bar{\boldsymbol{A}}^{\mathrm{T}} = \bar{\lambda}^{\mathrm{T}}\bar{\boldsymbol{\alpha}}^{\mathrm{T}}$，$\bar{\boldsymbol{\alpha}}^{\mathrm{T}}\boldsymbol{\alpha} = \bar{\boldsymbol{\alpha}}^{\mathrm{T}}(\bar{\boldsymbol{A}}^{\mathrm{T}}\boldsymbol{A})\boldsymbol{\alpha} = \lambda\bar{\lambda}\,\bar{\boldsymbol{\alpha}}^{\mathrm{T}}\boldsymbol{\alpha}$，两边消去 $\bar{\boldsymbol{\alpha}}^{\mathrm{T}}\boldsymbol{\alpha}$，得$|\lambda|^2 = 1$，所以$|\lambda| = 1$.

例 3 证明埃尔米特矩阵的特征值是实数，并且它的属于不同特征值的特征向量相互正交.

证明 设 λ 为 $\boldsymbol{A}$ 的任一特征值，$\boldsymbol{\xi}$ 为相应的特征向量，由于

$$\bar{\boldsymbol{A}}^{\mathrm{T}} = \boldsymbol{A},\ \bar{\boldsymbol{\xi}}^{\mathrm{T}}\boldsymbol{A\xi} = \bar{\boldsymbol{\xi}}^{\mathrm{T}}\bar{\boldsymbol{A}}^{\mathrm{T}} = (\bar{\boldsymbol{A}}\bar{\boldsymbol{\xi}})^{\mathrm{T}}\boldsymbol{\xi},$$

又 $\boldsymbol{A\xi} = \lambda\boldsymbol{\xi}$，$\bar{\boldsymbol{A}}\bar{\boldsymbol{\xi}} = \bar{\lambda}\bar{\boldsymbol{\xi}}$，$(\bar{\boldsymbol{A}}\bar{\boldsymbol{\xi}})^{\mathrm{T}} = \bar{\lambda}\bar{\boldsymbol{\xi}}^{\mathrm{T}}$，所以有 $\bar{\boldsymbol{\xi}}^{\mathrm{T}}\boldsymbol{A\xi} = \bar{\lambda}\bar{\boldsymbol{\xi}}^{\mathrm{T}}$，$\bar{\boldsymbol{\xi}}^{\mathrm{T}}\lambda = \bar{\lambda}\bar{\boldsymbol{\xi}}^{\mathrm{T}}\boldsymbol{\xi}$，故 $\lambda = \bar{\lambda}$，λ 为实数.

再设 λ，μ 是 $\boldsymbol{A}$ 的两个不同的特征值，$\boldsymbol{\alpha}$，$\boldsymbol{\beta}$ 分别为属于 λ 和 μ 的特征向量，有 $\boldsymbol{A\alpha} = \lambda\boldsymbol{\alpha}$，$\boldsymbol{A\beta} = \mu\boldsymbol{\beta}$，由于$\langle \boldsymbol{A\alpha}, \boldsymbol{\beta} \rangle = \langle \boldsymbol{\alpha}, \boldsymbol{A\beta} \rangle$，而

$$\langle \boldsymbol{A\alpha}, \boldsymbol{\beta} \rangle = \langle \lambda\boldsymbol{\alpha}, \boldsymbol{\beta} \rangle = \lambda\langle \boldsymbol{\alpha}, \boldsymbol{\beta} \rangle,\ \langle \boldsymbol{\alpha}, \boldsymbol{A\beta} \rangle = \langle \boldsymbol{\alpha}, \mu\boldsymbol{\beta} \rangle = \mu\langle \boldsymbol{\alpha}, \boldsymbol{\beta} \rangle,$$

所以 $\lambda\langle \boldsymbol{\alpha}, \boldsymbol{\beta} \rangle = \mu\langle \boldsymbol{\alpha}, \boldsymbol{\beta} \rangle$，但 $\lambda \neq \mu$，故$\langle \boldsymbol{\alpha}, \boldsymbol{\beta} \rangle = 0$.

12.8 欧氏空间和酉空间综合练习题

例 1 设 $\boldsymbol{\alpha}_1, \boldsymbol{\alpha}_2, \cdots, \boldsymbol{\alpha}_n$ 是欧氏空间的 n 个向量. 行列式

$$G(\boldsymbol{\alpha}_1, \boldsymbol{\alpha}_2, \cdots, \boldsymbol{\alpha}_n) = \begin{vmatrix} \langle \boldsymbol{\alpha}_1, \boldsymbol{\alpha}_1 \rangle & \langle \boldsymbol{\alpha}_1, \boldsymbol{\alpha}_2 \rangle & \cdots & \langle \boldsymbol{\alpha}_1, \boldsymbol{\alpha}_n \rangle \\ \langle \boldsymbol{\alpha}_2, \boldsymbol{\alpha}_1 \rangle & \langle \boldsymbol{\alpha}_2, \boldsymbol{\alpha}_2 \rangle & \cdots & \langle \boldsymbol{\alpha}_2, \boldsymbol{\alpha}_n \rangle \\ \vdots & \vdots & & \vdots \\ \langle \boldsymbol{\alpha}_n, \boldsymbol{\alpha}_1 \rangle & \langle \boldsymbol{\alpha}_n, \boldsymbol{\alpha}_2 \rangle & \cdots & \langle \boldsymbol{\alpha}_n, \boldsymbol{\alpha}_n \rangle \end{vmatrix}$$

叫做 $\boldsymbol{\alpha}_1, \boldsymbol{\alpha}_2, \cdots, \boldsymbol{\alpha}_n$ 的格拉姆(Gram)行列式. 证明，$G(\boldsymbol{\alpha}_1, \boldsymbol{\alpha}_2, \cdots, \boldsymbol{\alpha}_n) = 0$ 必要且只要 $\boldsymbol{\alpha}_1, \boldsymbol{\alpha}_2, \cdots, \boldsymbol{\alpha}_n$ 线性相关.

证明 充分性　　若 $\boldsymbol{\alpha}_1, \boldsymbol{\alpha}_2, \cdots, \boldsymbol{\alpha}_n$ 线性相关，令 $k_1\boldsymbol{\alpha}_1 + k_2\boldsymbol{\alpha}_2 + \cdots + k_n\boldsymbol{\alpha}_n = \boldsymbol{0}$，$k_1, k_2, \cdots, k_n$ 不全为零. 从而

$$k_1\langle \boldsymbol{\alpha}_1, \boldsymbol{\alpha}_1 \rangle + k_2\langle \boldsymbol{\alpha}_1, \boldsymbol{\alpha}_2 \rangle + \cdots + k_n\langle \boldsymbol{\alpha}_1, \boldsymbol{\alpha}_n \rangle = 0,$$

$$k_1\langle \boldsymbol{\alpha}_2, \boldsymbol{\alpha}_1 \rangle + k_2\langle \boldsymbol{\alpha}_2, \boldsymbol{\alpha}_2 \rangle + \cdots + k_n\langle \boldsymbol{\alpha}_2, \boldsymbol{\alpha}_n \rangle = 0,$$

$$\cdots\cdots$$

$$k_1\langle \boldsymbol{\alpha}_n, \boldsymbol{\alpha}_1 \rangle + k_2\langle \boldsymbol{\alpha}_n, \boldsymbol{\alpha}_2 \rangle + \cdots + k_n\langle \boldsymbol{\alpha}_n, \boldsymbol{\alpha}_n \rangle = 0$$

有非零解. 即系数行列式 $G(\boldsymbol{\alpha}_1, \boldsymbol{\alpha}_2, \cdots, \boldsymbol{\alpha}_n)=0$.

必要性　由 $G(\boldsymbol{\alpha}_1, \boldsymbol{\alpha}_2, \cdots, \boldsymbol{\alpha}_n)=0$ 知齐次线性方程组

$$\begin{pmatrix} \langle\boldsymbol{\alpha}_1, \boldsymbol{\alpha}_1\rangle & \langle\boldsymbol{\alpha}_1, \boldsymbol{\alpha}_2\rangle & \cdots & \langle\boldsymbol{\alpha}_1, \boldsymbol{\alpha}_n\rangle \\ \langle\boldsymbol{\alpha}_2, \boldsymbol{\alpha}_1\rangle & \langle\boldsymbol{\alpha}_2, \boldsymbol{\alpha}_2\rangle & \cdots & \langle\boldsymbol{\alpha}_2, \boldsymbol{\alpha}_n\rangle \\ \vdots & \vdots & & \vdots \\ \langle\boldsymbol{\alpha}_n, \boldsymbol{\alpha}_1\rangle & \langle\boldsymbol{\alpha}_n, \boldsymbol{\alpha}_2\rangle & \cdots & \langle\boldsymbol{\alpha}_n, \boldsymbol{\alpha}_n\rangle \end{pmatrix} \begin{pmatrix} k_1 \\ k_2 \\ \vdots \\ k_n \end{pmatrix} = \begin{pmatrix} 0 \\ 0 \\ \vdots \\ 0 \end{pmatrix}$$

必有非零解. 设 $k_1, k_2, \cdots, k_n$ 为方程组的一组非零解，则有

$$\langle \boldsymbol{\alpha}_i, \sum_{j=1}^{n} k_j \boldsymbol{\alpha}_j \rangle = 0, \ i = 1, 2, \cdots, n.$$

令 $\boldsymbol{\beta} = \sum\limits_{j=1}^{n} k_j \boldsymbol{\alpha}_j$，则 $\boldsymbol{\beta}$ 与 $\boldsymbol{\alpha}_1, \boldsymbol{\alpha}_2, \cdots, \boldsymbol{\alpha}_n$ 中每一个都正交，因此 $\boldsymbol{\beta}$ 与 $\boldsymbol{\alpha}_1, \boldsymbol{\alpha}_2, \cdots, \boldsymbol{\alpha}_n$ 任意线性组合正交，所以与 $\boldsymbol{\beta}$ 正交，即 $\langle\boldsymbol{\beta}, \boldsymbol{\beta}\rangle=0$，由此得 $\boldsymbol{\beta}=\mathbf{0}$. 又因为 $k_1, k_2, \cdots, k_n$ 不全为零，所以 $\boldsymbol{\alpha}_1, \boldsymbol{\alpha}_2, \cdots, \boldsymbol{\alpha}_n$ 线性相关.

例 2　设 $\boldsymbol{\alpha}, \boldsymbol{\beta}$ 是欧氏空间的两个线性无关的向量，满足以下条件：$\dfrac{2\langle\boldsymbol{\alpha}, \boldsymbol{\beta}\rangle}{\langle\boldsymbol{\alpha}, \boldsymbol{\alpha}\rangle}$ 和 $\dfrac{2\langle\boldsymbol{\alpha}, \boldsymbol{\beta}\rangle}{\langle\boldsymbol{\beta}, \boldsymbol{\beta}\rangle}$ 都是 $\leqslant 0$ 的整数，证明 $\boldsymbol{\alpha}$ 与 $\boldsymbol{\beta}$ 的夹角只可能是 $\dfrac{\pi}{2}, \dfrac{2\pi}{3}, \dfrac{3\pi}{4}$ 或 $\dfrac{5\pi}{6}$.

证明　由于 $\boldsymbol{\alpha}, \boldsymbol{\beta}$ 线性无关，所以 $\boldsymbol{\alpha}\neq\mathbf{0}$, $\boldsymbol{\beta}\neq\mathbf{0}$, $\boldsymbol{\alpha}, \boldsymbol{\beta}$ 的夹角为

$$\theta=\arccos\frac{\langle\boldsymbol{\alpha}, \boldsymbol{\beta}\rangle}{|\boldsymbol{\alpha}||\boldsymbol{\beta}|}.$$

故　$$\cos\theta=\frac{\langle\boldsymbol{\alpha}, \boldsymbol{\beta}\rangle}{|\boldsymbol{\alpha}||\boldsymbol{\beta}|}, \ 4\cos^2\theta=\frac{4\langle\boldsymbol{\alpha}, \boldsymbol{\beta}\rangle^2}{\langle\boldsymbol{\alpha}, \boldsymbol{\alpha}\rangle\langle\boldsymbol{\beta}, \boldsymbol{\beta}\rangle}=\frac{2\langle\boldsymbol{\alpha}, \boldsymbol{\beta}\rangle}{\langle\boldsymbol{\alpha}, \boldsymbol{\alpha}\rangle}\cdot\frac{2\langle\boldsymbol{\alpha}, \boldsymbol{\beta}\rangle}{\langle\boldsymbol{\beta}, \boldsymbol{\beta}\rangle}.$$

因为 $\dfrac{2\langle\boldsymbol{\alpha}, \boldsymbol{\beta}\rangle}{\langle\boldsymbol{\alpha}, \boldsymbol{\alpha}\rangle}$ 与 $\dfrac{2\langle\boldsymbol{\alpha}, \boldsymbol{\beta}\rangle}{\langle\boldsymbol{\beta}, \boldsymbol{\beta}\rangle}$ 都是小于或等于零的整数，所以 $\dfrac{4\langle\boldsymbol{\alpha}, \boldsymbol{\beta}\rangle^2}{\langle\boldsymbol{\alpha}, \boldsymbol{\alpha}\rangle\langle\boldsymbol{\beta}, \boldsymbol{\beta}\rangle}$ 是非负整数. 又因 $0\leqslant 4\cos^2\theta\leqslant 4$，所以 $4\cos^2\theta$ 只可能取 0，1，2，3，4 等值，因而

$$\frac{\langle\boldsymbol{\alpha}, \boldsymbol{\beta}\rangle}{|\boldsymbol{\alpha}||\boldsymbol{\beta}|}=\cos\theta$$

只可能取 $0, \pm\dfrac{1}{2}, \pm\dfrac{\sqrt{2}}{2}, \pm\dfrac{\sqrt{3}}{2}, \pm 1$，由 $\boldsymbol{\alpha}, \boldsymbol{\beta}$ 线性无关知 $\theta\neq 0$，故 $\cos\theta\neq\pm 1$.

再由 $\langle\boldsymbol{\alpha}, \boldsymbol{\beta}\rangle\leqslant 0$ 知，$\cos\theta$ 只可能取 $0, -\dfrac{1}{2}, -\dfrac{\sqrt{2}}{2}, -\dfrac{\sqrt{3}}{2}$，即 $\boldsymbol{\alpha}$ 与 $\boldsymbol{\beta}$ 的夹角只可能是 $\dfrac{\pi}{2}, \dfrac{2\pi}{3}, \dfrac{3\pi}{4}$ 或 $\dfrac{5\pi}{6}$.

例 3　证明：对于任意实数 $a_1, a_2, \cdots, a_n$，

$$\sum_{i=1}^{n}|a_i|\leqslant\sqrt{n(a_1^2+a_2^2+\cdots+a_n^2)}.$$

证明 取 $\boldsymbol{\alpha}=(|a_1|,\ |a_2|,\ \cdots,\ |a_n|)$，$\boldsymbol{\beta}=(1,\ 1,\ \cdots,\ 1)$，由柯西－施瓦兹不等式 $\langle\boldsymbol{\alpha},\boldsymbol{\beta}\rangle^2\leqslant\langle\boldsymbol{\alpha},\boldsymbol{\alpha}\rangle\langle\boldsymbol{\beta},\boldsymbol{\beta}\rangle$，即 $|\langle\boldsymbol{\alpha},\boldsymbol{\beta}\rangle|\leqslant\sqrt{\langle\boldsymbol{\alpha},\boldsymbol{\alpha}\rangle\langle\boldsymbol{\beta},\boldsymbol{\beta}\rangle}$，故

$$\sum_{i=1}^{n}|a_i|\leqslant\sqrt{n(a_1^2+a_2^2+\cdots+a_n^2)}.$$

例 4 令 $\{\boldsymbol{\alpha}_1,\boldsymbol{\alpha}_2,\cdots,\boldsymbol{\alpha}_n\}$ 是欧氏空间 V 的一组线性无关的向量，$\{\boldsymbol{\beta}_1,\boldsymbol{\beta}_2,\cdots,\boldsymbol{\beta}_n\}$ 是由这组向量通过正交化方法所得的正交组. 证明：这两个向量组的格拉姆行列式相等，即

$$G(\boldsymbol{\alpha}_1,\boldsymbol{\alpha}_2,\cdots,\boldsymbol{\alpha}_n)=G(\boldsymbol{\beta}_1,\boldsymbol{\beta}_2,\cdots,\boldsymbol{\beta}_n)=\langle\boldsymbol{\beta}_1,\boldsymbol{\beta}_1\rangle\langle\boldsymbol{\beta}_2,\boldsymbol{\beta}_2\rangle\cdots\langle\boldsymbol{\beta}_n,\boldsymbol{\beta}_n\rangle.$$

证明 由

$$\boldsymbol{\beta}_i=\boldsymbol{\alpha}_i-\frac{\langle\boldsymbol{\alpha}_i,\boldsymbol{\beta}_1\rangle}{\langle\boldsymbol{\beta}_1,\boldsymbol{\beta}_1\rangle}\boldsymbol{\beta}_1-\cdots-\frac{\langle\boldsymbol{\alpha}_i,\boldsymbol{\beta}_{i-1}\rangle}{\langle\boldsymbol{\beta}_{i-1},\boldsymbol{\beta}_{i-1}\rangle}\boldsymbol{\beta}_{i-1},$$

得

$$\boldsymbol{\alpha}_i=\frac{\langle\boldsymbol{\alpha}_i,\boldsymbol{\beta}_1\rangle}{\langle\boldsymbol{\beta}_1,\boldsymbol{\beta}_1\rangle}\boldsymbol{\beta}_1+\cdots+\frac{\langle\boldsymbol{\alpha}_i,\boldsymbol{\beta}_{i-1}\rangle}{\langle\boldsymbol{\beta}_{i-1},\boldsymbol{\beta}_{i-1}\rangle}\boldsymbol{\beta}_{i-1}+\boldsymbol{\beta}_i,\ i=1,\ 2,\ \cdots,\ n.$$

$$(\boldsymbol{\alpha}_1,\boldsymbol{\alpha}_2,\cdots,\boldsymbol{\alpha}_n)=(\boldsymbol{\beta}_1,\boldsymbol{\beta}_2,\cdots,\boldsymbol{\beta}_n)\boldsymbol{T},$$

其中 $\boldsymbol{T}$ 是可逆矩阵，且

$$\boldsymbol{T}=\begin{pmatrix}1 & \frac{\langle\boldsymbol{\alpha}_2,\boldsymbol{\beta}_1\rangle}{\langle\boldsymbol{\beta}_1,\boldsymbol{\beta}_1\rangle} & \cdots & \frac{\langle\boldsymbol{\alpha}_n,\boldsymbol{\beta}_1\rangle}{\langle\boldsymbol{\beta}_1,\boldsymbol{\beta}_1\rangle}\\ 0 & 1 & \cdots & \frac{\langle\boldsymbol{\alpha}_n,\boldsymbol{\beta}_2\rangle}{\langle\boldsymbol{\beta}_2,\boldsymbol{\beta}_2\rangle}\\ \vdots & \vdots & & \vdots\\ 0 & 0 & \cdots & 1\end{pmatrix},\ |\boldsymbol{T}|=1.$$

又因为 $\{\boldsymbol{\alpha}_1,\boldsymbol{\alpha}_2,\cdots,\boldsymbol{\alpha}_n\}$ 与 $\{\boldsymbol{\beta}_1,\boldsymbol{\beta}_2,\cdots,\boldsymbol{\beta}_n\}$ 等价，所以

$$L(\boldsymbol{\alpha}_1,\boldsymbol{\alpha}_2,\cdots,\boldsymbol{\alpha}_n)=L(\boldsymbol{\beta}_1,\boldsymbol{\beta}_2,\cdots,\boldsymbol{\beta}_n),$$

记作 W，则 $W\subseteq V$. 对任意的 $\boldsymbol{\xi}$，$\boldsymbol{\eta}\in V$，设

$$\boldsymbol{\xi}=\sum_{i=1}^{n}\boldsymbol{\alpha}_i x_i=\sum_{i=1}^{n}\boldsymbol{\beta}_i x_i',\ \boldsymbol{\eta}=\sum_{j=1}^{n}\boldsymbol{\alpha}_j y_j=\sum_{j=1}^{n}\boldsymbol{\beta}_j y_j',$$

则

$$\langle\boldsymbol{\xi},\boldsymbol{\eta}\rangle=\langle\sum_{i=1}^{n}\boldsymbol{\alpha}_i x_i,\ \sum_{j=1}^{n}\boldsymbol{\alpha}_j y_j\rangle=\sum_{i=1}^{n}\sum_{j=1}^{n}\langle\boldsymbol{\alpha}_i,\boldsymbol{\alpha}_j\rangle x_i y_j,$$

$$\langle\boldsymbol{\xi},\boldsymbol{\eta}\rangle=\langle\sum_{i=1}^{n}\boldsymbol{\beta}_i x_i',\ \sum_{j=1}^{n}\boldsymbol{\beta}_j y_j'\rangle=\sum_{i=1}^{n}\sum_{j=1}^{n}\langle\boldsymbol{\beta}_i,\boldsymbol{\beta}_j\rangle x_i' y_j'.$$

因而

$$\sum_{i=1}^{n}\sum_{j=1}^{n}\langle \boldsymbol{\alpha}_i, \boldsymbol{\alpha}_j\rangle x_i y_j = \sum_{i=1}^{n}\sum_{j=1}^{n}\langle \boldsymbol{\beta}_i, \boldsymbol{\beta}_j\rangle x_i' y_j'.$$

令 $\boldsymbol{A}=(\langle \boldsymbol{\alpha}_i, \boldsymbol{\alpha}_j\rangle)_n$，$\boldsymbol{B}=(\langle \boldsymbol{\beta}_i, \boldsymbol{\beta}_j\rangle)_n$，$|\boldsymbol{B}|=\langle \boldsymbol{\beta}_1, \boldsymbol{\beta}_1\rangle\langle \boldsymbol{\beta}_2, \boldsymbol{\beta}_2\rangle\cdots\langle \boldsymbol{\beta}_n, \boldsymbol{\beta}_n\rangle$，则有

$$(x_1, x_2, \cdots, x_n)\boldsymbol{A}\begin{pmatrix} y_1 \\ y_2 \\ \vdots \\ y_n \end{pmatrix}=(x_1', x_2', \cdots, x_n')\boldsymbol{B}\begin{pmatrix} y_1' \\ y_2' \\ \vdots \\ y_n{}' \end{pmatrix}.$$

另一方面，

$$(x_1, x_2, \cdots, x_n)=(x_1', x_2', \cdots, x_n')\boldsymbol{T}^{\mathrm{T}},\quad \begin{pmatrix} y_1' \\ y_2' \\ \vdots \\ y_n' \end{pmatrix}=\boldsymbol{T}\begin{pmatrix} y_1 \\ y_2 \\ \vdots \\ y_n \end{pmatrix}.$$

故

$$(x_1, x_2, \cdots, x_n)\boldsymbol{A}\begin{pmatrix} y_1 \\ y_2 \\ \vdots \\ y_n \end{pmatrix}=(x_1, x_2, \cdots, x_n)\boldsymbol{T}^{\mathrm{T}}\boldsymbol{B}\boldsymbol{T}\begin{pmatrix} y_1 \\ y_2 \\ \vdots \\ y_n \end{pmatrix}.$$

因此 $\boldsymbol{A}=\boldsymbol{T}^{\mathrm{T}}\boldsymbol{B}\boldsymbol{T}$，从而 $|\boldsymbol{A}|=|\boldsymbol{T}^{\mathrm{T}}\boldsymbol{B}\boldsymbol{T}|$，即

$$\begin{aligned}G(\boldsymbol{\alpha}_1, \boldsymbol{\alpha}_2, \cdots, \boldsymbol{\alpha}_n)&=G(\boldsymbol{\beta}_1, \boldsymbol{\beta}_2, \cdots, \boldsymbol{\beta}_n)\\&=\langle \boldsymbol{\beta}_1, \boldsymbol{\beta}_1\rangle\langle \boldsymbol{\beta}_2, \boldsymbol{\beta}_2\rangle\cdots\langle \boldsymbol{\beta}_n, \boldsymbol{\beta}_n\rangle.\end{aligned}$$

例 5　在实数域上的 n 维列空间 $\mathbf{R}^n$ 中，定义内积为

$$\langle \boldsymbol{\alpha}, \boldsymbol{\beta}\rangle=\boldsymbol{\alpha}^{\mathrm{T}}\boldsymbol{\beta}.$$

从而 $\mathbf{R}^n$ 成为欧氏空间.

(1) 设实数域上的矩阵

$$\boldsymbol{A}=\begin{pmatrix} 1 & -3 & 5 & -2 \\ -2 & 1 & -3 & 1 \\ -1 & -7 & 9 & -4 \end{pmatrix}.$$

求齐次线性方程组 $\boldsymbol{AX}=\boldsymbol{O}$ 的解空间的一个正交基；

(2) 设 $\boldsymbol{A}$ 是实数域 $\mathbf{R}$ 上的 $s\times t$ 矩阵，用 W 表示齐次线性方程组 $\boldsymbol{AX}=\boldsymbol{O}$ 的解空间，用 $\boldsymbol{U}$ 表示 $\boldsymbol{A}^{\mathrm{T}}$ 的列空间. 证明：$\boldsymbol{U}=W^{\perp}$.

解 (1)　对系数矩阵 $\boldsymbol{A}$ 施行行初等变换，即

$$\boldsymbol{A}=\begin{pmatrix} 1 & -3 & 5 & -2 \\ -2 & 1 & -3 & 1 \\ -1 & -7 & 9 & -4 \end{pmatrix}\rightarrow\begin{pmatrix} 1 & -3 & 5 & -2 \\ 0 & -5 & 7 & -3 \\ 0 & -10 & 14 & -6 \end{pmatrix}\rightarrow$$

$$\begin{pmatrix}1 & 0 & \frac{4}{5} & -\frac{1}{5}\\ 0 & -5 & 7 & -3\\ 0 & 0 & 0 & 0\end{pmatrix}\to\begin{pmatrix}1 & 0 & \frac{4}{5} & -\frac{1}{5}\\ 0 & 1 & -\frac{7}{5} & \frac{3}{5}\\ 0 & 0 & 0 & 0\end{pmatrix}$$

得齐次线性方程组

$$\begin{cases}x_1=-\frac{4}{5}x_3+\frac{1}{5}x_4,\\ x_2=\frac{7}{5}x_3-\frac{3}{5}x_4.\end{cases}$$

它的基础解系为

$$\boldsymbol{\alpha}_1=\begin{pmatrix}-4\\7\\5\\0\end{pmatrix},\ \boldsymbol{\alpha}_2=\begin{pmatrix}1\\-3\\0\\5\end{pmatrix}.$$

将 $\boldsymbol{\alpha}_1$，$\boldsymbol{\alpha}_2$正交化. 令

$$\boldsymbol{\beta}_1=\boldsymbol{\alpha}_1,$$

$$\boldsymbol{\beta}_2=\boldsymbol{\alpha}_2-\frac{\langle\boldsymbol{\alpha}_2,\boldsymbol{\beta}_1\rangle}{\langle\boldsymbol{\beta}_1,\boldsymbol{\beta}_1\rangle}\boldsymbol{\beta}_1=\frac{1}{18}\begin{bmatrix}-2\\-19\\25\\90\end{bmatrix}.$$

原方程组 $\boldsymbol{AX}=\boldsymbol{O}$ 的解空间的一个正交基为

$$\boldsymbol{\beta}_1=\begin{pmatrix}-4\\7\\5\\0\end{pmatrix},\ \boldsymbol{\beta}_2=\frac{1}{18}\begin{pmatrix}-2\\-19\\25\\90\end{pmatrix}.$$

(2)设$\boldsymbol{A}^{\mathrm{T}}=(\boldsymbol{\alpha}_1,\boldsymbol{\alpha}_2,\cdots,\boldsymbol{\alpha}_s)$，则

$$\boldsymbol{A}=\begin{pmatrix}\boldsymbol{\alpha}_1^{\mathrm{T}}\\ \boldsymbol{\alpha}_2^{\mathrm{T}}\\ \vdots\\ \boldsymbol{\alpha}_s^{\mathrm{T}}\end{pmatrix},\ \boldsymbol{U}=L(\boldsymbol{\alpha}_1,\boldsymbol{\alpha}_2,\cdots,\boldsymbol{\alpha}_s).$$

任取 $\boldsymbol{\beta}\in W$，则

$$A\boldsymbol{\beta}=\begin{pmatrix}\boldsymbol{\alpha}_1{}^{\mathrm{T}}\\ \boldsymbol{\alpha}_2{}^{\mathrm{T}}\\ \vdots\\ \boldsymbol{\alpha}_s{}^{\mathrm{T}}\end{pmatrix}\boldsymbol{\beta}=\begin{pmatrix}\boldsymbol{\alpha}_1{}^{\mathrm{T}}\boldsymbol{\beta}\\ \boldsymbol{\alpha}_2{}^{\mathrm{T}}\boldsymbol{\beta}\\ \vdots\\ \boldsymbol{\alpha}_s{}^{\mathrm{T}}\boldsymbol{\beta}\end{pmatrix}=\mathbf{0}.$$

由此$\boldsymbol{\alpha}_1{}^{\mathrm{T}}\boldsymbol{\beta}=\boldsymbol{\alpha}_2{}^{\mathrm{T}}\boldsymbol{\beta}=\cdots=\boldsymbol{\alpha}_s{}^{\mathrm{T}}\boldsymbol{\beta}=\mathbf{0}$，即$\boldsymbol{\alpha}_i\in W^{\perp}$，$i=1, 2, \cdots, s$．因此$\boldsymbol{U}\subset W^{\perp}$，又 $\dim\boldsymbol{U}=$秩$(\boldsymbol{A}^{\mathrm{T}})=$秩$(\boldsymbol{A})=n-(n-$秩$(\boldsymbol{A}))=n-\dim W=\dim W^{\perp}$，所以 $\boldsymbol{U}=W^{\perp}$．

例 6　设 $\mathbf{A}$ 是数域 $\mathbf{R}$ 上的 $s\times t$ 矩阵，$\boldsymbol{\alpha}_1$，$\boldsymbol{\alpha}_2$，…，$\boldsymbol{\alpha}_s$是 $\mathbf{A}$ 的 s 个行向量，

$$W=L(\boldsymbol{\alpha}_1, \boldsymbol{\alpha}_2, \cdots, \boldsymbol{\alpha}_s),$$

W_1是线性方程组 $\boldsymbol{AX}=\mathbf{0}$ 的解空间．证明$W_1=W^{\perp}$(在通常内积定义下)．

证明　设$\boldsymbol{\beta}=(b_1, b_2, \cdots, b_n)^{\mathrm{T}}\in\mathbf{R}^n$，$\mathbf{A}=(a_{ij})_{s\times t}$，则$\boldsymbol{\beta}\in V_2$当且仅当 $\boldsymbol{A\beta}=\mathbf{0}$，

即

$$\sum_{j=1}^{n}a_{ij}b_j=0,\ i=1, 2, \cdots, m.$$

上式等价于$\langle\boldsymbol{\alpha}_i, \boldsymbol{\beta}\rangle=0$．于是$\boldsymbol{\beta}\in V_1{}^{\perp}$，故$V_2\subset V_1{}^{\perp}$．

反之，若$\boldsymbol{\beta}\in V_1{}^{\perp}$，则$\boldsymbol{\beta}\perp V_1$，从而$\boldsymbol{\beta}\perp\boldsymbol{\alpha}_i$，$i=1, 2, \cdots, m$．即$a_{i1}b_1+a_{i2}b_2+\cdots+a_{in}b_n=0$，$i=1, 2, \cdots, m$．因此 $\boldsymbol{A\beta}=\mathbf{0}$，故$\boldsymbol{\beta}\in V_2$，所以$V_1{}^{\perp}=V_2$．

例 7　设 V 是一个 4 维欧氏空间，σ 是 V 的正交变换．若 σ 没有实特征根，求证 V 可分解为两个正交的 2 维 σ 不变子空间的直和．

证明　设$\boldsymbol{\varepsilon}_1$，$\boldsymbol{\varepsilon}_2$，$\boldsymbol{\varepsilon}_3$，$\boldsymbol{\varepsilon}_4$为 V 的一个标准正交基．σ 在基$\boldsymbol{\varepsilon}_1$，$\boldsymbol{\varepsilon}_2$，$\boldsymbol{\varepsilon}_3$，$\boldsymbol{\varepsilon}_4$下的矩阵为 $\mathbf{A}$，则 $\mathbf{A}$ 是正交矩阵，且 $\mathbf{A}$ 没有实特征根．设 $a+b\mathrm{i}(b\neq 0)$是 $\mathbf{A}$ 的复特征值，$\mu+\nu\mathrm{i}$ 是$\mathbf{C}^4$ 中其对应特征值的复特征向量，其中 μ，ν 是实向量，

$$\mathbf{A}(\mu+\nu\mathrm{i})=(a+b\mathrm{i})(\mu+\nu\mathrm{i}).$$

比较等式两端的实部和虚部，得

$$\mathbf{A}\mu=a\mu-b\nu,$$
$$\mathbf{A}\nu=a\nu+b\mu.$$

若 $\mu=k\nu$，则 $\mathbf{A}\nu=(a+bk)\nu$，$\mathbf{A}$ 有实特征根 $a+bk$，矛盾．因此

$$\boldsymbol{\mu}=\begin{pmatrix}\mu_1\\ \mu_2\\ \mu_3\\ \mu_4\end{pmatrix},\ \boldsymbol{\nu}=\begin{pmatrix}\nu_1\\ \nu_2\\ \nu_3\\ \nu_4\end{pmatrix}$$

是$\mathbf{R}^4$ 中线性无关的向量．

令

$$\boldsymbol{\alpha}=\mu_1\boldsymbol{\varepsilon}_1+\mu_2\boldsymbol{\varepsilon}_2+\mu_3\boldsymbol{\varepsilon}_3+\mu_4\boldsymbol{\varepsilon}_4,$$
$$\boldsymbol{\beta}=\nu_1\boldsymbol{\varepsilon}_1+\nu_2\boldsymbol{\varepsilon}_2+\nu_3\boldsymbol{\varepsilon}_3+\nu_4\boldsymbol{\varepsilon}_4,$$

则 $\boldsymbol{\alpha}$，$\boldsymbol{\beta}$ 是 V 中线性无关的向量，且

$$\sigma(\boldsymbol{\alpha})=a\boldsymbol{\alpha}-b\boldsymbol{\beta},$$
$$\sigma(\boldsymbol{\beta})=a\boldsymbol{\beta}+b\boldsymbol{\alpha}.$$

令 $V_1=L(\boldsymbol{\alpha},\boldsymbol{\beta})$，则 V_1 是 2 维 σ 不变子空间，由上题知 $V_1^{\perp}$ 也是 2 维 σ 不变子空间，且

$$V=V_1+V_1^{\perp}.$$

例 8 设 $\boldsymbol{U}$ 是一个正交矩阵. 证明：

(1)$\boldsymbol{U}$ 的行列式等于 1 或 -1；

(2)$\boldsymbol{U}$ 的特征根的模等于 1；

(3)如果 λ 是 $\boldsymbol{U}$ 的一个特征根，那么 $\frac{1}{\lambda}$ 也是 $\boldsymbol{U}$ 的一个特征根；

(4)$\boldsymbol{U}$ 的伴随矩阵 $\boldsymbol{U}^*$ 也是正交矩阵.

证明 (1)因为 $\boldsymbol{U}^{-1}=\boldsymbol{U}^{\mathrm{T}}$，$|\boldsymbol{U}^{-1}\boldsymbol{U}|=|\boldsymbol{U}^{\mathrm{T}}\boldsymbol{U}|=|\boldsymbol{U}^2|=1$，所以，$|\boldsymbol{U}|=\pm1$.

(2)设 λ 为正交矩阵 $\boldsymbol{U}$ 的特征根，$\boldsymbol{\xi}$ 为 $\boldsymbol{U}$ 的属于 λ 的特征向量. 故有

$$\boldsymbol{U}\boldsymbol{\xi}=\lambda\boldsymbol{\xi}. \tag{a}$$

式(a)两边取共轭，得 $\overline{\boldsymbol{U}\boldsymbol{\xi}}=\overline{\lambda\boldsymbol{\xi}}$，即

$$\boldsymbol{U}\bar{\boldsymbol{\xi}}=\bar{\lambda}\,\bar{\boldsymbol{\xi}}. \tag{b}$$

式(a)两边取转置，得

$$\boldsymbol{\xi}^{\mathrm{T}}\boldsymbol{U}^{\mathrm{T}}=\lambda\,\boldsymbol{\xi}^{\mathrm{T}} \tag{c}$$

式(c)×式(b)，得 $\boldsymbol{\xi}^{\mathrm{T}}\boldsymbol{U}^{\mathrm{T}}\boldsymbol{U}\bar{\boldsymbol{\xi}}=\lambda\bar{\lambda}\,\boldsymbol{\xi}^{\mathrm{T}}\bar{\boldsymbol{\xi}}$，即 $\boldsymbol{\xi}^{\mathrm{T}}\bar{\boldsymbol{\xi}}=\lambda\bar{\lambda}^{\mathrm{T}}\bar{\boldsymbol{\xi}}$. 令 $\boldsymbol{\xi}=\begin{pmatrix}x_1\\x_2\\\vdots\\x_n\end{pmatrix}$，则有

$$(x_1,x_2,\cdots,x_n)\begin{pmatrix}\overline{x_1}\\\overline{x_2}\\\vdots\\\overline{x_n}\end{pmatrix}=\lambda\bar{\lambda}(x_1,x_2,\cdots,x_n)\begin{pmatrix}\overline{x_1}\\\overline{x_2}\\\vdots\\\overline{x_n}\end{pmatrix},$$

即 $x_1\overline{x_1}+x_2\overline{x_2}+\cdots+x_n\overline{x_n}=\lambda\bar{\lambda}(x_1\overline{x_1}+x_2\overline{x_2}+\cdots+x_n\overline{x_n})$. 由于 $\boldsymbol{\xi}\neq\mathbf{0}$，故 $x_1\overline{x_1}+x_2\overline{x_2}+\cdots+x_n\overline{x_n}\neq0$. 所以 $\lambda\bar{\lambda}=1$，即 $|\lambda|=1$.

(3)**法一** 因为 $\boldsymbol{U}$ 是正交矩阵，$\boldsymbol{U}^{-1}=\boldsymbol{U}^{\mathrm{T}}$，而 λ 是 $\boldsymbol{U}$ 的特征根，$\lambda\neq0$，故 $\frac{1}{\lambda}$ 是 $\boldsymbol{U}^{-1}=\boldsymbol{U}^{\mathrm{T}}$ 的特征根. 又 $\boldsymbol{U}$ 与 $\boldsymbol{U}^{\mathrm{T}}$ 有相同的特征根，故 $\frac{1}{\lambda}$ 也是 $\boldsymbol{U}$ 的特征根.

法二　因为 λ 是 $\boldsymbol{U}$ 的特征根，故存在特征向量 $\boldsymbol{\xi}$，使 $\boldsymbol{U}\boldsymbol{\xi}=\lambda\boldsymbol{\xi}$. 两边同乘以 $\boldsymbol{U}^{\mathrm{T}}$，且 $\boldsymbol{U}$ 是正交矩阵，故有 $\boldsymbol{U}^{\mathrm{T}}\boldsymbol{U}\boldsymbol{\xi}=\lambda\,\boldsymbol{U}^{\mathrm{T}}\boldsymbol{\xi}$，$\boldsymbol{\xi}=\lambda(\boldsymbol{U}^{\mathrm{T}}\boldsymbol{\xi})$，即 $\boldsymbol{U}^{\mathrm{T}}\boldsymbol{\xi}=\dfrac{1}{\lambda}\boldsymbol{\xi}$. $\dfrac{1}{\lambda}$ 是 $\boldsymbol{U}^{\mathrm{T}}$ 的特征根，从而 $\dfrac{1}{\lambda}$ 也是 $\boldsymbol{U}$ 的特征根.

(4)因为 $\boldsymbol{U}^*=|\boldsymbol{U}|\boldsymbol{U}^{-1}=|\boldsymbol{U}|\boldsymbol{U}^{\mathrm{T}}$，$(\boldsymbol{U}^*)^{\mathrm{T}}=|\boldsymbol{U}|\boldsymbol{U}$，所以 $\boldsymbol{U}^*(\boldsymbol{U}^*)^{\mathrm{T}}=|\boldsymbol{U}|^2\boldsymbol{U}^{\mathrm{T}}\boldsymbol{U}=\boldsymbol{I}$，即 $\boldsymbol{U}$ 的伴随矩阵，$\boldsymbol{U}^*$ 也是正交矩阵.

例 9　设 $\cos\dfrac{\theta}{2}\neq 0$，且

$$\boldsymbol{U}=\begin{pmatrix}1 & 0 & 0\\ 0 & \cos\theta & -\sin\theta\\ 0 & \sin\theta & \cos\theta\end{pmatrix}.$$

证明，$\boldsymbol{I}+\boldsymbol{U}$ 可逆，并且

$$(\boldsymbol{I}-\boldsymbol{U})(\boldsymbol{I}+\boldsymbol{U})^{-1}=\tan\frac{\theta}{2}\begin{pmatrix}0 & 0 & 0\\ 0 & 0 & 1\\ 0 & -1 & 0\end{pmatrix}.$$

证明　由已知 $\boldsymbol{U}$ 是正交矩阵，$|\boldsymbol{I}+\boldsymbol{U}|=8\cos^2\dfrac{\theta}{2}\neq 0$，因此 $\boldsymbol{I}+\boldsymbol{U}$ 可逆.

$$\boldsymbol{I}+\boldsymbol{U}=\begin{pmatrix}2 & 0 & 0\\ 0 & 1+\cos\theta & -\sin\theta\\ 0 & \sin\theta & 1+\cos\theta\end{pmatrix}$$

$$=2\begin{pmatrix}1 & 0 & 0\\ 0 & \cos^2\dfrac{\theta}{2} & -\sin\dfrac{\theta}{2}\cos\dfrac{\theta}{2}\\ 0 & \sin\dfrac{\theta}{2}\cos\dfrac{\theta}{2} & \cos^2\dfrac{\theta}{2}\end{pmatrix}.$$

又因为

$$(\boldsymbol{I}+\boldsymbol{U})^{-1}=\frac{1}{2\cos\dfrac{\theta}{2}}\begin{pmatrix}\cos\dfrac{\theta}{2} & 0 & 0\\ 0 & \cos\dfrac{\theta}{2} & \sin\dfrac{\theta}{2}\\ 0 & -\sin\dfrac{\theta}{2} & \cos\dfrac{\theta}{2}\end{pmatrix},$$

所以

$$(\boldsymbol{I}-\boldsymbol{U})(\boldsymbol{I}+\boldsymbol{U})^{-1}=\tan\frac{\theta}{2}\begin{pmatrix}0 & 0 & 0\\ 0 & 0 & 1\\ 0 & -1 & 0\end{pmatrix}.$$

例 10　设$\{\boldsymbol{\alpha}_1, \boldsymbol{\alpha}_2, \cdots, \boldsymbol{\alpha}_n\}$和$\{\boldsymbol{\beta}_1, \boldsymbol{\beta}_2, \cdots, \boldsymbol{\beta}_n\}$是$n$维欧氏空间$V$的两个标准正交基. 证明：

(1) 存在V的一个正交变换σ，使$\sigma(\boldsymbol{\alpha}_i)=\boldsymbol{\beta}_i$，$i=1, 2, \cdots, n$.

(2)如果V的一个正交变换τ使得$\tau(\boldsymbol{\alpha}_1)=\boldsymbol{\beta}_1$，那么$\tau(\boldsymbol{\alpha}_2), \cdots, \tau(\boldsymbol{\alpha}_n)$所生成的子空间与由$\boldsymbol{\beta}_1, \boldsymbol{\beta}_2, \cdots, \boldsymbol{\beta}_n$所生成的子空间重合.

证明　(1)由于$\{\boldsymbol{\alpha}_1, \boldsymbol{\alpha}_2, \cdots, \boldsymbol{\alpha}_n\}$是$V$的标准正交基，因此，存在$V$的一个线性变换$\sigma$，使

$$\sigma(\boldsymbol{\alpha}_i)=\boldsymbol{\beta}_i, \ i=1, 2, \cdots, n.$$

又因为$\{\boldsymbol{\beta}_1, \boldsymbol{\beta}_2, \cdots, \boldsymbol{\beta}_n\}$是$n$维欧氏空间$V$的标准正交基. 因此，$\sigma$把$V$的标准正交基变为标准正交基，所以$\sigma$是$V$的正交变换.

(2)令$\boldsymbol{\xi}\in L(\tau(\boldsymbol{\alpha}_2), \cdots, \tau(\boldsymbol{\alpha}_n))$，则

$$\boldsymbol{\xi}=\sum_{i=2}^{n} a_i\tau(\boldsymbol{\alpha}_i)=\tau\left(\sum_{i=2}^{n} a_i\boldsymbol{\alpha}_i\right).$$

由$\boldsymbol{\xi}\in V$知，$\boldsymbol{\xi}=\sum\limits_{i=1}^{n} b_i\boldsymbol{\beta}_i$且$b_i=\langle\boldsymbol{\xi}, \boldsymbol{\beta}_i\rangle$，$i=1, 2, \cdots, n$. 又$\tau$是正交变换，而$\tau(\boldsymbol{\alpha}_1)=\boldsymbol{\beta}_1$，所以

$$b_1=\langle\boldsymbol{\xi}, \boldsymbol{\beta}_1\rangle=\left\langle\tau\left(\sum_{i=2}^{n} a_i\boldsymbol{\alpha}_i\right), \tau(\boldsymbol{\alpha}_1)\right\rangle=\left\langle\sum_{i=2}^{n} a_i\boldsymbol{\alpha}_i, \boldsymbol{\alpha}_1\right\rangle=0.$$

因此

$$\boldsymbol{\xi}=\sum_{i=2}^{n} b_i\boldsymbol{\beta}_i\in L(\boldsymbol{\beta}_2, \cdots, \boldsymbol{\beta}_n)$$

从而

$$L(\tau(\boldsymbol{\alpha}_2), \cdots, \tau(\boldsymbol{\alpha}_n))\subseteq L(\boldsymbol{\beta}_2, \cdots, \boldsymbol{\beta}_n).$$

另一方面，若$\boldsymbol{\eta}\in L(\boldsymbol{\beta}_2, \cdots, \boldsymbol{\beta}_n)$，则

$$\boldsymbol{\eta}=\sum_{i=2}^{n} c_i\boldsymbol{\beta}_i.$$

因为τ是正交变换，所以$\{\tau(\boldsymbol{\alpha}_1), \cdots, \tau(\boldsymbol{\alpha}_n)\}$是$V$的标准正交基. 令

$$\boldsymbol{\eta}=d_1\tau(\boldsymbol{\alpha}_1)+d_2\tau(\boldsymbol{\alpha}_2)+\cdots+d_n\tau(\boldsymbol{\alpha}_n), \ d_i=\langle\boldsymbol{\eta}, \tau(\boldsymbol{\alpha}_i)\rangle, \ i=1, 2, \cdots, n.$$

由于$\tau(\boldsymbol{\alpha}_1)=\boldsymbol{\beta}_1$，所以

$$d_1=\langle\boldsymbol{\eta}, \tau(\boldsymbol{\alpha}_1)\rangle=\left\langle\sum_{i=2}^{n}c_i\boldsymbol{\beta}_i, \boldsymbol{\beta}_1\right\rangle=0.$$

由此得$\boldsymbol{\eta}=d_2\tau(\boldsymbol{\alpha}_2)+\cdots+d_n\tau(\boldsymbol{\alpha}_n)\in L(\tau(\boldsymbol{\alpha}_2), \cdots, \tau(\boldsymbol{\alpha}_n))$. 因而

$$L(\boldsymbol{\beta}_2, \cdots, \boldsymbol{\beta}_n)\subseteq L(\tau(\boldsymbol{\alpha}_2), \cdots, \tau(\boldsymbol{\alpha}_n)).$$

命题得证.

例 11　令V是一个n维欧氏空间. 证明：

(1) 对 V 中任意两个不同的单位向量 $\boldsymbol{\alpha}$，$\boldsymbol{\beta}$，存在一个镜面反射 τ，使得 $\tau(\boldsymbol{\alpha})=\boldsymbol{\beta}$；

(2)V 中每一正交变换 σ 都可以表示成若干个镜面反射的乘积.

证明　(1) 因 $\boldsymbol{\alpha}$ 与 $\boldsymbol{\beta}$ 是两个不同的单位向量，故

$$\langle\boldsymbol{\alpha},\boldsymbol{\alpha}\rangle=\langle\boldsymbol{\beta},\boldsymbol{\beta}\rangle=1,\ \boldsymbol{\alpha}-\boldsymbol{\beta}\neq\boldsymbol{0},\ \boldsymbol{\eta}=\frac{\boldsymbol{\alpha}-\boldsymbol{\beta}}{|\boldsymbol{\alpha}-\boldsymbol{\beta}|}$$

是一个单位向量. 令 $\tau(\boldsymbol{\xi})=\boldsymbol{\xi}-2<\boldsymbol{\xi},\boldsymbol{\eta}>\boldsymbol{\eta}$，则 τ 是一个镜面反射，且

$$\begin{aligned}\tau(\boldsymbol{\alpha})&=\boldsymbol{\alpha}-2\langle\boldsymbol{\alpha},\boldsymbol{\eta}\rangle\boldsymbol{\eta}=\boldsymbol{\alpha}-2\langle\boldsymbol{\alpha},\frac{\boldsymbol{\alpha}-\boldsymbol{\beta}}{|\boldsymbol{\alpha}-\boldsymbol{\beta}|}\rangle\cdot\frac{\boldsymbol{\alpha}-\boldsymbol{\beta}}{|\boldsymbol{\alpha}-\boldsymbol{\beta}|}\\&=\boldsymbol{\alpha}-\frac{2}{|\boldsymbol{\alpha}-\boldsymbol{\beta}|^2}\langle\boldsymbol{\alpha},\boldsymbol{\alpha}-\boldsymbol{\beta}\rangle\cdot(\boldsymbol{\alpha}-\boldsymbol{\beta})\\&=\boldsymbol{\alpha}-\frac{2}{\langle\boldsymbol{\alpha},\boldsymbol{\alpha}\rangle-2\langle\boldsymbol{\alpha},\boldsymbol{\beta}\rangle+\langle\boldsymbol{\beta},\boldsymbol{\beta}\rangle}[\langle\boldsymbol{\alpha},\boldsymbol{\alpha}\rangle-\langle\boldsymbol{\alpha},\boldsymbol{\beta}\rangle](\boldsymbol{\alpha}-\boldsymbol{\beta})\\&=\boldsymbol{\alpha}-\frac{1}{1-\langle\boldsymbol{\alpha},\boldsymbol{\beta}\rangle}[1-\langle\boldsymbol{\alpha},\boldsymbol{\beta}\rangle](\boldsymbol{\alpha}-\boldsymbol{\beta})=\boldsymbol{\beta}.\end{aligned}$$

(2) 设 τ 是 V 的任一正交变换，取 V 的标准正交基 $\{\boldsymbol{\alpha}_1,\boldsymbol{\alpha}_2,\cdots,\boldsymbol{\alpha}_n\}$，则

$$\boldsymbol{\beta}_1=\tau(\boldsymbol{\alpha}_1),\ \boldsymbol{\beta}_2=\tau(\boldsymbol{\alpha}_2),\ \cdots,\ \boldsymbol{\beta}_n=\tau(\boldsymbol{\alpha}_n)$$

也是 V 的标准正交基.

如果 $\boldsymbol{\beta}_1=\boldsymbol{\alpha}_1$，$\boldsymbol{\beta}_2=\boldsymbol{\alpha}_2$，$\cdots$，$\boldsymbol{\beta}_n=\boldsymbol{\alpha}_n$，则 τ 是单位变换，作镜面反射 $\tau_1(\boldsymbol{\xi})=\boldsymbol{\xi}-2\langle\boldsymbol{\xi},\boldsymbol{\alpha}_1\rangle\boldsymbol{\alpha}_1$，则有 $\tau_1(\boldsymbol{\alpha}_1)=-\boldsymbol{\alpha}_1$，$\tau_1(\boldsymbol{\alpha}_j)=\boldsymbol{\alpha}_j$，$j=2,\cdots,n$. 这时显然有 $\tau=\tau_1\tau_1$.

如果 $\boldsymbol{\alpha}_1$，$\boldsymbol{\alpha}_2$，$\cdots$，$\boldsymbol{\alpha}_n$ 与 $\boldsymbol{\beta}_1$，$\boldsymbol{\beta}_2$，$\cdots$，$\boldsymbol{\beta}_n$ 不全相同，设 $\boldsymbol{\alpha}_1\neq\boldsymbol{\beta}_1$，则由于令 $\boldsymbol{\alpha}_1$，$\boldsymbol{\beta}_1$ 是两个不同的单位向量，由(1) 知，存在镜面反射 τ_1，使 $\tau_1(\boldsymbol{\alpha}_1)=\boldsymbol{\beta}_1$. 令 $\tau_1(\boldsymbol{\alpha}_j)=\boldsymbol{\gamma}_j$，$j=2,\cdots,n$.

如果 $\boldsymbol{\gamma}_j=\boldsymbol{\beta}_j$，$j=2,\cdots,n$，则 $\tau=\tau_1$，结论成立. 否则可设 $\boldsymbol{\gamma}_2\neq\boldsymbol{\beta}_2$，再作镜面反射 τ_2：

$$\tau_2(\boldsymbol{\xi})=\boldsymbol{\xi}-2\langle\boldsymbol{\xi},\boldsymbol{\beta}\rangle\boldsymbol{\beta},\ \boldsymbol{\beta}=\frac{\boldsymbol{\gamma}_2-\boldsymbol{\beta}_2}{|\boldsymbol{\gamma}_2-\boldsymbol{\beta}_2|},$$

于是 $\tau_2(\boldsymbol{\gamma}_2)=\boldsymbol{\beta}_2$，且 $\tau_2(\boldsymbol{\beta}_1)=\boldsymbol{\beta}_1$，如此下去，设 $\boldsymbol{\alpha}_1,\boldsymbol{\alpha}_2,\cdots,\boldsymbol{\alpha}_n\xrightarrow{\tau_1}\boldsymbol{\beta}_1,\boldsymbol{\gamma}_2,\cdots,\boldsymbol{\gamma}_n\xrightarrow{\tau_2}\boldsymbol{\beta}_1,\boldsymbol{\beta}_2,\boldsymbol{\gamma}_3,\cdots,\boldsymbol{\gamma}_n\rightarrow\cdots\xrightarrow{\tau_r}\boldsymbol{\beta}_1,\boldsymbol{\beta}_2,\cdots,\boldsymbol{\beta}_n$. 则有 $\tau=\tau_r\tau_{r-1}\cdots\tau_2\tau_1$，其中每一 τ_i 都是镜面反射，即 τ 可表为镜面反射的乘积.

例 12　证明：每一个 n 阶非奇异实矩阵 $\boldsymbol{A}$ 都可以唯一表示成 $\boldsymbol{A}=\boldsymbol{UT}$ 的形式，这里 $\boldsymbol{U}$ 是一个正交矩阵，$\boldsymbol{T}$ 是一个上三角形实矩阵，且主对角线上的元素都是正数.

证明 存在性 由于$\boldsymbol{A}$为n阶非奇异实矩阵，故$\boldsymbol{A}=(\boldsymbol{\alpha}_1,\boldsymbol{\alpha}_2,\cdots,\boldsymbol{\alpha}_n)$的列向量$\boldsymbol{\alpha}_1,\boldsymbol{\alpha}_2,\cdots,\boldsymbol{\alpha}_n$线性无关，从而为$\mathbf{R}^n$的一个基．先施行正交化方法，再单位化，得$\mathbf{R}^n$的一个标准正交基：

$$\begin{aligned}\boldsymbol{\gamma}_1&=t_{11}\boldsymbol{\alpha}_1,\\ \boldsymbol{\gamma}_2&=t_{12}\boldsymbol{\alpha}_1+t_{22}\boldsymbol{\alpha}_2,\\ &\cdots\cdots\\ \boldsymbol{\gamma}_n&=t_{1n}\boldsymbol{\alpha}_1+t_{2n}\boldsymbol{\alpha}_2+\cdots+t_{nn}\boldsymbol{\alpha}_n.\end{aligned}$$

其中$t_{ii}>0$，$i=1,2,\cdots,n$．即有$(\boldsymbol{\gamma}_1,\boldsymbol{\gamma}_2,\cdots,\boldsymbol{\gamma}_n)=(\boldsymbol{\alpha}_1,\boldsymbol{\alpha}_2,\cdots,\boldsymbol{\alpha}_n)\boldsymbol{T}^{-1}$．而且

$$\boldsymbol{T}^{-1}=\begin{pmatrix}t_{11}&t_{12}&\cdots&t_{1n}\\0&t_{22}&\cdots&t_{2n}\\\vdots&\vdots&&\vdots\\0&0&\cdots&t_{nn}\end{pmatrix}.$$

从而$\boldsymbol{T}$也是主对角线上全为正实数的上三角形矩阵．因为$\boldsymbol{\gamma}_1,\boldsymbol{\gamma}_2,\cdots,\boldsymbol{\gamma}_n$是标准正交基，故以它为列所得的$n$阶矩阵

$$\boldsymbol{U}=(\boldsymbol{\gamma}_1,\boldsymbol{\gamma}_2,\cdots,\boldsymbol{\gamma}_n)$$

是正交矩阵，于是$\boldsymbol{A}=\boldsymbol{UT}$．

唯一性 设$\boldsymbol{A}=\boldsymbol{U}_1\boldsymbol{T}_1$，其中$\boldsymbol{U}_1$为正交矩阵，$\boldsymbol{T}_1$为对角线上全为正实数的上三角形矩阵，则$\boldsymbol{UT}=\boldsymbol{U}_1\boldsymbol{T}_1$或$\boldsymbol{T}\boldsymbol{T}_1^{-1}=\boldsymbol{U}^{-1}\boldsymbol{U}_1$．因为$\boldsymbol{U}$，$\boldsymbol{U}_1$是正交矩阵，所以$\boldsymbol{U}^{-1}\boldsymbol{U}_1$是正交矩阵，从而$\boldsymbol{T}\boldsymbol{T}_1^{-1}$是正交矩阵．因$\boldsymbol{T}$，$\boldsymbol{T}_1^{-1}$为上三角形矩阵，所以$\boldsymbol{T}\boldsymbol{T}_1^{-1}$也是上三角形矩阵，$\boldsymbol{T}\boldsymbol{T}_1^{-1}$既是上三角形矩阵，又是正交矩阵，所以$\boldsymbol{T}\boldsymbol{T}_1^{-1}=\boldsymbol{I}$，从而$\boldsymbol{T}=\boldsymbol{T}_1$，$\boldsymbol{U}=\boldsymbol{U}_1$．故分解式$\boldsymbol{A}=\boldsymbol{UT}$是唯一的．

例 13 设$\mathbf{R}^n$是实数域上所有n元数组的列向量组成的欧氏空间，内积按通常的定义，即对任意$\boldsymbol{\xi}$，$\boldsymbol{\eta}\in\mathbf{R}^n$，$\langle\boldsymbol{\xi},\boldsymbol{\eta}\rangle=\boldsymbol{\xi}^{\mathrm{T}}\boldsymbol{\eta}$，在$\mathbf{R}^n$中定义线性变换$\sigma$：$\sigma(\boldsymbol{\xi})=\boldsymbol{A\xi}$，$\boldsymbol{A}\in M_n(\mathbf{R})$，$\boldsymbol{\xi}\in\mathbf{R}^n$．证明：(1)若$\boldsymbol{A}$是正交矩阵，则$\sigma$是正交变换；(2)若$\boldsymbol{A}$是对称矩阵，则$\sigma$是对称变换．

证明 (1)因为是正交矩阵，所以$\boldsymbol{A}^{\mathrm{T}}=\boldsymbol{A}^{-1}$．$\forall\boldsymbol{\xi}$，$\boldsymbol{\eta}\in\mathbf{R}^n$，$\langle\sigma(\boldsymbol{\xi}),\sigma(\boldsymbol{\eta})\rangle)=\langle\boldsymbol{A\xi},\boldsymbol{A\eta}\rangle=(\boldsymbol{A\xi})^{\mathrm{T}}\boldsymbol{A\eta}=\boldsymbol{\xi}^{\mathrm{T}}\boldsymbol{A}^{\mathrm{T}}\boldsymbol{A\eta}=\boldsymbol{\xi}^{\mathrm{T}}\boldsymbol{A}^{-1}\boldsymbol{A\eta}=\boldsymbol{\xi}^{\mathrm{T}}\boldsymbol{\eta}=\langle\boldsymbol{\xi},\boldsymbol{\eta}\rangle$．

所以，σ是正交变换．

(2)因为$\boldsymbol{A}$是对称矩阵，从而$\boldsymbol{A}^{\mathrm{T}}=\boldsymbol{A}$．$\forall\boldsymbol{\xi},\boldsymbol{\eta}\in\mathbf{R}^n$，

$$\langle\sigma(\boldsymbol{\xi}),\boldsymbol{\eta}\rangle=\langle\boldsymbol{A\xi},\boldsymbol{\eta}\rangle=(\boldsymbol{A\xi})^{\mathrm{T}}\boldsymbol{\eta}=\boldsymbol{\xi}^{\mathrm{T}}\boldsymbol{A}^{\mathrm{T}}\boldsymbol{\eta}=\boldsymbol{\xi}^{\mathrm{T}}(\boldsymbol{A\eta})=\langle\boldsymbol{\xi},\sigma(\boldsymbol{\eta})\rangle.$$

所以σ是对称变换．

参考文献

[1] 梁宗巨. 世界数学史简编 [M]. 沈阳：辽宁教育出版社，1981.
[2]〔美〕约翰·塔巴克. 代数学 [M]. 邓明立，胡俊美译. 北京：商务印书馆，2007.
[3]〔美〕莫里兹. 数学的本性 [M]. 朱剑英编译. 大连：大连理工大学出版社，2008.
[4] 郑毓信. 数学教育哲学 [M]. 成都：四川教育出版社，2001.
[5] 郭龙先. 代数学思想史的文化解读 [M]. 上海：上海三联书店，2011.
[6] 查尔斯·辛格. 技术史第二卷 [M]. 潜伟译. 上海：上海科技教育出版社，2004.
[7] 查尔斯·辛格. 技术史第三卷 [M]. 高亮华，戴吾三译. 上海：上海科技教育出版社，2004.
[8]〔法〕皮埃尔·西蒙·拉普拉斯. 宇宙体系论 [M]. 李珩译. 上海：上海世纪出版集团，2001.
[9] 徐品方，张红. 数学符号史 [M]. 北京：科学出版社，2006.
[10] 孙兴运. 数学符号史话 [M]. 济南：山东教育出版社，1998.
[11] 郑文君，张恩华. 数学逻辑学概论 [M]. 合肥：安徽教育出版社，1995.
[12] 徐利治. 数学方法论选讲（第三版）[M]. 武汉：华中理工大学出版社，2000.
[13] 钱佩玲，邵光华. 数学思想方法与中学数学 [M]. 北京：北京师范大学出版社，1999.
[14]〔德〕奥·斯宾格勒. 西方的没落 [M]. 陈晓林译. 哈尔滨：黑龙江教育出版社，1988.
[15] 爱因斯坦. 几何学和经验. 见：爱因斯坦文集（第一卷）[M]. 许良英，范岱年编译. 北京：商务印书馆，1976.
[16]〔美〕斯图尔特·夏皮罗. 数学哲学 [M]. 郝兆宽，杨睿之译. 上海：复旦大学出版社，2009.

[17]〔德〕希尔伯特. 数学问题 [M]. 李文林，袁向东译. 大连：大连理工大学出版社，2009.
[18] 刘振宇. 高等代数的思想与方法 [M]. 济南：山东大学出版社，2009.
[19] 郭龙先，张毅敏，何建琼. 高等代数 [M]. 北京：科学出版社，2011.
[20] 张禾瑞，郝鈵新. 高等代数（第五版）[M]. 北京：高等教育出版社，2007.
[21] 北京大学数学系几何与代数教研室前代数小组. 高等代数（第三版）[M]. 北京：高等教育出版社，2003.
[22] 李师正，张玉芬. 高等代数解题方法与技巧 [M]. 北京：高等教育出版社，2004.
[23] 冯红. 高等代数全程学习指导 [M]. 大连：大连理工大学出版社，2004.